彩绘高手

CorelDRAW X3 入门、进阶与提高

力诚教育 编著

电子科技大学出版社

U0913442

图书在版编目（CIP）数据

彩绘高手CorelDRAW X3入门、进阶与提高 / 力诚教育编著.—成都：电子科技大学出版社，2008.3
ISBN 978-7-81114-696-7

I. 彩… II.力… III.图形软件，CorelDRAW X3 IV.TP391.41

中国版本图书馆CIP数据核字（2007）第206684号

内 容 提 要

CorelDRAW X3是Corel公司图形设计软件的最新版本，是目前最流行的矢量图形设计软件之一。广泛应用于平面设计、包装装潢、彩色出版与多媒体制作等诸多领域。

本书对CorelDRAW X3的基础知识、操作技巧和设计应用进行详细地介绍。全书共分为11章，第1章到第7章是基础部分，每章采用“入门－基础知识”＋“进阶－典型实例”＋“提高－自己动手”的学习结构，使读者在学习了快速入门知识点的同时，通过进阶实例的操练达到熟练掌握软件知识的综合能力，再通过自己动手做制作，提高所学知识。第8章至第11章，从CorelDRAW软件的应用领域出发，精心设计了各个应用领域的综合实例，绘制插画、广告设计、包装设计和广告折页与书籍装帧设计。

本书结构清晰，内容详实，实例精彩丰富，适合于CorelDRAW的初中级学者，绘制图形、插画的爱好者，平面设计专业人员学习使用，还可以作为各相关培训班、大专院校、高等职业教育学院相关专业教学用书。

彩绘高手CorelDRAW X3入门、进阶与提高

力诚教育 编著

出 版：电子科技大学出版社（成都市一环路东一段159号电子信息产业大厦 邮编：610051）
策划编辑：张蓉莉
责任编辑：朱 丹
主 页：www.uestcp.com.cn
电子邮箱：uestcp@uestcp.com.cn
发 行：新华书店经销
印 刷：四川新华彩色印务有限公司
成品尺寸：185mm × 260mm 印张 17 字数 426千字
版 次：2008年3月第一版
印 次：2008年3月第一次印刷
书 号：ISBN 978-7-81114-696-7
定 价：56.00元（含1CD）

■ 版权所有 侵权必究 ■

◆ 邮购本书请与本社发行部联系。电话：（028）83202463，83208003
◆ 本书如有缺页、破损、装订错误，请寄回印刷厂调换。
◆ 课件下载在我社主页“下载专区”。

前 言

PREFACE

CorelDRAW是由Corel公司开发的矢量图形绘图的平面设计软件，主要应用于插画、广告、包装、装帧等设计领域，其强大和独特的功能使它成为矢量绘图软件中的佼佼者。最新版本的CorelDRAW X3更是集矢量绘图、位图滤镜和打印功能于一身，具有可视化、支持多平台和跨浏览器的特性，已经成为矢量绘图的首选工具。

本书由作者精心编排，详细介绍了CorelDRAW X3的基础入门、几何对象的绘制、填充与轮廓线、对象的绘制与编辑，处理文本以及位图颜色与滤镜特效等，本书深入浅出地介绍了CorelDRAW X3的所有功能。内容由浅入深、循序渐进、基础与实例并重的方式编排，具有实用性、可操作性及指导性。

本书特色如下：

图书结构——为初学者量身订做，采用“入门（基础知识）+进阶（典型实例）+提高（自己动手）的学习思路，引导读者快速提升学习能力，完成各类图形的绘制。

易学易练——软件基础知识全面详实，与实例学习动手制作紧密结合，对实例的使用功能和应用技巧进行深度的剖析。

内容详实——精美的商业案例典型性强，从实际应用的角度出发，帮助读者完全掌握技术精粹与创意理念。

配套光盘——随书配套相关学习光盘，学习更方便、直观！

本书内容丰富、详实，功能介绍与实际操作结合的论述方式可使您在学习使用过程中备感轻松。

本书不仅适合广大平面设计初学者，也可供平面设计专业人员学习参考，还可作为大专院校相关专业和平面设计培训班的教材。

教学光盘使用说明

CD–ROM

光盘内容

光盘内容包括：文件基本操作、设置页面属性、窗口管理操作、直线的绘制、曲线的绘制、矩形和多边形、绘制圆和椭圆、文件的创建、文本的编辑、导入和导出。

运行环境

- ❖ 操作系统：Windows 9x/2000/XP/2003/NT/Me。
- ❖ 显示模式：1 024×768 以上分辨率、16 位色以上。
- ❖ 光驱：32 倍速以上的 CD-ROM 或 DVD-ROM。
- ❖ 其他：配备声卡、音箱或耳麦。

特别提示：进入案例学习时，如果在你的电脑中出现只有声音而没有视频的现象，请退出程序双击运行光盘根目录下的“TTS_ED”文件，然后再执行“Autorun.exe”启动程序即可。

使用说明

将光盘放入电脑光驱后，电脑屏幕将自动弹出光盘主界面，如右图所示（如果光盘未能自动运行，请用鼠标右键单击光驱所在盘符，选择打开命令，再双击光盘根目录下的“Autorun.exe”文件。）

单击光盘主界面上的任一目录按钮，可进入相应的视频演示界面进行互动学习，如右图所示。在视频演示界面中，单击“暂停”按钮可以控制视频的暂停和播放。

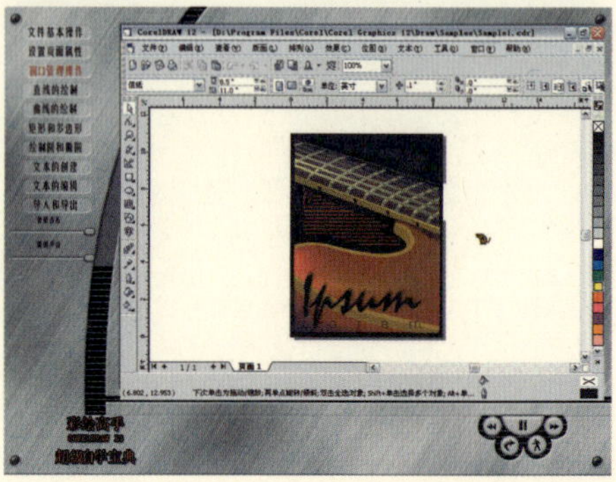

目 录...

Contents

2007 6 1
60分
中国邮政

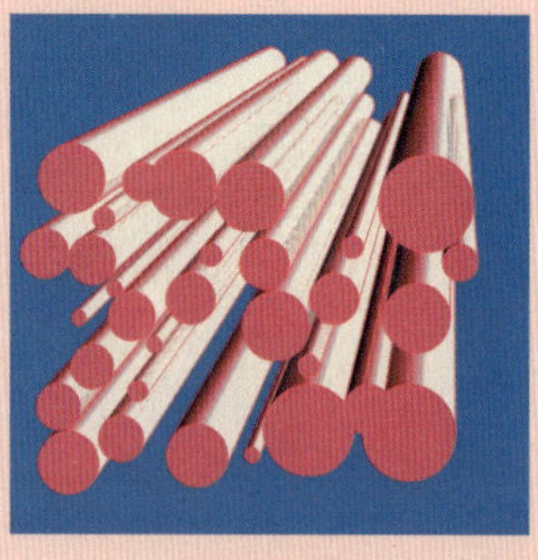

别样风情

www.xiumuworke.com
让你实现梦想之一
让你实现梦想之二
让你实现梦想之三
让你实现梦想之四
让你实现梦想之五
让你实现梦想之六

送送送
88华币的双倍积分卡
免费等你拿

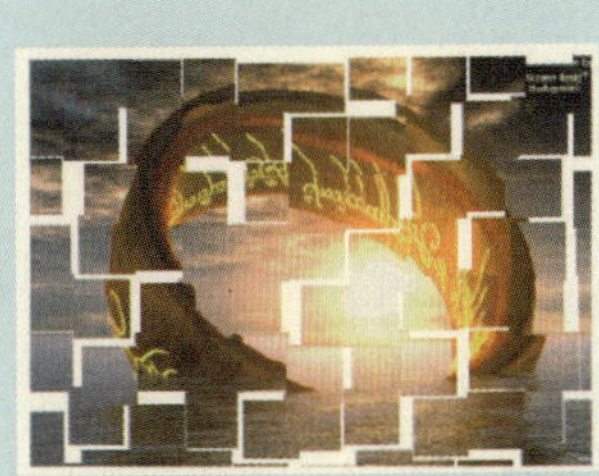

LG“感动小精灵”售后服务员
亲切.迅速.准确
LG

第 1 章　CorelDRAW X3 基础入门

本章要点

- 入门——基本概念与基本操作
  - 认识 CorelDRAW X3
  - CorelDRAW X3 的启动与退出
  - CorelDRAW X3 的工作界面
  - 文件的基本操作
  - 页面管理
- 进阶——导入光盘中的图片
- 提高——将绘制好的图形导出为 jpg 格式的图片

1.1 入门——基本概念和基本操作

本节将介绍CorelDRAW X3的启动与退出、CorelDRAW X3的工作界面、文件的基本操作、页面管理等基础知识。

1.1.1 认识CorelDRAW X3

CorelDRAW是平面图形设计和印刷中常用的设计软件，具有非常强大的功能，是广大平面设计师经常使用的平面应用软件之一，在广告制作方面深受广大用户的欢迎。

CorelDRAW X3是加拿大Corel公司于2006年1月推出的最新版本的矢量图形制作软件，全称是Corel DRAW Graphics Suite X3，有40多个新增特性。它是一个以矢量绘图技术为核心的软件，包含多款实用程序的软件包，其中CorelDRAW是其核心软件。CorelDRAW既可以处理矢量图形，也可以处理位图图形。作为专业的图像设计软件，从图形的绘制到标志设计、VI设计、广告设计，无所不能。不论是专门的设计人员，还是初学者，都可以使用CorelDRAW X3制作具有专业品质的作品。

1.1.2 CorelDRAW X3的启动与退出

在“开始”菜单中执行【开始】→【程序】→【CorelDRAW Graphics Suite X3】→【CorelDRAW X3】命令，即可启动CorelDRAW X3；在启动CorelDRAW X3以后，屏幕将出现一个如图1-1所示的欢迎窗口。

在欢迎窗口中提供了6个选项，如表1-1所示。

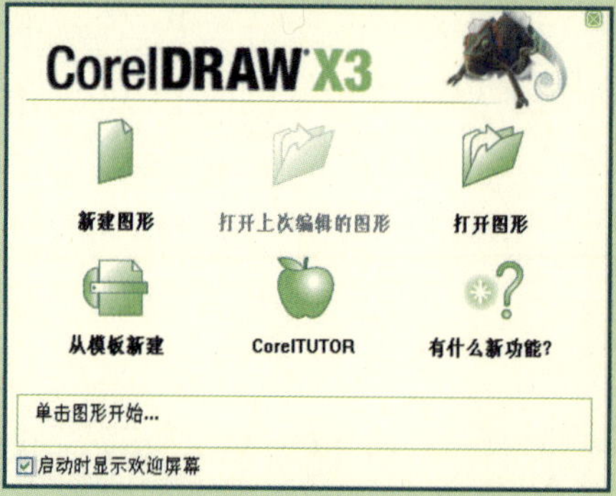

图1-1　CorelDRAW X3的欢迎窗口

表1-1　欢迎窗口各选项含义

命　令	解　　释
新建图形	单击此选项可以创建一个空白的绘图区域
打开上次编辑的图形	单击此选项，可以打开上次编辑过的图形文件。当鼠标移动到此图标时，上次编辑过的文件的文件名就出现在（打开上次编辑过的图形）上面，选择它将打开这个文件，即从上次退出的地方继续工作
打开图形	单击此选项可以打开已经存在的图形文件
从模板新建	单击此选项可以打开CorelDRAW X3的绘图模板。利用模板，可以快速、统一地建立绘图样式，减少重复的制作过程
CorelTUTOR	单击此选项可以完成许多任务，包括从创建对象到出版作品的制作过程
有什么新功能	介绍了CorelDRAW X3的一些新增功能

CorelDRAW X3 的退出有以下几种方法：

- 在 CorelDRAW X3 界面中单击右上角的关闭按钮☒。
- 按快捷键【Alt+F4】键。
- 执行【文件】→【退出】命令。

1.1.3 CorelDRAW X3 的工作界面

启动 CorelDRAW 后，选择“新建图形”图标，即可进入工作界面。此工作界面主要包含标题栏、菜单栏、标准工具栏、属性栏、工具箱、状态栏、标尺、网格以及调色板等内容，如图 1-2 所示。

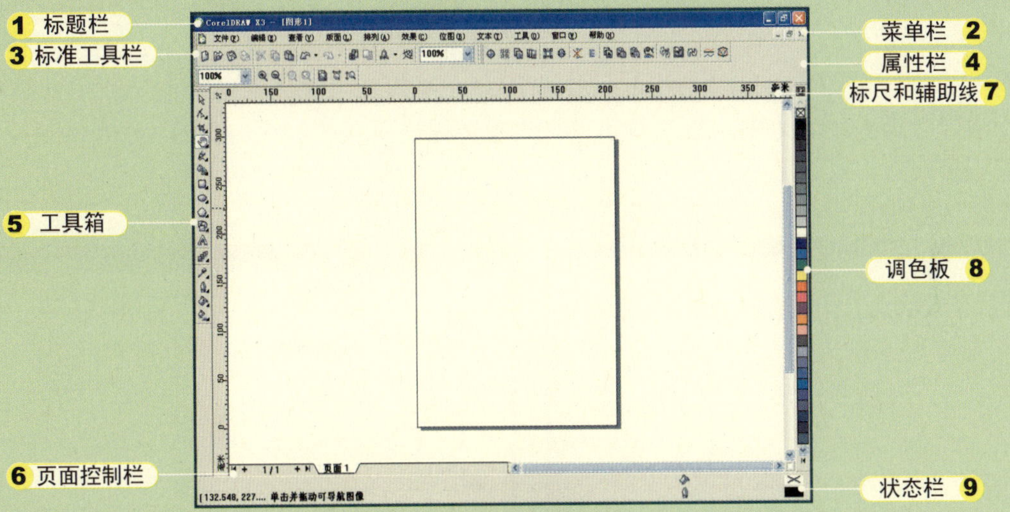

图 1-2 工作界面

1. 标题栏

标题栏位于软件的最顶端，主要显示当前软件的名称、版本号以及编辑或正处于编辑文件的名称。标题栏右边的按钮包含了窗口最小化、窗口最大化和关闭窗口 3 个选项，用于控制文件窗口的显示大小。

2. 菜单栏

菜单栏包含了 CorelDRAW 的大部分命令，包括文件、编辑、查看、版面、排列、效果、位图、文本、工具、窗口、帮助 11 个选项。展开其下拉式菜单，并执行下拉式菜单中的命令，可以使用 CorelDRAW 提供的功能。当菜单内的命令显示为灰色时，表示该命令目前无法执行。在一些命令的右方有一个黑色的三角形符号▸，单击三角形符号可以展开下一级菜单。如果菜单项右边有“…”符号，选中此命令后将弹出相应的对话框。

3. 标准工具栏

工具栏中集合了一些常用的功能命令，例如新建、打开、保存、打印、复制、粘贴、导入、导出等，利用标准工具栏，可以简化许多操作并提高工作效率。将光标放到按钮上，单击鼠标左键即可执行相关命令。

4．属性栏

属性栏提供了控制对象属性的选项，它会根据所选的物件或工具的不同而显示不同的内容。当用户改选物件或工具时，属性栏会更新，反映用户所作的选择。

5．工具箱

工具箱中包含CorelDRAW的所有绘图命令，将鼠标光标放到按钮上，单击鼠标左键即可执行相应的命令。其中有些工具按钮右下角显示有黑色的小三角，表示该工具包含有子工具组，用鼠标左键单击黑色小三角，即可弹出子工具。

6．标尺和辅助线

标尺可以协助设计者确定物件的大小或设定精确的位置，由水平标尺、垂直标尺和原点三个部分组成。将光标放到标尺上，按住鼠标左键不放向工作区拖动，即可拖出辅助线。从水平标尺上可拖出水平辅助线，从垂直标尺上可拖出垂直辅助线，如图1-3所示。

双击辅助线，可以打开如图1-4所示的“选项”对话框，在此对话框中可以在坐标位置处精确地添加或删除辅助线。

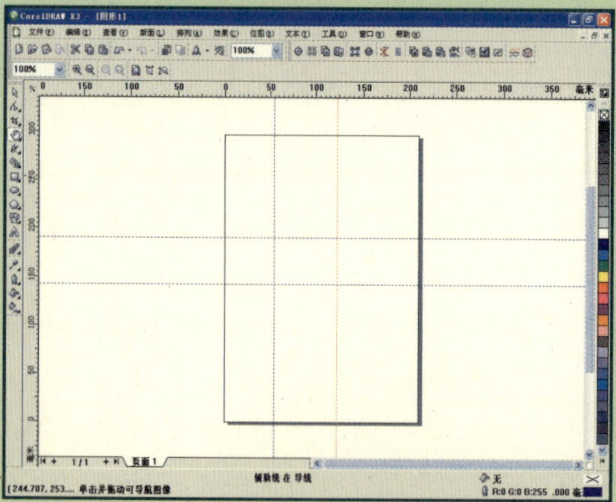

图1-3　添加辅助线

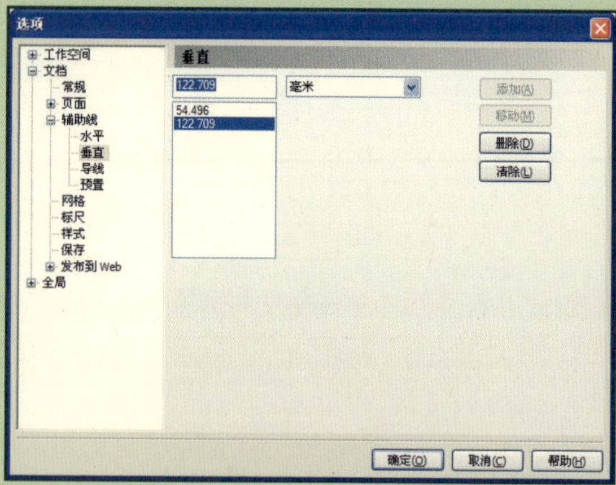

图1-4　“选项”对话框

选中辅助线，再在辅助线上单击鼠标左键，辅助线两端会出现双箭头，如图1-5所示。拖动箭头，即可对辅助线进行自由的旋转，如图1-6所示，在属性栏中可以观察到旋转的角度。我们还可以选中辅助线的中心点，将它移到其他位置，改变辅助线旋转时中心点的位置。

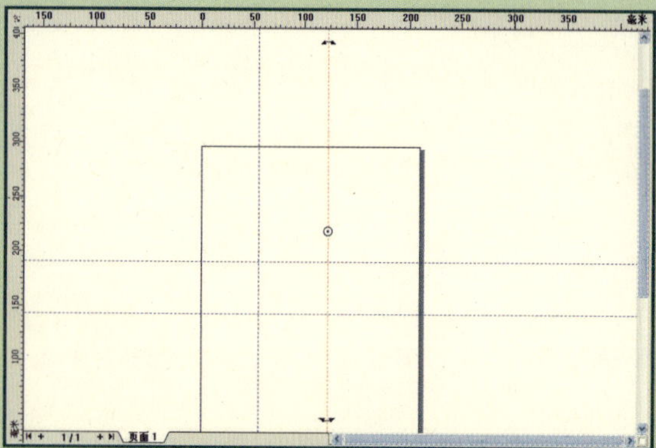

图1-5　出现双箭头

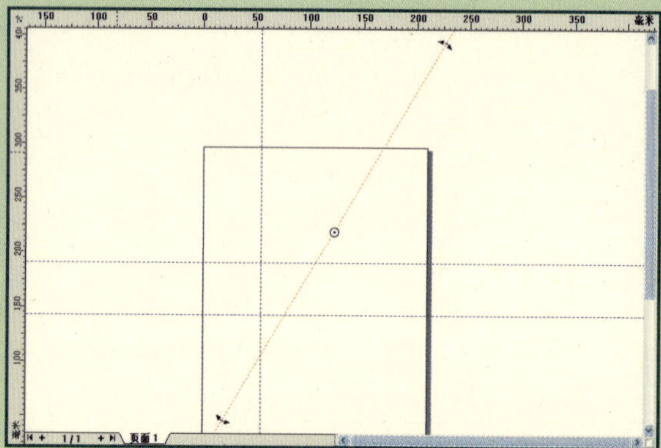

图1-6　旋转辅助线

7．调色板

调色板位于窗口的右边缘，默认呈单列显示，默认的调色板是CMYK模式。CorelDRAW X3提供了十多种预设的调色板系统。

选中对象，用鼠标左键单击调色板上相应的色块，即可填充颜色；用鼠标右键单击调色板上相应的色块，可以改变轮廓色。选中对象，在调色板上方的⊠按钮上单击鼠标左键，可以去掉选取对象的颜色；在⊠按钮上单击鼠标右键，可以去掉选取对象的外轮廓。

单击调色板上方的卷动按钮（或下方的卷动按钮），可卷动调色板上的色彩，单击调色板最下方的箭头按钮，可以显示出调色板上所有的色彩。如果在调色板中的某种颜色上单击鼠标左键并等待几秒钟，CorelDRAW将显示一组与该颜色相近的颜色，如图1-7所示。

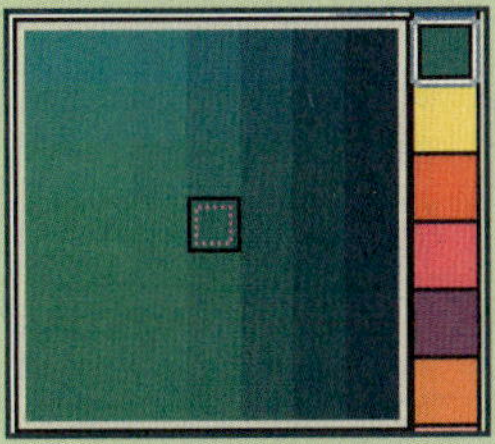
图1-7　颜色组

8．页面控制栏

CorelDRAW中，可以在一个文档中创建多个页面，并通过页面控制栏查看每个页面的情况。在页面标签上单击鼠标右键，在弹出的菜单中选择对应的命令，即可完成对页面的插入、删除、重命名等操作。

9．状态栏

状态栏位于窗口的底部，左侧显示鼠标光标所在屏幕位置的坐标，右侧显示所选对象的填充色、轮廓线颜色和宽度，并随选择对象的填充和轮廓属性做动态变化。

1.1.4 文件的基本操作

文件的基本操作包括新建文件、打开文件、保存文件、导入文件和导出文件等。

1．新建文件

在启动CorelDRAW X3时，可以在弹出的“欢迎窗口”中单击“新建图形”图标来新建文件。在打开CorelDRAW X3后，可以执行【文件】→【新建】命令或单击属性栏中的新建按钮，新建文件如图1-8所示。系统默认的新建页面为A4页面的大小。新建页面后，读者可以在属性栏中自定义页面的大小。

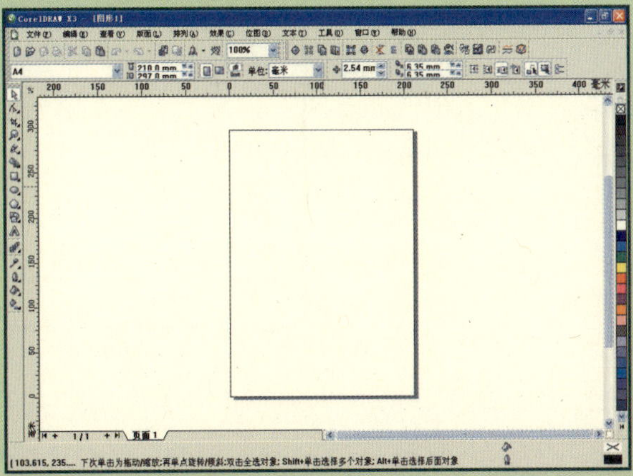
图1-8　新建文件

2．打开文件

执行【文件】→【打开】命令，将打开如图1-9所示的“打开图形”对话框。在此对话框中的“查找范围”选项右侧，单击按钮，将弹出下拉菜单，在其中选择需要打开的文件，最后单击“打开”按钮，即可打开选择的图形文件。

3．保存文件

如果要对设计的作品进行保存，可以执行【文件】→【另存为】命令，执行此命令后，会打开如图1-10所示的“保存图形”对话框。选择好保存文件的路径，并为文件命名后，单击“保存”按钮，就可以将图形文件存储了。

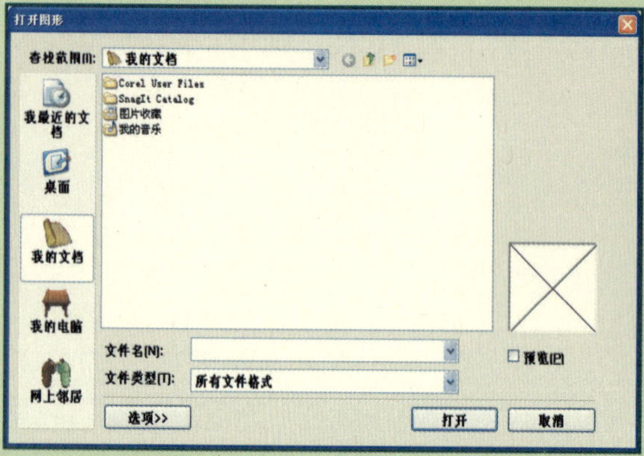

图1-9 “打开图形”对话框

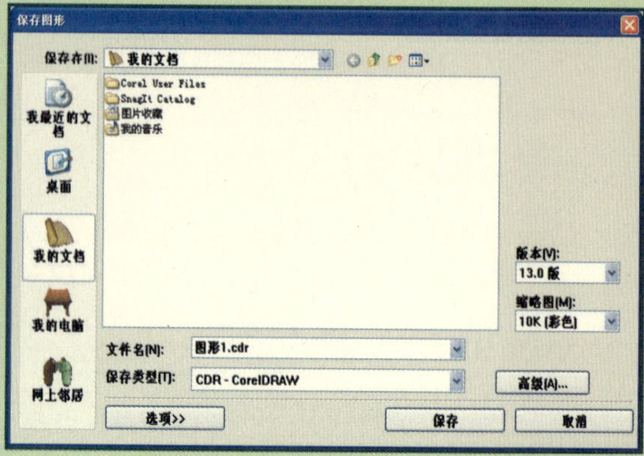

图1-10 “保存图形”对话框

4．关闭文件

执行【文件】→【关闭】命令，或者用鼠标左键单击菜单栏右侧的关闭按钮，可以关闭文件。此时会弹出如图1-11所示的提示框。单击“是”按钮，修改后的图形会把已经储存过的图形文件覆盖，直接保存。如果不保存，则单击“否”按钮。

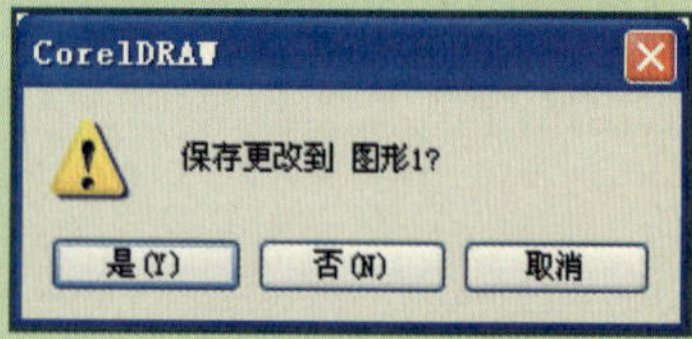

图1-11 提示框

5．导入图形文件

执行【文件】→【导入】命令，会弹出如图1-12所示的“导入”对话框。在弹出的“导入”对话框中，选择需要打开的图形文件，再单击“导入”按钮，然后将光标移动到绘图窗口中，当有图标显示时，单击鼠标左键或按住鼠标左键不放拖动鼠标，可将图像文件导入到绘图窗口中。

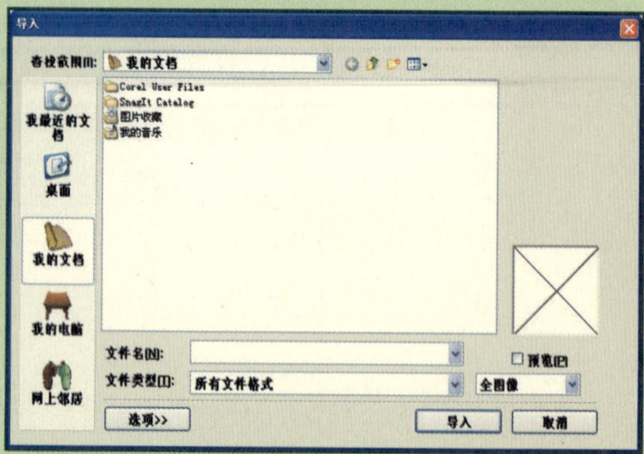

图1-12 “导入”对话框

6．导出图形文件

执行【文件】→【导出】命令，会弹出如图1-13所示的“导出”对话框。选择好要导出的文件格式后，为导出的文件命名，单击“导出”按钮，在打开的相应对话框中设置好相关参数后，单击【确定】按钮就可完成文件的导出。

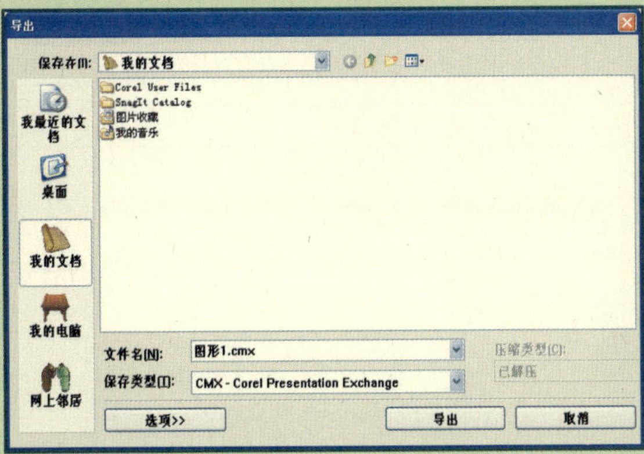

图 1-13 “导出”对话框

1.1.5 页面管理

页面管理包括设置页面、插入页面、删除页面、定位页面等。

1. 设置页面

CorelDRAW X3 默认的页面为 A4 页面，单击属性栏上的“纵向”按钮和“横向”按钮，可以改变纸张的方向，如图 1-14 所示和如图 1-15 所示分别为纵向和横向的效果。

图 1-14 纵向页面

图 1-15 横向页面

设置页面大小有以下几种方法：

（1）在属性栏的“纸张类型大小”下拉框中，可以选择其他的纸张类型，如图 1-16 所示。

（2）可以执行【版面】→【页面设置】命令，打开如图 1-17 所示的“选项”对话框，在对话框中对绘画页面的选项进行设定。

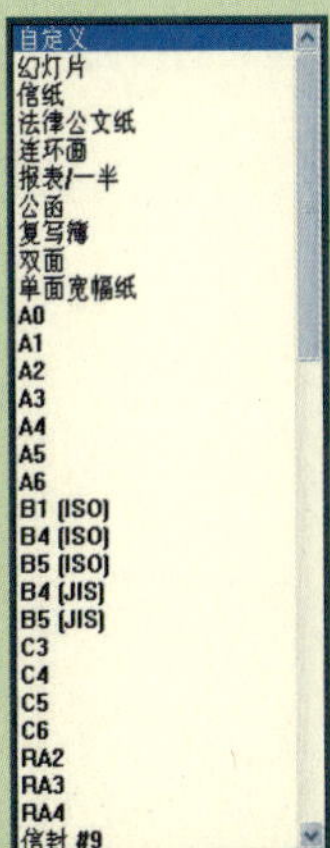

图 1-16 “纸张类型\大小”列表

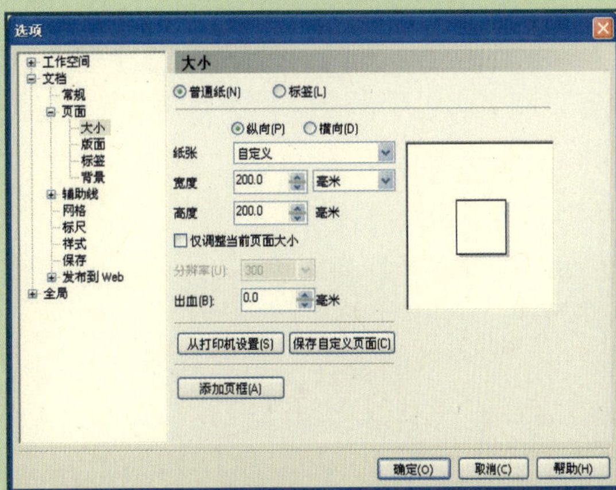

图 1-17 “选项”对话框

（3）我们还可以直接在属性栏中“纸张宽度和高度”的位置输入数值，确定纸张的尺寸。如输入宽度为150mm，高度为250mm，如图1-18所示，页面效果如图1-19所示。

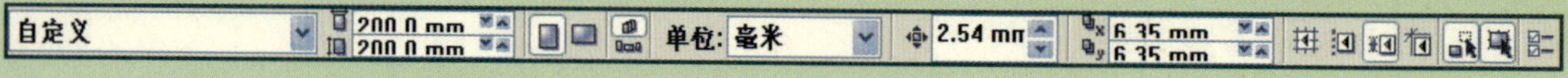

图 1-18　属性栏

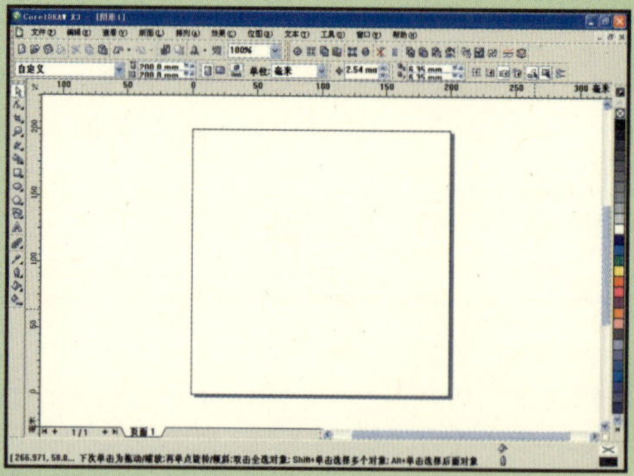

图 1-19　自定义纸张的尺寸

2．插入页面

在CorelDRAW X3中，一个窗口可以设置多个页面。插入页面有以下两种方法：

（1）执行【版面】→【插入页】命令，打开如图1-20所示的“插入页面”对话框。在“插入页面”对话框中直接输入要插入的页数或者单击“插入”后面的上下按钮增加页数，设置好后单击【确定】按钮，即可插入页面。

（2）在状态栏页面标签上单击鼠标右键，在弹出的快捷菜单中选择“在后面插入页”命令或“在前面插入页”命令，也可以插入页面，如图1-21所示。

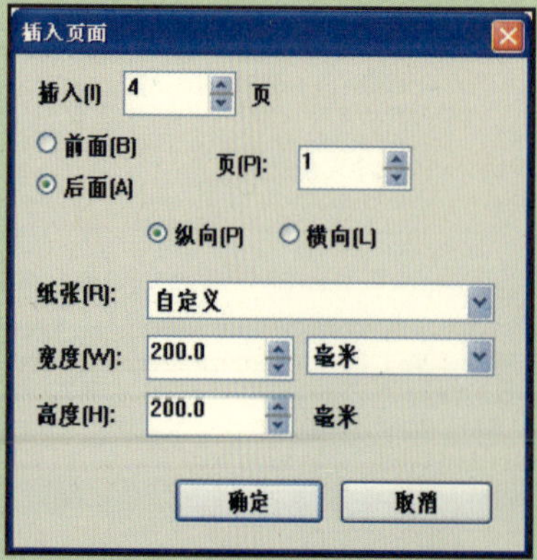

图 1-20　“插入页面”对话框

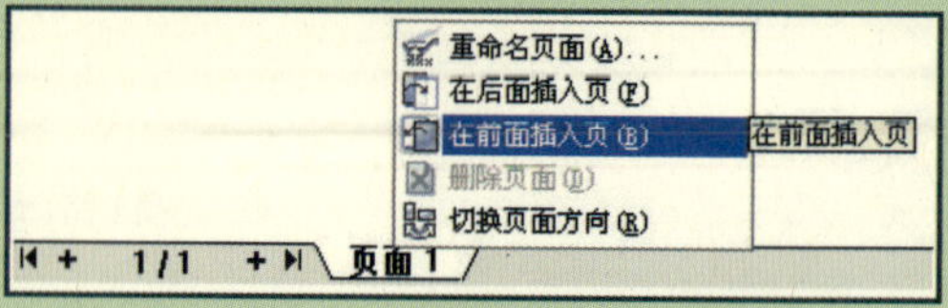

图 1-21　页面标签快捷菜单

3．删除页面

删除页面的具体方法如下：

（1）执行【版面】→【删除页面】命令，打开如图1-22所示的“删除页面”对话框。

（2）在“删除页面”选项中设置删除页面的序号，如“2”表示删除第2页，单击【确定】按钮。

在要删除的页面标签上单击鼠标右键，在弹出的菜单中选择“删除页面”命令，也可删除页面。

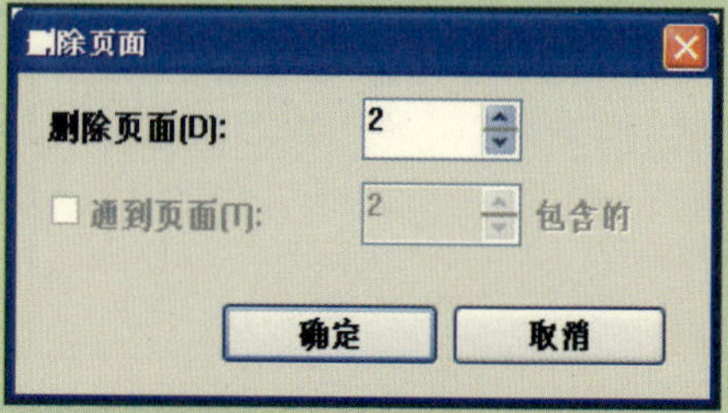

图 1-22　“删除页面”对话框

1.1.6 相关概念

本节将介绍矢量图与位图、常用文件格式、常用色彩模式等相关知识。

1．矢量图与位图

（1）矢量图

矢量图形是由经过精确定义的直线和曲线组成，这些直线和曲线称为向量，矢量图形又称为向量图形、PostScript 图形。矢量图像的最大优点是分辨率独立，无论怎样放大和缩小都不会使图像失去光滑感，在打印输出时会自动适应打印设备的最高分辨率。如图 1-23 所示为一幅矢量图像和对其局部进行放大后的效果。

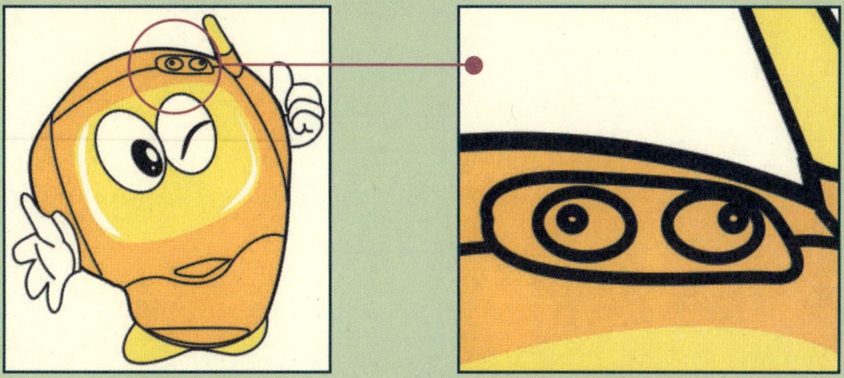

图 1-23　矢量图放大

（2）位图

位图又叫做点阵图或像素图，计算机屏幕上的图像是由屏幕上的发光点（即像素）构成的，这些点是离散的，类似于矩阵。多个像素的色彩组合就形成了图像，称之为位图。

位图在放大到一定限度时会发现它是由一个个小方格组成的，这些小方格被称为像素点，一个像素是图像中最小的图像元素。在处理位图图像时，所编辑的是像素而不是对象或形状，它的大小和质量取决于图像中像素点的多少，每英寸中所含像素越多，图像越清晰，颜色之间的混合也越平滑。计算机存储位图图像实际上是存储图像的各个像素的位置和颜色数据等信息，所以图像越清晰，像素越多，相应的存储容量也越大。

位图图像的主要优点在于表现力强、细腻、层次多、细节多，可以十分容易地模拟出像照片一样的真实效果；缺点是对图像进行放大时，图像会变模糊。如图 1-24 所示为一幅位图图像和对其局部进行放大后的效果。

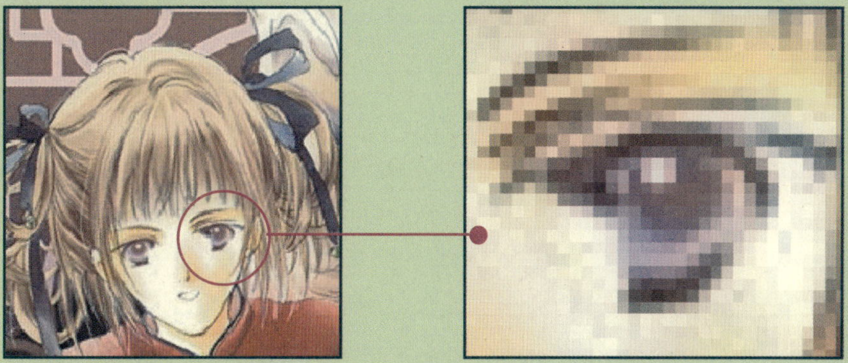

图 1-24　位图放大

2．常用文件格式

CorelDRAW X3 支持 JPEG、TIFF、GIF、BMP 等多种格式的图像文件，你可以在“打开”或者“保存为”对话框的“文件类型”下拉列表框中选择所需的文件格式。下面介绍其中几种常用文件格式的使用。

（1）JPEG 格式

JPEG 是平时最常用的图像格式，被极大多数的图形处理软件所支持。如果对图像质量要求不高，但又要存储大量图片，可以使用 JPEG，若要输出打印，最好不使用 JPEG 格式，因为使用 JPEG 格式保存的图像经过高倍率的压缩，可以使图像变得很小，但同时也会丢失部分数据，成像质量低。

（2）TIFF 格式

TIFF 格式可以在许多图像软件之间进行数据交换，应用较为广泛。TIFF 是一种最佳质量的图形存储方式，可以存储多达 24 个通道的信息，所包含的有关的图形信息最全，但占用的空间也较大。在保存自己的作品时，只要有足够的空间，都可以用这种格式来储存，因为几乎所有软件都支持这种格式。

（3）BMP 格式

BMP 格式是一种标准的点阵式图像文件格式，是微软开发的 Microsoft Paint 的固有格式。BMP 格式采用了一种叫做 RLE 的无损压缩格式，对图像质量不会产生什么影响，这种格式被大多数软件所支持，也可以在 PC 和 Macintosh 机上通用。

（4）GIF 格式

GIF 是输出图像到网页常用的一种格式，它可以支持动画。GIF 格式可以用 LZW 压缩，从而使文件占用较小的空间。如果使用 GIF 格式，一定要转换为索引模式，使用色彩数目转为 256 或更少。

（5）PNG 格式

PNG 格式作为 GIF 的免专利替代品，是专门为 Web 创造的，是一种将图像压缩到 Web 上的文件格式。和 GIF 格式不同的是，PNG 格式支持 24 位图像，不仅限于 256 色。

3．常用色彩模式

色彩模式是色彩被呈现的具体形式，电脑中的色彩在呈现的时候有多种不同的呈现方式，即色彩模式。下面我们介绍几种常用色彩模式。

（1）RGB 模式

RGB 模式是基于自然界中 3 种基色光的混合原理，将红（R）、绿（G）和蓝（B）3 种基色按照 0（黑）~255（白色）的亮度值在每个色阶中分配，从而指定其色彩。当不同亮度的基色混合后，便会产生出 256 × 256 × 256 种颜色，约为 1670 万种。RGB 模式是最常见的色彩模式之一，它在生活中被广泛应用，电视机和计算机的监视器都是基于 RGB 颜色模式来创建其颜色的。

（2）CMYK 模式

CMYK 是一种减色模式，CMYK 分别代表青色（Cyan）、品红（Magenta）、黄色（Yellow）和黑色（Black）。CMYK 模式是最佳的打印模式，RGB 模式尽管色彩多，但不能完全打印出来。

CMYK 模式在本质上与 RGB 模式没有什么区别，只是产生色彩的原理不同，在 RGB 模式中由光源发出的色光混合生成颜色，而在CMYK模式中由光线照到有不同比例C、M、Y、K油墨的纸上，部分光谱被吸收后，反射到人眼的光产生颜色。

（3）HSB模式

HSB模式是基于人眼对色彩的观察来定义的，在此模式中，所有的颜色都用色相或色调、饱和度、亮度三个特性来描述。色相是指我们所看到的事物的颜色；饱和度也叫做纯度，即颜色的鲜艳度；亮度是颜色明暗的相对关系，范围为0~100（由黑到白）。

（4）灰度模式

灰度模式的图像中没有颜色信息，只有亮度信息，由0~255共256级灰阶组成。它与黑白模式不同的是，黑白模式只有黑白两种色质。

（5）Lab模式

Lab模式的原型是由CIE协会在1931年制定的一个衡量颜色的标准，在1976年被重新定义并命名为CIELab。此模式解决了由于不同的显示器和打印设备所造成的颜色差异，即是说它不依赖于设备。

Lab模式由三个通道组成，一个通道是亮度，即L。另外两个是色彩通道，用a和b来表示。a通道的颜色是从深绿（低亮度值）到灰（中亮度值），再到亮粉红色（高亮度值）；b通道则是从亮蓝色（低亮度值）到灰（中亮度值），再到焦黄色（高亮度值）。在处理图像时，如果我们只需要处理图像的亮度，而又不想影响到它的色彩，就可以使用Lab模式，只在L通道中进行处理。

1.2 进阶——导入光盘中的图片

本例练习如何导入光盘中的图片。

Step 01 打开软件并进入到工作界面中，执行【文件】→【导入】命令，打开“导入”对话框，如图1-25所示。在本书配套的光盘中双击“源文件与素材”文件夹，打开下面的子文件夹，如图1-26所示。

图1-25 “导入”对话框

图1-26 双击“源文件与素材”文件夹

Step 02 双击文件夹中的“素材”文件夹，打开下面的子文件。选择素材图片“蝴蝶.jpg”，如图1-27所示。

Step 03 单击“导入”按钮，光标变为如图1-28所示的形状。此时在工作区中单击鼠标即可导入素材，如图1-29所示。

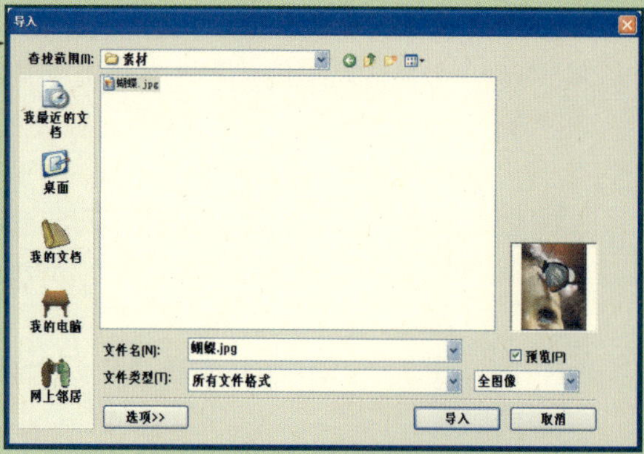

图 1-27 双击“素材”文件夹

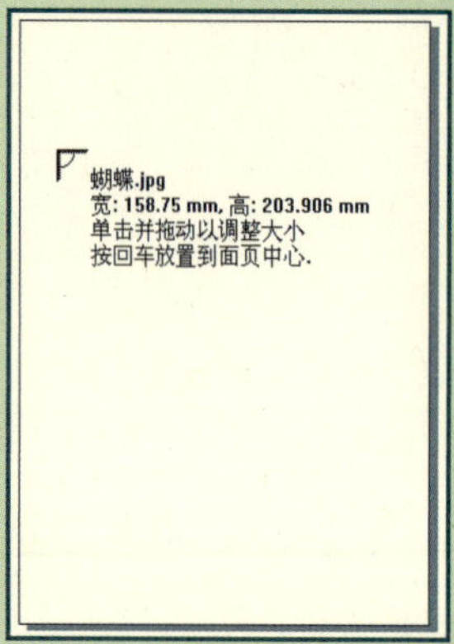

图 1-28 工作区

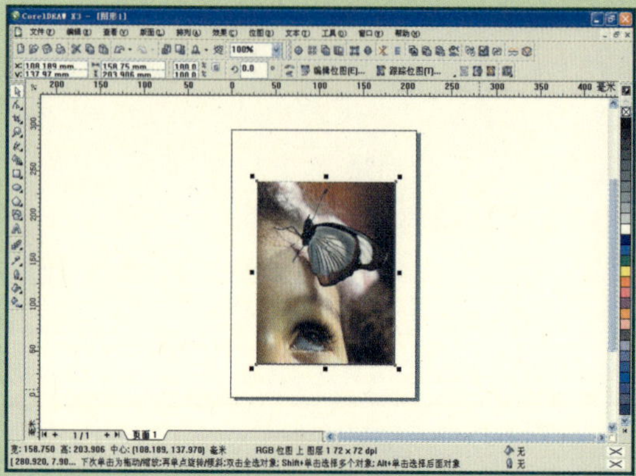

图 1-29 导入素材图片

1.3 提高——将绘制好的图形导出为jpg格式的图片

本例利用“导出”对话框，选择保存类型和保存路径即可导出jpg格式的图片。

Step 01 绘制好图形后，执行【文件】→【导出】命令，打开“导出”对话框，在“保存类型”中选择类型为jpg，如图1-30所示。

Step 02 选择好保存的路径，如图1-31所示，单击“导出”按钮，即可将图片导出到指定的文件夹。

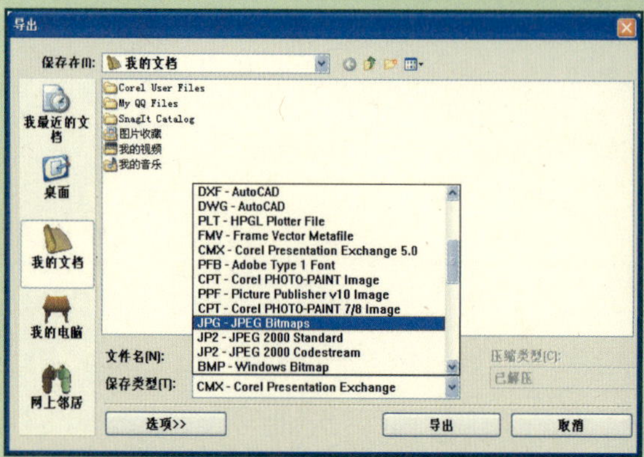

图 1-30 选择类型为jpg

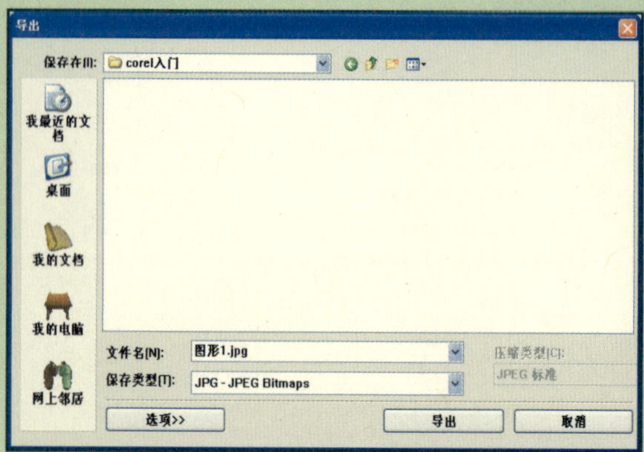

图 1-31 选择保存的路径

第 2 章　几何对象的绘制、填充与轮廓线

本章要点

- 入门——基本概念与基本操作
  - 绘制几何对象
  - 轮廓线
  - 填充图形
- 进阶——典型实例
  - 培训班招贴
  - 旋转花
  - 艺术写真照
- 提高——自己动手练
  - 绘制标志
  - 绘制笔筒

2.1 入门——基本概念和基本操作

本节将介绍几何对象的绘制、轮廓线的设置以及图形的填充，其中使用交互式填充工具填充图形是本节的重点。

2.1.1 绘制几何对象

工具箱中有多种绘制图形的工具，如矩形工具、椭圆工具、钢笔工具等，利用它们可以方便、快捷地绘制出图形。

1. 矩形工具

【矩形工具】可以绘制矩形和正方形。单击矩形工具后，在页面中单击并拖动鼠标，即可绘制矩形，如图 2-1 所示。

按住【Ctrl】键，在页面中单击并拖动鼠标即可绘制正方形；按住【Shift】键，单击并拖动鼠标，可以绘制出以单击点为中心的矩形；按住【Ctrl+Shift】键，可以绘制出以单击点为中心的正方形，效果如图 2-2 所示。

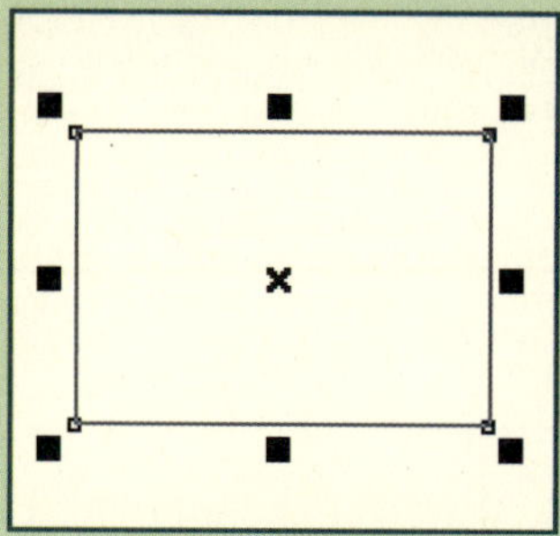

图 2-1　绘制矩形

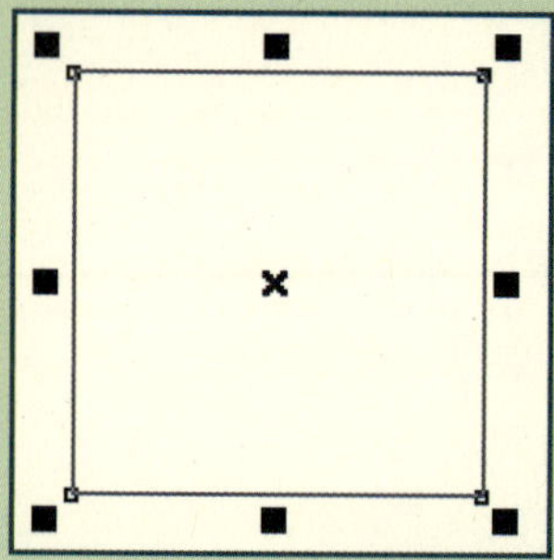

图 2-2　绘制正方形

2. 椭圆工具

【椭圆工具】可以用来绘制椭圆、圆、饼形和圆弧。单击【椭圆工具】，拖动鼠标即可在页面中绘制椭圆，如图 2-3 所示。若按住【Ctrl】键的同时，单击并拖动鼠标可以绘制出正圆，如图 2-4 所示。按住【Shift】键并拖动鼠标，可以绘制以单击点为中心的椭圆；按住【Ctrl+Shift】键，单击并拖动鼠标，可以绘制以单击点为中心的圆形。

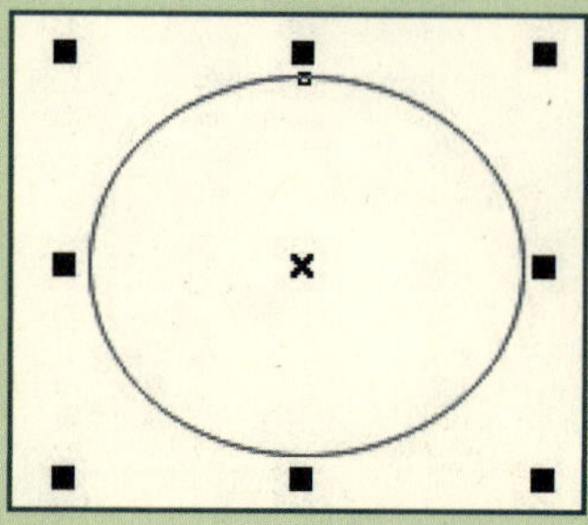

图 2-3　绘制椭圆

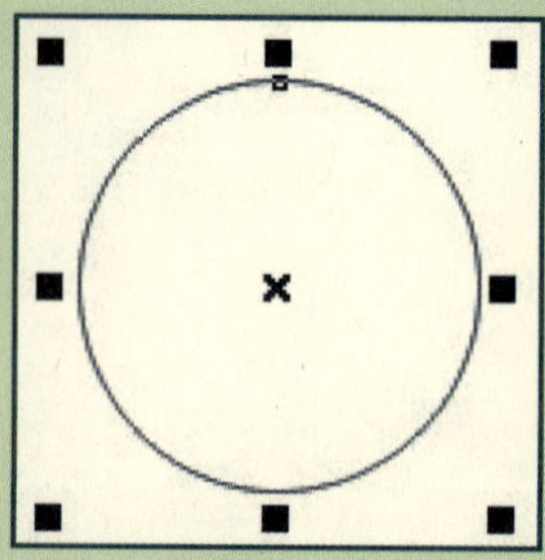

图 2-4　绘制圆

绘制好椭圆后单击属性栏中的【饼形】按钮，在属性栏中设置饼形起始角度，如图 2-5 所示，即可得到饼形，如图 2-6 所示。单击属性栏中的【弧形】按钮，即可得到弧形，如图 2-7 所示。

图 2-5 属性栏

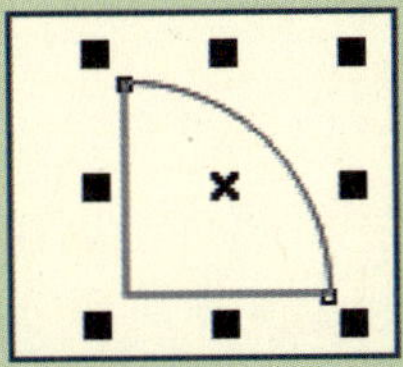

图 2-6 绘制饼形

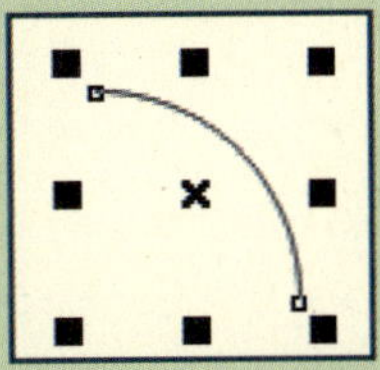

图 2-7 绘制弧形

3. 多边形

使用【多边形工具】可在页面中绘制多边形，具体操作步骤如下：

Step 01 单击工具箱中的【多边形工具】，在属性栏中设置多边形的边数，如图 2-8 所示。

Step 02 在工作区按住鼠标左键并拖动绘制出多边形，释放鼠标即可完成多边形的绘制，如图 2-9 所示。

图 2-8 多边形工具属性栏

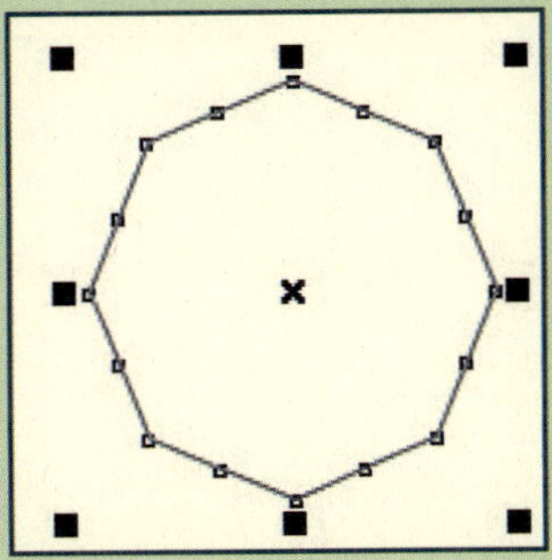

图 2-9 绘制多边形

4. 绘制星形

使用【星形工具】可在页面中绘制星形，具体操作步骤如下：

Step 01 单击工具箱中的【星形工具】，在属性栏中设置星形的边数，如图 2-10 所示。

Step 02 在工作区按住鼠标左键并拖动绘制出星形，释放鼠标即可完成多边形的绘制，如图 2-11 所示。

图 2-10 星形工具属性栏

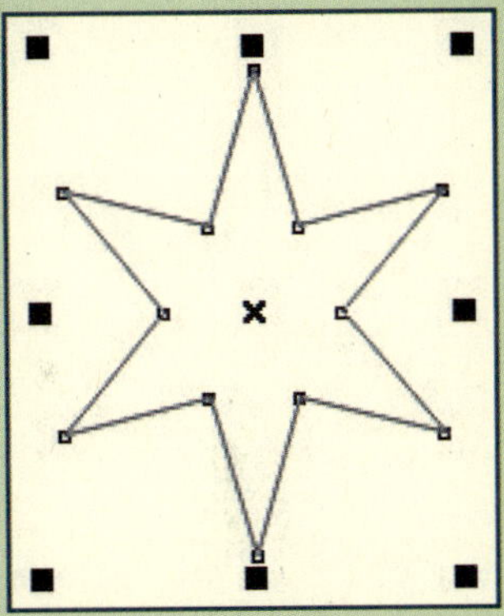

图 2-11 绘制星形

5. 绘制网格

【图纸工具】主要是用来绘制网格，具体操作步骤如下：

Step 01 单击多边形工具集中的【图纸工具】。在【图纸工具】属性栏中设置纵、横方向的网格数量，如图 2-12 所示。

Step 02 在页面中拖动鼠标即可绘制出网格图形，如图 2-13 所示。

图 2-12 设置网格数量

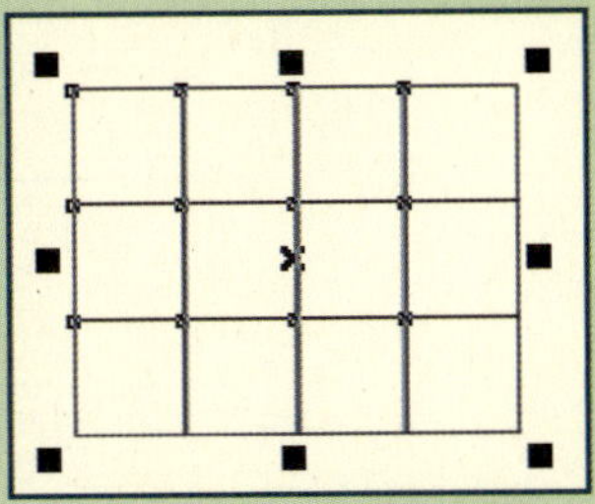

图 2-13 绘制网格图形

6. 绘制螺旋形

【螺旋形工具】可以绘制一种特殊的曲线形状，利用该工具可以绘制出对称螺旋形和对数螺旋形两种螺旋形。

单击【螺旋形工具】，在属性栏中选择对称式螺纹，并设置其圈数，如图 2-14 所示。在页面中单击并拖移鼠标即可绘制螺旋形，如图 2-15 所示。

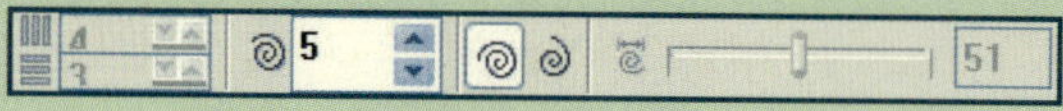

图 2-14　螺旋形工具属性栏

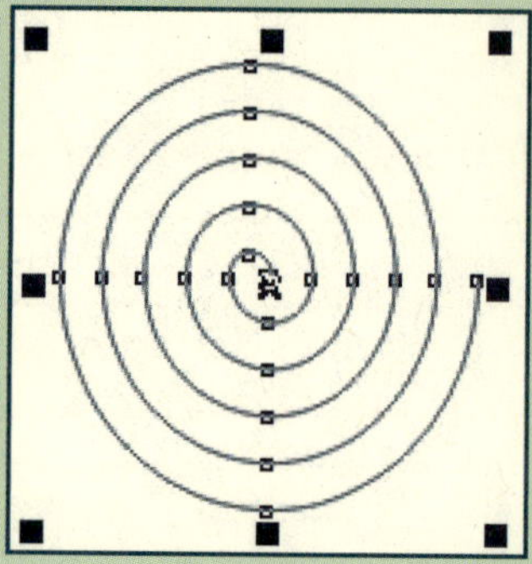

图 2-15　对称式螺纹

单击【螺旋形工具】，在属性栏中选择对数式螺纹，并设置其圈数及螺纹扩展参数，如图 2-16 所示。在页面中单击并拖移鼠标即可绘制螺旋形，如图 2-17 所示。

图 2-16　螺旋形工具属性栏

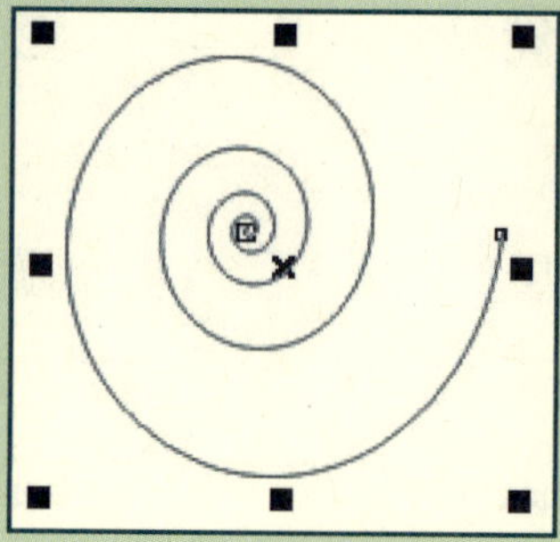

图 2-17　对数式螺纹

提 示 >>

按住【Ctrl】键拖动鼠标，可以绘制出正螺旋形；按住【Shift】键拖动鼠标，可以绘制出以鼠标单击点为中心的螺旋形；按住【Ctrl+Shift】键并拖动鼠标，可以绘制出以鼠标的单击点为中心的正螺旋形。

7. 基本形状

【基本形状工具】属性栏中的图形库提供了丰富的基本图形，用户可以选择自己需要的几何形，如图 2-18 所示。选择基本图形后，设置其属性栏参数，在绘图页面中拖动鼠标即可绘制几何图形，如图 2-19 所示。

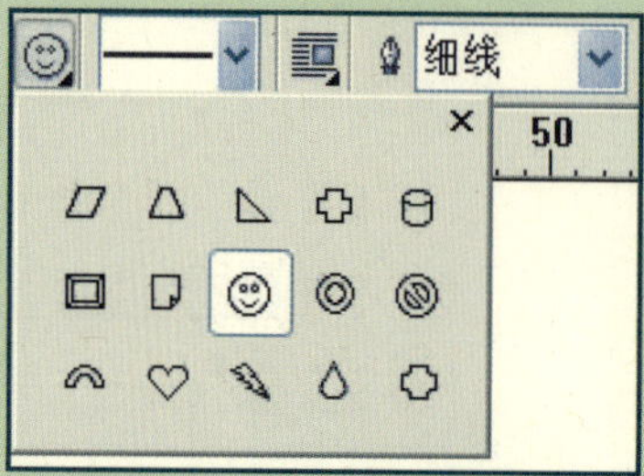

图 2-18　属性栏的图形库

图 2-19　快速绘制好的几何图形

除了基本形状外，CorelDRAW X3 还为读者提供了箭头形状、流程图形状、星形和标注形状。箭头形状中有 32 种预设图形，用于帮助读者快速地建立一些指示图形；流程图形状中有 23 种外形；星形中有 12 种外形；标注形状中有 6 种外形。

2.1.2 轮廓线

轮廓线是一个图形对象的边缘，与颜色、大小一样都属于对象的一个属性。编辑和设置轮廓线涉及很多选项以及参数，不同的参数设置会得到不同的轮廓线效果。

1．设置轮廓线的颜色、粗细及样式

利用【轮廓笔】对话框可以设置轮廓线的粗细及样式，具体操作步骤如下：

Step 01 选中对象，如图 2-20 所示。单击工具箱中的【轮廓工具】，打开【轮廓笔】对话框，如图 2-21 所示。

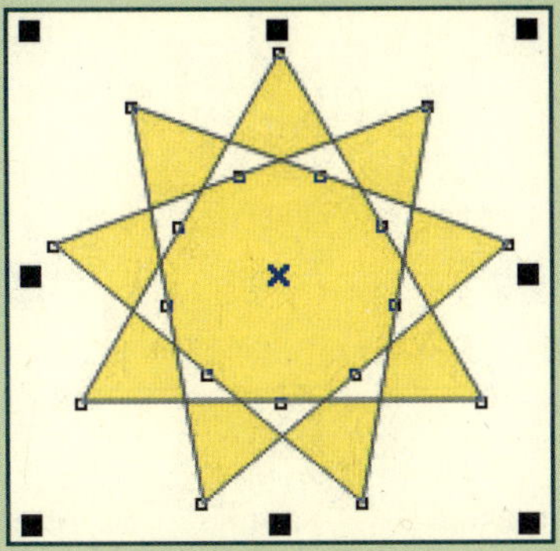

图 2-20 选中对象

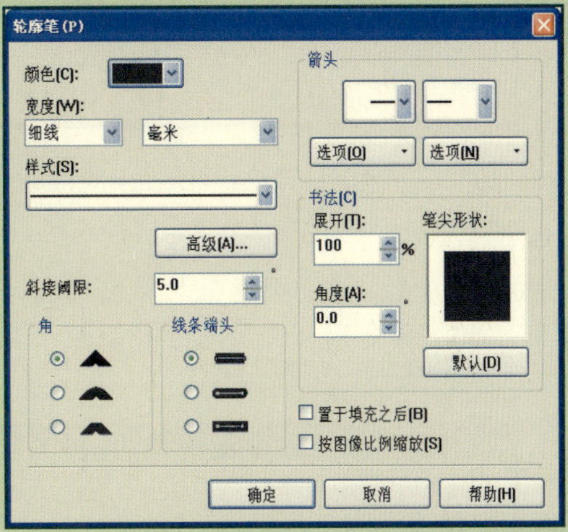

图 2-21 【轮廓笔】对话框

Step 02 单击【轮廓笔】对话框中【颜色】下拉列表框右边的下拉箭头，选择轮廓线的颜色，如图 2-22 所示。

Step 03 在【宽度】下拉列表框中可选择轮廓线的粗细，如图 2-23 所示。

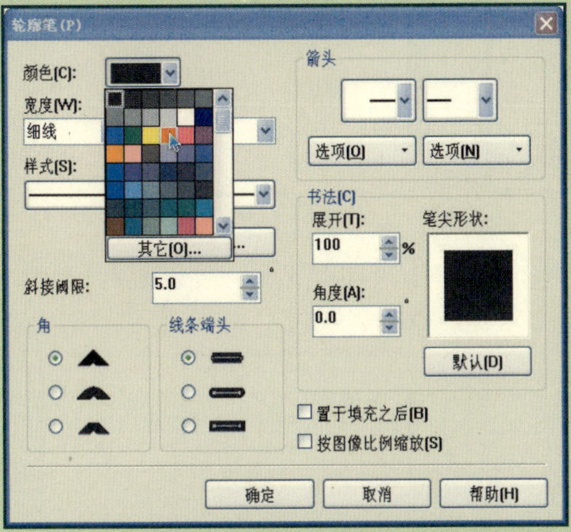

图 2-22 选择轮廓线的颜色

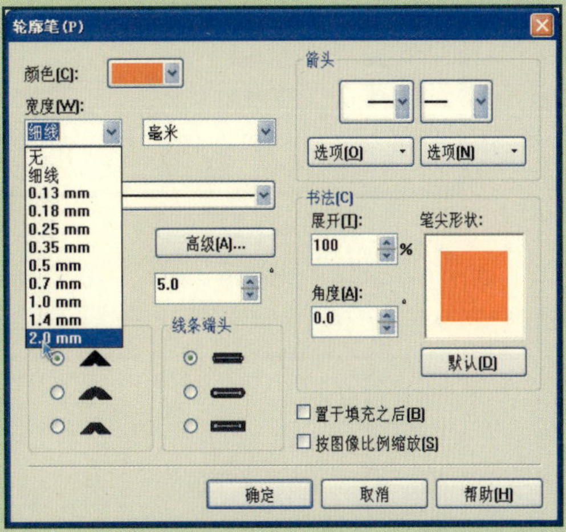

图 2-23 【宽度】下拉列表框

Step 04 在【样式】下拉列表框中设置了多种轮廓线的样式，如图 2-24 所示。

Step 05 单击【确定】按钮，完成轮廓线的粗细及样式的设置，如图 2-25 所示。

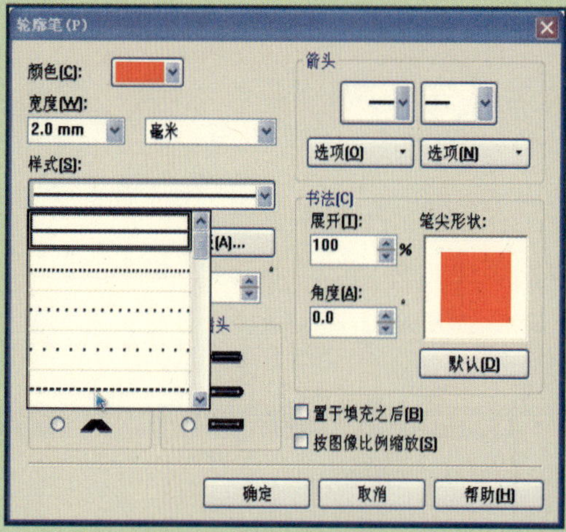

图 2-24 【样式】下拉列表框

图 2-25 完成的效果

2. 设置后台填充和比例缩放

轮廓的默认位置位于填充对象的前面，选中【轮廓笔】对话框中的【置于填充之后】复选框，如图 2-26 所示，轮廓就会以 50% 的宽度位于填充对象的后面，从而加强图形对象的清晰度，如图 2-27 所示。

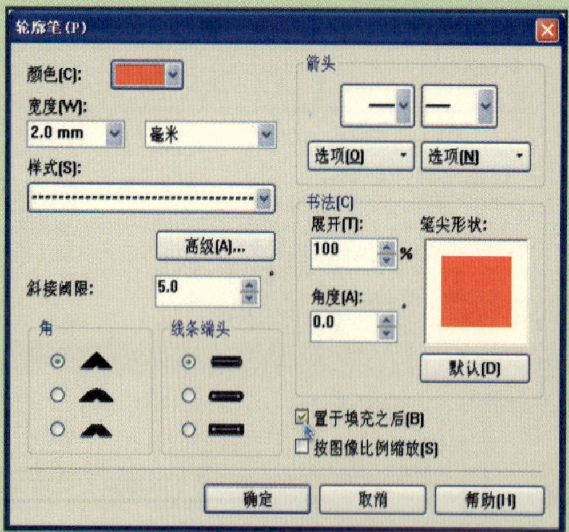

图 2-26 【轮廓笔】对话框

图 2-27 【后台填充】对比效果

选中对话框中的【按图像比例显示】复选框。在对图形对象进行缩放操作时，轮廓会随之成比例地改变，如图 2-28 所示。这样就不需要担心自己的作品会在缩放的过程中变形。

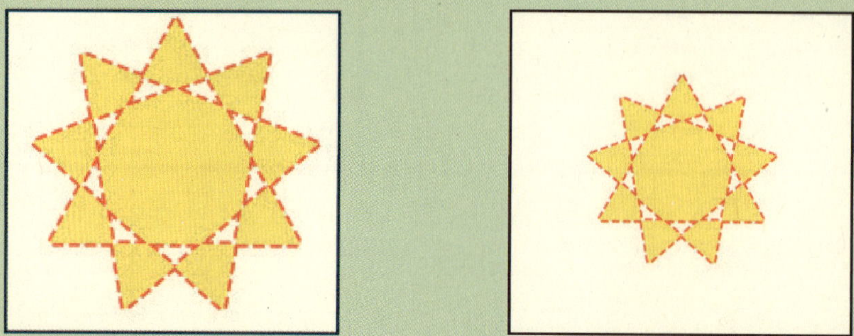

图 2-28 应用按图像比例显示

2.1.3 填充图形

在CorelDRAW X3中有普通填充、渐变色填充、图案填充、纹理填充、PostScript填充等多种填充方式，下面我们将分别介绍它们。

1. 使用调色板填充

使用调色板填充是一种最普通、最常用的填充方式。单击工具箱中的【挑选工具】，选中需要进行色彩填充的图形对象，用鼠标左键单击工作区右侧调色板中的颜色色块，可将选中的颜色填充到图形对象中。用鼠标右键单击调色板中的颜色色块，则可以对图形对象的轮廓进行填充。用鼠标左键单击调色板中的【无轮廓】按钮☒，图形对象会变为透明的无填充效果，用鼠标右键单击【无轮廓】按钮，图形对象的外轮廓会变为透明的无填充效果。

如果一直按住调色板上的某一颜色不放，则可以出现该颜色与前后两种颜色所形成的颜色阶梯，你可以单击并选择其中的颜色。如果按住【Ctrl】键的同时单击其他的色块，则可以混合两种色块的颜色。

2.【标准填充】对话框

使用【标准填充】对话框填充颜色的具体操作步骤如下：

Step 01 单击工具箱中的【挑选工具】选中对象。单击工具箱中的【标准填充对话框】工具，打开【标准填充】对话框，在对话框的下拉列表中选择颜色的模式，一般为CMYK模式。

Step 02 在颜色框中单击或拖移，选择需要的颜色，当然也可以通过在右方的组件框输入数值来指定颜色，如图2-29所示。单击【确定】按钮即可将所选颜色填充到选中的对象上。

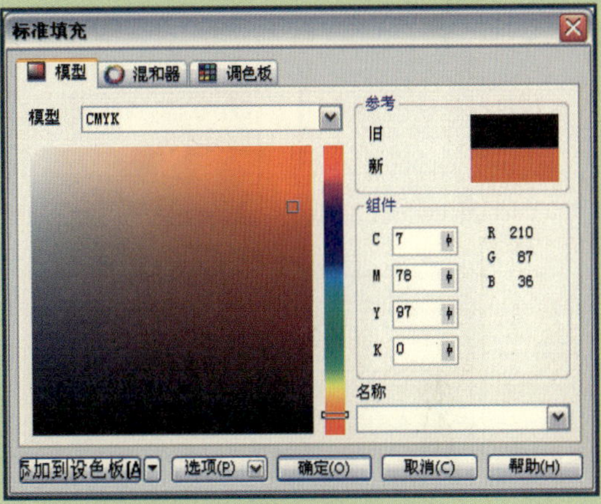

图2-29 【标准填充】对话框

3. 用【颜色】泊坞窗填色

利用【颜色】泊坞窗填充图形是标准填充的另一种形式。具体操作方法如下：

Step 01 单击工具箱中的【挑选工具】按钮选中对象，执行【窗口】→【泊坞窗】→【颜色】命令，打开【颜色】泊坞窗，如图2-30所示。

Step 02 在泊坞窗中设置精确的颜色参数后，单击【填充】按钮即可填充。

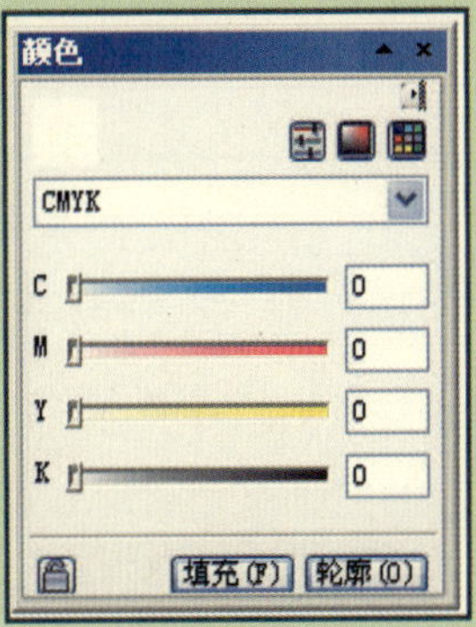

图2-30 【颜色】泊坞窗

4．渐变填充

选中对象，单击工具箱中的【填充工具】右下角的三角形按钮，在弹出的隐藏工具组中单击【渐变填充工具】按钮，弹出如图 2-31 所示的【渐变填充方式】对话框。

对话框中各参数含义如下：

- 【类型】包括了【线性】、【射线】、【圆锥】、【方角】四种填充方式，如图 2-32 所示。
- 颜色的调和有双色和自定义两种，颜色调和默认为双色。选中【自定义】填充选项，对话框变为如图 2-33 所示。

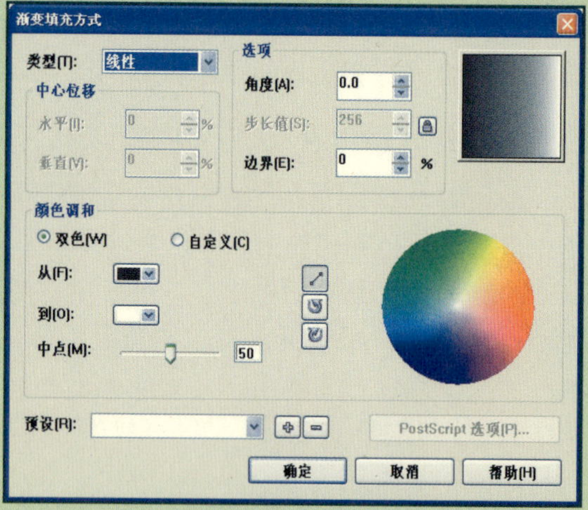

图 2-31 【渐变填充方式】对话框

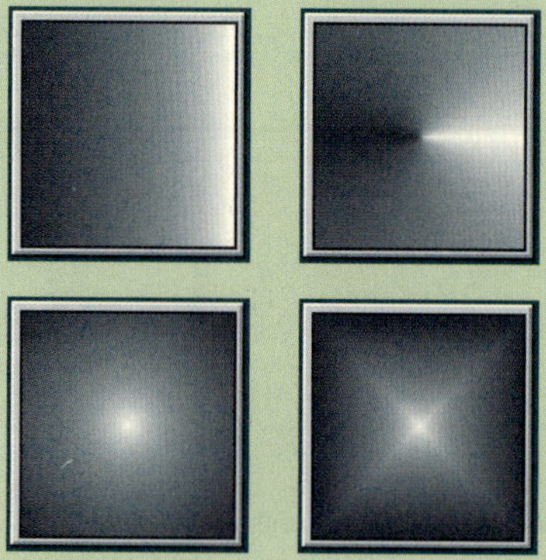

图 2-32 四种填充方式

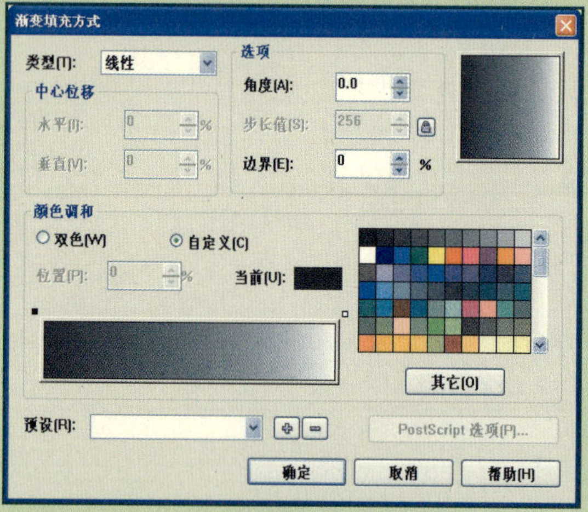

图 2-33 【渐变填充方式】对话框

- 【角度】参数，用于设置渐变填充的角度，其范围在-360°～360°之间；
- 【步长值】用于设置渐变的阶层数，默认设置为 256，数值越大，渐变层次就越多，对渐变色的表现就越细腻。
- 【边界】用于设置边缘的宽度，其取值范围在 0～49 之间，数值越大，相邻颜色间的边缘就越窄，其颜色的变化就越明显。
- 【中心位移】可以调整射线、圆锥等渐变方式的填色中心点位置。

5．使用交互式填充工具填充

在 CorelDRAW X3 的填充工具组中还有一种【交互式填充工具】，利用它可以灵活、方便地进行填充。其具体操作步骤如下：

Step 01 单击工具箱中的【挑选工具】，选中填充对象，如图 2-34 所示。

Step 02 单击工具箱中的【交互式填充工具】，在属性栏左侧的【填充类型】下拉列表中选择一种类型，如图 2-35 所示，此时图形也被填充，如图 2-36 所示。

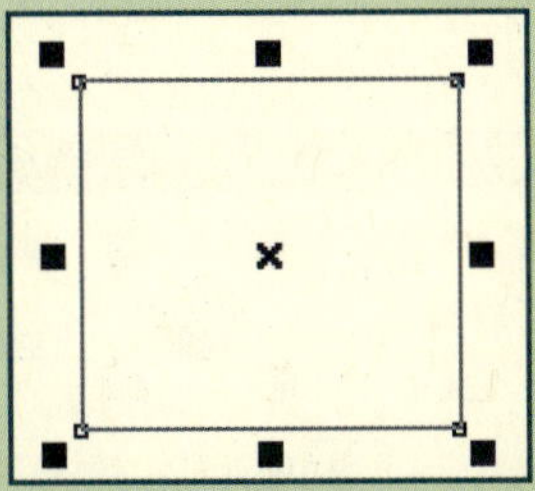

图 2-34 选中填充对象

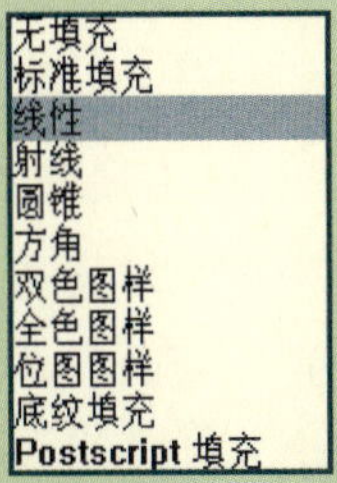

图 2-35 【填充类型】下拉列表

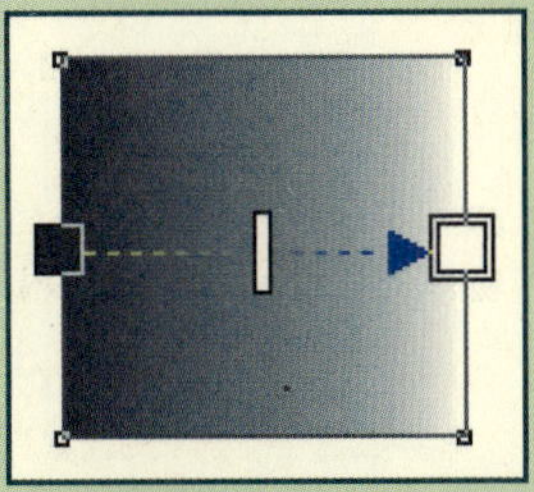

图 2-36 填充渐变色

在属性栏中单击“起始填充色”和“结束填充色”下拉箭头，可以改变渐变色的颜色。拖动填充控制线及中心控制点的位置，可以调整填充颜色的渐变效果。通过调节填充控制线、中心控制点及尺寸控制点的位置可以调整填充图案或材质的尺寸大小和排列效果。

6. 使用交互式网状填充工具填充

利用交互式【网状填充工具】，可以形成网状填充效果，同时还可以在每一个网点填充不同的颜色并定义颜色的扭曲方向，其具体操作步骤如下：

Step 01 单击【交互式网状填充工具】，设置属性栏中需要的网格数目，如图 2-37 所示。

Step 02 单击工具箱中的【挑选工具】，选中填充对象，这时在对象上会出现网状节点，如图 2-38 所示。

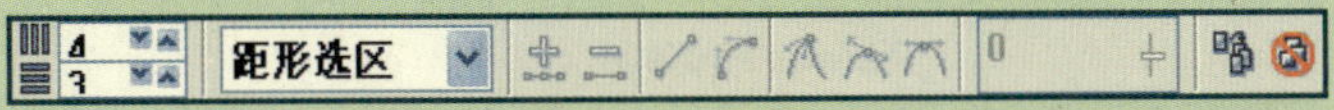

图 2-37 交互式网状填充工具属性栏

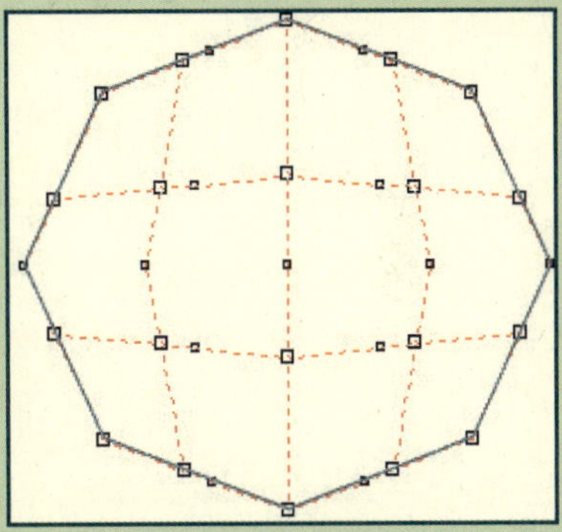

图 2-38 网状节点

Step 03 选择需要填充的范围中的节点，如图2-39所示，在调色板中选定需要填充的颜色，即可为该节点周围填充晕染颜色，如图 2-40 所示。

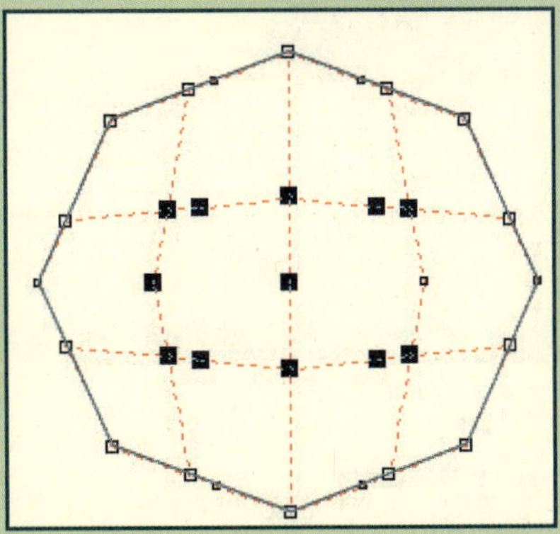

图 2-39 选中节点

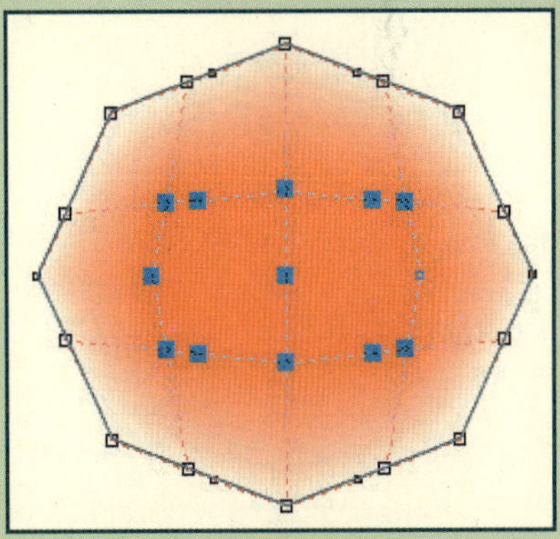

图 2-40 在节点上填充颜色

7. 图案填充

选中要填充的对象后，单击工具箱中【填充工具】右下角的三角形按钮，在弹出的隐藏工具组中单击【图案填充对话框】工具，打开【填充图案】对话框，如图 2-41 所示。

在【填充图案】对话框中，CorelDRAW X3 为用户提供了双色、全色和位图模式 3 种图案填充模式，每种模式都有不同的花纹和样式供用户选择。当选择【全色】或【位图】类型时，可以使用多色彩的图案和位图作为填充。

对话框中其余参数含义如下：

- 当选择【双色】类型时，用户可以定义图案的前景色和背景色。
- 单击【装入】按钮可以载入已有的图案。
- 单击【创建】按钮可以在打开的【双色图案编辑器】对话框中单击鼠标左键绘制图案。在绘制图案时，单击鼠标右键可删除多余的点。
- 【大小】选项可以用来设置平铺图案尺寸的大小。
- 【变换】选项可以用来使图案产生倾斜及旋转变化。
- 【行或列位移】选项用来使填充图案的行、列产生偏移。
- 设置完成后单击【确定】按钮。

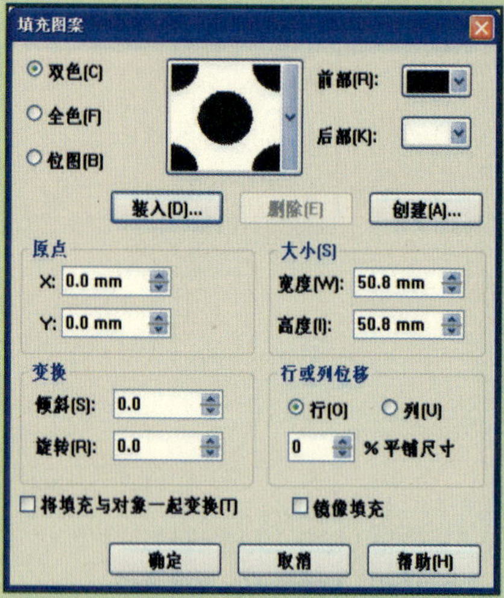

图 2-41 【填充图案】对话框

8．纹理填充

CorelDRAW X3为用户提供了300多种纹理样式及材质，纹理填充的操作步骤如下：

Step 01 单击工具箱中的【挑选工具】选中要填充的对象。

Step 02 在工具箱中的填充工具组中单击【纹理填充对话框工具】，打开【底纹填充】对话框，如图 2-42 所示。

Step 03 读者可以在【底纹库】中选择不同的样本，然后在样本所对应的【底纹列表】中选择所需的纹理。选择好纹理后，可以在对话框的右边进行详细的设置。

Step 04 设置完成后单击【确定】按钮即可。

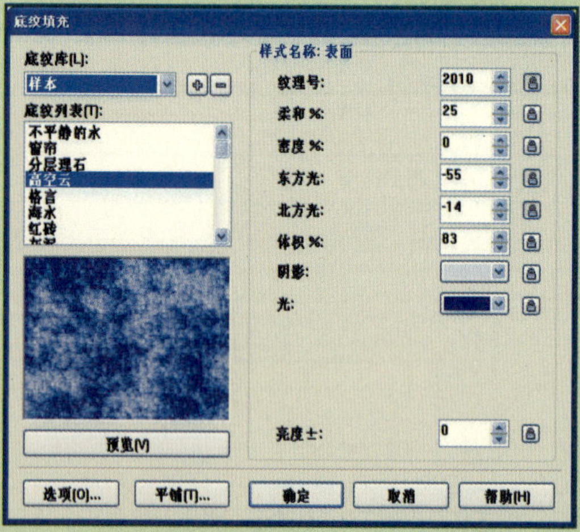

图 2-42 【底纹填充】对话框

9．Postscript 填充

Postscript 填充是由 Postscript 语言编写出来的一种底纹，只有在增强视图模式下才能显示出来。单击填充工具集中的【Postscript 填充对话框】工具，在打开的对话框中选择及设置 Postscript 样式，选中【预览填充】选项，可以预览到填充图案，如图 2-43 所示。

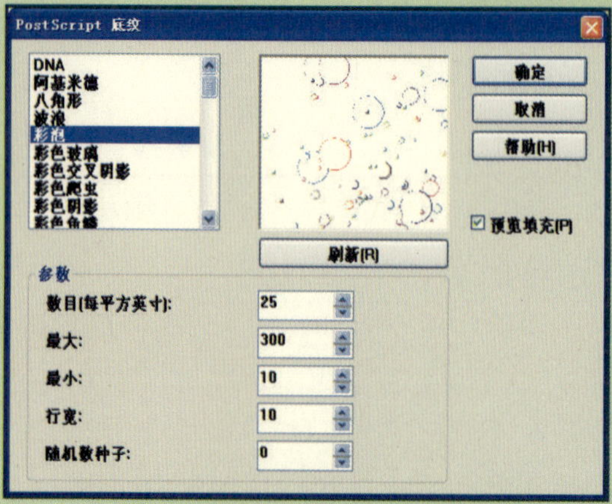

图 2-43 【Postscript 底纹】对话框

2.2 进阶——典型实例

掌握了几何对象的绘制，并了解几何对象的轮廓线以及填充方法之后，下面通过几个比较典型的实例对以上的学习进行更深入的讲解。

2.2.1 培训班招贴

本例将制作效果如图 2-44 所示的招贴广告设计。通过本例的学习，主要让读者熟练运用【矩形工具】、【手绘工具】、【纹理填充】、【渐变填充】、【旋转】等知识。

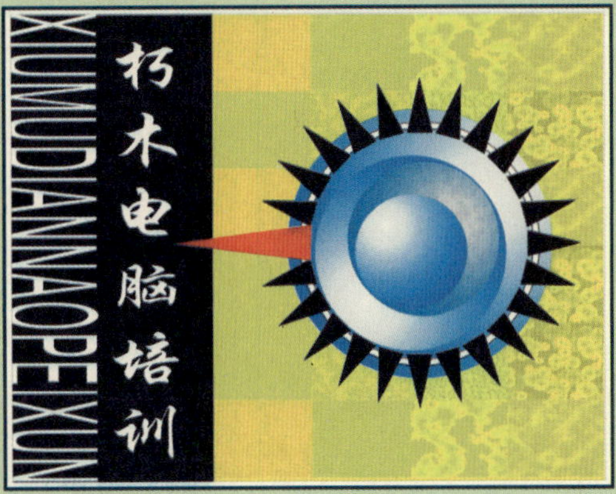

图 2-44 最终效果

Step 01 执行【文件】→【新建】命令或按【Ctrl + N】键创建新文件。单击工具箱中的【矩形工具】，在窗口中绘制矩形图形，单击调色板的【黄色】按钮，填充图形颜色，并右键单击调色板中的【无轮廓】按钮，去掉图形外轮廓边框，如图 2-45 所示。

Step 02 用同样的方法，在图形中绘制“黑色”矩形图形，如图 2-46 所示。

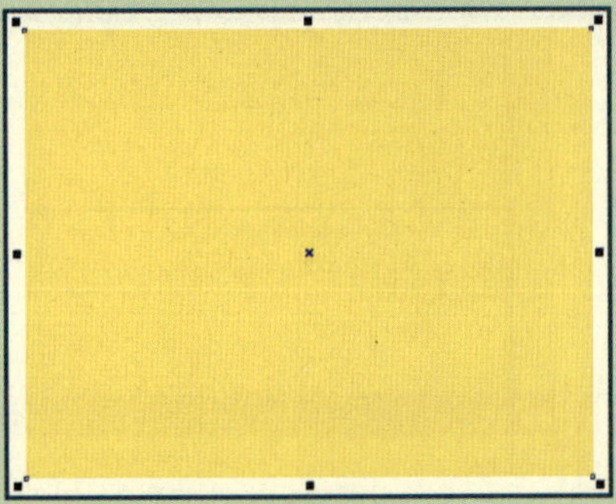

图 2-45 绘制矩形图形

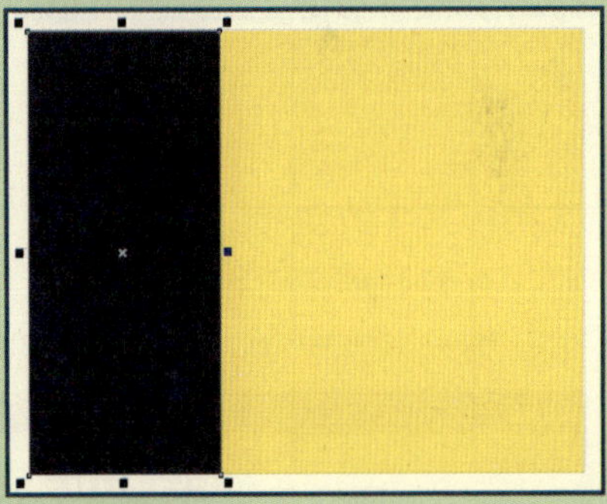

图 2-46 绘制“黑色”矩形图形

Step 03 单击工具箱中的【矩形工具】，在空白区域绘制“绿色”矩形图形如图 2-47 所示。

Step 04 单击工具箱中的【选择工具】，移动复制多个图形，并分别填充序号 1、序号 2、序号 3、序号 4、序号 5、序号 6、序号 7、序号 8 的图形颜色，如图 2-48 所示。

Step 05 选择序号 1 的图形，单击工具箱中的【纹理填充对话框】，打开【底纹填充】对话框，在对话框中设置【底纹库】为样本 7，选择【底纹列表】中的“阿兹特克人洞穴画”填充样式，设置其他参数如图 2-49 所示。

Step 06 选择序号 2 的图形，单击工具箱中的【纹理填充对话框】，打开【底纹填充】对话框，在对话框中设置【底纹库】为样本 7，选择【底纹列表】中的“浮游生物”填充样式，设置其他参数如图 2-50 所示。

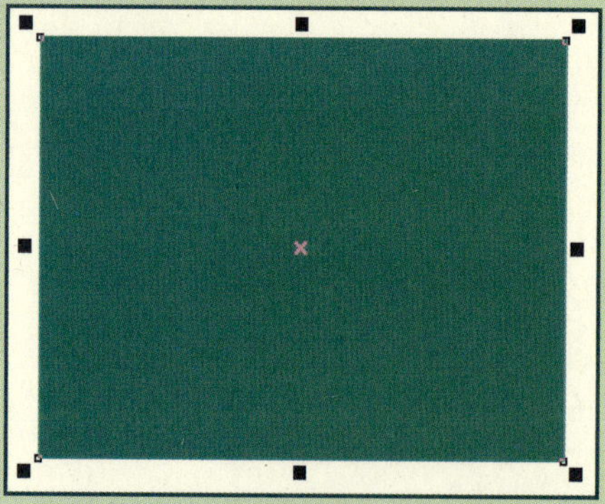

图 2-47　绘制"绿色"矩形图形

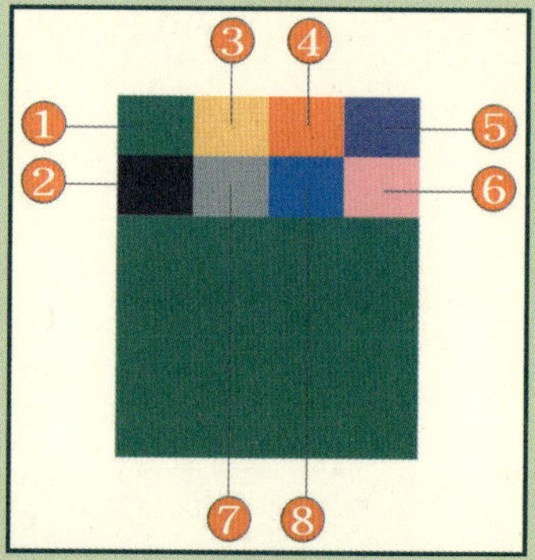

图 2-48　复制图形并填充颜色

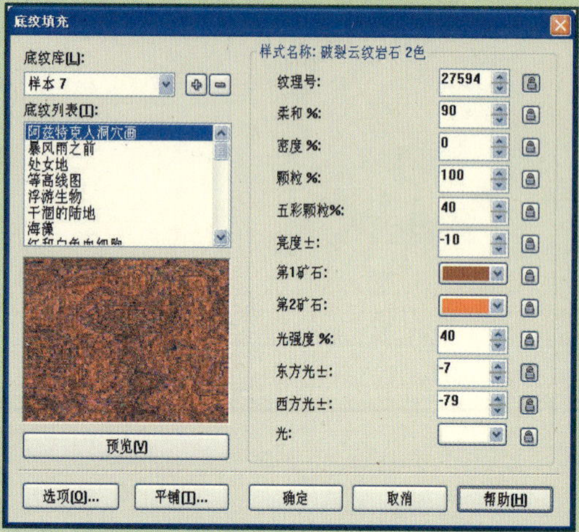

图 2-49　设置"阿兹特克人洞穴画"样式

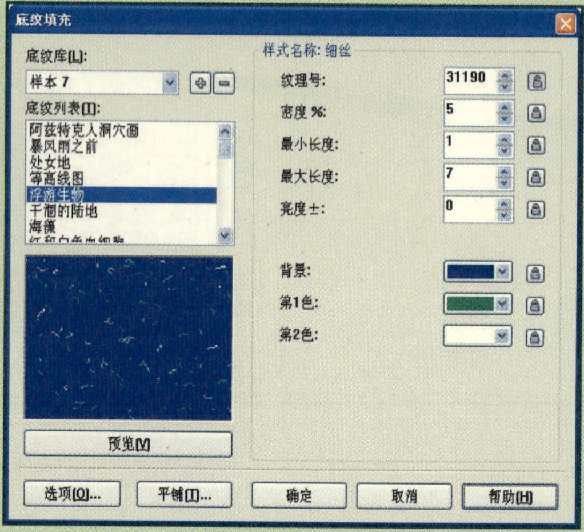

图 2-50　设置"浮游生物"样式

Step 07　选择序号 3 的图形，单击工具箱中的【纹理填充对话框】，打开【底纹填充】对话框，在对话框中设置【底纹库】为样本 7，选择【底纹列表】中的"暴风雨之前"填充样式，设置其他参数如图 2-51 所示。

Step 08　选择序号 4 的图形，单击工具箱中的【纹理填充对话框】，打开【底纹填充】对话框，在对话框中设置【底纹库】为样本 7，选择【底纹列表】中的"处女地"填充样式，设置其他参数如图 2-52 所示。

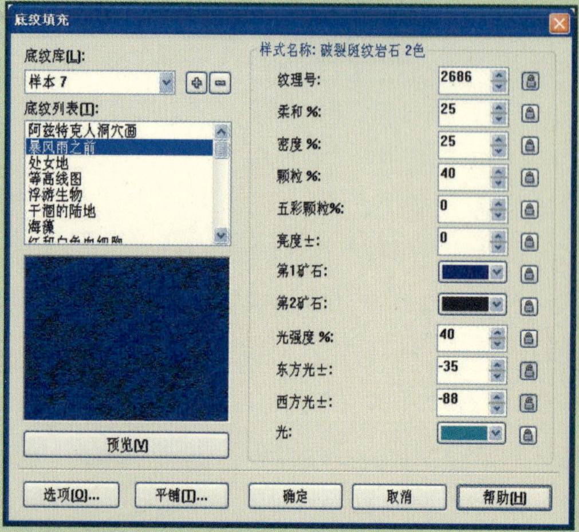

图 2-51　设置"暴风雨之前"样式

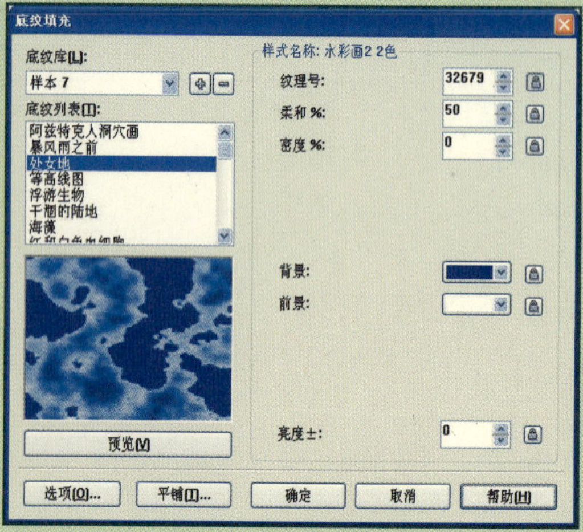

图 2-52　设置"处女地"样式

Step 09 选择序号5的图形，单击工具箱中的【纹理填充对话框】，打开【底纹填充】对话框，在对话框中设置【底纹库】为样本7，选择【底纹列表】中的“等高线图”填充样式，设置其他参数如图2-53所示。

Step 10 选择序号6的图形，单击工具箱中的【纹理填充对话框】，打开【底纹填充】对话框，在对话框中设置【底纹库】为样本7，选择【底纹列表】中的“红和白色血细胞”填充样式，设置其他参数如图2-54所示。

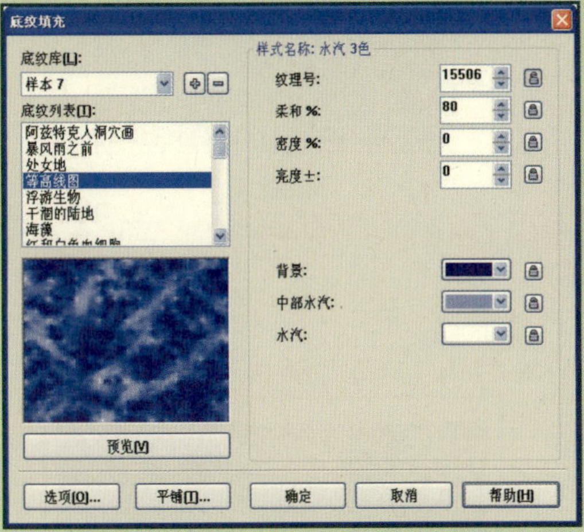

图2-53 设置“等高线图”样式

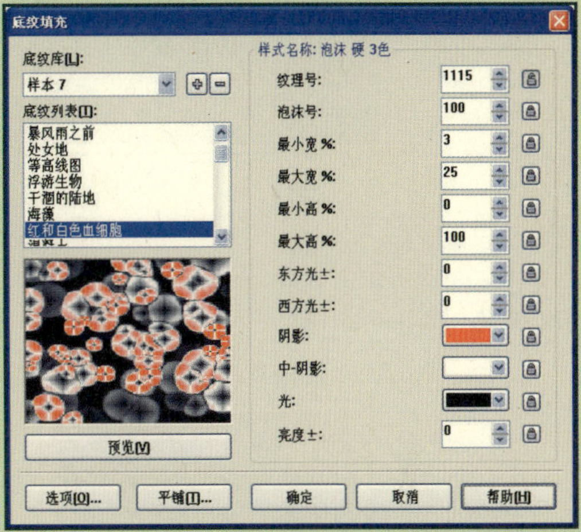

图2-54 设置“红和白色血细胞”样式

Step 11 选择序号7的图形，单击工具箱中的【纹理填充对话框】，打开【底纹填充】对话框，在对话框中设置【底纹库】为样本7，选择【底纹列表】中的“干涸的陆地”填充样式，设置其他参数如图2-55所示。

Step 12 选择序号7的图形，单击工具箱中的【纹理填充对话框】，打开【底纹填充】对话框，在对话框中设置【底纹库】为样本7，选择【底纹列表】中的“海藻”填充样式，设置其他参数如图2-56所示。

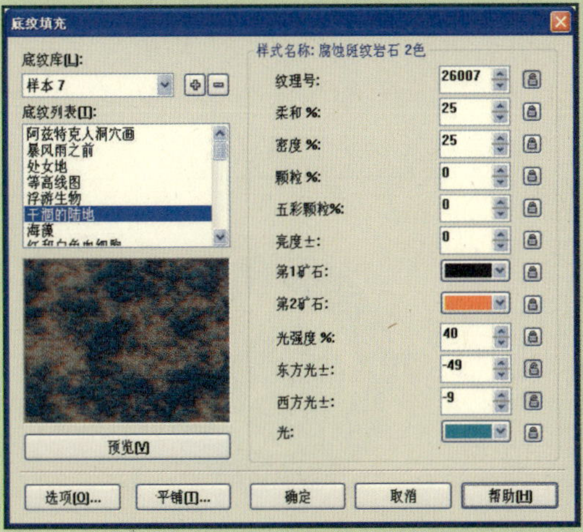

图2-55 设置“干涸的陆地”样式

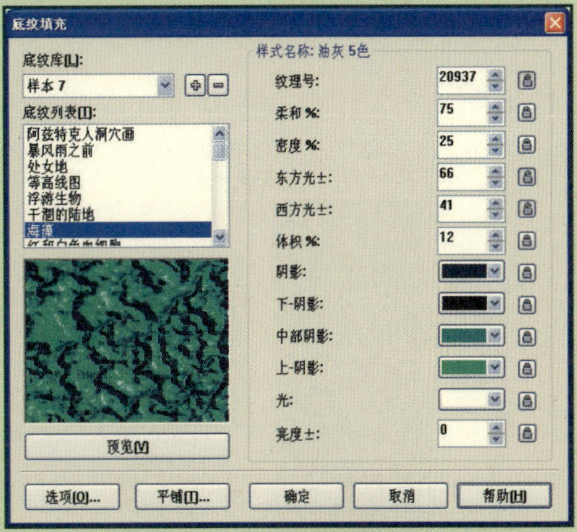

图2-56 设置“海藻”样式

Step 13 分别填充图形纹理效果后，单击工具箱中的【吸管工具】，在序号1的图形上单击鼠标，吸取填充样式如图2-57所示。

Step 14 单击工具箱中的【油漆筒工具】，在“绿色”图形上单击鼠标，填充吸取的纹理样式，如图2-58所示。

图 2-57　吸取填充样式

图 2-58　填充吸取的纹理样式

Step 15 用同样的方法，使用【吸管工具】，分别吸取图形的填充样式，并使用【油漆筒工具】，分别填充图形如图 2-59 所示。

Step 16 单击工具箱中的【选择工具】，框选制作的纹理图形，按【Ctrl+G】键“群组”图形，并将图形拖动到“黄色”图形中，调整大小、位置如图 2-60 所示。

图 2-59　分别填充图形

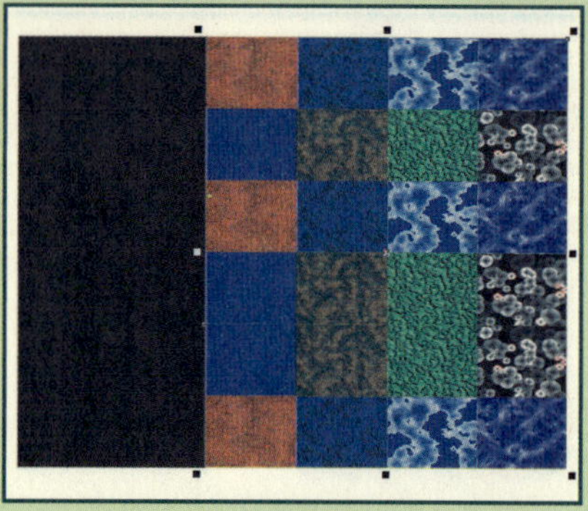

图 2-60　调整图形大小位置

Step 17 单击工具箱中的【交互式透明工具】，并设置“透明度类型”为标准，设置“透明度操作”为正常，设置“开始透明度”为 90，效果如图 2-61 所示。

Step 18 单击工具箱中的【椭圆工具】，在空白区域按住【Ctrl】键，分别绘制序号 1、序号 2、序号 3、序号 4、序号 5、序号 6 的正圆图形，分别填充颜色，如图 2-62 所示。

图 2-61　制作“标准”透明度

图 2-62　绘制正圆图形

提　示 >>

在绘制多个正圆图形时，可以采用复制的方法，复制多个图形并调整位置即可。

Step 19 同时选中序号1和序号3的图形，按【F11】键，打开【渐变填充方式】对话框，选择【类型】中的“射线”，设置【水平】参数为“28”，设置【垂直】参数为“20”，设置【边界】为“0”，在【颜色调和】选项中选择“自定义”单选框，分别设置：

位置：0　颜色（C：100；M：0；Y：0；K：0）；
位置：80　颜色（C：5；M：0；Y：0；K：0）；
位置：100　颜色（C：0；M：0；Y：0；K：0）。

单击【确定】按钮，如图2-63所示。

Step 20 选择序号4的图形，按【F11】键，打开【渐变填充方式】对话框，选择【类型】中的“射线”，设置【水平】参数为“－23”，设置【垂直】参数为“－25”，设置【边界】为“0”，在【颜色调和】选项中选择“自定义”单选框，分别设置：

位置：0　颜色（C：100；M：0；Y：0；K：0）；
位置：80　颜色（C：5；M：0；Y：0；K：0）；
位置：100　颜色（C：0；M：0；Y：0；K：0）。

单击【确定】按钮，如图2-64所示。

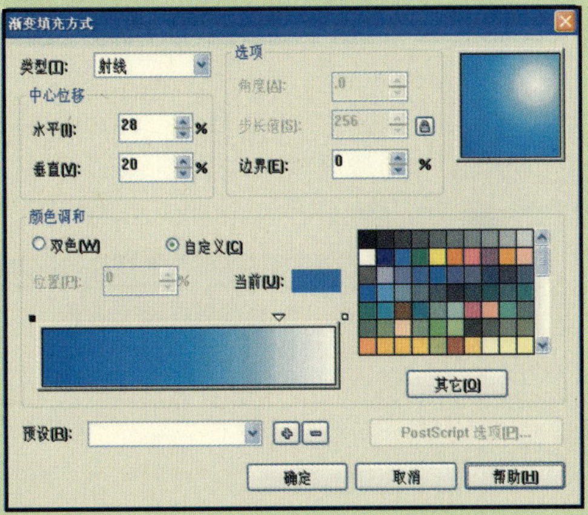

图2-63　设置序号1和序号3的渐变参数

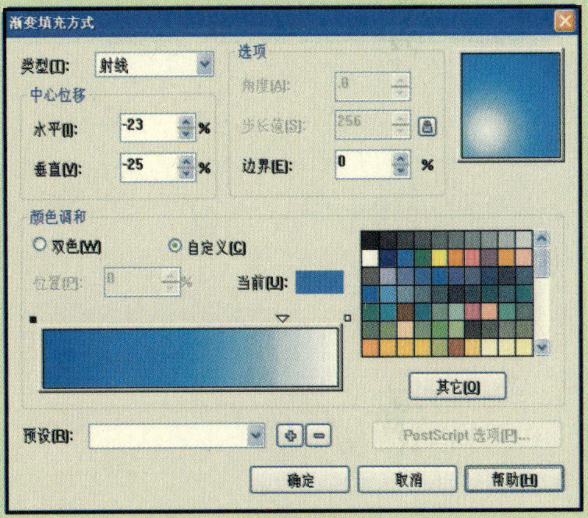

图2-64　设置序号4的渐变参数

Step 21 选择序号5的图形，按【F11】键，打开【渐变填充方式】对话框，选择【类型】中的“射线”，设置【水平】参数为“19”，设置【垂直】参数为“11”，设置【边界】为“0”，在【颜色调和】选项中选择“自定义”单选框，分别设置：

位置：0　颜色（C：100；M：0；Y：0；K：0）；
位置：80　颜色（C：5；M：0；Y：0；K：0）；
位置：100　颜色（C：0；M：0；Y：0；K：0）。

单击【确定】按钮，如图2-65所示。

Step 22 选择序号6的图形，按【F11】键，打开【渐变填充方式】对话框，选择【类型】中的“射线”，设置【水平】参数为“－23”，设置【垂直】参数为“24”，设置【边界】为“0”，在【颜色调和】选项中选择“自定义”单选框，分别设置：

位置：0　　颜色（C：100；M：0；Y：0；K：0）；
位置：80　 颜色（C：5；M：0；Y：0；K：0）；
位置：100　颜色（C：0；M：0；Y：0；K：0）。

单击【确定】按钮，如图 2-66 所示。

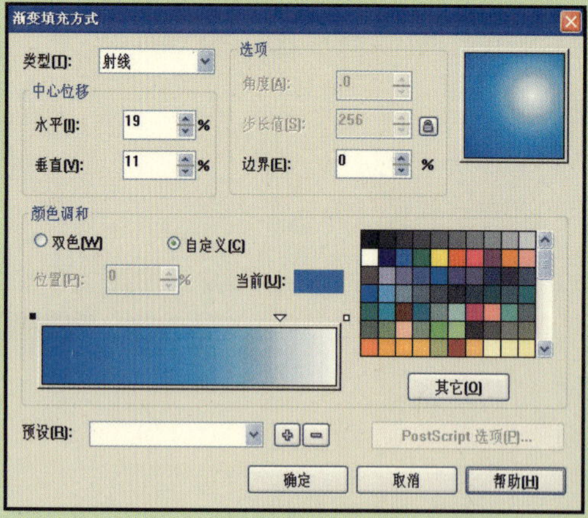

图 2-65　设置序号 5 的渐变参数

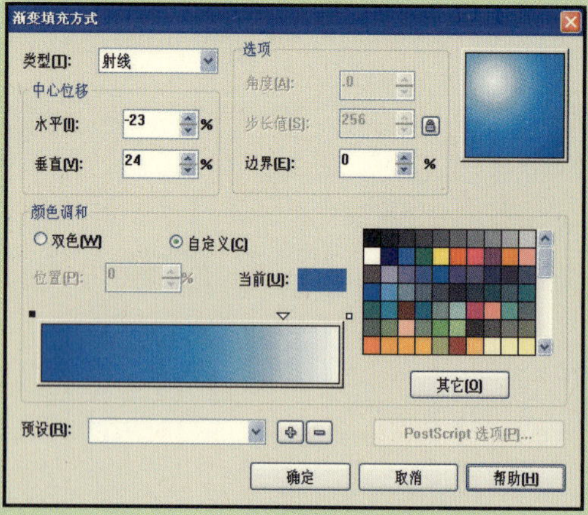

图 2-66　设置序号 6 的渐变参数

Step 23 分别渐变填充图形颜色后的效果，如图 2-67 所示。

Step 24 选择序号 5 的图形，按键盘上的【+】键复制图形，单击工具箱中的【纹理填充对话框】，打开【底纹填充】对话框，在对话框中设置【底纹库】为样本 7，选择【底纹列表】中的“干涸的陆地”填充样式，设置其他参数如图 2-68 所示。

图 2-67　渐变填充后的效果

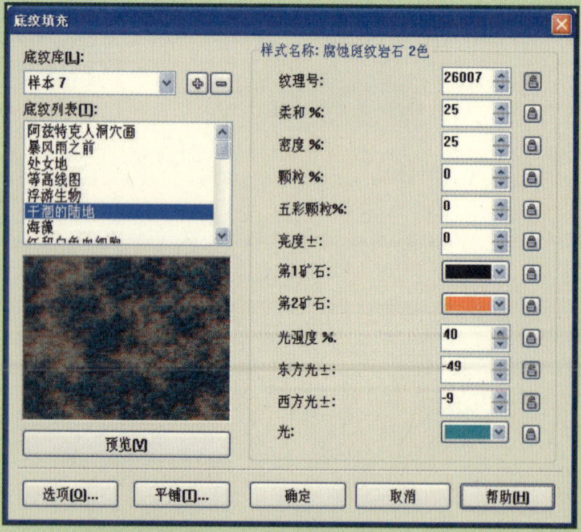

图 2-68　设置【底纹填充】参数

Step 25 单击工具箱中的【交互式透明工具】，并设置“透明度类型”为标准，设置“透明度操作”为正常，设置“开始透明度”为 90，效果如图 2-69 所示。

Step 26 单击工具箱中的【手绘工具】，在图形上绘制“黑色”三角形，如图 2-70 所示。

Step 27 单击工具箱中的【选择工具】，制作“辅助线”交叉点为序号 3 的中心点位置，并两次单击三角形，使图形的编辑框呈旋转状态，并调整中心点到“辅助线”的交叉点位置，如图 2-71 所示。

图 2-69　制作“标准”透明度

图 2-70　绘制“黑色”三角形

Step 28 执行【排列】→【变换】→【旋转】命令，打开【变换】泊坞窗，并设置旋转【角度】为：－15，如图 2-72 所示。

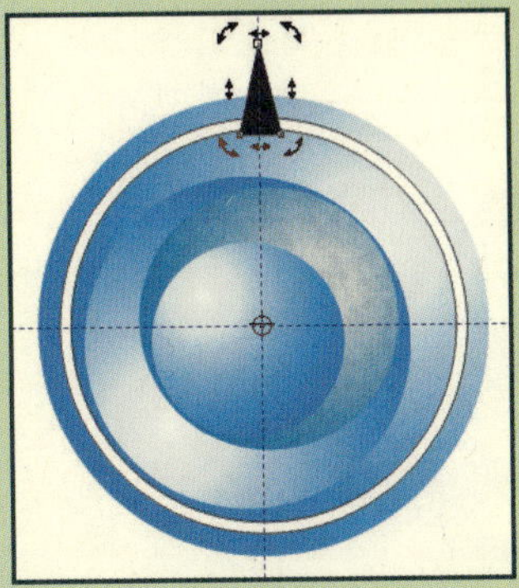

图 2-71　调整“旋转”中心点位置

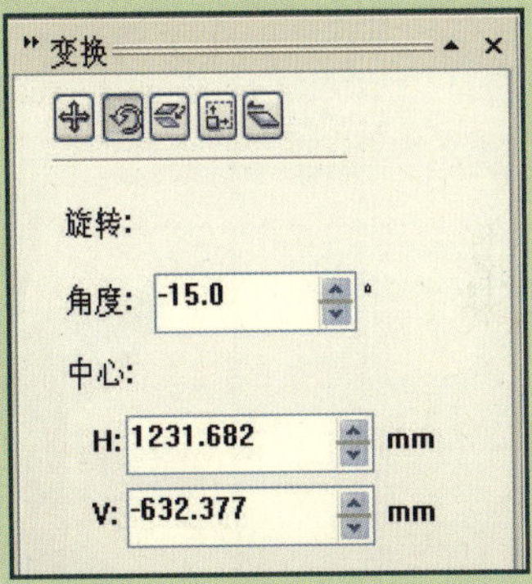

图 2-72　设置【旋转】泊坞窗参数

Step 29 在【变换】泊坞窗下方，多次单击【应用到再制】按钮，旋转复制多个“黑色”三角形，如图 2-73 所示。

Step 30 单击工具箱中的【形状工具】，调整三角形的形状，并填充图形为“红色”，如图 2-74 所示。

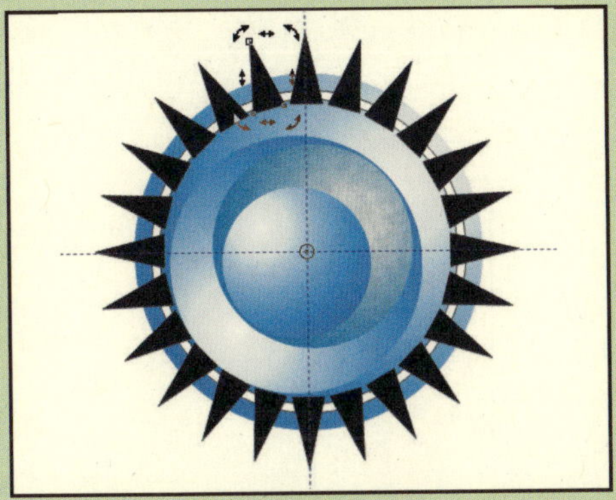

图 2-73　旋转复制“黑色”三角形

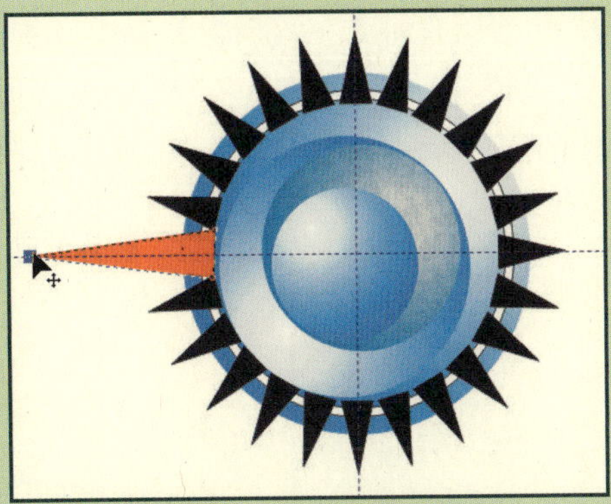

图 2-74　调整三角形的形状

Step 31 单击工具箱中的【选择工具】，框选绘制的图形，按【Ctrl+G】键“群组”图形，并拖动图形到“黄色”矩形中，调整大小位置如图 2-75 所示。

Step 32 单击工具箱中的【文本工具】，在属性栏中单击【直排文字】按钮，并在图形上分别输入文字信息，制作完成后的最终效果如图 2-76 所示。

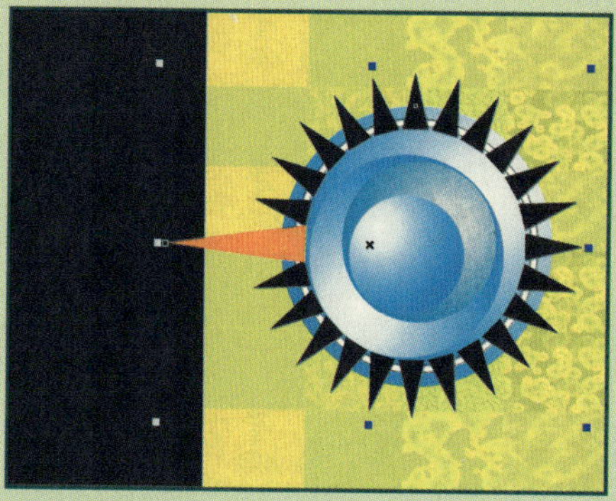

图 2-75　调整大小位置

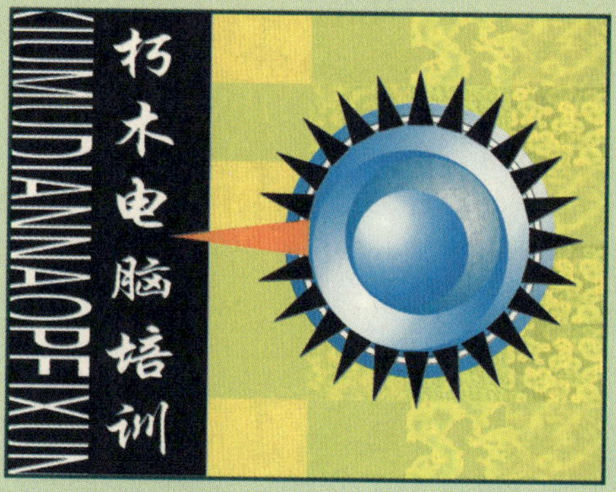

图 2-76　最终效果

2.2.2 旋转花

本例将制作效果如图 2-77 所示的旋转花。通过本实例制作，读者可以掌握【旋转】、【组合】、【导出】、【导入】、【保存】等相关基础知识。

图 2-77　最终效果

Step 01 执行【文件】→【新建】命令或按【Ctrl + N】键创建新文件。单击工具箱中的【椭圆工具】，在窗口中绘制椭圆图形如图 2-78 所示。

Step 02 单击调色板的【红色】按钮，填充图形颜色如图 2-79 所示。

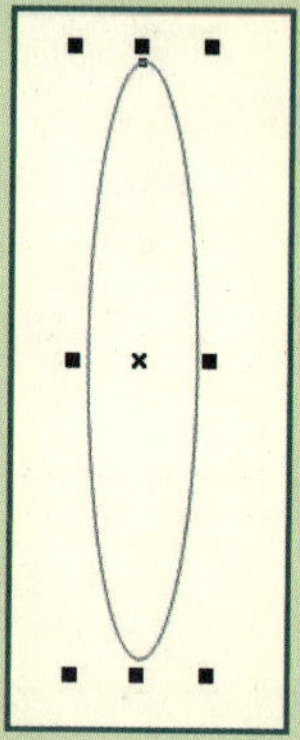

图 2-78　绘制椭圆图形

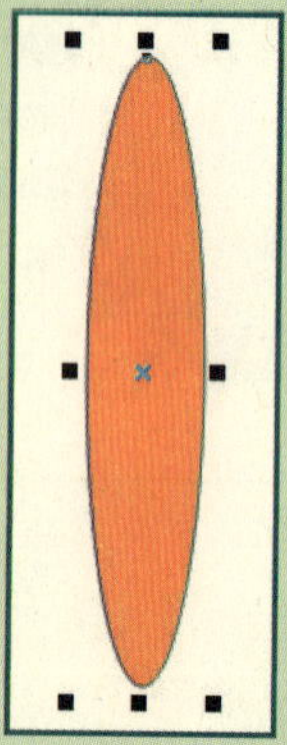

图 2-79　填充图形颜色

Step 03 执行【排列】→【变换】→【旋转】命令，打开【变换】泊坞窗，并设置旋转【角度】为：30，如图 2-80 所示。

Step 04 在【变换】泊坞窗下方，多次单击【应用到再制】按钮，旋转复制多个椭圆图形，如图 2-81 所示。

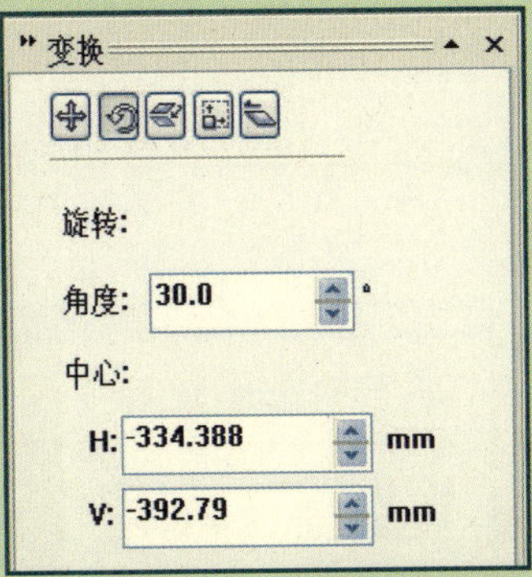

图 2-80 设置“旋转”泊坞窗

图 2-81 旋转复制图形

Step 05 单击工具箱中的【选择工具】，框选制作的图形，并单击属性栏上的【组合】按钮，组合图形如图 2-82 所示。

Step 06 右键单击调色板中的【无轮廓】按钮☒，去掉图形外轮廓边框，如图 2-83 所示。

图 2-82 组合图形

图 2-83 去掉图形外轮廓边框

Step 07 按【F11】键，打开【渐变填充方式】对话框，选择【类型】中的“射线”，设置【水平】参数为“0”，设置【垂直】参数为“0”，设置【边界】为“0”，在【颜色调和】选项中选择“双色”单选框，并单击【旋转颜色】按钮，如图 2-84 所示。

Step 08 制作完成后的“太阳花”最终效果，如图 2-85 所示。

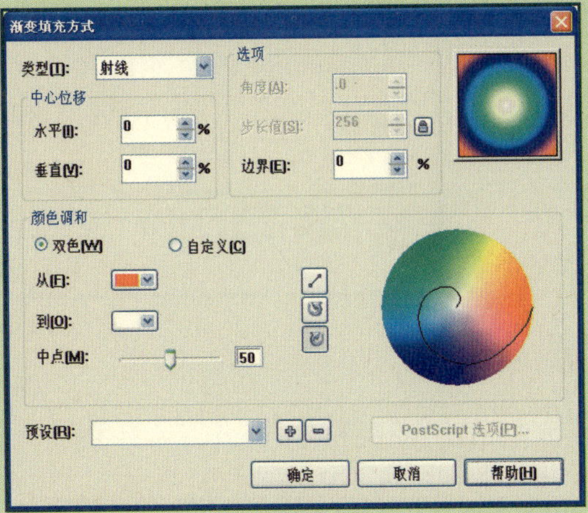

图 2-84 设置渐变参数

图 2-85 “太阳花”最终效果

Step 09 选择制作的“太阳花”图形，单击属性栏上的【导出】按钮，打开【导出】对话框，在对话框中设置【文件名】为：旋转花，设置【保存类型】为：TIF 格式，如图 2-86 所示。

Step 10 单击【导出】按钮，打开【转换为位图】对话框，在对话框中设置【颜色模式】为：CMYK 色（32－位），选中【透明背景】复选框，设置其他参数如图 2-87 所示，单击【确定】按钮。

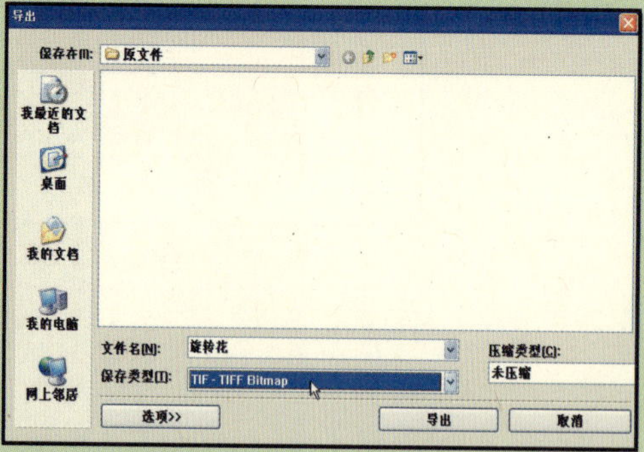

图 2-86　导出图形

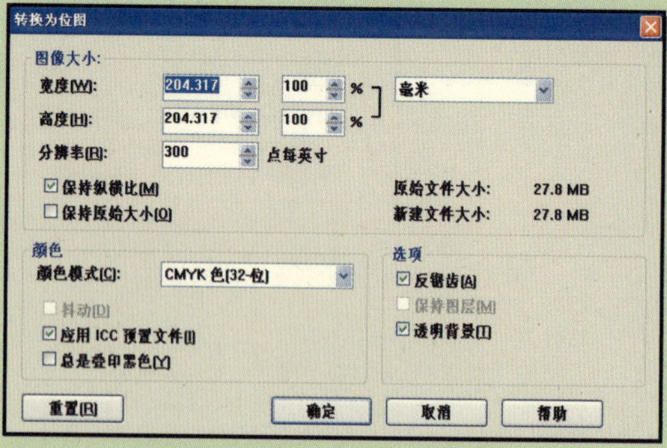

图 2-87　设置“转换为位图”参数

Step 11 单击工具箱中的【选择工具】，在窗口中空白区域单击鼠标，并在属性栏上的【纸张宽度和高度】 100.0 mm 100.0 mm 输入框中，分别设置“宽度”和“高度”为：100mm，调整纸张如图 2-88 所示。

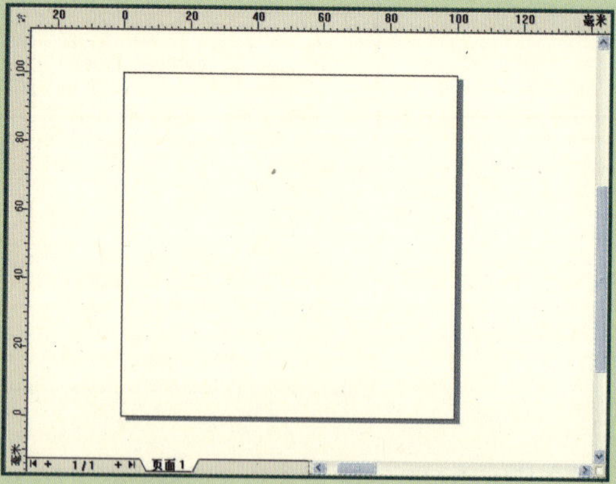

图 2-88　设置“纸张宽度和高度”

Step 12 单击属性栏上的【导入】按钮，打开【导入】对话框，在对话框中选择导出的“旋转花.tif”图片，如图 2-89 所示，单击【导入】按钮。

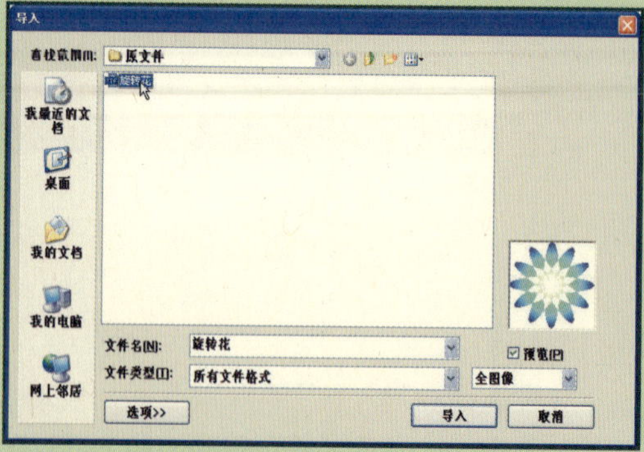

图 2-89　“导入”对话框

Step 13 在窗口中拖动鼠标，导入图片如图 2-90 所示。

Step 14 执行【文件】→【保存】命令，打开【保存图形】对话框，在对话框中输入【文件名】为：旋转花，单击【保存】按钮，即可保存文件，如图 2-91 所示。

图 2-90 导入图片

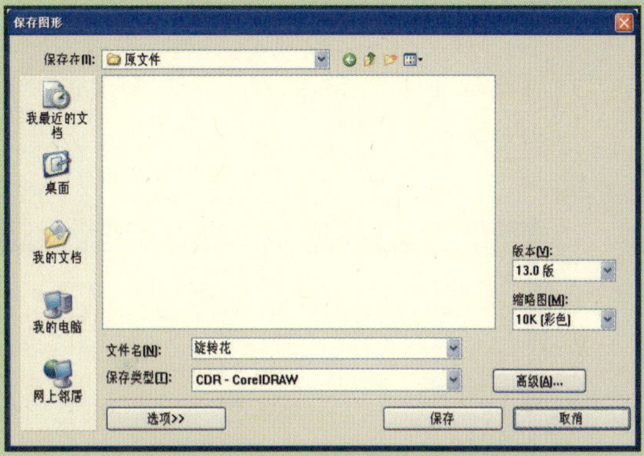

图 2-91 保存文件

2.2.3 艺术写真照

本例将制作效果如图 2-92 所示的艺术写真照。通过本例的学习，主要练习【纹理填充】、【交互式透明工具】、【矩形工具】、【导入】等工具及命令的操作技巧。

图 2-92 最终效果

Step 01 执行【文件】→【新建】命令或按【Ctrl+N】键创建新文件。单击工具箱中的【矩形工具】，在窗口中绘制“黑色”矩形图形，如图 2-93 所示。

Step 02 单击工具箱中的【选择工具】，按键盘上的【+】键复制图形，并填充颜色为“绿色”，如图 2-94 所示。

图 2-93 绘制“黑色”矩形图形

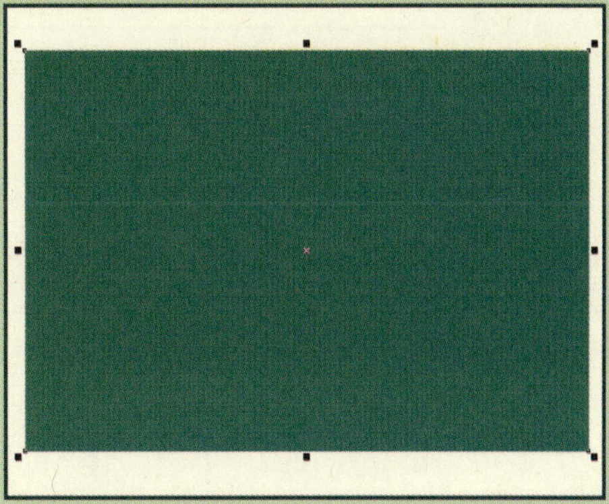

图 2-94 复制图形并填充颜色

Step 03 单击工具箱中的【纹理填充对话框】，打开【底纹填充】对话框，在对话框中设置【底纹库】为样本 7，选择【底纹列表】中的“火龙”填充样式，设置其他参数如图 2-95 所示。

Step 04 填充图形纹理后的效果，如图 2-96 所示。

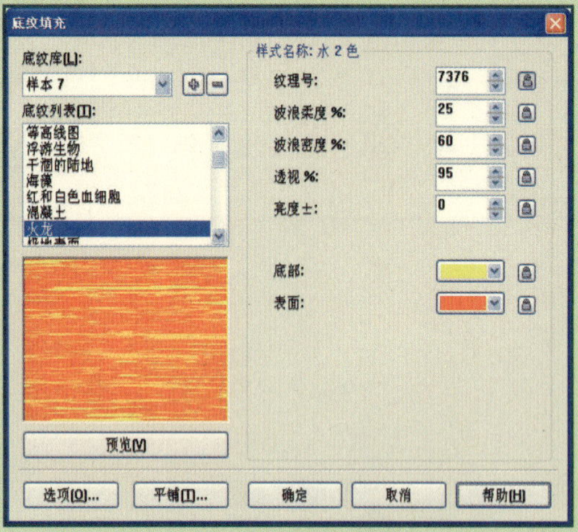

图 2-95　设置【底纹填充】参数

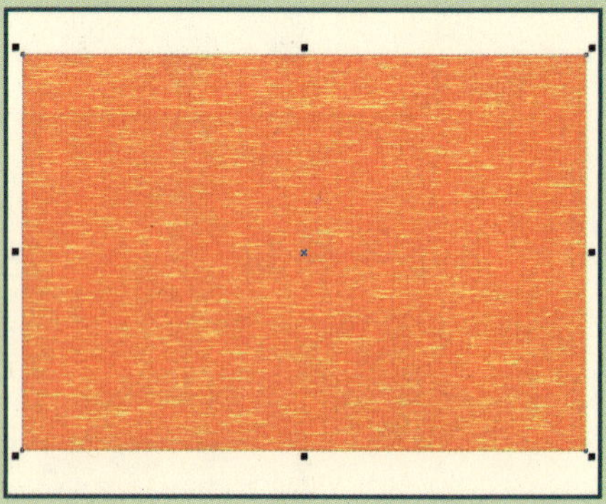

图 2-96　填充图形纹理后的效果

Step 05 单击工具箱中的【交互式透明工具】，在属性栏上设置“透明度类型”为双色图样，设置“透明度操作”为正常，在“第一种透明选择器”下拉列表中选择图案，并调整方向和大小如图 2-97 所示。

Step 06 单击工具箱中的【矩形工具】，在图形上绘制“蓝色”矩形图形，并设置属性栏上的“轮廓宽度”为 1.0mm，填充边框颜色为“白色”，如图 2-98 所示。

图 2-97　制作“双色图样”透明效果

图 2-98　绘制“蓝色”矩形图形

Step 07 单击工具箱中的【形状工具】，并拖动矩形图形的角点，将图形制作成圆角矩形图形，如图 2-99 所示。

Step 08 单击工具箱中的【纹理填充对话框】，打开【底纹填充】对话框，在对话框中设置【底纹库】为样本 7，选择【底纹列表】中的“面具”填充样式，设置其他参数如图 2-100 所示。

Step 09 填充图形纹理后的效果，如图 2-101 所示。

Step 10 单击工具箱中的【选择工具】，按键盘上的【+】键“复制”图形，并按住【Shift】键，往中心缩小图形，如图 2-102 所示。

图 2-99　制作成圆角矩形图形

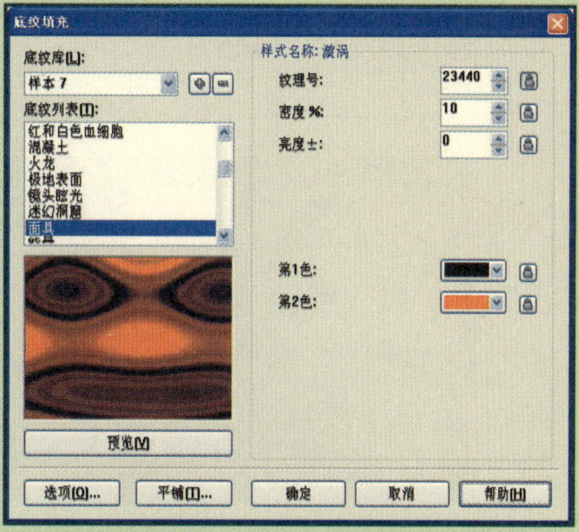

图 2-100　设置【底纹填充】参数

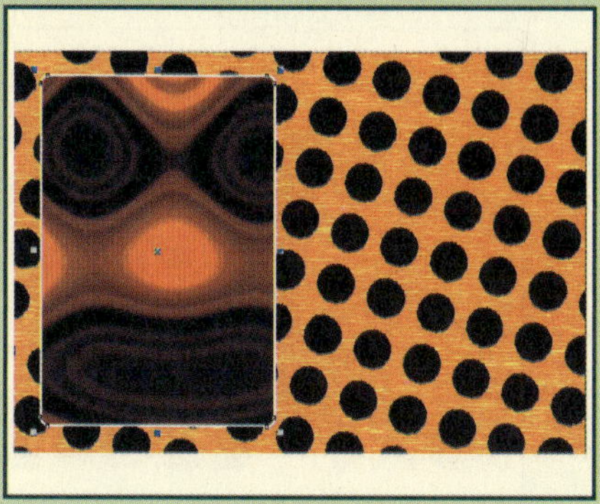

图 2-101　填充图形纹理后的效果

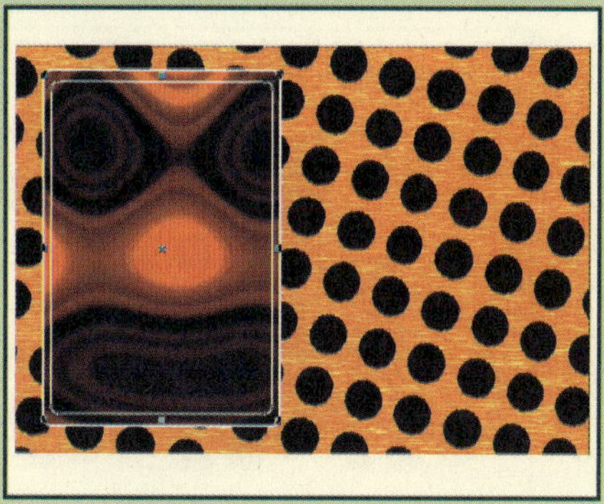

图 2-102　往中心缩小图形

Step 11 单击属性栏上的“导入”按钮，导入素材“艺术照片.tif”图片，如图 2-103 所示。

Step 12 执行【效果】→【精确裁剪】→【放置在容器中】命令，将素材图片放置到“圆角矩形”图形中，并调整位置如图 2-104 所示。

图 2-103　导入素材图片

图 2-104　执行【放置在容器中】命令

Step 13 单击工具箱中的【矩形工具】，在图形上绘制“白色”矩形图形，如图 2-105 所示。

Step 14 用同样的方法，导入素材图片，并执行【效果】→【精确裁剪】→【放置在容器中】命令，将素材图片放置到矩形图形中，调整位置如图 2-106 所示。

Step 15 单击工具箱中的【交互式阴影工具】，在图形上拖动鼠标，添加“阴影”图形如图 2-107 所示。

Step 16 单击工具箱中的【选择工具】，复制多个图形，并在图形上右键单击鼠标，在弹出的快捷菜单中选择【编辑内容】命令，分别调整素材图片的位置，如图 2-108 所示。

图 2-105 绘制“白色”矩形图形

图 2-106 执行【放置在容器中】命令

图 2-107 添加“阴影”图形

图 2-108 复制图形并调整位置

Step 17 单击工具箱中的【矩形工具】，在图形上绘制“绿色”矩形图形如图 2-109 所示。

Step 18 单击工具箱中的【纹理填充对话框】，打开【底纹填充】对话框，在对话框中设置【底纹库】为样本 7，选择【底纹列表】中的“面具”填充样式，参数如图 2-110 所示。

图 2-109 绘制“绿色”矩形图形

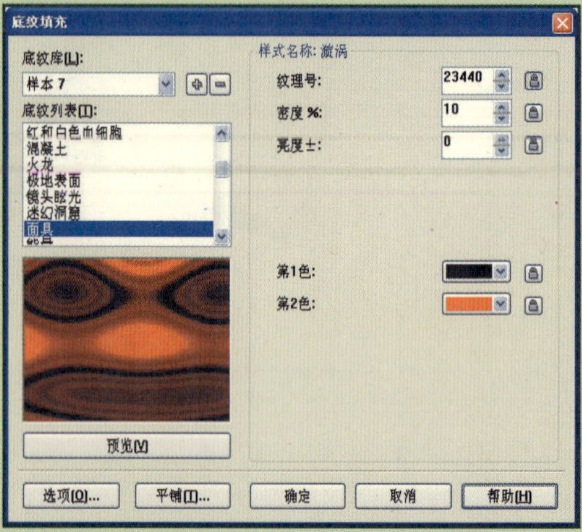

图 2-110 设置【底纹填充】参数

Step 19 填充图形纹理后的效果，如图 2-111 所示。

Step 20 单击工具箱中的【交互式透明工具】，在图形中拖动鼠标，制作透明效果如图 2-112 所示。

图 2-111　填充图形纹理后的效果

图 2-112　制作透明效果

Step 21 单击工具箱中的【选择工具】，移动复制透明图形，并单击工具箱中的【交互式透明工具】，更改透明方向，如图 2-113 所示。

Step 22 单击工具箱中的【文本工具】，在图形上分别输入文字信息，制作完成后的最终效果如图 2-114 所示。

图 2-113　更改透明方向

图 2-114　最终效果

2.3 提高——自己动手练

通过几个实例的讲解之后，读者应该对几何对象的绘制有了更深入的认识。如果要真正了解并使用，还应多加练习。

2.3.1 绘制标志

本例是一个标志的绘制，最终效果如图 2-115 所示。

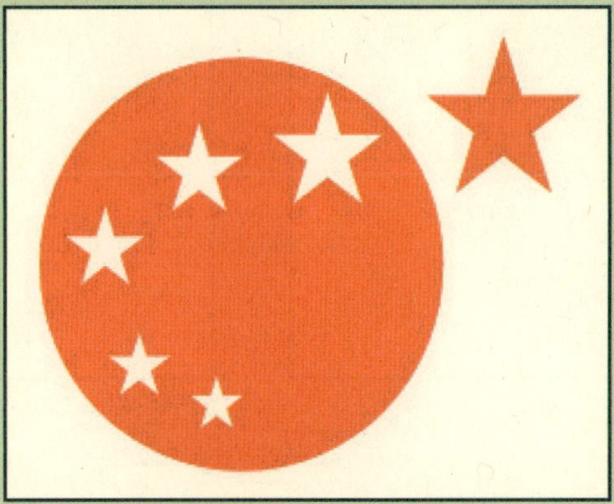

图 2-115　最终效果

Step 01 按【F7】键，按住【Ctrl】键的同时拖动鼠标，绘制一个圆，如图 2-116 所示。单击调色板中红色图标填充圆为红色，再用鼠标右键单击调色板中⊠图标，去掉轮廓，如图 2-117 所示。

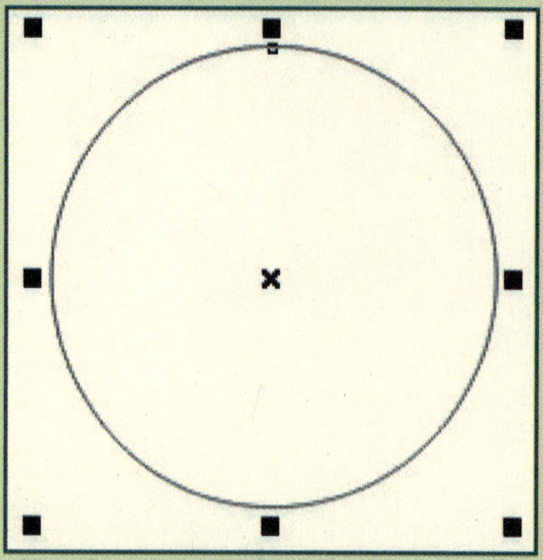

图 2-116　绘制圆

图 2-117　填色并去掉轮廓

Step 02 单击工具箱中的【星形工具】，在属性栏中设置星形边数为 5。在工作区中拖动鼠标绘制如图 2-118 所示的五角星形。填充五角星形为红色去掉轮廓，如图 2-119 所示。

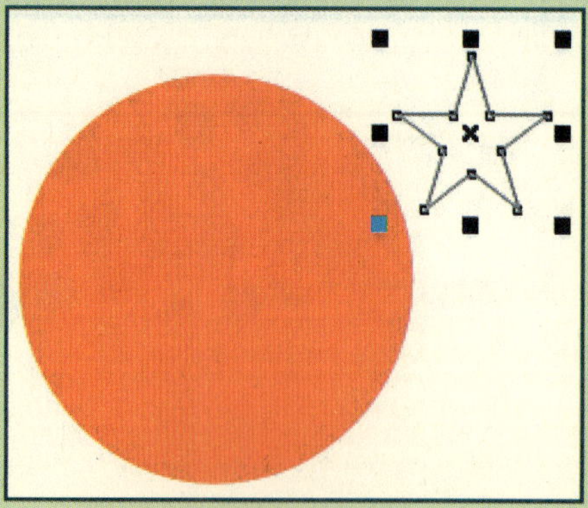

图 2-118　绘制五角星

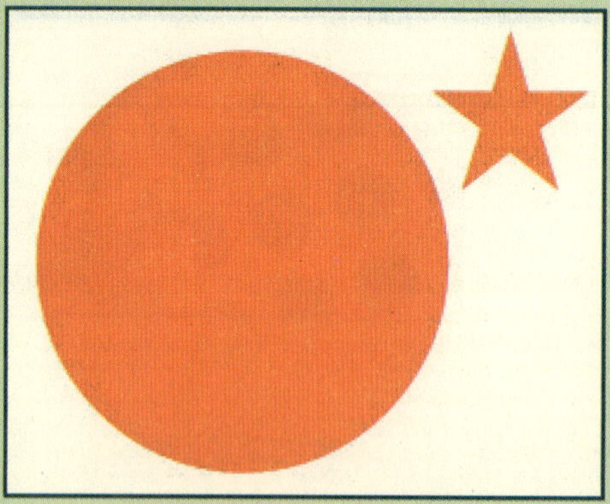

图 2-119　填色并去掉轮廓

Step 03 再利用【星形工具】绘制如图 2-120 所示的几个五角星形，填充它们的颜色为白色后去掉轮廓，如图 2-121 所示。这样，本例的制作就完成了。

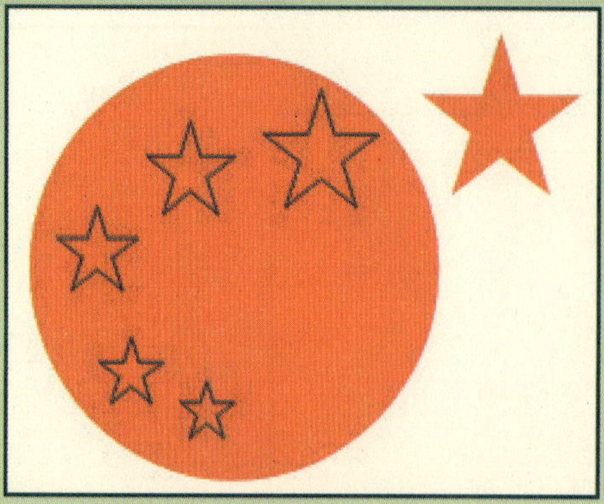

图 2-120　绘制其他五角星

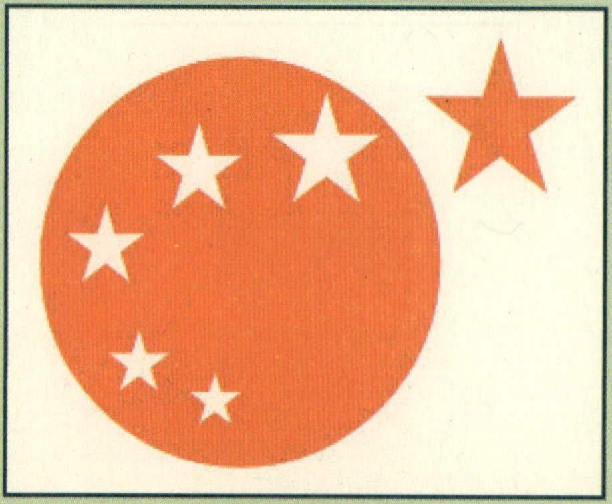

图 2-121　最终效果

2.3.2 绘制笔筒

本例是一个笔筒的绘制，最终效果如图 2-122 所示。

图 2-122　最终效果

Step 01 单击工具箱中的【钢笔工具】，绘制如图 2-123 所示的图形。为图形应用线性渐变填充，设置起点色块的颜色为（C：58；M：45；Y：36；K：2），第二个色块的颜色为 30% 的黑色，第三个色块的颜色为白色，终点色块的颜色为（C：19；M：13；Y：14；K：0），如图 2-124 所示，完成后去掉轮廓。

图 2-123　绘制图形

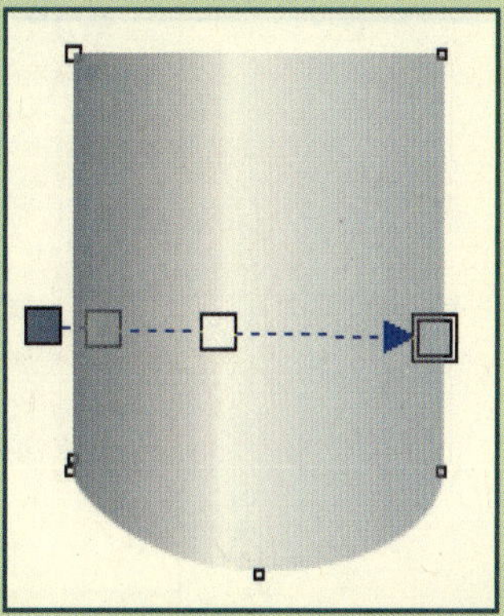

图 2-124　填充渐变色

Step 02 复制图形并将复制的图形向上移动一定距离，改变图形的渐变色，设置起点色块的颜色为（C：60；M：40；Y：0；K：0），中间色块的颜色为（C：49；M：24；Y：2；K：0），终点色块的颜色为（C：60；M：40；Y：0；K：0），如图 2-125 所示。

Step 03 按【F7】键，绘制如图 2-126 所示的椭圆。为图形应用线性渐变填充，设置起点色块的颜色为（C：60；M：40；Y：0；K：0），终点色块的颜色为（C：35；M：14；Y：2；K：0），如图 2-127 所示，完成后去掉轮廓。

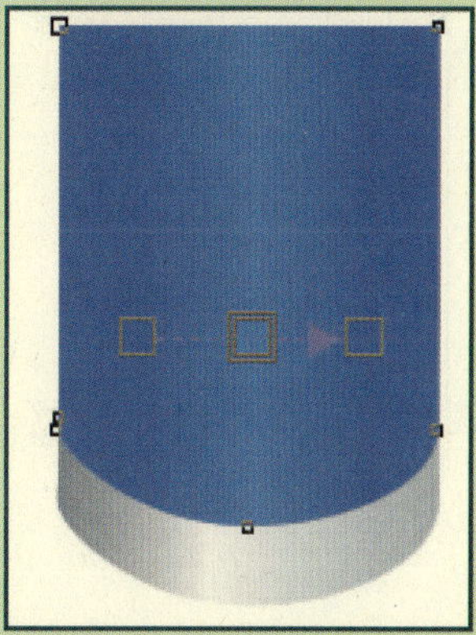

图 2-125　填充渐变色

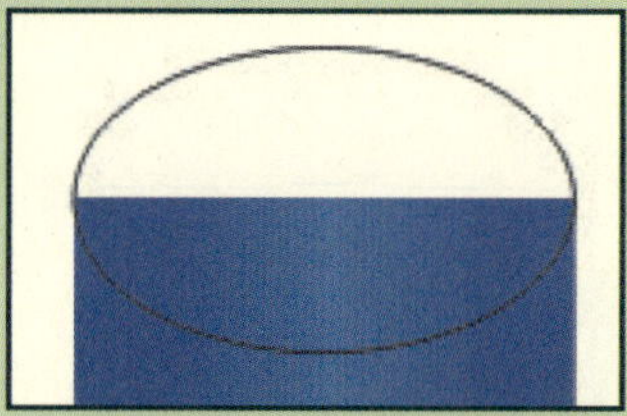

图 2-126　绘制椭圆

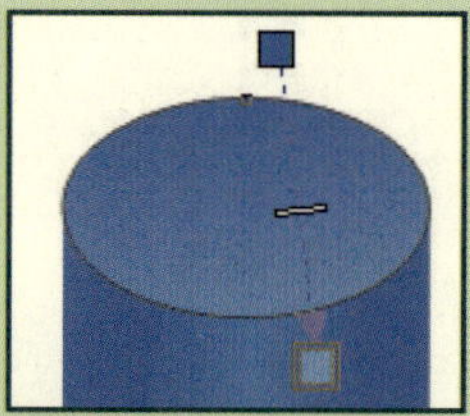

图 2-127　填充渐变色

Step 04 再按【F7】键，绘制如图 2-128 所示的椭圆。为图形应用线性渐变填充，设置起点色块的颜色为（C：93；M：67；Y：5；K：0），终点色块的颜色为（C：60；M：40；Y：0；K：0），如图 2-129 所示，完成后去掉轮廓。这样，本例的制作就完成了，最终效果如图 2-130 所示。

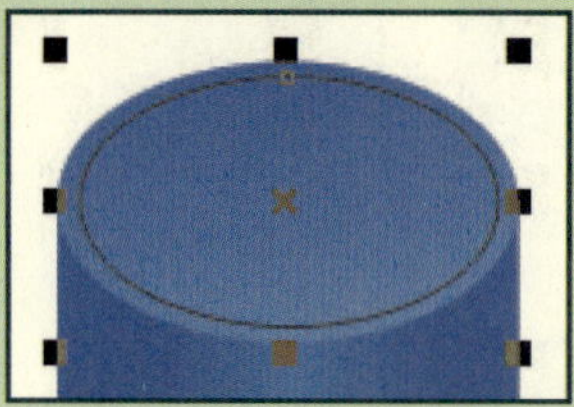

图 2-128　绘制椭圆

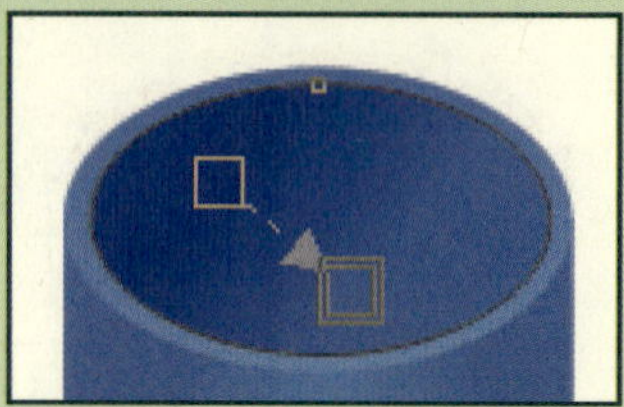

图 2-129　填充渐变色

图 2-130　最终效果

第 3 章　直线与曲线的绘制及编辑

本章要点

- 入门——基本概念与基本操作
  - 直线与曲线的绘制
  - 曲线的编辑
- 进阶——典型实例
  - 双鱼
  - 都市女人
- 提高——自己动手练
  - 绘制猫
  - 绘制卡通手机

3.1 入门——基本概念和基本操作

本节介绍了贝塞尔工具、钢笔工具、手绘工具以及艺术笔工具的使用，同时介绍了编辑曲线的方法。

3.1.1 直线与曲线的绘制

利用工具箱中的贝塞尔工具、钢笔工具和手绘工具可以绘制直线和曲线。

1. 贝塞尔工具

（1）用贝塞尔工具绘制直线

使用贝塞尔工具可以绘制直线、折线，具体操作步骤如下：

Step 01 单击工具箱中的【贝塞尔工具】，在绘图页面中任意一点处单击鼠标左键确定直线的起点位置。

Step 02 移动鼠标至页面中的另一位置处再次单击鼠标左键以确定直线的另一点，此时两点之间就会形成一条直线线段，如图 3-1 所示。

Step 03 如果要绘制折线，只要在下一节点处单击鼠标左键即可，如图 3-2 所示。

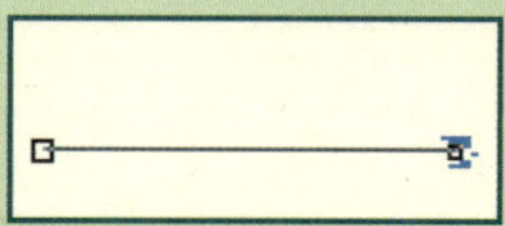

图 3-1　绘制直线

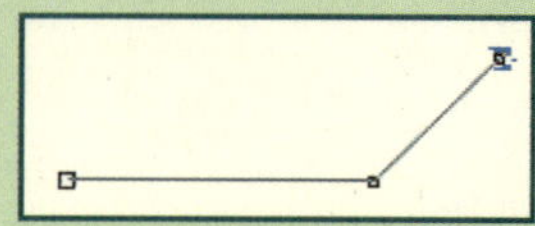

图 3-2　绘制折线

（2）用贝塞尔工具绘制曲线

使用【贝塞尔工具】可以相对精确地绘制出直线和圆滑的曲线，【贝塞尔工具】就是通过对节点的控制来改变曲线的主向及弯曲程度的。具体操作步骤如下：

Step 01 单击工具箱中的【贝塞尔工具】，在绘图页面中任意一点单击鼠标左键以确定曲线的起始点。

Step 02 再在需要的位置单击鼠标确定第二个点，并按住鼠标左键不放拖动鼠标，此时将显示出一条带有两个节点和一个控点的蓝色虚线调节杆，如图 3-3 所示。

Step 03 调节调节杆确定曲线的形状，完成后按空格键完成曲线的绘制，如图 3-4 所示。

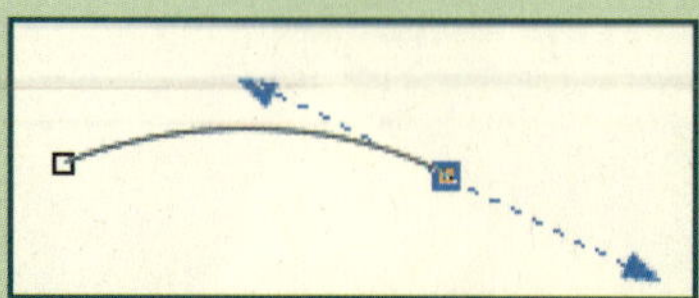

图 3-3　绘制曲线

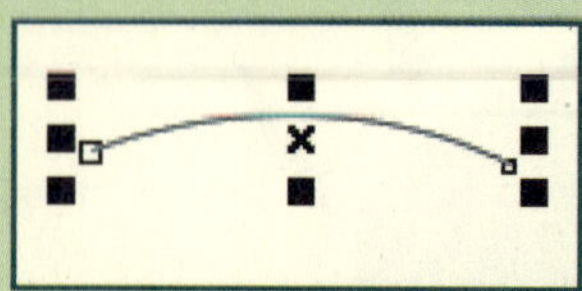

图 3-4　完成曲线绘制

Step 04 如果不按空格键，继续确定下一个点并拖动鼠标，可继续绘制曲线，如图 3-5 所示。

Step 05 当光标移到曲线的起点时，光标变为形状，如图 3-6 所示，此时单击鼠标左键可闭合曲线，如图 3-7 所示。

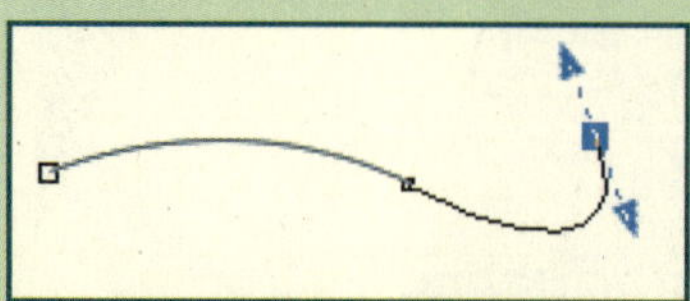

图 3-5　继续绘制曲线

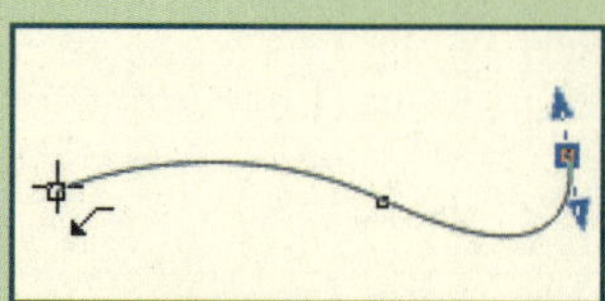

图 3-6　光标移到曲线的起点

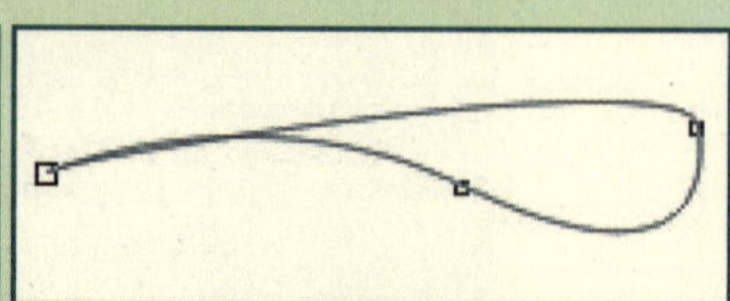

图 3-7　闭合曲线

2．手绘工具

使用【手绘工具】既可以绘制直线，也可以绘制曲线。

（1）用手绘工具绘制直线

绘制直线的具体操作步骤如下：

Step 01 单击工具箱中的【手绘工具】，鼠标将变成带波浪的十字形图标。

Step 02 在绘图页面中任意一点单击鼠标左键作为直线的起点，这时移动鼠标则出现一条直线，在另一点再次单击鼠标左键作为直线的终点，完成直线绘制，如图3-8所示。

Step 03 如果要绘制连续的多条直线，则需要在终点处再次单击作为下一条直线的起点，再将鼠标移动到直线另一点单击以结束直线绘制，如图3-9所示。

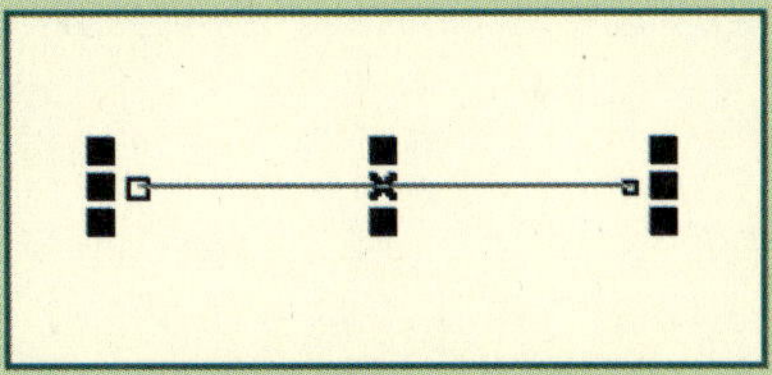

图3-8　绘制一条直线

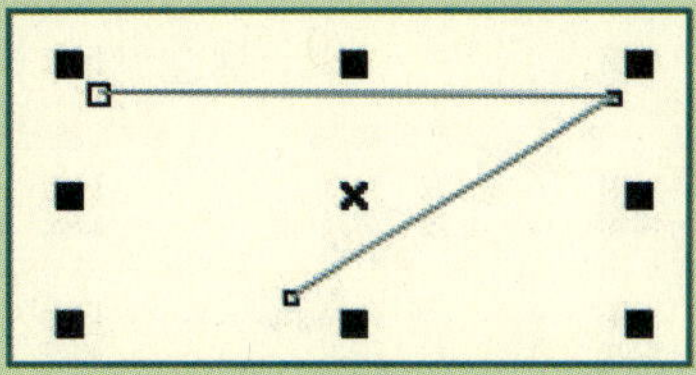

图3-9　绘制多条直线

（2）用手绘工具绘制曲线

绘制曲线的具体操作步骤如下：

Step 01 单击工具箱中的【手绘工具】，在页面上任意一点单击鼠标左键以确定曲线的起点。

Step 02 在起点位置按住鼠标左键不放同时拖动鼠标，这时就像用画笔在纸上绘画一样，释放鼠标左键，鼠标经过的地方就绘制出一条曲线，如图3-10所示。

Step 03 若不释放鼠标左键，当鼠标回到曲线的起点位置时鼠标将变为箭头符号，如图3-11所示。

Step 04 单击鼠标左键即可绘制闭合曲线，如图3-12所示。

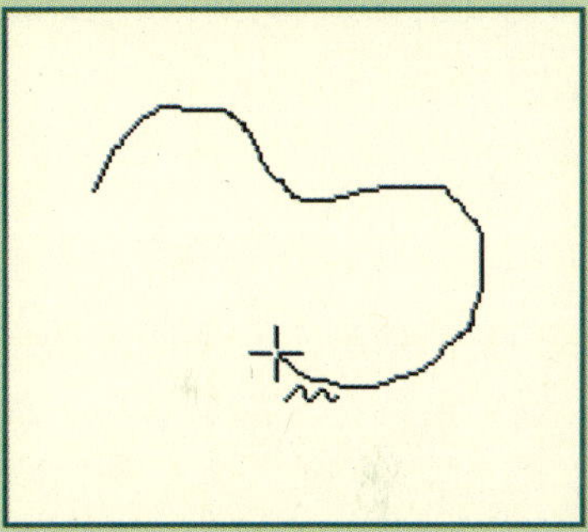

图3-10　手绘工具绘制曲线

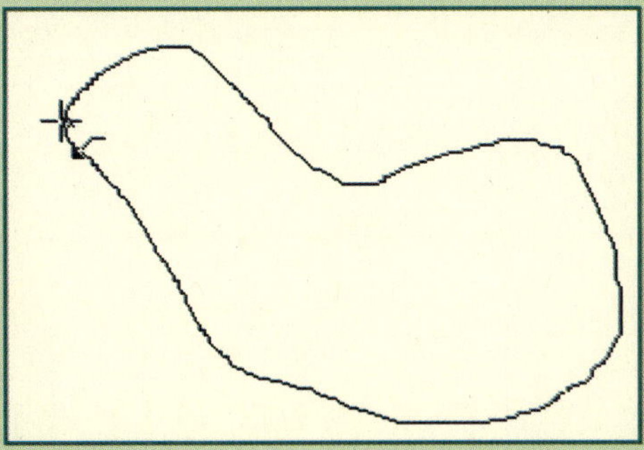

图3-11　鼠标回到曲线的起点

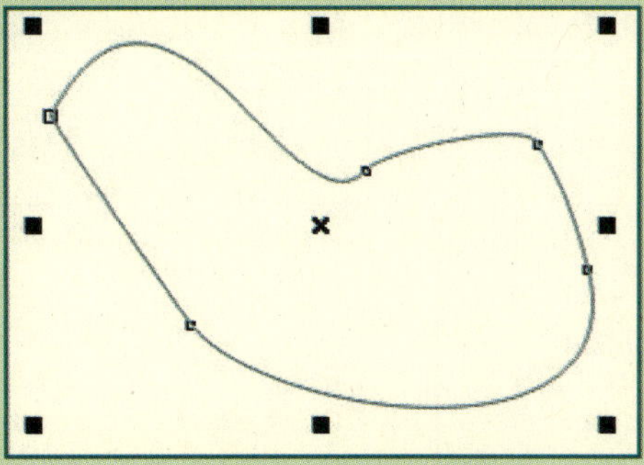

图3-12　闭合曲线

3．钢笔工具

【钢笔工具】可以用来绘制直线和曲线，与手绘工具不同的是，钢笔工具绘制折线时不用双击确定第二条线段的起点。

（1）用钢笔工具绘制直线

钢笔工具与贝塞尔工具功能相似，使用钢笔工具绘制直线的方法如下：

Step 01 单击【钢笔工具】，在工作区中任意位置单击鼠标左键以确定直线起点。

Step 02 拖曳鼠标到需要的位置，再单击鼠标左键即可绘制出直线，如图 3-13 所示。

Step 03 如果再继续确定下一个点就可以绘制折线，如图 3-14 所示。完成后双击鼠标可完成直线或折线的绘制。

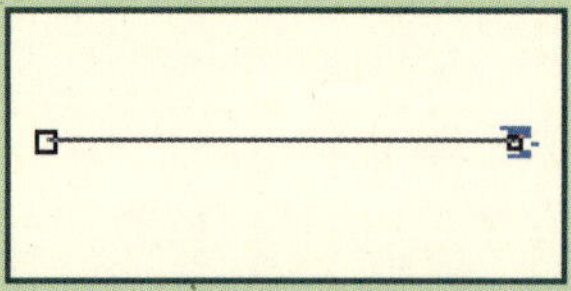

图 3-13　绘制直线

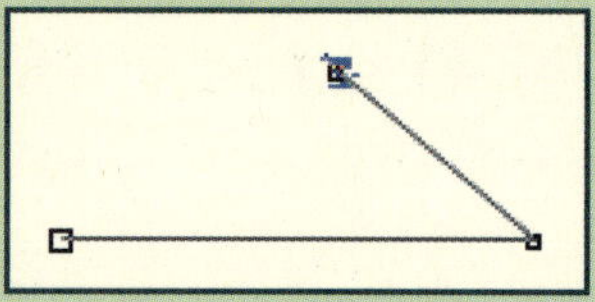

图 3-14　绘制折线

（2）用钢笔工具绘制曲线

使用钢笔工具绘制曲线的方法如下：

Step 01 单击【钢笔工具】，在工作区中任意位置单击鼠标左键以确定直线起点。

Step 02 再在需要的位置单击鼠标确定第二个点，并按住鼠标左键不放拖动鼠标，此时将显示出一条带有两个节点和一个控点的蓝色虚线调节杆，如图 3-15 所示。

Step 03 释放鼠标，在第一个节点和光标之间生成一条弯曲的线。用相同的方法继续绘制曲线，如图 3-16 所示。按回车键，即可完成曲线的绘制。

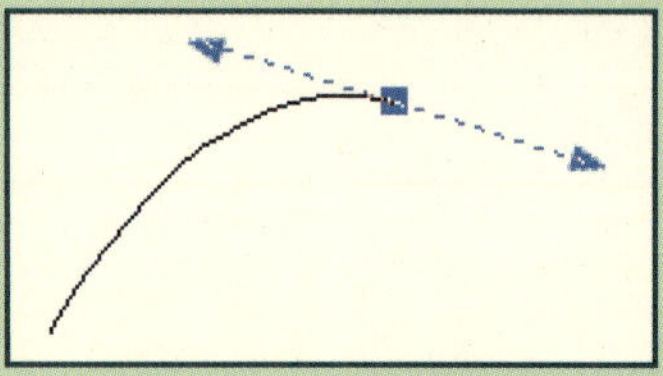

图 3-15　确定点的位置

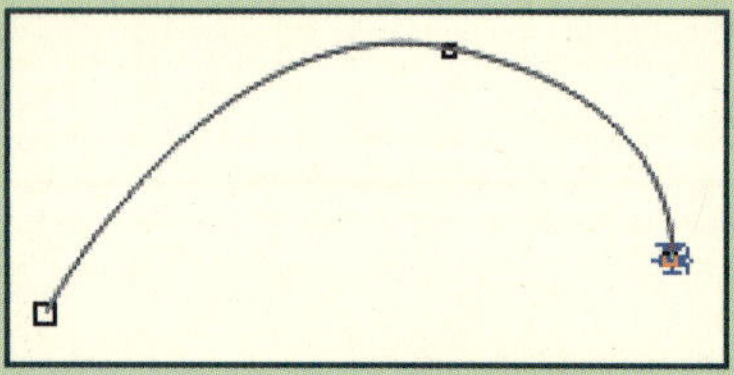

图 3-16　继续绘制曲线

（3）用钢笔工具添加、删除节点

利用钢笔工具属性栏上的【自动添加 / 删除】按钮，可添加或删除节点具体操作如下：

Step 01 单击钢笔工具属性栏上的【自动添加 / 删除】按钮，钢笔工具会变为自动增删节点模式。

Step 02 若将钢笔光标放置到已有的路径上，光标变为加号时，单击该路径即可添加一个节点，如图 3-17 所示。

Step 03 若将钢笔光标移到节点上，会自动变为删除节点模式，此时光标变为减号，在节点上单击即可删除该节点，如图 3-18 所示。

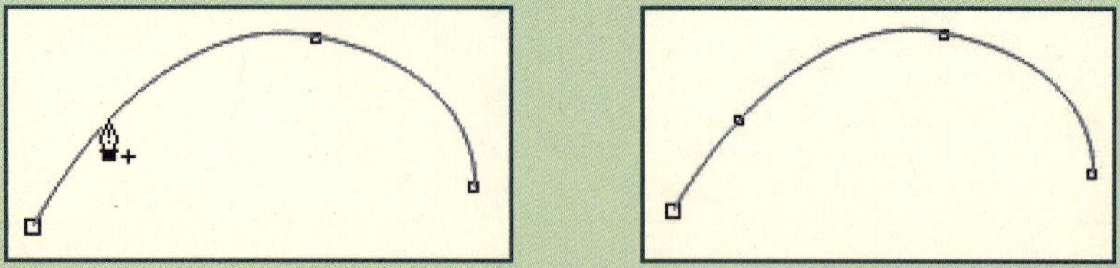

图 3-17　增加节点

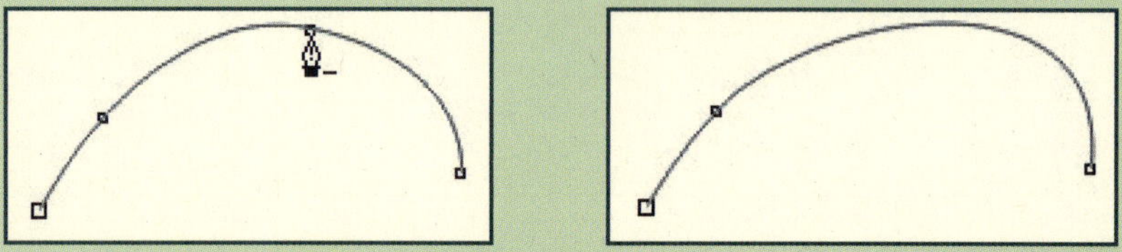

图 3-18　删除节点

4．艺术笔工具

【艺术笔工具】位于手绘工具组中，用户可以利用它绘制具有艺术效果的线条或者图案。单击工具箱中的【手绘工具】按钮右下的小三角形，在弹出的子工具集中单击【艺术笔工具】，这时鼠标光标会变成一支毛笔的形状。

在艺术笔的属性栏中有5个功能各异的笔形按钮，如图3-19所示。从左至右，依次为预设笔触、画笔工具、喷罐工具、书法笔工具和压力笔工具。选择笔形并设置好画笔宽度等选项后，在绘图页面中单击并拖动鼠标，即可绘制出各种图案效果。

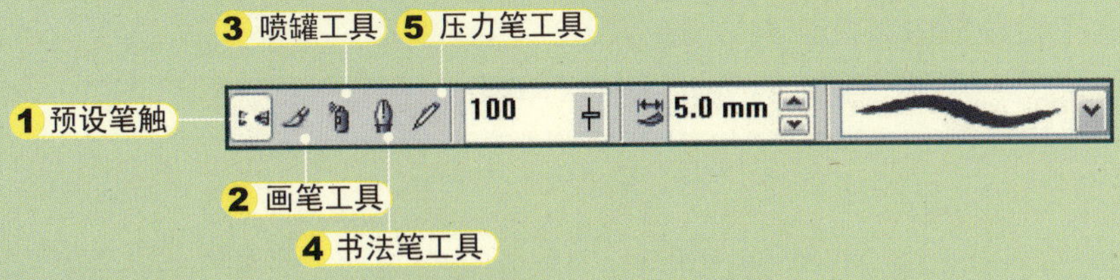

图3-19 艺术笔工具属性栏

（1）预设笔触

预设笔触用于预置艺术画笔的形状，如图3-20所示为它所对应的属性栏。在滑块栏中可设置画笔笔触的平滑程度；在选项栏中可设置画笔笔触的宽度；在下拉列表栏中可选择画笔的形状。

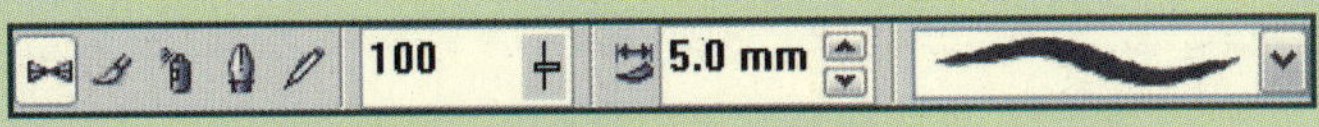

图3-20 预设笔触属性栏

（2）画笔工具

画笔工具可以绘制出画笔式的笔触图形，其属性栏如图3-21所示。在属性栏右侧的下拉列表框中有24种画笔笔刷样式，选择一种画笔笔刷样式后，在页面中按下鼠标左键并拖动鼠标，即可绘制图形。

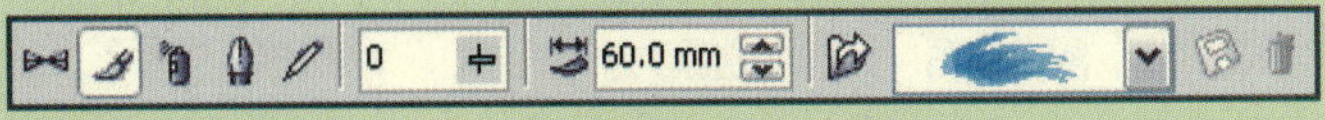

图3-21 画笔工具属性栏

（3）喷罐工具

喷罐工具的属性栏如图3-22所示。在喷涂列表中中可以选择CorelDRAW所提供的图案，在下拉列表中可以选择喷涂的顺序。在选项栏中可以设置图案的间距。完成设置后，在绘制页面中拖动鼠标，即可在鼠标所到的地方喷上所选择的图案。

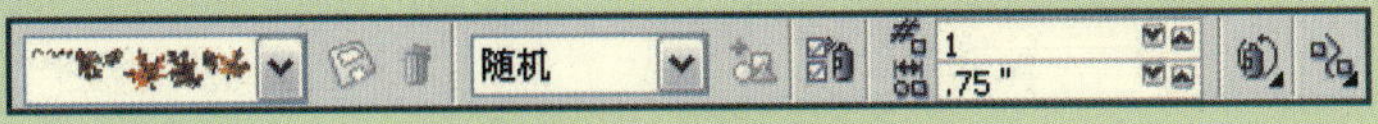

图3-22 喷罐工具属性栏

（4）书法笔工具

书法笔工具的属性栏如图3-23所示。在滑块栏中可设置画笔笔触的平滑程度；在选项栏中可设置画笔笔触的宽度；在选项栏中可设置画笔笔形轮廓角度。

（5）压力笔工具

压力笔绘制图形时是通过调节数值来控制压力笔的压力，当压力增大时，线条的宽度就会增加，其属性栏如图3-24所示。在滑块栏中可设置画笔笔触的平滑程度；在选项栏中可设置画笔笔触的宽度。

图 3-23　书法笔工具属性栏

图 3-24　压力笔工具属性栏

3.1.2　曲线的编辑

本节我们将介绍节点的形式、添加节点、删除节点、断开与连接曲线等。

1．编辑节点的基本操作

利用【形状工具】可以改变对象的形状，利用形状工具属性栏中的一系列编辑工具选项可以对节点进行各种编辑，如图 3-25 所示。

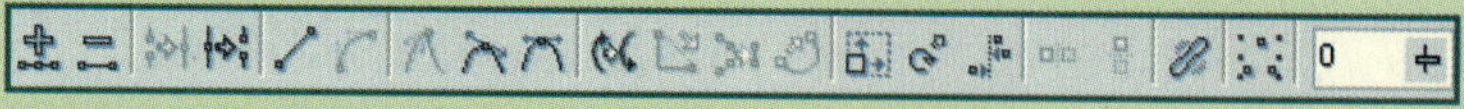

图 3-25　形状工具属性栏

利用工具箱中的【形状工具】改变曲线形状的操作步骤如下：

Step 01 单击工具箱中的【挑选工具】选中需进行编辑的对象，单击工具箱中的【形状工具】，被选中的曲线对象的所有节点将会显现出来，如图 3-26 所示。

Step 02 使用【形状工具】单击某个节点，该节点会变成黑色的小方块，表明已选中此节点，如图 3-27 所示。

Step 03 选中节点后，按住鼠标左键并拖动鼠标即可移动节点，如图 3-28 所示。

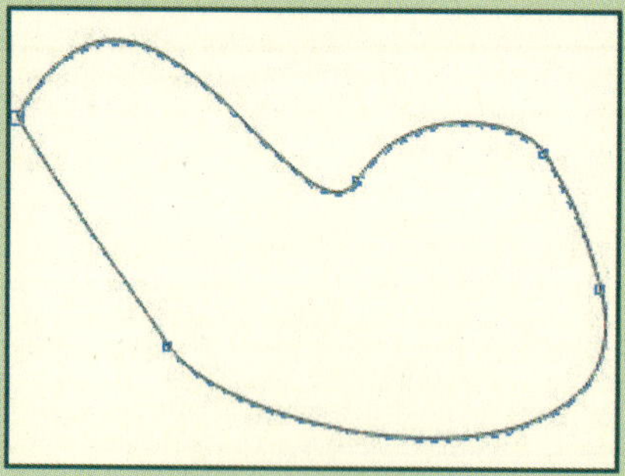

图 3-26　显示节点

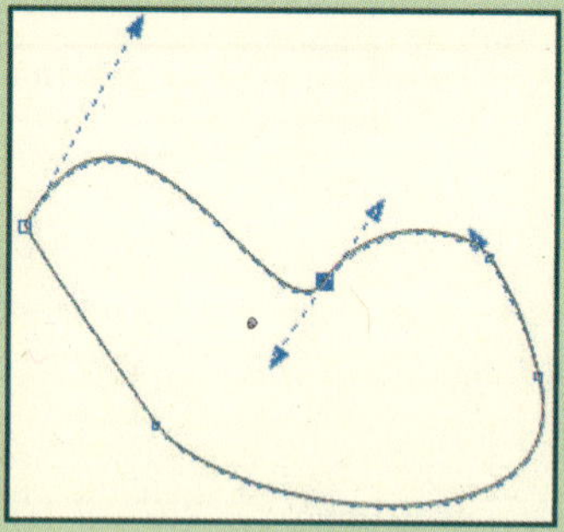

图 3-27　选中节点

Step 04 如果选择的节点是曲线性质的，两端就会出现控制摇柄，单击并拖动控制摇柄可改变该节点处方向及曲率，如图 3-29 所示。

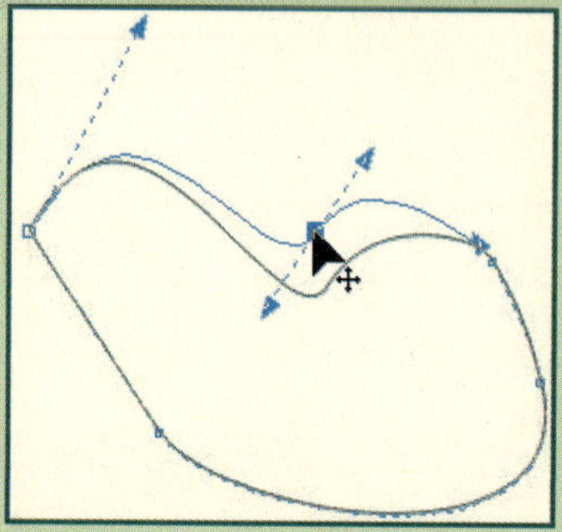

图 3-28　移动节点

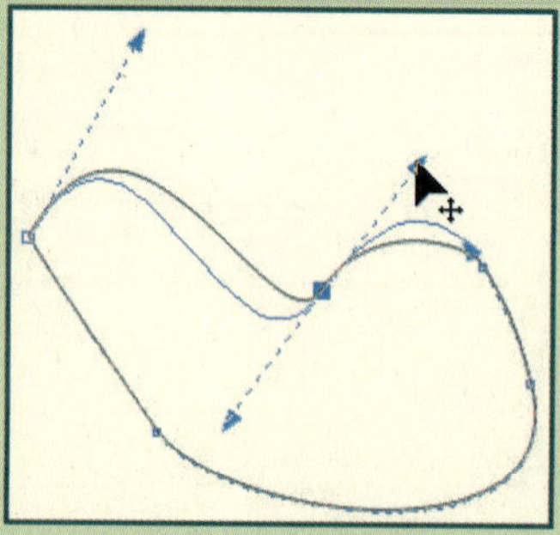

图 3-29　拖动控制摇柄

Step 05 选中节点，单击属性栏中的【转换曲线为直线】按钮，可以将选中的曲线转换为一条直线。

2．节点的形式

在形状工具的属性栏有【尖突节点】、【平滑节点】和【对称节点】三种形式。

（1）尖突节点

尖突节点的两个控制点是相对独立的，当移动其中一个控制点时，另外一个控制点不会随之移动；当一侧的曲线发生变化的时候，不会对另外一侧产生影响，如图3-30所示。

（2）平滑节点

平滑节点的两个控制点是直接相关的，当移动其中一个控制点的时候，另外一个控制点也会随之移动，如图3-31所示。

（3）对称节点

对称节点的两个控制点是相互关联的，在移动其中一个控制点的时候，另外一个控制点也会随之变化，并保持两个控制点到节点的距离相等，从而使节点两边的曲线保持相等的弧度，如图3-32所示。

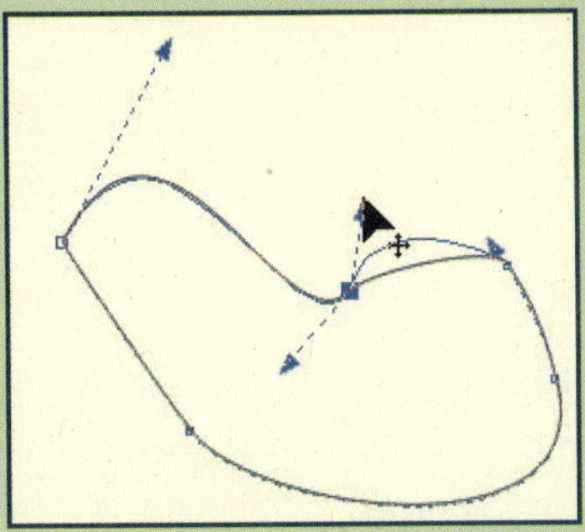

图3-30 调节尖突节点

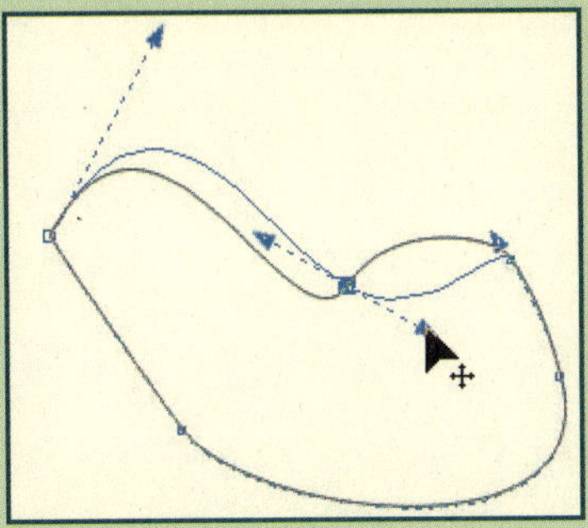

图3-31 调节平滑节点

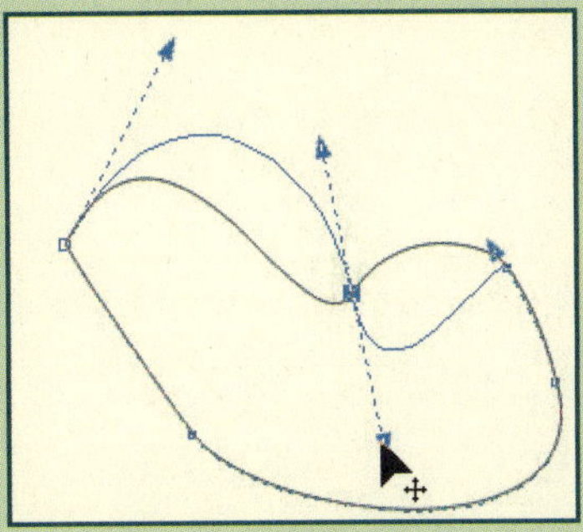

图3-32 对称节点的变化

3．添加节点

其操作步骤如下:

Step 01 单击【形状工具】，在曲线上要添加节点的位置单击鼠标左键，如图3-33所示。

Step 02 单击形状工具的属性栏上的【添加节点】按钮，即可添加节点，如图3-34所示。

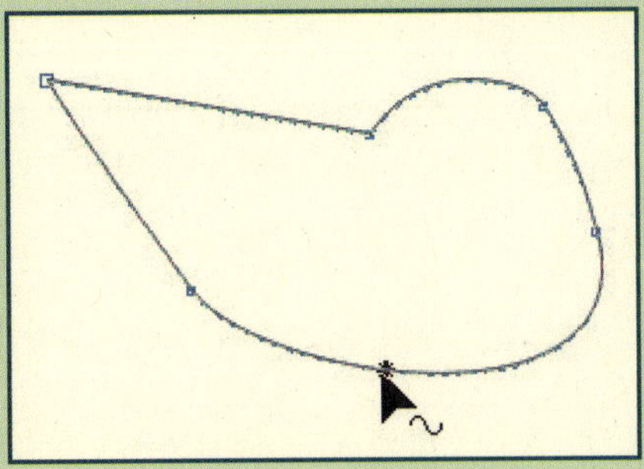

图3-33 确定位置

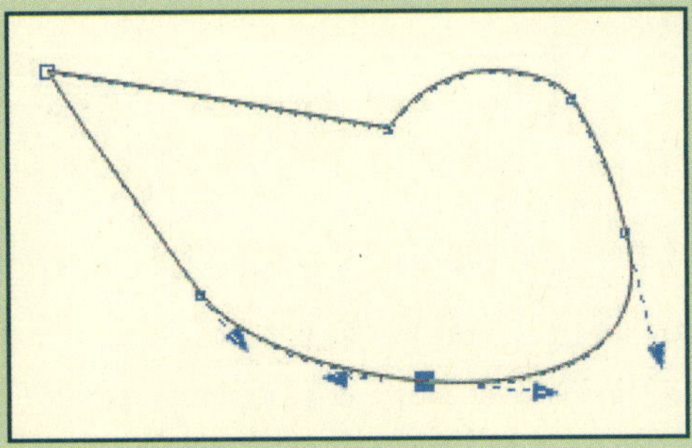

图3-34 添加节点

提 示 >>

利用【形状工具】在曲线上要添加节点的位置处双击鼠标左键，可以添加新的节点。

4．删除节点

其操作步骤如下:

Step 01 单击工具箱中的【形状工具】，选中要删除的节点，如图 3-35 所示。

Step 02 单击形状工具的属性栏上的【删除节点】按钮，即可删除节点，如图 3-36 所示。

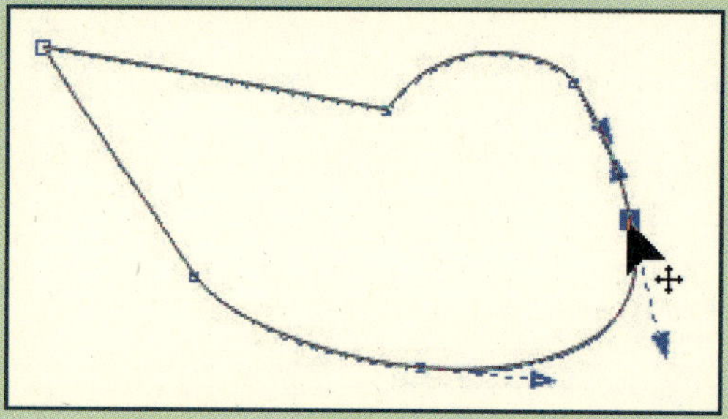

图 3-35 选中要进行删除的节点

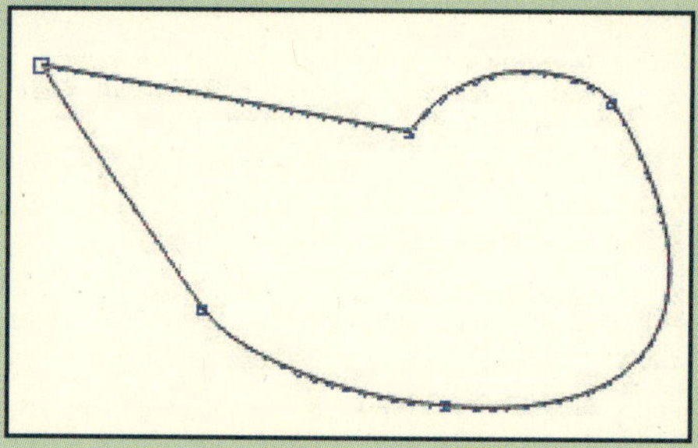

图 3-36 删除节点

提 示 >>

利用【形状工具】在要删除的节点上双击鼠标左键，也可删除节点。

5. 断开与连接曲线

(1) 断开曲线

其操作步骤如下:

Step 01 单击工具箱中的【形状工具】，用鼠标单击曲线上要断开处的节点，如图 3-37 所示。

Step 02 单击属性栏上的【分割曲线】按钮，即可将节点分为两个节点。分割后的节点可以自由移动，如图 3-38 所示，但此时的两段曲线仍是一个整体。

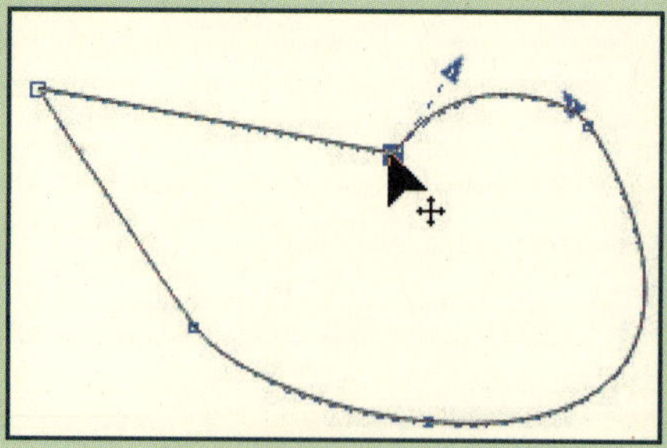

图 3-37 选中要断开的节点

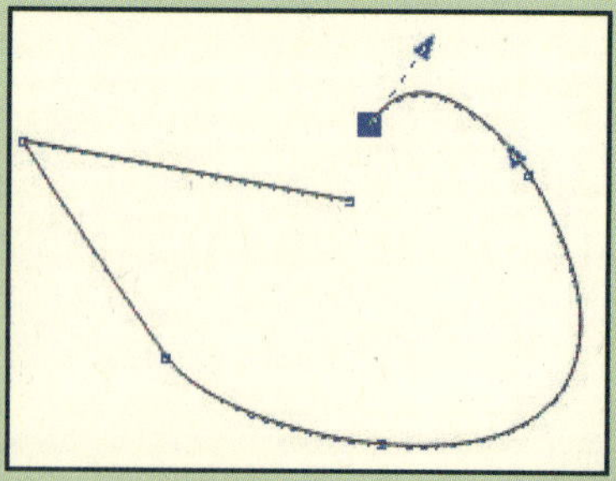

图 3-38 移动节点

(2) 连接曲线

分割后的曲线也可以重新连接，其操作步骤如下:

Step 01 单击工具箱中的【形状工具】，同时选中要进行合并的节点，如图 3-39 所示。

Step 02 单击属性栏上的【连接节点】按钮，完成节点的连接，如图 3-40 所示。

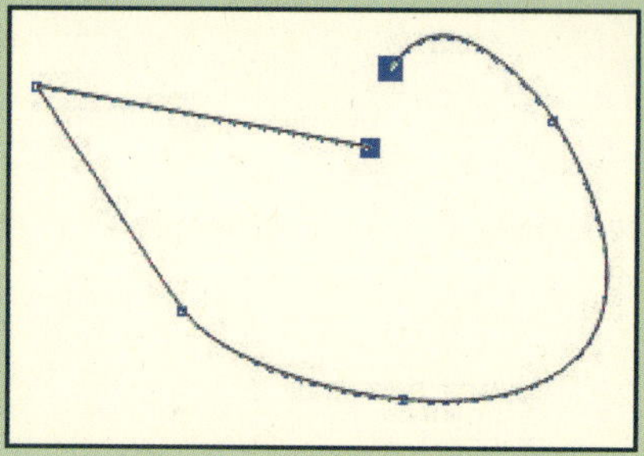

图 3-39 同时选中要合并的节点

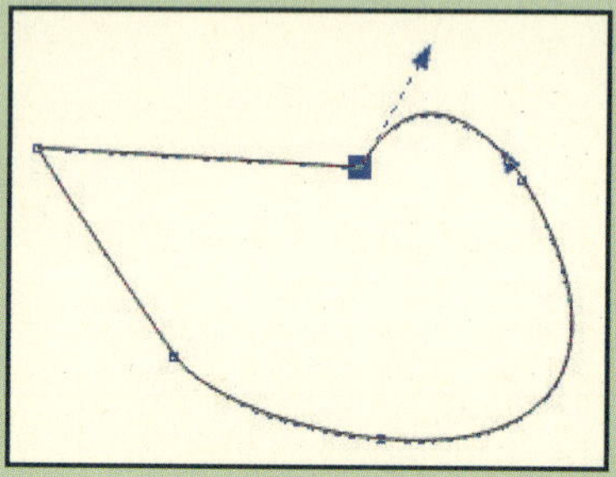

图 3-40 连接节点

3.2 进阶——典型实例

掌握了直线与曲线的绘制和编辑的使用方法，并了解各种直线曲线工具的使用之后，下面通过几个比较典型的实例对以上的学习进行更深入的讲解。

3.2.1 双鱼

本例将制作效果如图 3-41 所示的双鱼。通过本例的制作，读者可以掌握【钢笔工具】、【手绘工具】、【贝塞尔工具】、【形状工具】、【椭圆工具】等工具的使用方法和技巧。

图 3-41 最终效果

Step 01 执行【文件】→【新建】命令或按【Ctrl + N】键创建新文件。单击工具箱中的【钢笔工具】，在空白区域绘制图形，如图 3-42 所示。

Step 02 单击调色板的【橘黄色】按钮，填充图形颜色，并右键单击调色板中的【无轮廓】按钮☒，去掉图形外轮廓边框，如图 3-43 所示。

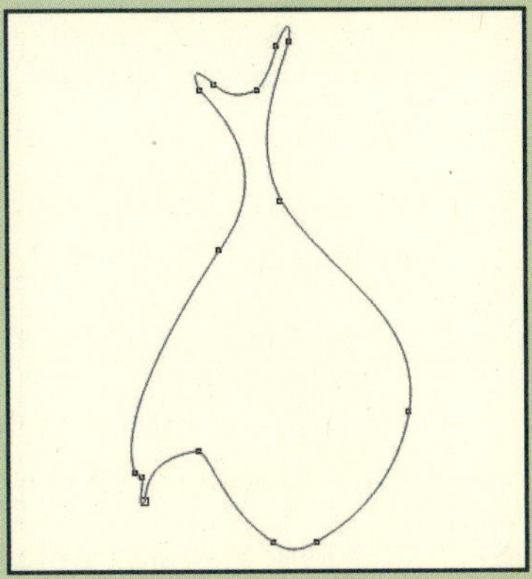

图 3-42 绘制图形

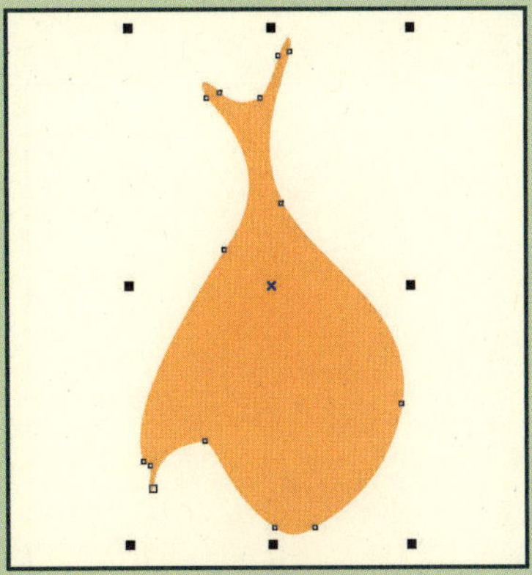

图 3-43 填充图形颜色

Step 03 单击工具箱中的【手绘工具】，在图形中拖动鼠标，绘制图形如图 3-44 所示。

Step 04 单击工具箱中的【选择工具】，填充图形颜色为“黄色”，并去掉图形外轮廓边框，如图 3-45 所示。

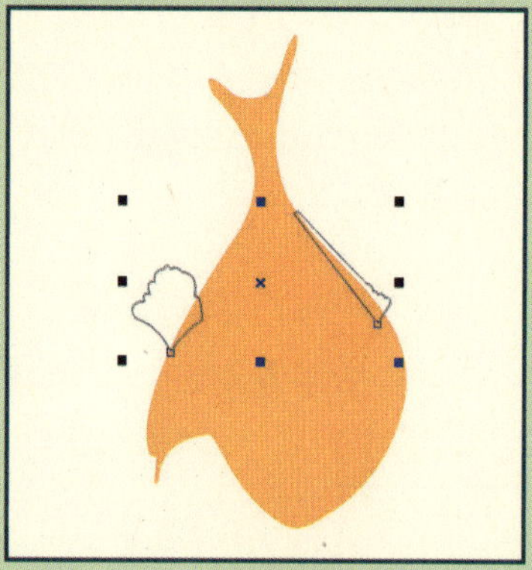

图 3-44　绘制图形

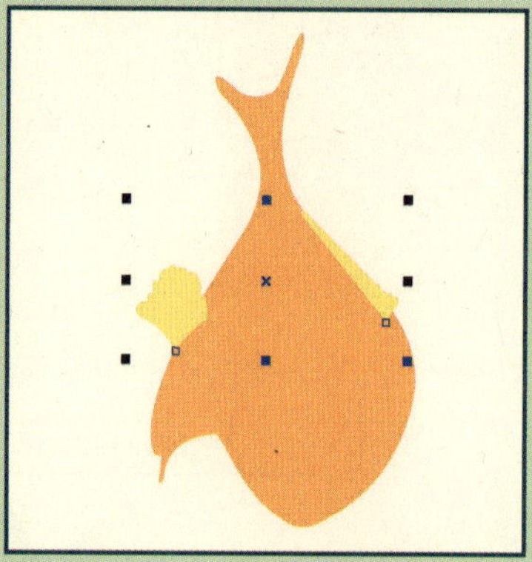

图 3-45　填充图形颜色

Step 05 单击工具箱中的【贝塞尔工具】，在图形上分别绘制图形，如图 3-46 所示。

Step 06 双击工具箱中的【形状工具】，选择图形的所有节点，单击属性栏上的【转换直线为曲线】按钮，将选择的直线转换为曲线，并拖动遥柄调整图形，如图 3-47 所示。

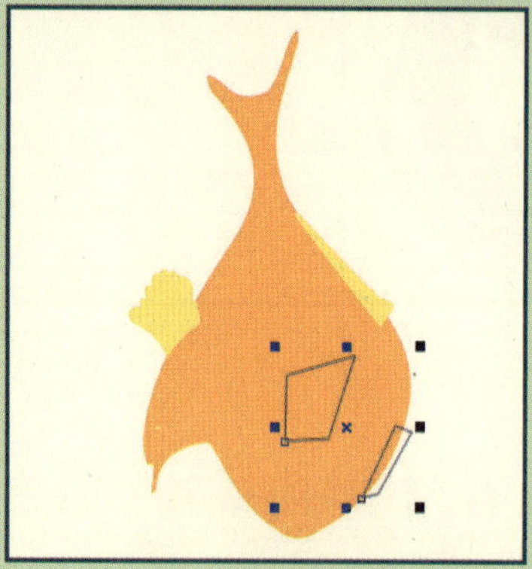

图 3-46　分别绘制图形

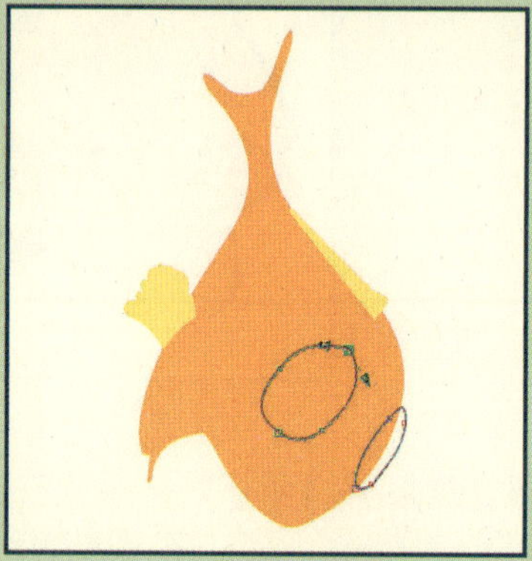

图 3-47　调整曲线图形

Step 07 单击工具箱中的【选择工具】，并填充图形颜色为“白色”，如图 3-48 所示。

Step 08 用同样的方法，单击工具箱中的【贝塞尔工具】，在图形上分别绘制图形，并使用【形状工具】调整曲线图形，如图 3-49 所示。

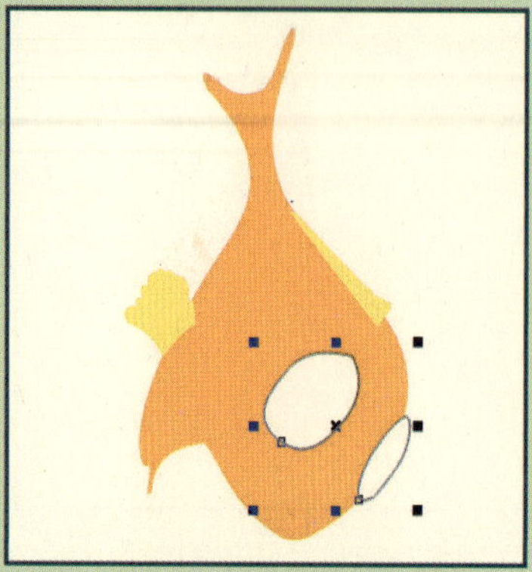

图 3-48　填充图形颜色

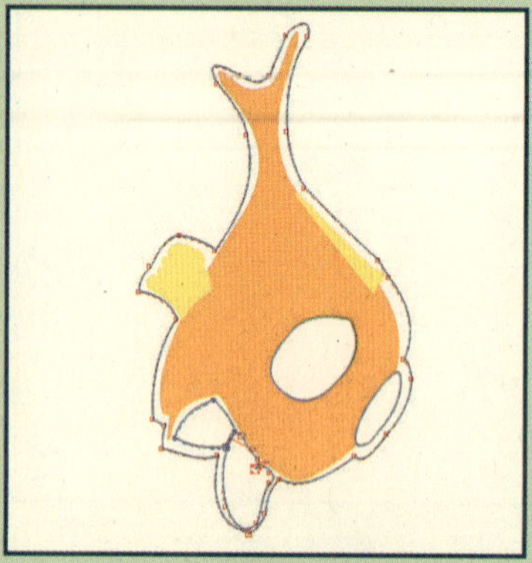

图 3-49　调整曲线图形

Step 09 单击工具箱中的【选择工具】，分别填充图形颜色，如图 3-50 所示。

Step 10 单击工具箱中的【椭圆工具】，在鱼眼睛中分别绘制“黑色”和“白色”椭圆图形，如图 3-51 所示。

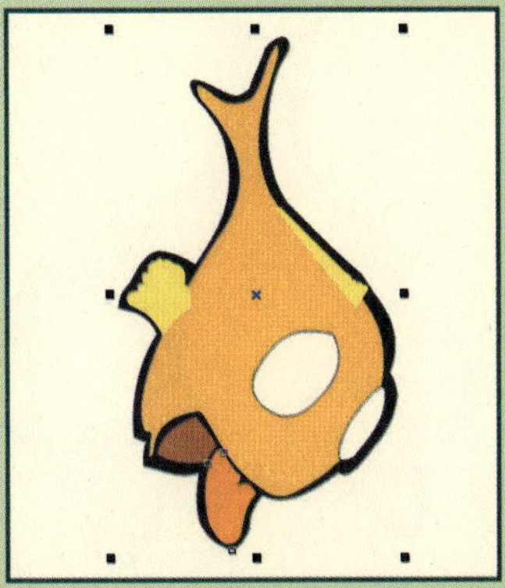

图 3-50　填充图形颜色

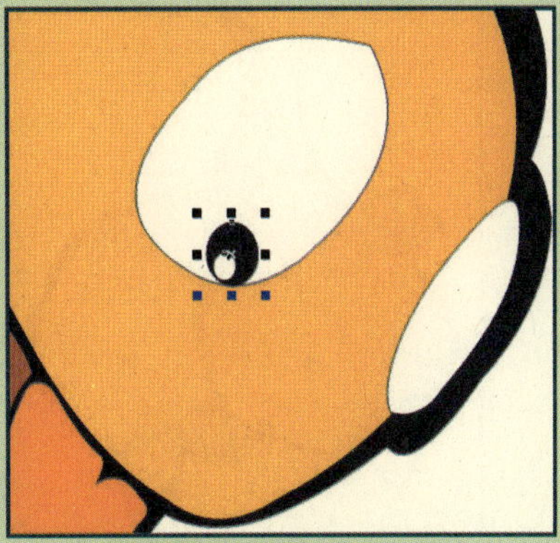

图 3-51　绘制椭圆图形

Step 11　单击工具箱中的【选择工具】，并移动复制图形，如图 3-52 所示。

Step 12　单击工具箱中的【手绘工具】，在图形中拖动鼠标，分别绘制线条如图 3-53 所示。

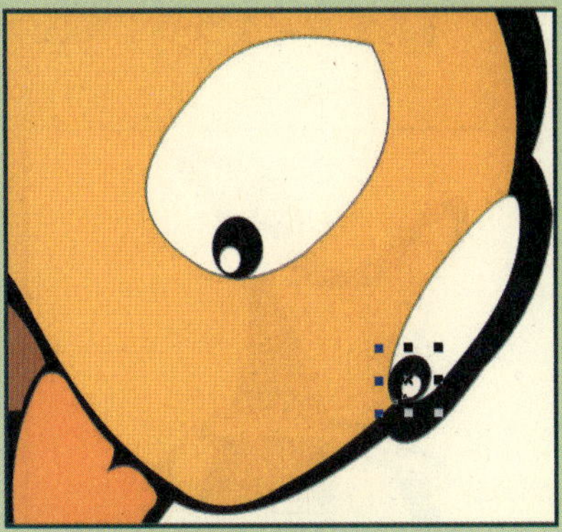

图 3-52　移动复制图形

图 3-53　绘制线条

Step 13　单击工具箱中的【选择工具】，框选绘制的卡通鱼图形，按【Ctrl+G】键“群组”图形并旋转，如图 3-54 所示。

Step 14　按键盘上的【+】键复制图形，并旋转图形如图 3-55 所示。

图 3-54　旋转图形

图 3-55　复制并旋转图形

Step 15　单击工具箱中的【选择工具】，选择后面的卡通鱼图形，单击属性栏上的【取消群组】按钮或按【Ctrl+U】键，取消“群组”，如图 3-56 所示。

Step 16　选择“橘黄色”图形，并更改图形颜色为“蓝色”，如图 3-57 所示。

图 3-56　取消“群组”

图 3-57　更改图形颜色

Step 17 选择卡通鱼的“黄色”图形，并更改图形颜色为“浅蓝色”，如图 3-58 所示。

Step 18 用同样的方法，单击工具箱中的【贝塞尔工具】，在图形上绘制“橘红色”图形，并单击工具箱中的【选择工具】，设置属性栏上的【轮廓宽度】为：1.0mm，如图 3-59 所示。

图 3-58　更改图形颜色

图 3-59　绘制“橘红色”图形

Step 19 单击工具箱中的【选择工具】，移动复制图形，并调整位置如图 3-60 所示。

Step 20 用同样的方法，绘制“橘红色”图形，并设置属性栏上的【轮廓宽度】为：1.0mm，如图 3-61 所示。

Step 21 执行完以上操作后，得到双鱼卡通图形的最终效果。

图 3-60　移动复制图形

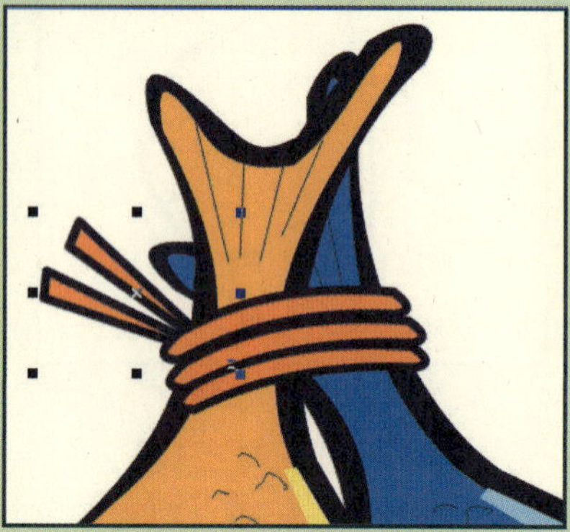

图 3-61　绘制“橘红色”图形

3.2.2 都市女人

本例将制作效果如图3-62所示的卡通形象。通过本例的制作，可以进一步掌握【钢笔工具】、【椭圆工具】、【矩形工具】、【填充工具】以及旋转复制等操作的使用方法。

图3-62 最终效果

Step 01 选择【钢笔工具】，绘制“头部”曲线线条，并形成封闭图形，如图3-63所示。

Step 02 单击【钢笔工具】，绘制“头发”形状，填充颜色为：黑色，如图3-64所示。

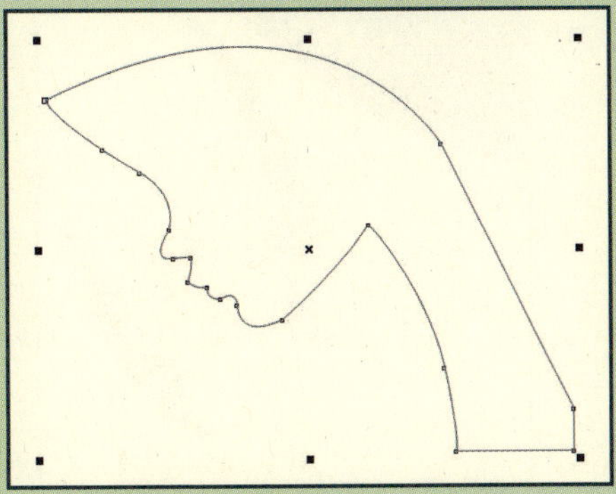

图3-63 绘制头部曲线

图3-64 绘制“头发”形状

Step 03 单击【钢笔工具】，绘制“上嘴唇”的弧线，并填充颜色为：红色，如图3-65所示。

Step 04 单击【钢笔工具】，绘制“下嘴唇”的弧线，并填充颜色为：红色，如图3-66所示。

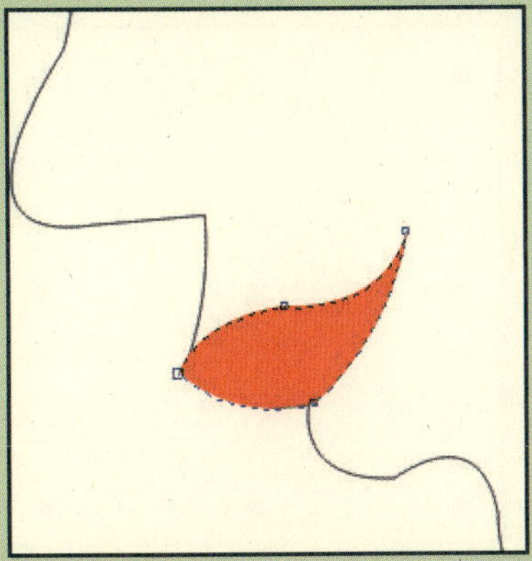

图3-65 绘制“上嘴唇”

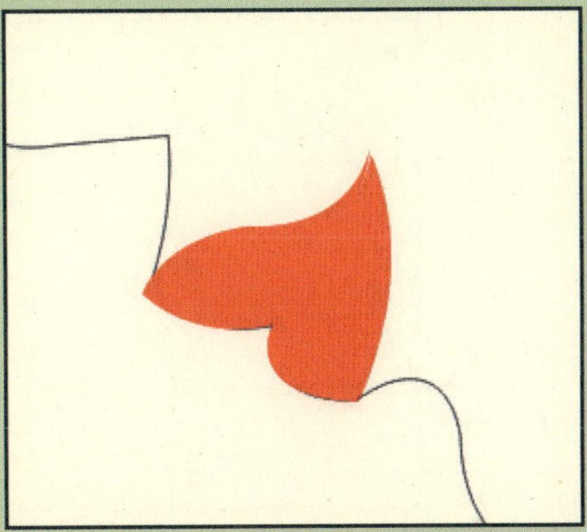

图3-66 绘制“下嘴唇”

Step 05 单击【钢笔工具】，绘制“嘴唇上的白色”形状，并填充颜色为：白色，效果如图 3-67 所示。

Step 06 单击【钢笔工具】，分别绘制“眼睛”、“眼睫毛”形状，并填充颜色为：黑色；绘制“眼皮”形状，填充颜色为：粉红色，如图 3-68 所示。

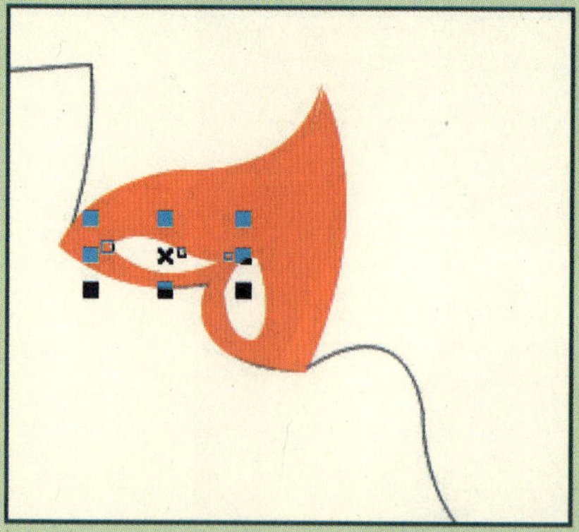

图 3-67 绘制“嘴唇上的白色”

图 3-68 分别绘制“眼睛”、“眼睫毛”

Step 07 选择【交互式透明工具】，对粉红色眼皮进行拖动，形成透明渐变，效果如图 3-69 所示。

Step 08 选择“眉毛”，制作透明渐变，渐变方向如图 3-70 所示。

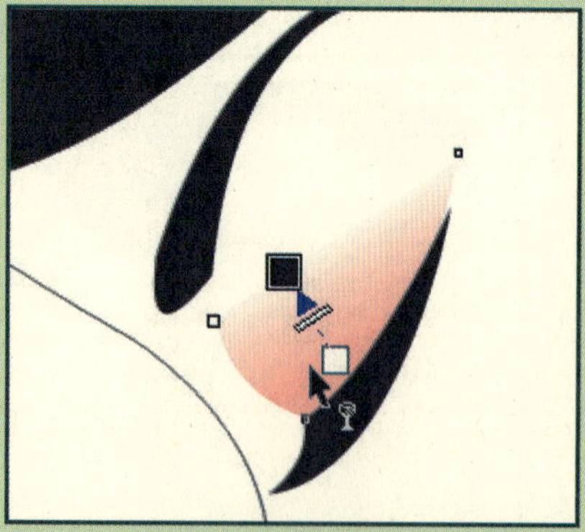

图 3-69 粉红色眼皮透明渐变

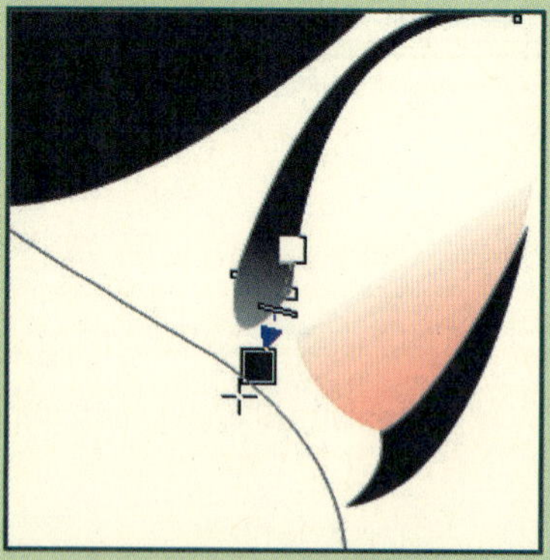

图 3-70 眉毛透明效果

Step 09 选择【椭圆工具】，按住【Ctrl】键不放，绘制圆，如图 3-71 所示。

Step 10 按【+】键，复制圆。按住【Shift】键不放，等比例缩放其大小，如图 3-72 所示。

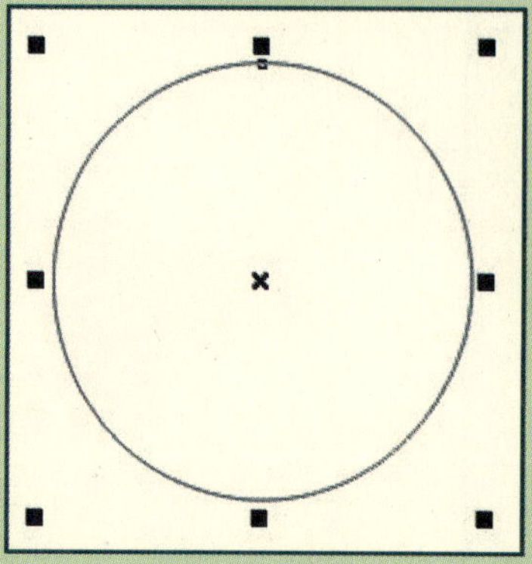

图 3-71 绘制圆

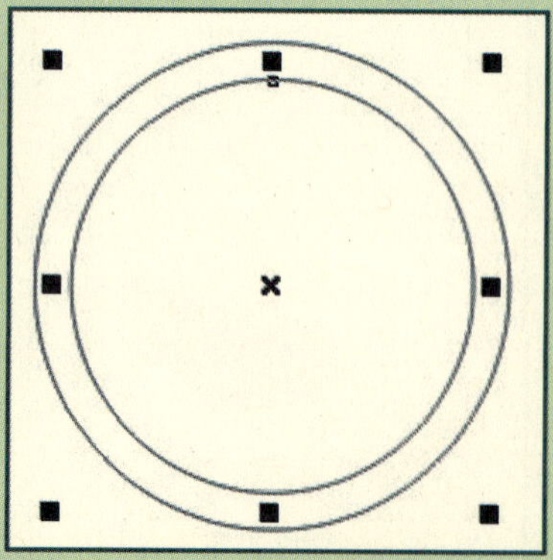

图 3-72 复制并缩放圆

Step 11 单击【选择工具】，框选两圆，选择属性栏上的【结合】按钮，将两圆结合成圆环，并右键单击色盘上的【无轮廓】按钮☒，取消外框颜色。填充内部颜色为：洋红，如图 3-73 所示。

Step 12 复制圆环，并缩放其大小。框选所有的圆环，按【Ctrl+G】键群组为“耳环”，如图 3-74 所示。

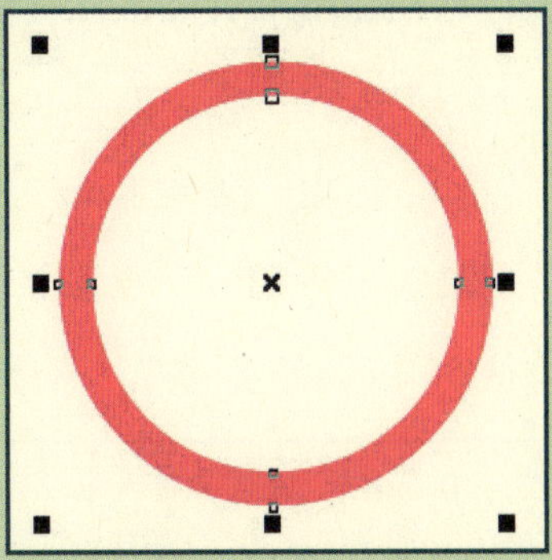

图 3-73 结合两圆

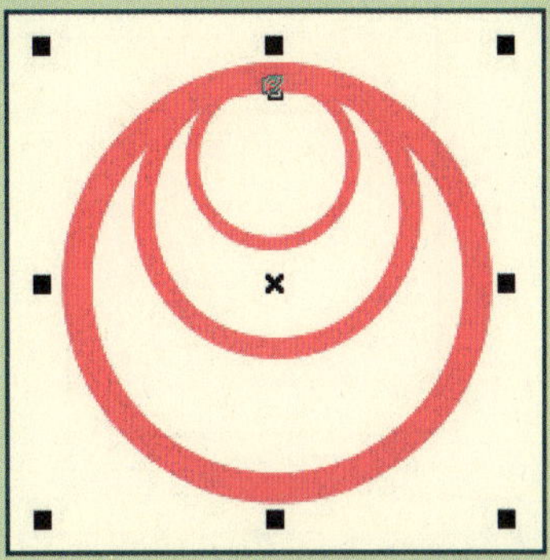

图 3-74 复制并群组圆环

Step 13 按【Ctrl+PageDown】键将“耳环”放置到头发的下一层，如图 3-75 所示。

Step 14 单击工具箱中的【矩形工具】，在窗口中绘制“黑色”矩形图形，并按【Shift+PageDown】键将其放到最下层，作为背景。整个矢量卡通造型如图 3-76 所示。

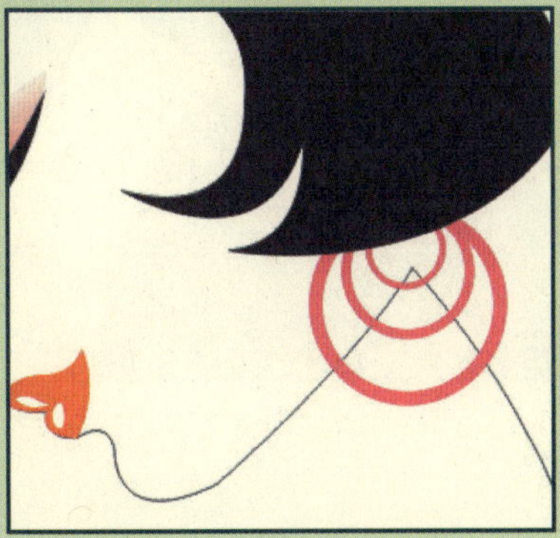

图 3-75 放置耳环到头发下面

图 3-76 绘制背景

Step 15 选择【椭圆工具】，按住【Ctrl】键不放绘制圆，并填充成各种颜色，复制成“项链”，颈部效果如图 3-77 所示。

Step 16 选择【椭圆工具】，绘制椭圆，如图 3-78 所示。

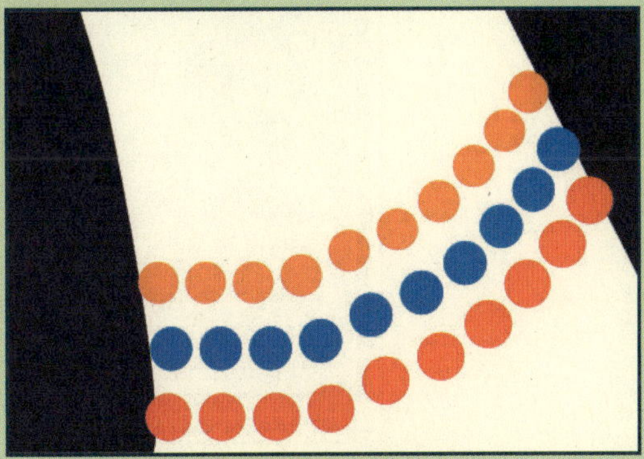

图 3-77 绘制“项链”

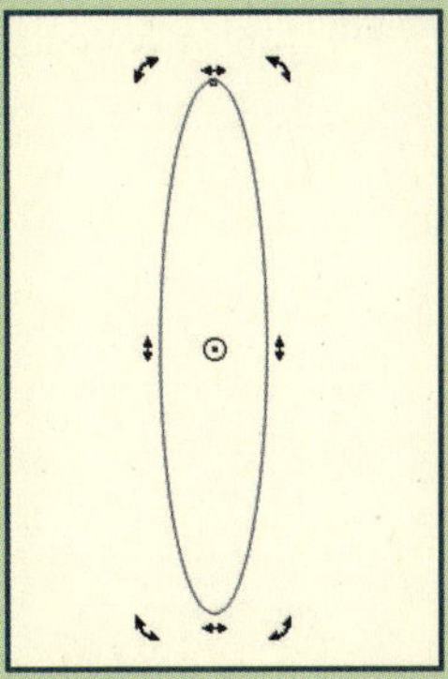

图 3-78 绘制椭圆

Step 17 旋转到合适位置后，同时按住右键不放，复制椭圆，如图 3-79 所示。

Step 18 按【Ctrl+R】键重复上一步操作，旋转一周后，框选所有的椭圆，并单击【结合】按钮，如图 3-80 所示。

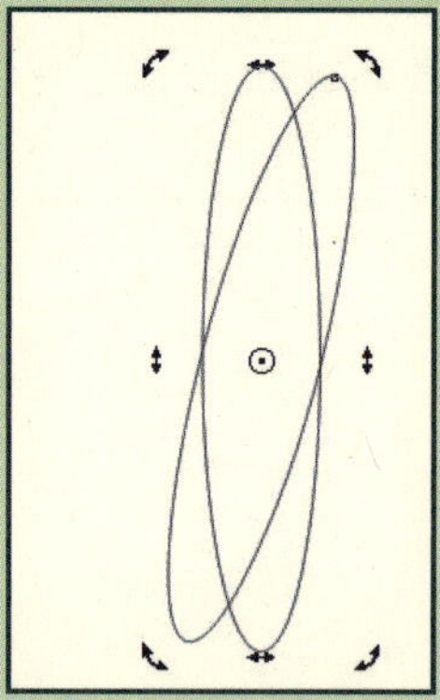

图 3-79 旋转并复制椭圆

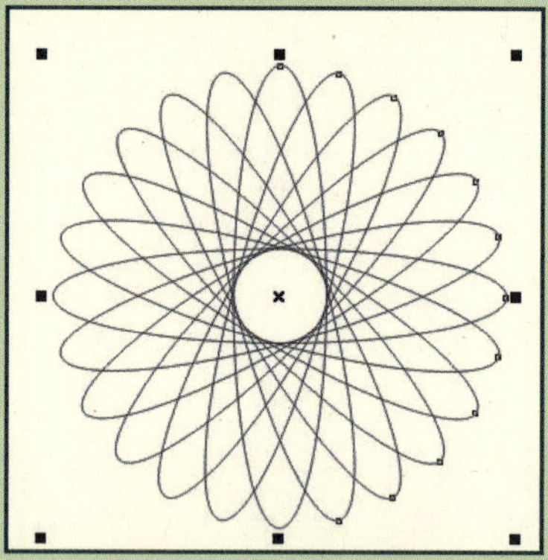

图 3-80 连续复制椭圆

Step 19 填充颜色为红色，如图 3-81 所示。

Step 20 取消外框颜色，缩放并复制花卉图案到颈部，最终效果如图 3-82 所示。

图 3-81 组合并填充椭圆

图 3-82 最终效果

3.3 提高——自己动手练

通过几个实例的讲解之后，读者应该对 CorelDRAW 中直线和曲线的编辑方法有了更深入的认识。如果要真正了解并使用，还应多加练习。

3.3.1 绘制猫

本例是一个猫的绘制，最终效果如图 3-83 所示。

图 3-83 最终效果

Step 01 按【F6】键，绘制一个矩形。选中矩形，按下小键盘上【+】键，在原处复制一个矩形，按住【Shift】键，向内等比例缩小矩形。改变复制的矩形的轮廓色为白色，轮廓宽度为2mm，如图3-84所示。

Step 02 单击工具箱中的【钢笔工具】，结合【形状工具】，绘制如图3-85所示的图形。再利用钢笔工具和形状工具绘制猫的头，如图3-86所示。

图3-84 绘制矩形

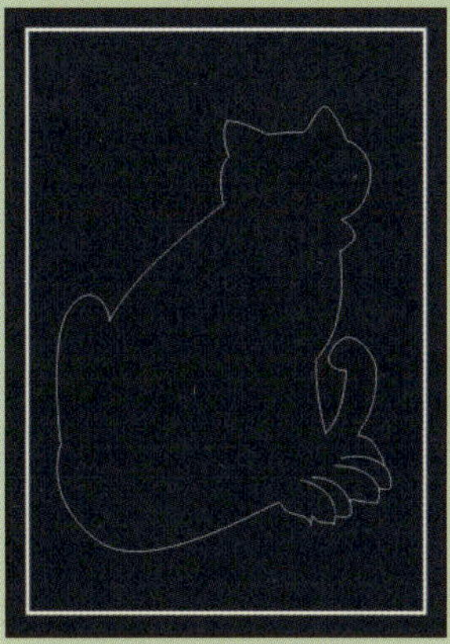

图3-85 绘制图形

Step 03 单击工具箱中的【钢笔工具】，绘制猫的牙齿，如图3-87所示。再利用钢笔工具和形状工具绘制其他的图形，如图3-88所示。

图3-86 绘制猫的头

图3-87 绘制猫的牙齿

Step 04 按【F7】键，按住【Ctrl】键的同时拖动鼠标，绘制圆。用相同的方法绘制多个小圆，如图3-89所示。

图3-88 绘制图形

图3-89 绘制多个小圆

Step 05 选中矩形外的所有图形，按【F12】键，打开【轮廓笔】对话框，设置轮廓宽度为1.4mm，颜色为白色，如图3-90所示。单击【确定】按钮，得到如图3-91所示的效果。这样，本例的制作就完成了。

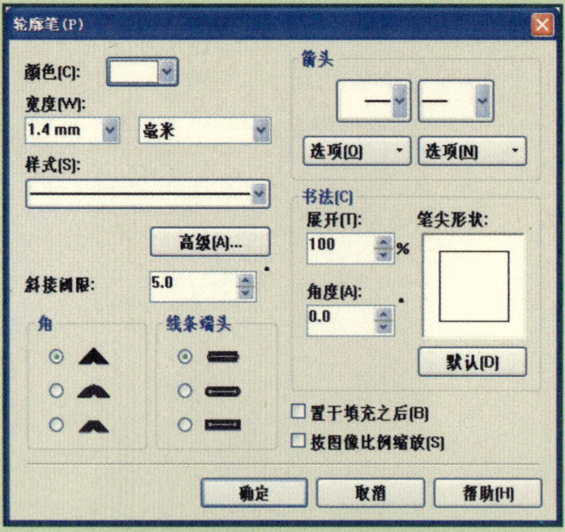

图3-90 “轮廓笔”对话框

图3-91 最终效果

3.3.2 绘制卡通手机

本例是一个卡通手机的绘制，最终效果如图3-92所示。

图3-92 最终效果

Step 01 单击工具箱中的【钢笔工具】，结合【形状工具】，绘制如图3-93所示图形。填充图形的颜色为（C: 0; M: 35; Y: 100; K: 0），轮廓宽度为2mm，如图3-94所示。

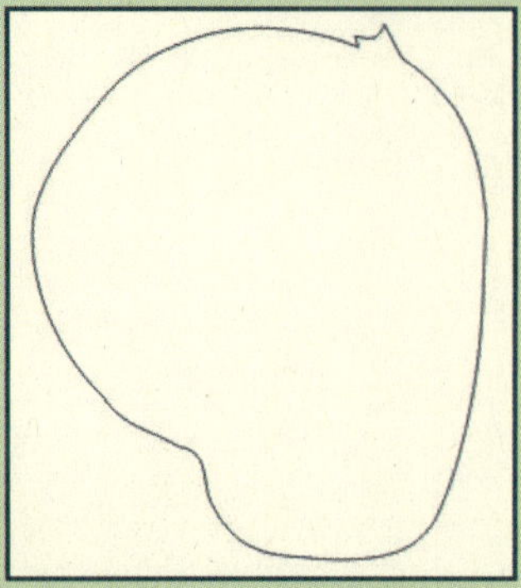

图3-93 绘制图形

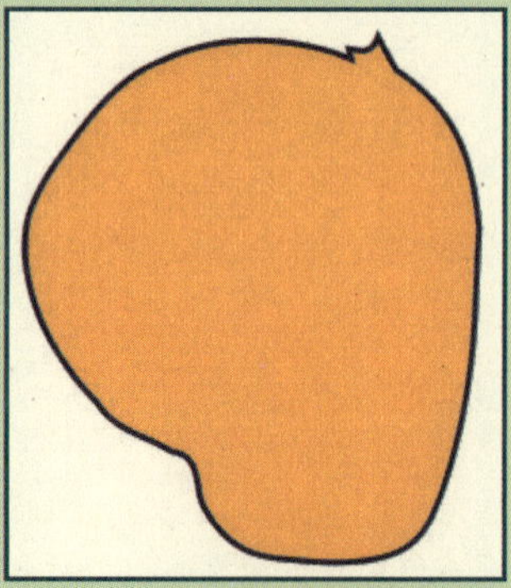

图3-94 填充颜色

Step 02 单击工具箱中的【钢笔工具】，结合【形状工具】，绘制如图3-95所示的图形，轮廓宽度为1.4mm。利用椭圆工具绘制4个椭圆，如图3-96所示。

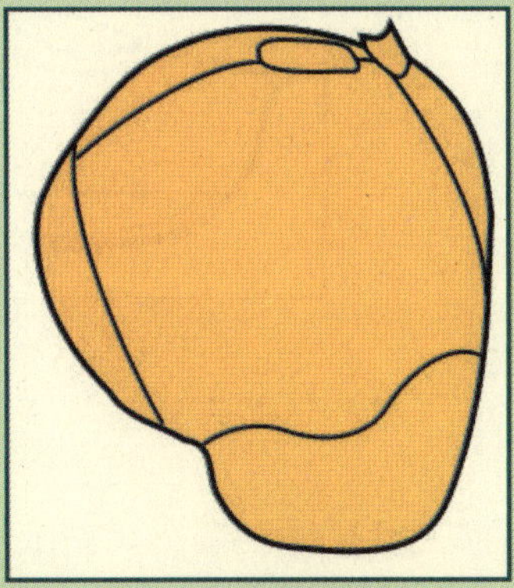

图3-95 绘制图形

图3-96 绘制椭圆

Step 03 单击工具箱中的【钢笔工具】绘制天线。填充颜色为黄色，轮廓宽度为1.4mm，如图3-97所示。

Step 04 单击工具箱中的【钢笔工具】，结合【形状工具】，绘制如图3-98所示的图形，填充颜色为黄色，去掉轮廓，如图3-99所示。

图3-97 绘制天线

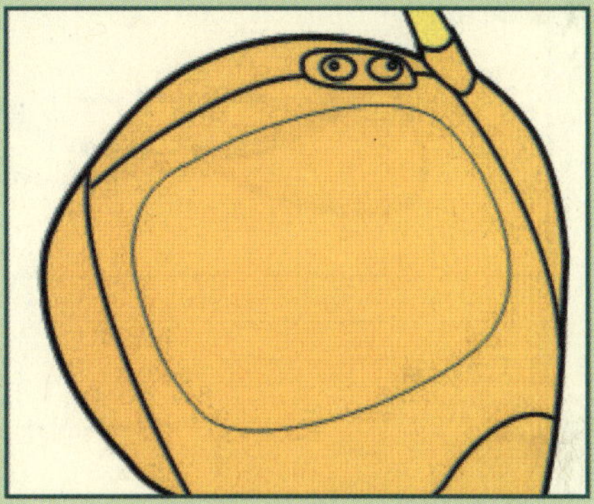

图3-98 绘制图形

Step 05 单击工具箱中的【钢笔工具】，结合【形状工具】，绘制如图3-100所示的图形，填充颜色为白色，去掉轮廓，如图3-101所示。

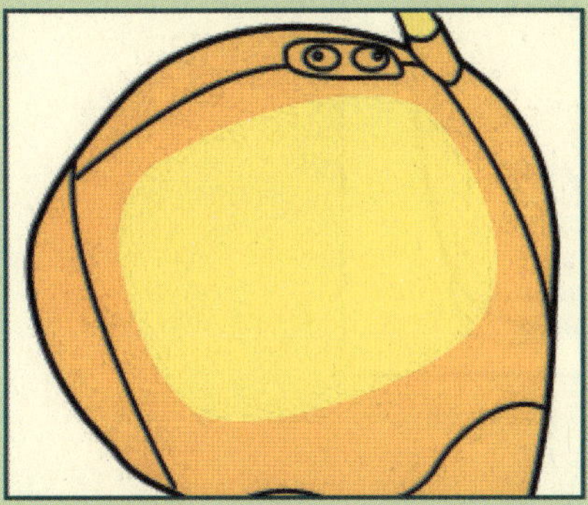

图3-99 填充颜色

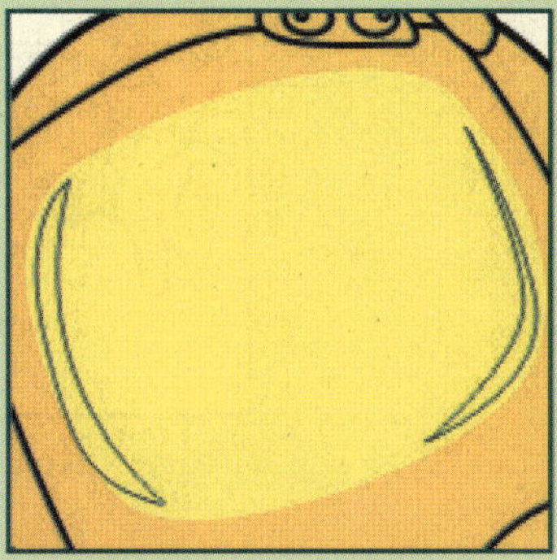

图3-100 绘制图形

Step 06 单击工具箱中的【钢笔工具】，结合【形状工具】，绘制如图3-102所示的图形，轮廓宽度为1.4mm。

图 3-101　填充颜色

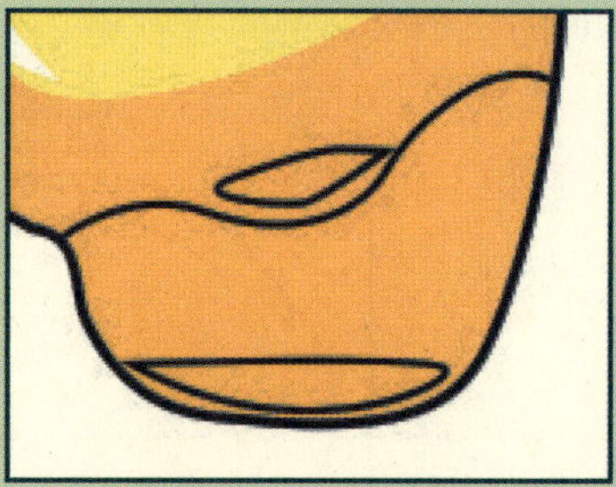

图 3-102　绘制图形

Step 07 单击工具箱中的【钢笔工具】，结合【形状工具】绘制脚。填充颜色为黄色，轮廓宽度为 1.4mm，如图 3-103 所示。

Step 08 单击工具箱中的【钢笔工具】，结合【形状工具】绘制手。填充颜色为白色，轮廓宽度为 1.4mm，如图 3-104 所示。

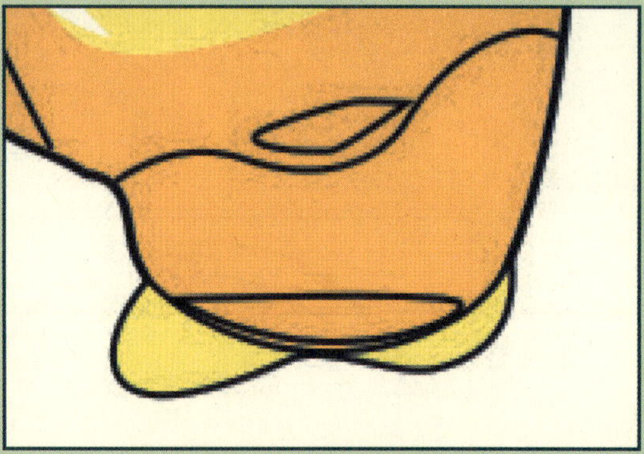

图 3-103　绘制脚

图 3-104　绘制手

Step 09 最后再利用钢笔工具和形状工具绘制眼睛，如图3-105所示。这样本例制作就完成了。

图 3-105　最终效果

第 4 章　对象的操作与编辑

本章要点

- 入门——基本概念与基本操作
  - 对象的变换操作
  - 群组与结合对象
  - 调整对象顺序
  - 对象的造型
- 进阶——典型实例
  - 画册封面
  - 工作室标志
  - 光盘设计
  - 名片设计
- 提高——自己动手练
  - 绘制旋转图案
  - 制作邮票

4.1 入门——基本概念和基本操作

本节将介绍对象的变换、群组与结合、对象的顺序、对象的对齐与分布以及对象的造型等知识。

4.1.1 对象的变换操作

对象的变换操作包括调整对象大小、旋转对象、倾斜对象和镜像对象，我们既可以利用鼠标进行对象的变换操作，也可以利用【变换】泊坞窗精确地变换对象。

1. 调整对象大小

先选中对象，然后将光标移至对象的任一角的控制点上，光标变为倾斜的箭头符号，如图 4-1 所示。单击并拖动鼠标到需要的位置后，释放鼠标左键，即可完成对象大小的调整，如图 4-2 所示。

图 4-1　将光标移至对象的任一角的控制点上

图 4-2　改变大小

2. 旋转对象

单击工具箱中的【挑选工具】选中对象。将光标移到对象的中心位置，单击鼠标左键，对象的四个角上的控制点变为形状，将光标移至对象的任一角的控制点上，如图 4-3 所示。单击并拖动鼠标到需要的位置后，释放鼠标即可旋转对象，如图 4-4 所示。

图 4-3　将光标移至对象的任一角的控制点上

图 4-4　旋转对象

3. 倾斜对象

单击工具箱中的【挑选工具】选中对象。将光标放到对象的中心位置，单击鼠标左键，对象的四边的中心出现倾斜控制点。将光标移至倾斜控制点上，光标变为倾斜符号，如图4-5所示。单击并拖动鼠标到需要的位置后，释放鼠标即可倾斜对象，如图4-6所示。

图4-5 对象的四边的中心出现倾斜控制点

图4-6 倾斜对象

4．镜像对象

镜像包括水平方向镜像和垂直方向镜像。单击工具箱中的挑选工具，选中要镜像的对象，如图4-7所示。单击属性栏中的水平镜像按钮，即可水平镜像对象，如图4-8所示。再单击属性栏中的垂直镜像按钮，即可垂直镜像对象，如图4-9所示。

图4-7 选中对象

图4-8 水平镜像对象

图4-9 垂直镜像对象

5．【变换】泊坞窗

选中对象，执行【排列】→【变换】命令，弹出如图4-10所示的子菜单。选择子菜单中的命令，可以打开相应的泊坞窗，如图4-11~图4-15所示。

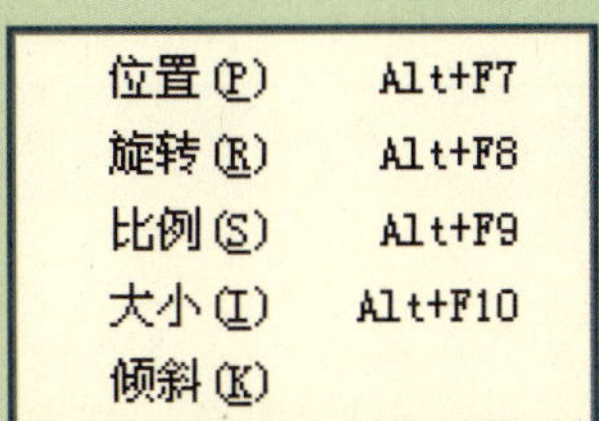

图4-10 【变换】泊坞窗

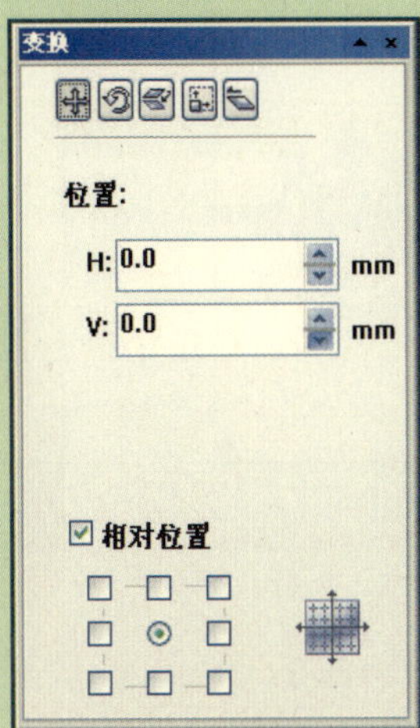

图4-11 【变换】泊坞窗

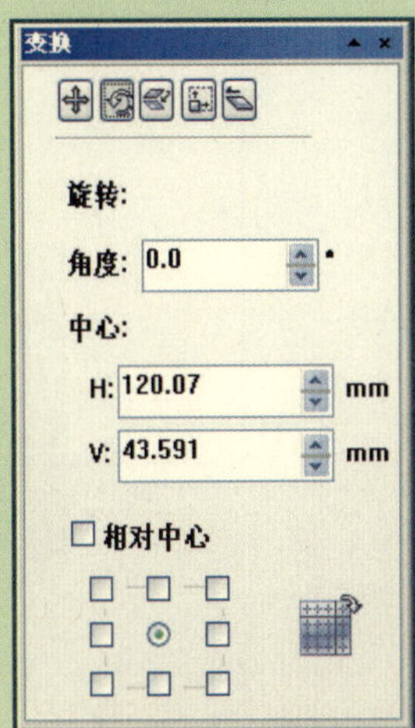

图4-12 【旋转】面板

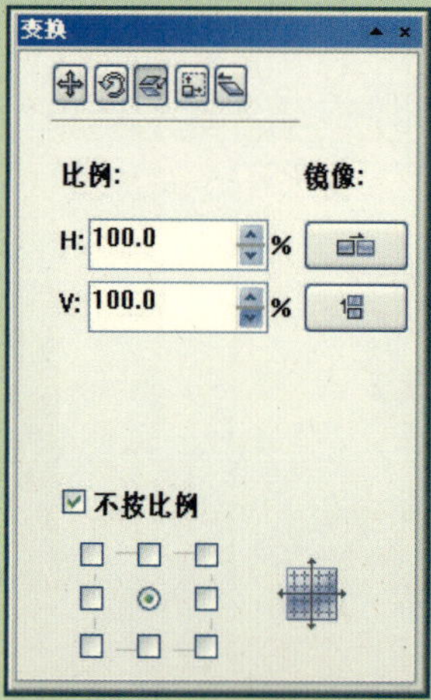

图 4-13 【比例】面板

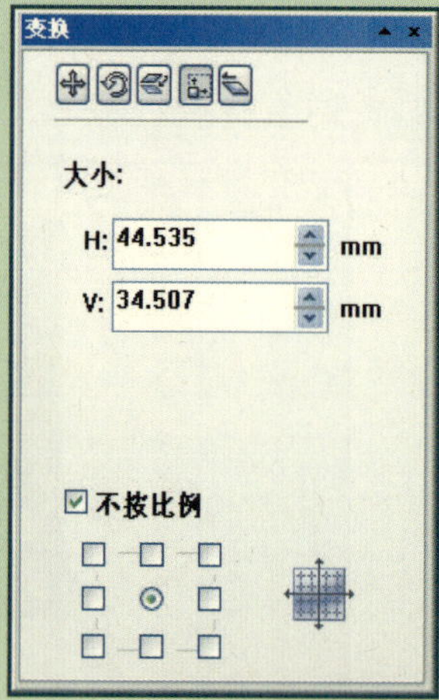

图 4-14 【大小】面板

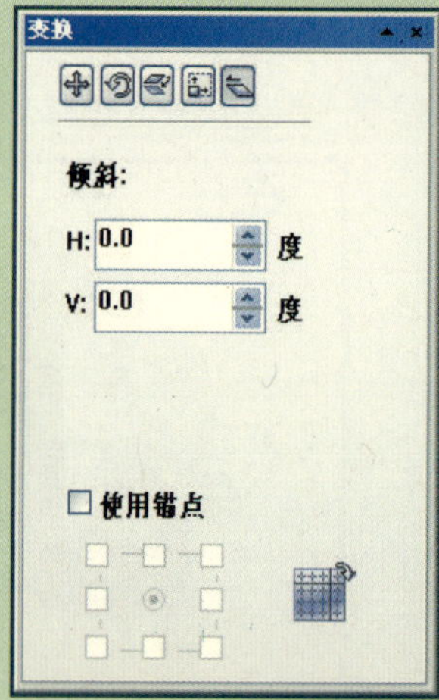

图 4-15 【倾斜】面板

提 示 >>

单击【变换】泊坞窗上方的按钮，也可以在各面板之间切换。

在泊坞窗中设置好参数后，单击【应用】按钮，可以将对象进行精确地移动。单击【应用到再制】按钮，可以保留原对象不变，将所做的设置应用到再制的对象上。

4.1.2 群组与结合对象

群组是将多个对象或一个对象的各个组成部分组合成一个整体，结合是将多个不同的对象结合为一个对象。

1. 群组对象

群组就是将多个对象或一个对象的各个组成部分组合成一个整体，群组后的对象是一个整体对象。单击工具箱中的【挑选工具】在页面中框选两个或两个以上的对象，执行【排列】→【群组】命令或按【Ctrl+G】键即可群组对象，如图 4-16 所示。群组后当填充或移动某个对象时，群组中的其他对象也会被填充或移动，如图 4-17 所示。

图 4-16 群组对象

图 4-17 移动群组对象

提 示 >>

执行【排列】→【取消群组】命令或者单击选取工具属性栏中的【取消组合】按钮或【取消全部组合按钮】，可以取消对象的群组。

2．结合对象

与群组不同的是，结合对象是一个全新的造型整体，在结合前有颜色填充的对象，在结合后相交的部分将会被剪切掉。

单击工具箱中的【挑选工具】，在页面中同时选中两个或两个以上的对象，如图4-18所示。执行【排列】→【结合】命令，或单击属性栏中的【结合】按钮，即可结合对象，如图4-19所示。

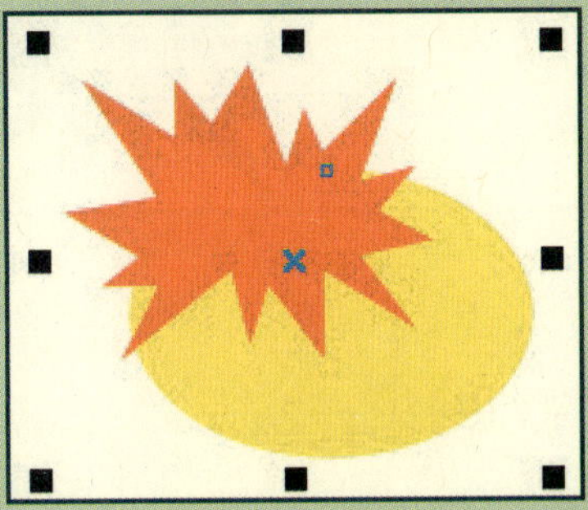
图4-18　选中对象

图4-19　结合对象

结合后的对象会保留所选对象中位于最下层的对象的内部填色、轮廓色及轮廓线粗细等属性，若需要结合的对象之间有重叠的部分，则结合后仅保留其轮廓线，且重叠的部分将成为镂空。

提 示 >>

选中结合后的对象，执行【排列】→【拆分】命令或单击工具属性栏上的【拆分】按钮或按【Ctrl+K】键，可以将结合的对象拆分为独立的对象。

4.1.3 调整对象顺序

CorelDRAW在创建对象时，是按创建对象的先后顺序排列在页面中的，最先绘制的对象位于最底层，最后绘制的对象位于最上层。在绘制过程中，多个对象重叠在一起时，上面的对象会将下面的对象遮住。

1．【到图层前面】和【到图层后面】命令

选中如图4-20所示的对象，执行【排列】→【顺序】→【到图层前面】命令或按【Shift+PageUp】键，可以快速地将对象移到最前面，如图4-21所示。

图4-20　选中对象

图4-21　移动对象到最前面

选中如图 4-22 所示的对象，执行【排列】→【顺序】→【到图层后面】命令或按【Shift+PageDown】键，可以快速地将对象移到最后面，如图 4-23 所示。

图 4-22　选中对象

图 4-23　移动对象到后面的效果

2．【向前一位】和【向后一位】命令

选中如图 4-24 所示的对象，单击【向前一位】命令或按【Ctrl+PageUp】键，可以使选中的对象上移一层，如图 4-25 所示。

图 4-24　选中对象

图 4-25　执行【向前一位】命令

选中如图 4-26 所示的对象，单击【向后一位】命令或按【Ctrl+PageDown】键，可以使选中的对象下移一层，如图 4-27 所示。

图 4-26　选中对象

图 4-27　执行【向后一位】命令

3．【在前面…】和【在后面…】命令

选中对象，单击【在前面…】命令后，光标会变为➡形状时，将光标放到另一对象上，单击鼠标左键，选中的对象就移到了另一对象的上面。

选中对象，单击【在后面…】命令后，光标会变为➡形状时，把光标放到另一对象上，单击鼠标左键，选中的对象就移到了另一对象的下面。

4.1.4 对齐与分布对象

对齐对象可以使多个对象在水平或垂直方向上对齐；分布对象可以使多个对象在水平或垂直方向上呈规律分布。

1．对齐对象

使用 CorelDRAW X3 提供的对齐功能的方法如下：

单击工具箱中的【挑选工具】，在页面中同时选中两个或两个以上的对象。执行【排列】→【对齐与分布】命令，打开【对齐和分布】对话框，也可以单击属性栏中的【对齐和分布】按钮打开对话框。

单击【对齐】选项卡，设置选择对象在水平或垂直方向上的对齐方式。其中水平方向上提供的左、中、右三个对齐方式，垂直方向上提供了顶部、中部、底部三种对齐方式。在对话框的【对象对齐到】下拉列表框中还提供了对齐到激活对象、页边缘、页中心、网格和指定点等多种对齐方式 ，如图 4-28 所示。

2．分布对象

使用 CorelDRAW X3 提供的分布功能的方法如下：

单击工具箱中的【挑选工具】，在页面中选中两个或两个以上的对象。执行【排列】→【对齐与分布】命令，打开【对齐与分布】对话框，单击【分布】选项卡，如图 4-29 所示。

在【分布】选项卡中选择需要的分布方式，在分布到选项组中提供了选定的范围和页面范围两种选择对象的分布范围。完成设置后单击【应用】按钮即可。

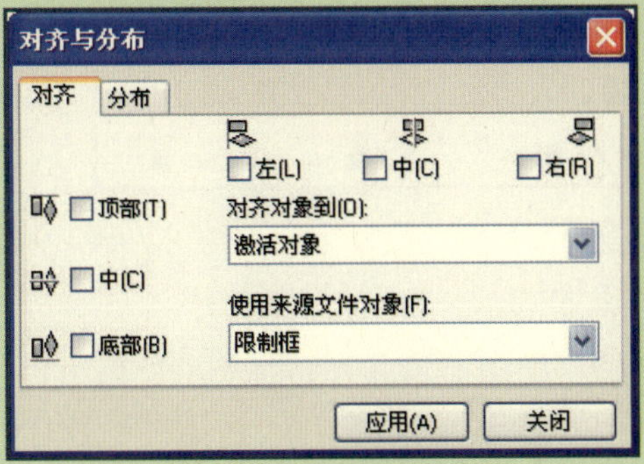

图 4-28 对齐选项卡

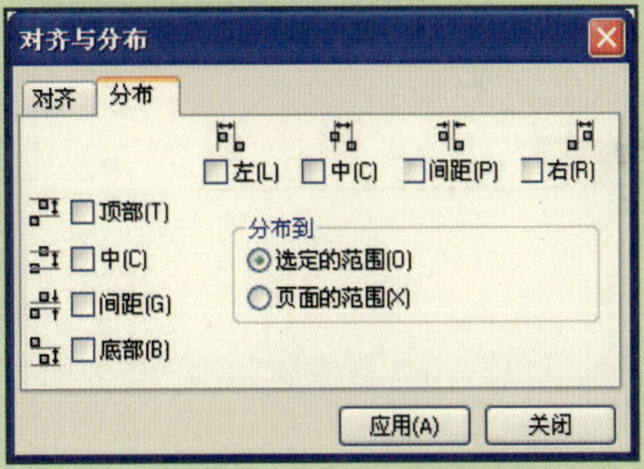

图 4-29 分布选项卡

4.1.5 对象的造型

通过修整功能命令可以灵活、方便地修整对象。选中要修整的对象，执行【窗口】→【泊坞窗】→【修整】命令，打开【修整】泊坞窗，如图 4-30 所示。在对话框中选择相应选项后，单击【修剪】按钮，在另一对象上单击即可。

在【修整】泊坞窗的【保留对象】选项栏中有【来源对象】和【目标对象】两个选项。先选择的对象为来源对象，后选择的对象为目标对象。选中【来源对象】选项可在修整后保留来源对象，选中【目标对象】选项可在修整后保留目标对象。

同时选中两个或两个以上的对象时，在选区工具的属性中会出现焊接、相交、修剪、简化、前减后、后减前等 6 个修整工具按钮，如图 4-31 所示，单击相应的按钮可修剪对象。

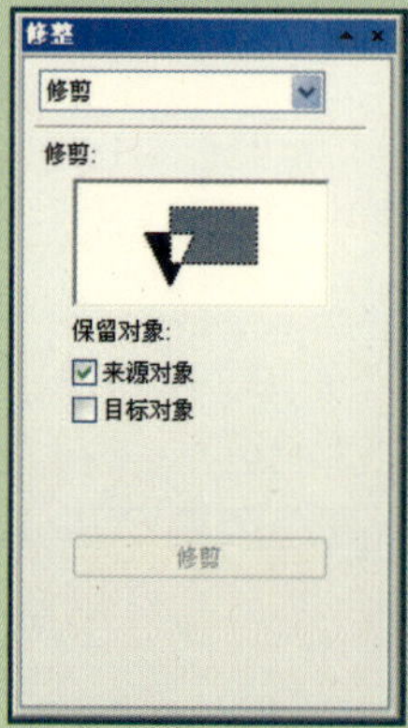

图 4-30 【修剪】泊坞窗

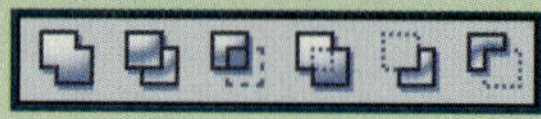

图 4-31 修整工具按钮

1. 焊接

焊接可以将多个对象结合成为一个图形。单击工具箱中【选择工具】中如图 4-32 所示的两个对象，执行【排列】→【修整】→【修整】命令，在打开的【修整】泊坞窗中，选择【焊接】选项。单击【焊接到】按钮，再用鼠标单击要焊接的目标对象，即可完成焊接，如图 4-33 所示。

图 4-32 选中要焊接的对象

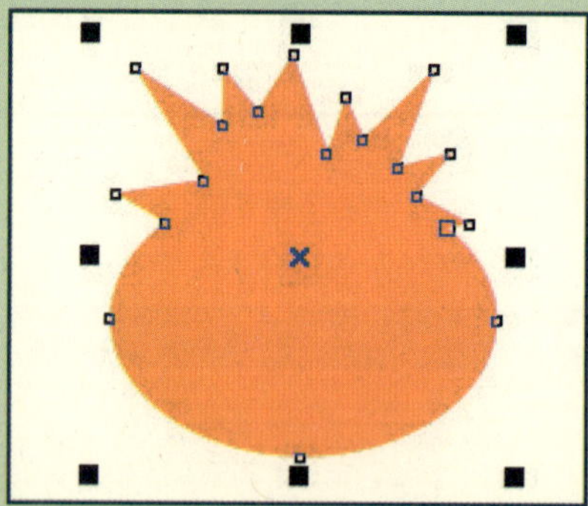

图 4-33 焊接对象

2. 修剪

修剪可以将一个对象中多余的部分剪掉，修剪的两个对象必须是重叠的，修剪后的图形将保留目标对象的属性。单击工具箱中的【选择工具】选中如图 4-34 所示的对象。在打开的【修整】泊坞窗中选择【修剪】选项。单击【修剪】按钮，再用鼠标单击要修剪的目标对象，修剪后的效果如图 4-35 所示。

图 4-34 选中对象

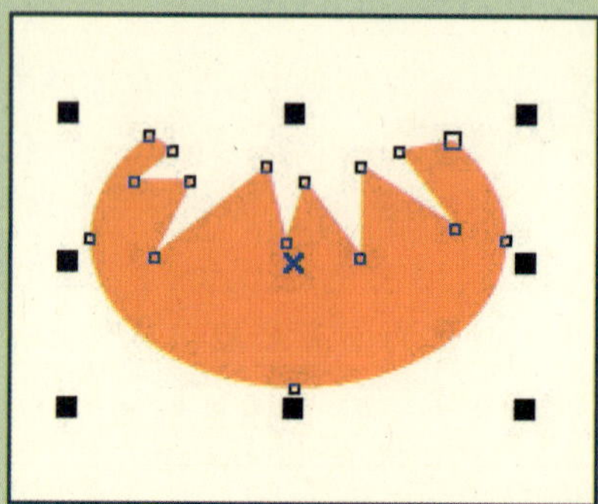

图 4-35 修剪对象

3．相交

相交将得到来源对象和目标对象之间重叠的部分，目标对象与来源对象必须相交。单击工具箱中的【选择工具】选中如图4-36所示的两个对象。在打开的【修整】泊坞窗中选择【相交】选项。单击【相交】按钮，再用鼠标单击对象即可，如图4-37所示。

图4-36　选中对象

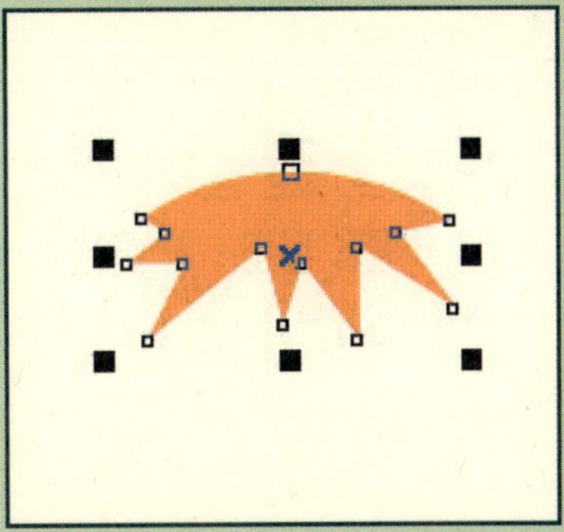

图4-37　相交后的对象

4．简化、前减后与后减前

【简化】：可以减去后面对象中与前面对象相重叠的部分，并保留前、后的对象。

【前减后】：可以同时减去后面及前、后对象重叠的部分。

【后减前】：可以同时减去前面及前、后对象相重叠的部分。

4.2 进阶——典型实例

掌握了对象的变换、结合、对齐和顺序调整的基本操作，并了解对象造型的使用方法之后，下面通过几个比较典型的实例对以上的学习进行更深入的讲解。

4.2.1 画册封面

本例将制作效果如图4-38所示的画册封面。通过本例的制作，读者可以掌握【手绘工具】、【形状工具】、【放置在容器中】、【群组】、【旋转】等相关操作技巧。

图4-38　最终效果

Step 01 执行【文件】→【新建】命令或按【Ctrl+N】键，创建新文件。单击工具箱中的【手绘工具】，在窗口中绘制线条，如图 4-39 所示。

Step 02 双击工具箱中的【形状工具】，选择图形的所有节点，单击属性栏上的【转换直线为曲线】按钮，将选择的直线转换为曲线，并拖动遥柄调整图形，如图 4-40 所示。

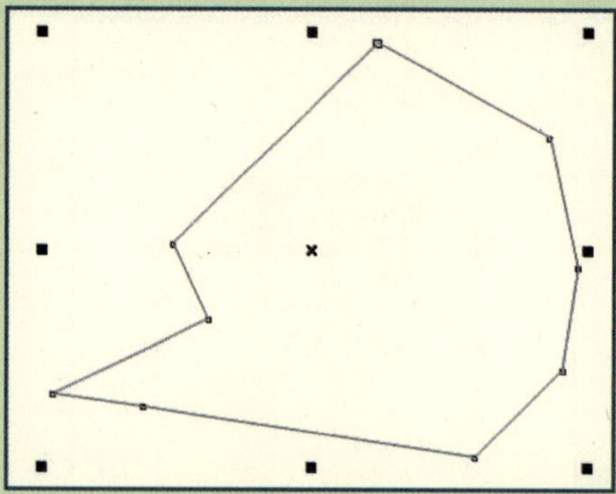

图 4-39 绘制线条

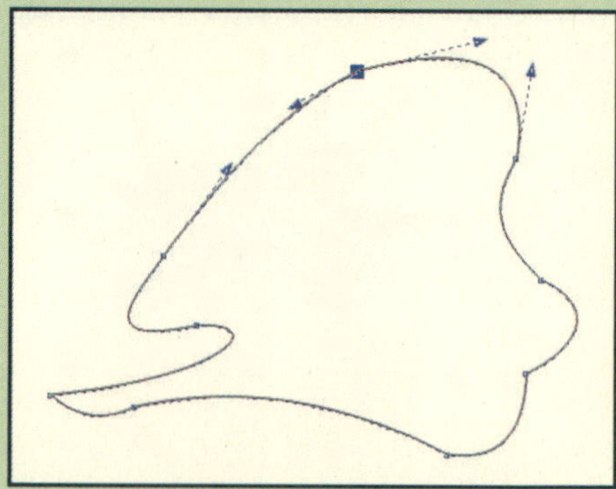

图 4-40 调整曲线图形

Step 03 单击调色板的【红色】按钮，填充图形颜色，并右键单击调色板中的【无轮廓】按钮，去掉图形外轮廓边框，如图 4-41 所示。

Step 04 单击工具箱中的【选择工具】，按【Ctrl+C】键，执行【复制】图形，按【Ctrl+V】键，执行【粘贴】命令，并移动图形到如图 4-42 所示的位置。

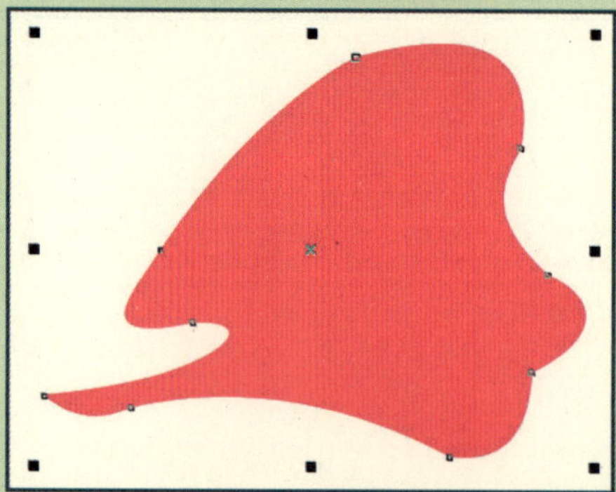

图 4-41 填充图形颜色并去边框

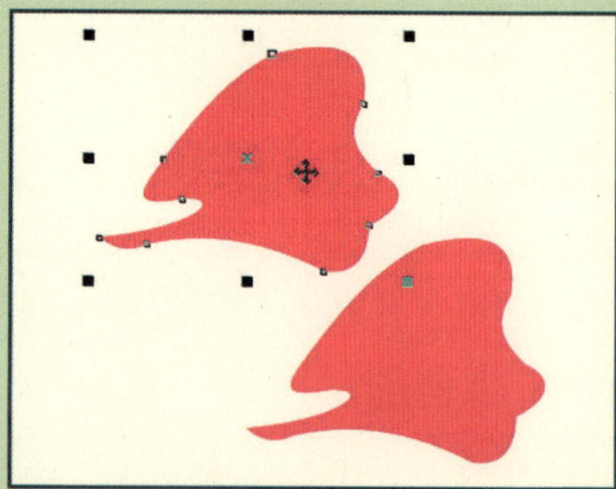

图 4-42 复制图形

Step 05 单击工具箱中的【选择工具】，选择复制的图形，并在属性栏上的【旋转角度】输入框 输入“90”，旋转图形如图 4-43 所示。

Step 06 单击属性栏上的【镜像】按钮，水平翻转图形如图 4-44 所示。

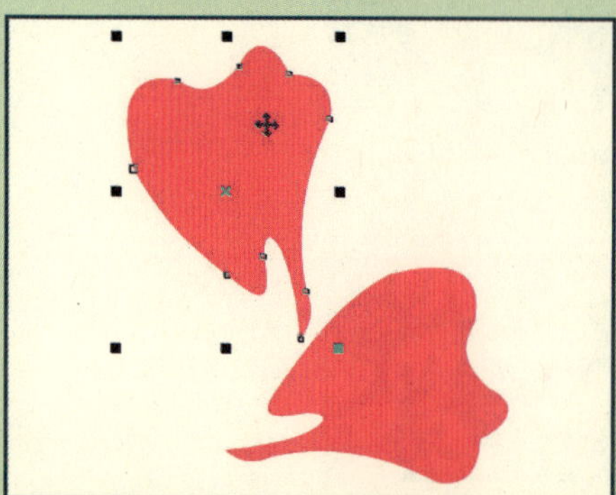

图 4-43 旋转图形

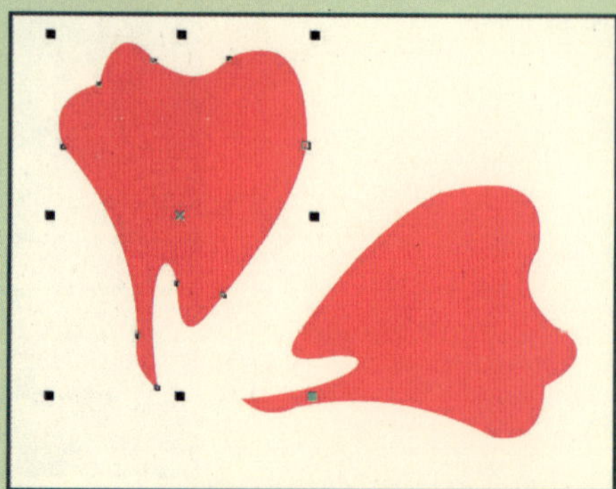

图 4-44 水平翻转图形

提 示 >>

移动复制图形，也可以直接拖动图形，同时右键单击鼠标，即可完成移动复制操作。

Step 07 单击工具箱中的【手绘工具】，在窗口中绘制线条如图 4-45 所示。

Step 08 双击工具箱中的【形状工具】，选择图形的所有节点，单击属性栏上的【转换直线为曲线】按钮，将选择的直线转换为曲线，并拖动遥柄调整图形，如图 4-46 所示。

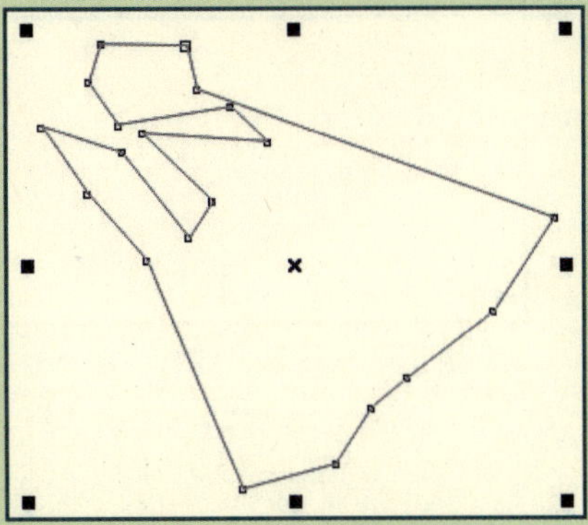

图 4-45 绘制线条

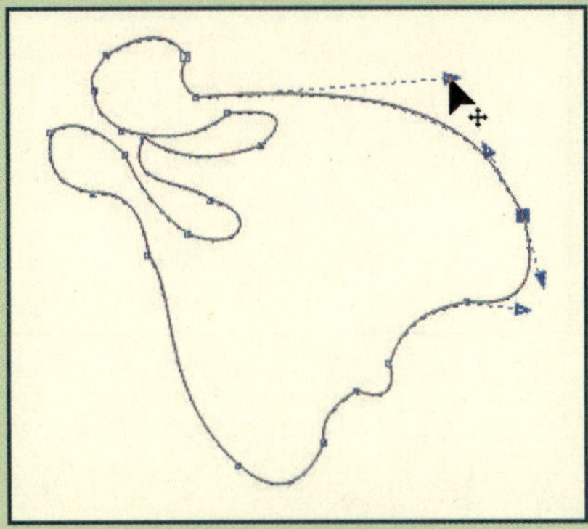

图 4-46 调整曲线图形

Step 09 用同样的方法，填充图形颜色为“红色”，去掉图形外轮廓边框，单击工具箱中的【选择工具】，并将图形移动到如图 4-47 所示的位置。

Step 10 用同样的方法，移动复制图形并缩小图形，再次单击图形，使编辑框呈旋转状态，拖动调节点旋转图形，如图 4-48 所示。

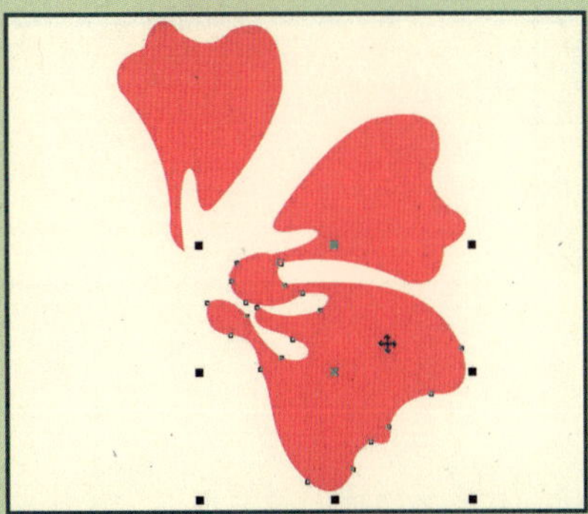

图 4-47 填充图形颜色并去边框

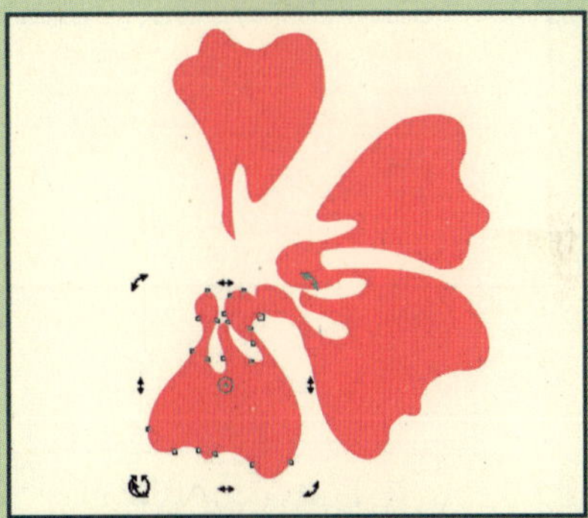

图 4-48 旋转图形

Step 11 用同样的方法，复制多个图形，并旋转图形调整大小位置，如图 4-49 所示。

Step 12 单击工具箱中的【手绘工具】，绘制“红色”图形，如图 4-50 所示。

图 4-49 复制多个图形

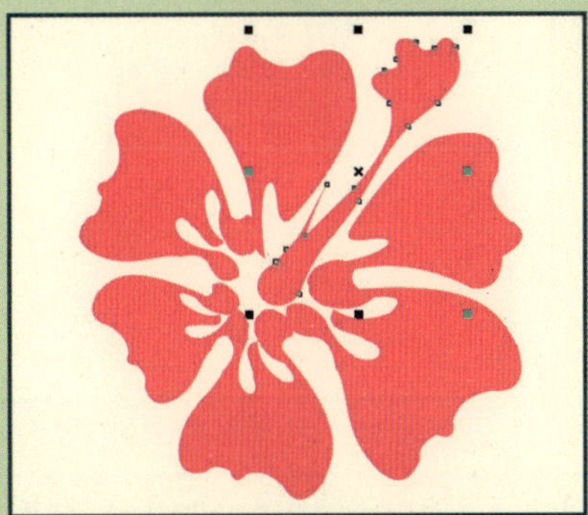

图 4-50 绘制“红色”图形

Step 13 单击工具箱中的【选择工具】，框选绘制“红色”鲜花图形，并按【Ctrl+G】键“群组”图形，如图 4-51 所示。

Step 14 用同样的方法，在空白区域绘制“红色”花叶图形，如图 4-52 所示。

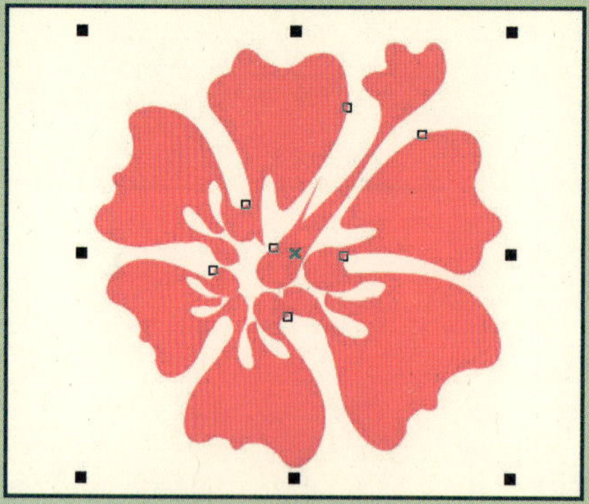

图 4-51 “群组”图形

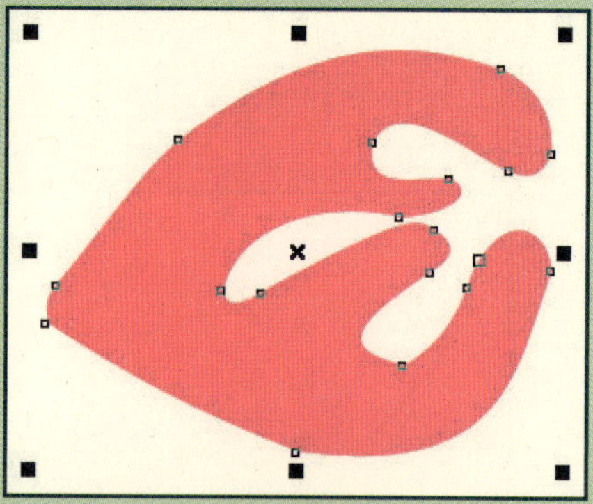

图 4-52 绘制“红色”花叶图形

Step 15 单击工具箱中的【选择工具】，调整图形的大小位置，并复制多个图形，分别旋转图形，如图 4-53 所示。

Step 16 选择“群组”的“红色”鲜花图形，并旋转移动复制图形，如图 4-54 所示。

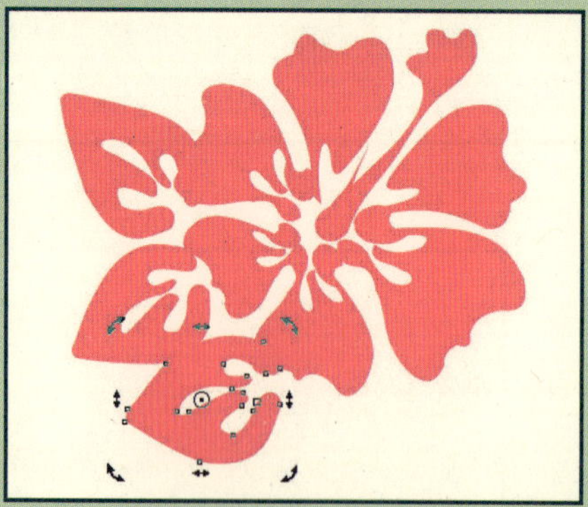

图 4-53 复制多个图形

图 4-54 旋转移动复制图形

Step 17 用同样的方法复制多个“红色”鲜花图形，并调整图形大小位置，如图 4-55 所示。

Step 18 使用工具箱中的【选择工具】，选择“红色”花叶图形，用同样的方法，复制多个图形，并分别调整图形大小位置，如图 4-56 所示。

图 4-55 调整图形大小位置

图 4-56 复制多个图形

Step 19 单击工具箱中的【手绘工具】，在空白区域绘制“红色”花瓣图形，如图 4-57 所示。

Step 20 单击工具箱中的【选择工具】，用同样的方法，复制多个花瓣图形，并分别调整图形的大小位置，如图 4-58 所示。

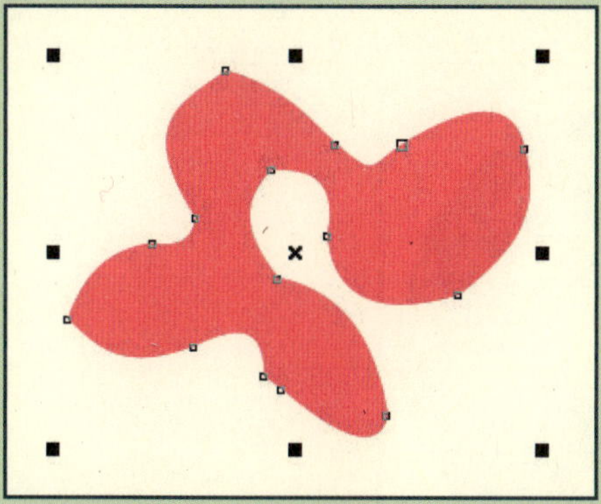

图 4-57　绘制"红色"花瓣图形

图 4-58　复制多个花瓣图形

Step 21 单击工具箱中的【矩形工具】，在窗口中绘制"黑色"矩形图形，如图 4-59 所示。

Step 22 框选绘制的"红色"图形，按【Ctrl+G】键"群组"图形，并执行【效果】→【精确裁剪】→【放置在容器中】命令，将图形放置到"黑色"矩形中，如图 4-60 所示。

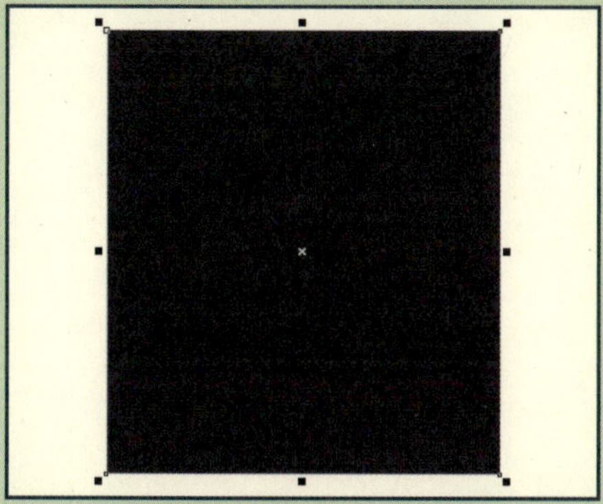

图 4-59　绘制"黑色"矩形图形

图 4-60　执行【放置在容器中】命令

Step 23 在图形上右键单击鼠标，在弹出的快捷菜单中选择【编辑内容】命令，并调整图形位置，如图 4-61 所示。

Step 24 在图形上右键单击鼠标，在弹出的快捷菜单中选择【完成编辑这一级】命令，并结束编辑，如图 4-62 所示。

Step 25 单击工具箱中的【文本工具】，在图形上分别输入文字信息，制作完成后的最终效果，如图 4-63 所示。

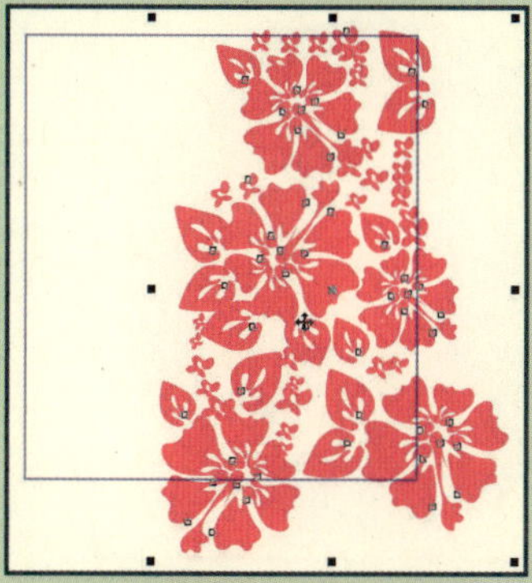

图 4-61　编辑内容

图 4-62　结束编辑

图 4-63　最终效果

4.2.2 光盘设计

本例将制作效果如图 4-64 所示的光盘。通过本例的制作，读者将学习到【椭圆工具】、【钢笔工具】、【放置在容器中】、【群组】、【相交】等基本操作方法和技巧。

图 4-64　最终效果

Step 01 执行【文件】→【新建】命令或按【Ctrl + N】键创建新文件。单击工具箱中的【椭圆工具】，在窗口中按住【Ctrl】键拖动鼠标，绘制正圆图形如图 4-65 所示。

Step 02 单击调色板的【橘红色】按钮，填充图形颜色，并右键单击调色板中的【无轮廓】按钮，去掉图形外轮廓边框，如图 4-66 所示。

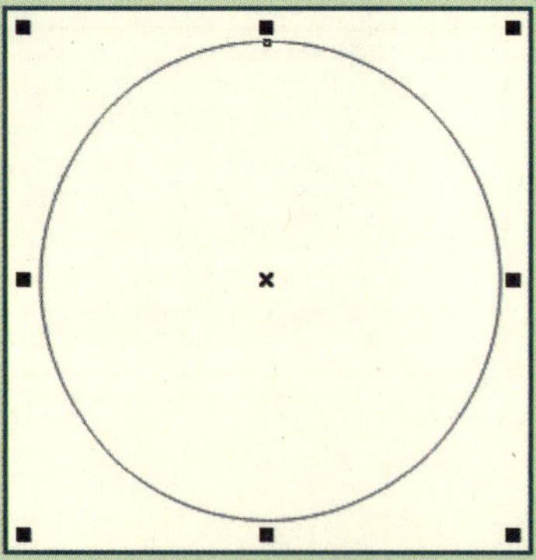

图 4-65　绘制正圆图形

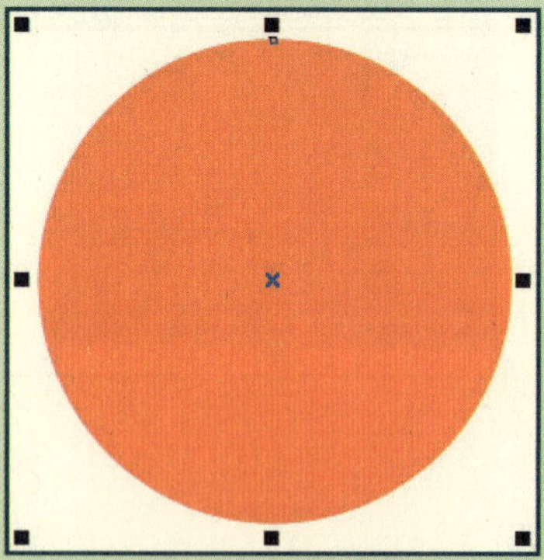

图 4-66　填充图形颜色并去边框

Step 03 单击工具箱中的【选择工具】，按键盘上的【+】键“复制”图形，按住【Shift】键，拖动编辑框的角点，往中心缩小图形，并填充颜色为“深绿色”，如图 4-67 所示。

Step 04 用同样的方法，收缩复制多个图形，并分别填充图形颜色如图 4-68 所示。

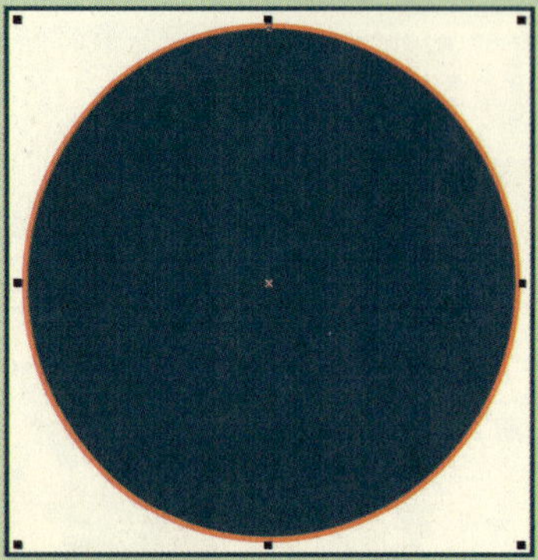

图 4-67　缩小图形

图 4-68　填充图形颜色

Step 05 单击工具箱中的【钢笔工具】，在空白区域绘制图形，如图 4-69 所示。

Step 06 单击工具箱中的【选择工具】，用同样的方法，分别填充图形颜色，并去掉图形外轮廓边框，如图 4-70 所示。

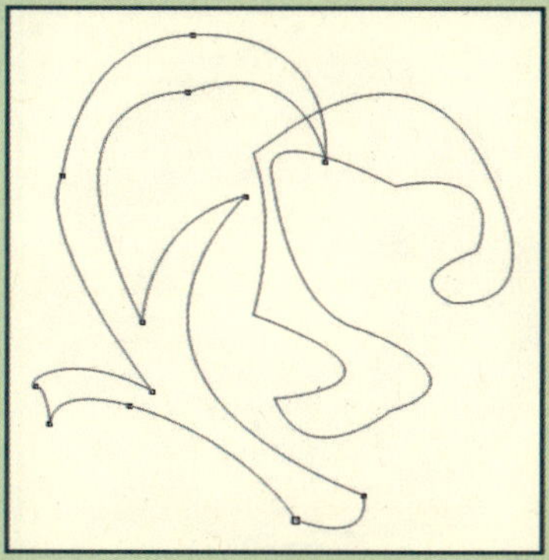

图 4-69　绘制图形

图 4-70　去掉图形外轮廓边框

Step 07 按键盘上的【+】键“复制”图形，再次单击图形，使编辑框呈旋转状态，拖动调节点旋转图形，并分别填充图形颜色如图 4-71 所示。

Step 08 用同样的方法“旋转复制”图形，框选绘制的图形，并按【Ctrl+G】键“群组”图形，如图 4-72 所示。

图 4-71　填充图形颜色

图 4-72　“旋转复制”图形

Step 09 单击工具箱中的【交互式透明工具】，并设置“透明度类型”为标准，设置“透明度操作”为正常，设置“开始透明度”为 50，效果如图 6-73 所示。

Step 10 执行【效果】→【精确裁剪】→【放置在容器中】命令，将图形放置到“深绿色”正圆图形中，如图 4-74 所示。

图 4-73　制作“标准”透明效果

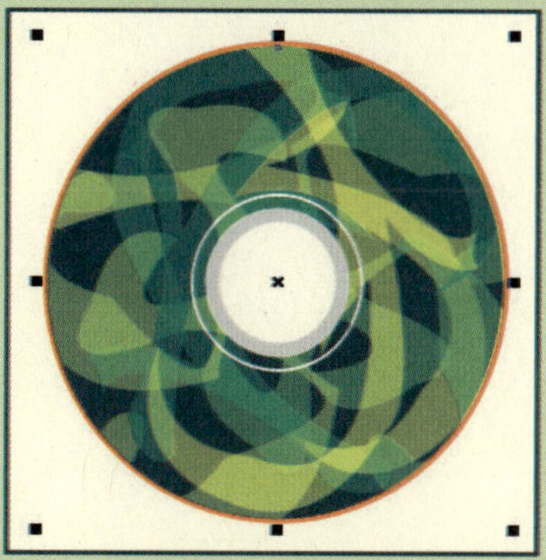

图 4-74　执行【放置在容器中】命令

Step 11 单击工具箱中的【矩形工具】，在图形上绘制“红色”矩形图形，如图 4-75 所示。

Step 12 单击工具箱中的【选择工具】，选择“深绿色”图形，按住【Shift】键，加选“红色”矩形图形，并单击属性栏上的【相交】按钮，制作相交图形如图 4-76 所示。

图 4-75　绘制“红色”矩形图形

图 4-76　制作相交图形

提 示 >>

在制作“相交”图形时，请注意选择图形的先后顺序。

Step 13 选择“红色”矩形图形，按【Delete】键“删除”图形，并填充相交图形为“白色”，如图 4-77 所示。

Step 14 单击工具箱中的【矩形工具】，在图形上分别绘制矩形图形，如图 4-78 所示。

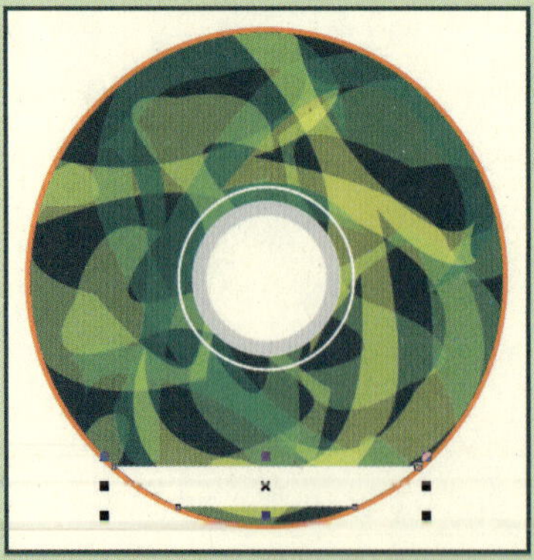
图 4-77　填充相交图形

图 4-78　绘制矩形图形

Step 15 单击工具箱中的【文本工具】，在图形上分别输入文字信息，制作完成后的最终效果如图 4-79 所示。

图 4-79　最终效果

4.2.3 工作室标志

本例将制作效果如图 4-80 所示的某工作室标志。通过本例的制作，读者可以掌握【手绘工具】、【形状工具】、【矩形工具】、【椭圆工具】、【群组】、【再制】、【旋转】等的基本操作方法和技巧。

图 4-80 最终效果

Step 01 执行【文件】→【新建】命令或按【Ctrl+N】键创建新文件。单击工具箱中的【手绘工具】，在窗口中绘制线条如图 4-81 所示。

Step 02 双击工具箱中的【形状工具】，选择图形的所有节点，单击属性栏上的【转换直线为曲线】按钮，将选择的直线转换为曲线，并拖动遥柄调整图形，如图 4-82 所示。

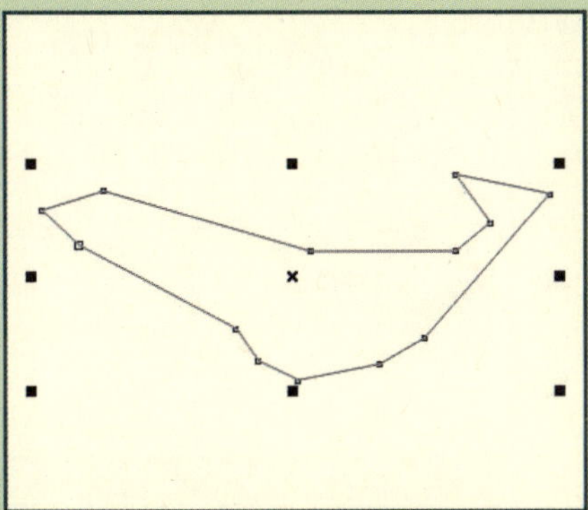

图 4-81 绘制线条

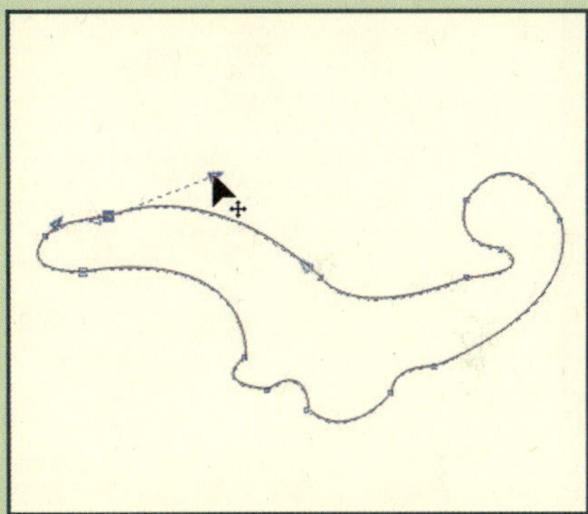

图 4-82 转换直线为曲线

Step 03 单击调色板的【红色】按钮■，填充图形颜色如图 4-83 所示。

Step 04 单击工具箱中的【选择工具】，并在属性栏上的【旋转角度】输入框 .0 ° 中输入“90”，旋转图形如图 4-84 所示。

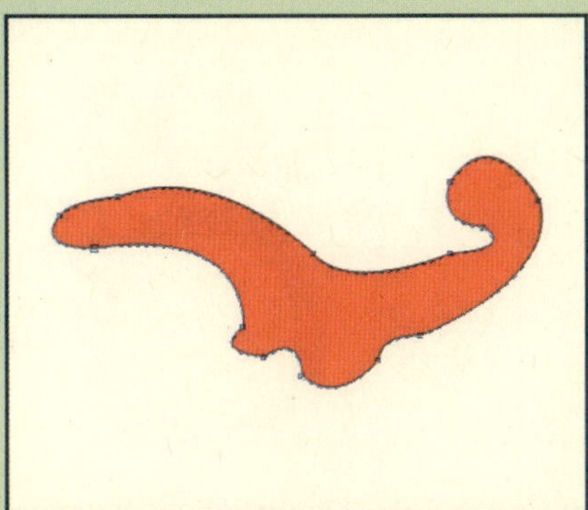

图 4-83 填充图形颜色

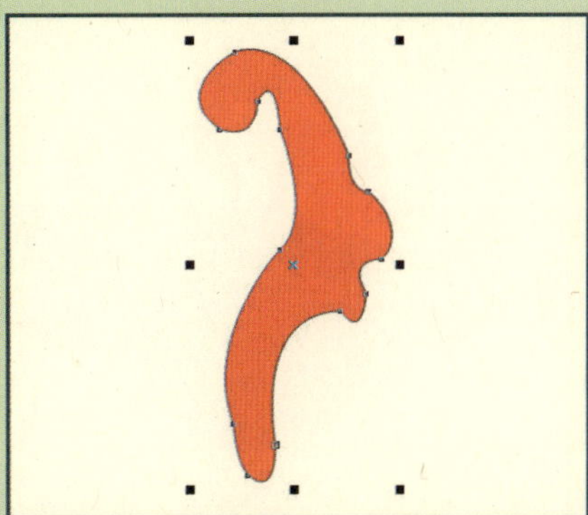

图 4-84 旋转图形

Step 05 再次单击“红色”图形，使编辑框转换成旋转状态，并将图形的旋转中心点拖动到如图 4-85 所示的位置。

Step 06 按键盘上的【+】键“复制”图形，并旋转图形如图 4-86 所示。

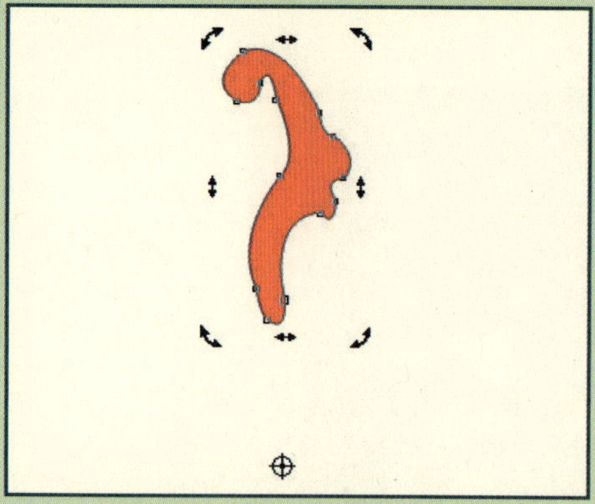

图 4-85　调整旋转中心点

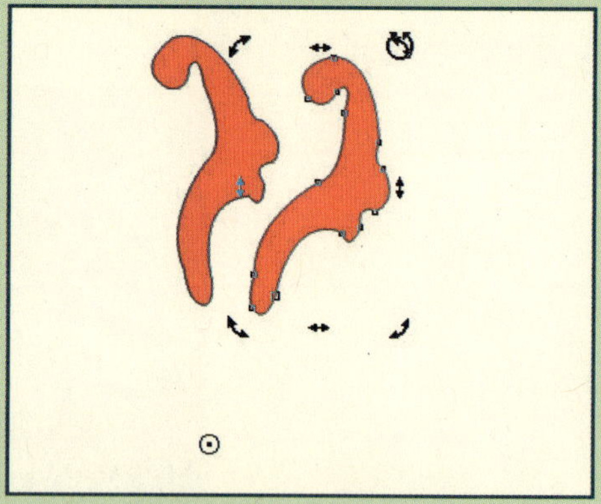

图 4-86　旋转图形

Step 07 执行【编辑】→【再制】命令或按【Ctrl+D】键，重复旋转复制图形如图 4-87 所示。

Step 08 框选“红色”图形，按【Ctrl+G】键“群组”图形，并按键盘上的【+】键“复制”图形，单击属性栏上的【镜像】按钮，水平翻转图形，调整位置，如图 4-88 所示。

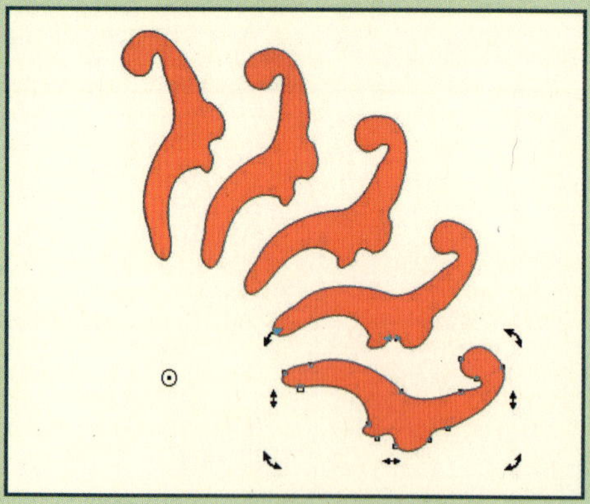

图 4-87　重复旋转复制图形

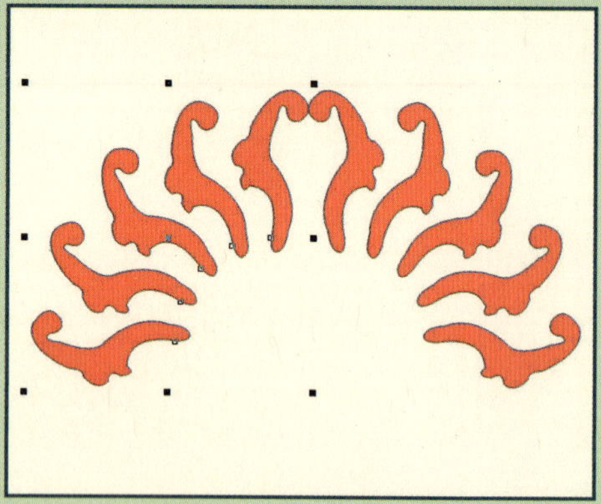

图 4-88　水平翻转图形

Step 09 单击工具箱中的【椭圆工具】，在窗口中按住【Ctrl】键拖动鼠标，绘制正圆图形，并填充图形颜色为“绿色”，如图 4-89 所示。

Step 10 单击工具箱中的【选择工具】，按键盘上的【+】键“复制”图形，按住【Shift】键，拖动编辑框的角点，往中心缩小图形，并填充颜色为“黄色”，如图 4-90 所示。

图 4-89　绘制正圆图形

图 4-90　复制并缩小图形

Step 11 框选"黄色"和"绿色"正圆图形，单击属性栏上的【后减前】按钮，减去"黄色"图形如图 4-91 所示。

Step 12 单击调色板的【红色】按钮，填充图形颜色如图 4-92 所示。

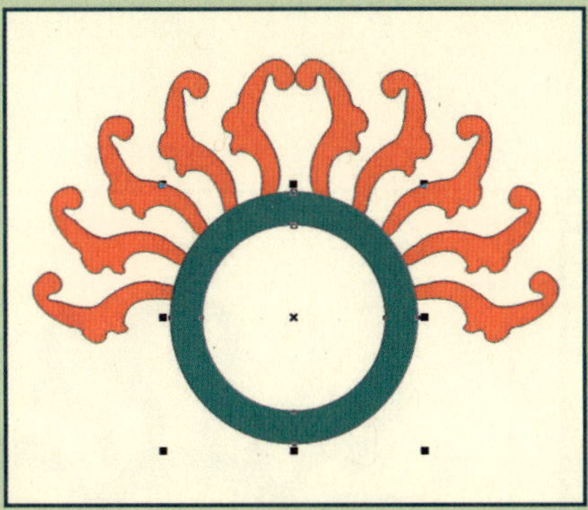
图 4-91　减去"黄色"图形

图 4-92　填充图形颜色

Step 13 单击工具箱中的【椭圆工具】，在窗口中按住【Ctrl】键拖动鼠标，绘制"红色"正圆图形，如图 4-93 所示。

Step 14 单击工具箱中的【选择工具】，框选绘制的"红色"图形，按【Ctrl+G】键"群组"图形，右键单击调色板中的【无轮廓】按钮☒，去掉图形外轮廓边框，如图 4-94 所示。

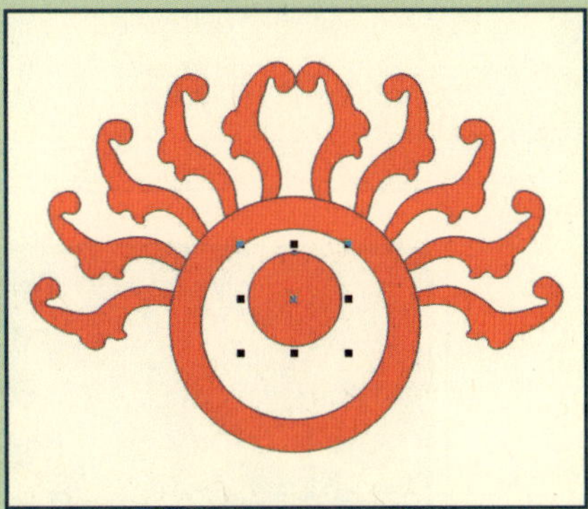
图 4-93　绘制"红色"正圆图形

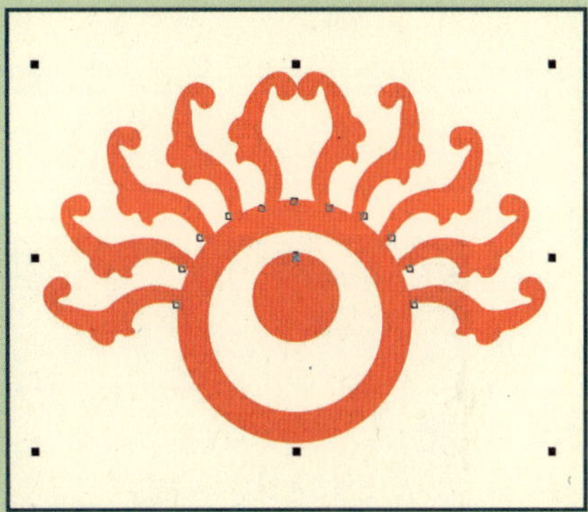
图 4-94　去掉图形外轮廓边框

Step 15 单击工具箱中的【手绘工具】，在图形中绘制图形，如图 4-95 所示。

Step 16 单击工具箱中的【选择工具】，按住【Shift】键，加选"红色"图形，并单击属性栏上的【后减前】按钮，减去图形，如图 4-96 所示。

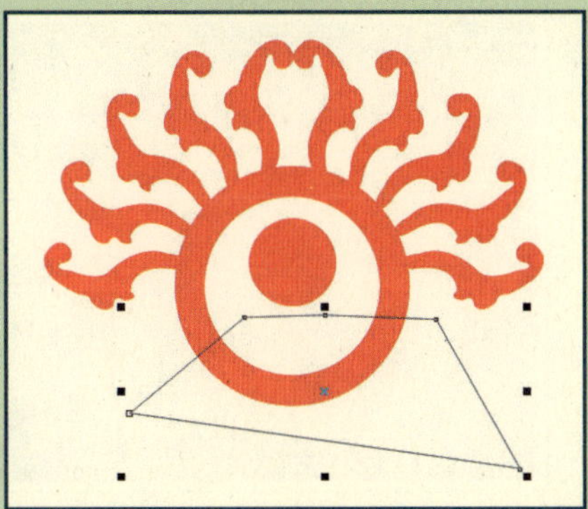
图 4-95　绘制图形

图 4-96　减去图形

Step 17 按【F11】键，打开【渐变填充方式】对话框，选择【类型】中的“圆锥”，设置【水平】参数为“3”，设置【垂直】参数为“－20”，设置【角度】为“0”，在【颜色调和】选项中选择“双色”单选框，分别设置【从】的颜色为：黄色（C：0；M：0；Y：100；K：0），设置【到】的颜色为：红色（C：0；M：100；Y：100；K：0），并单击【旋转颜色】按钮，如图4-97所示。

Step 18 填充“圆锥”渐变后的效果，如图4-98所示。

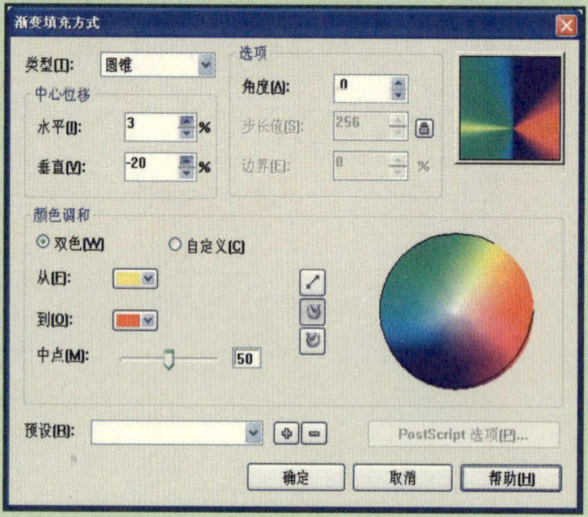

图4-97 设置渐变参数

图4-98 填充“圆锥”渐变后的效果

Step 19 单击工具箱中的【矩形工具】，在窗口的空白区域绘制“黑色”矩形，如图4-99所示。

Step 20 单击工具箱中的【选择工具】，将制作的图形拖动到矩形图形中，如图4-100所示。

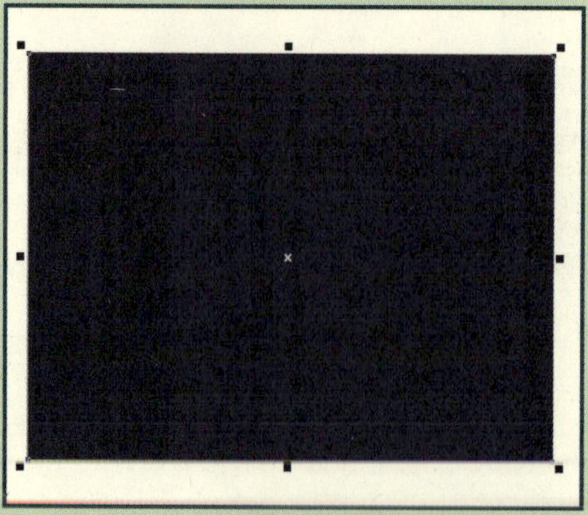

图4-99 绘制“黑色”矩形

图4-100 移动图形

Step 21 单击工具箱中的【文本工具】，在图形上分别输入文字信息，制作完成后的最终效果如图4-101所示。

图4-101 最终效果

4.2.4 名片设计

本例将制作效果如图 4-102 所示的名片。通过本例的制作，读者可以进一步加深对【矩形工具】、【手绘工具】、【形状工具】、【椭圆工具】、【群组】命令、【复制】命令、【旋转】命令等相关知识的掌握。

图 4-102　最终效果

Step 01 执行【文件】→【新建】命令或按【Ctrl+N】键创建新文件。单击工具箱中的【矩形工具】，在窗口中按住【Ctrl】键拖动鼠标，绘制正方形如图 4-103 所示。

Step 02 在属性栏上的【旋转角度】输入框 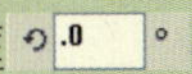 中输入“45”，旋转图形的效果如图 4-104 所示。

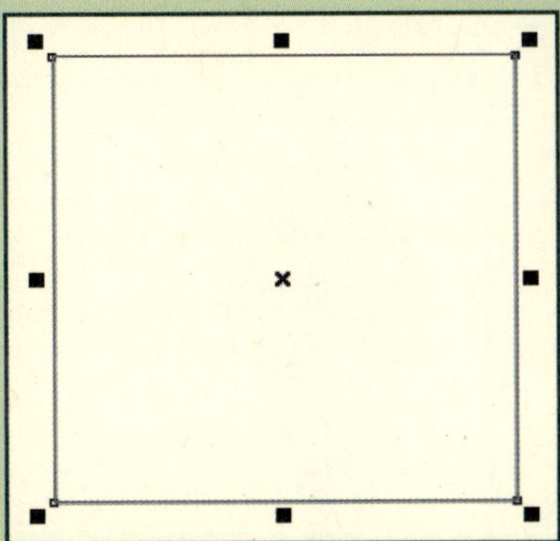

图 4-103　绘制正方形

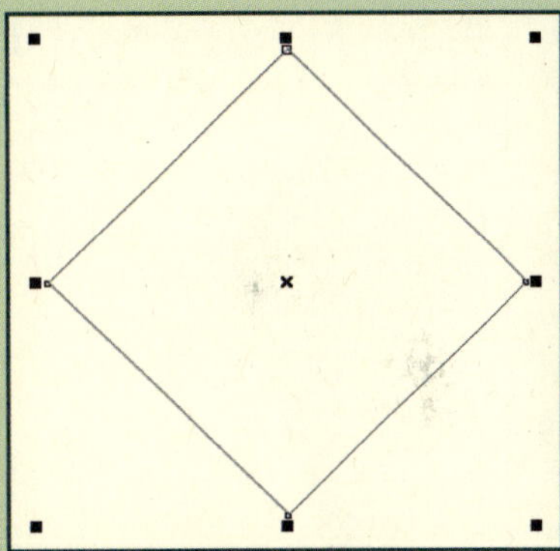

图 4-104　旋转图形

Step 03 单击工具箱中的【形状工具】，按【Ctrl+Q】键，将矩形图形转换为曲线图形，并双单击左边的节点，执行“删除”操作，制作三角形如图 4-105 所示。

Step 04 使用【形状工具】，调整节点如图 4-106 所示。

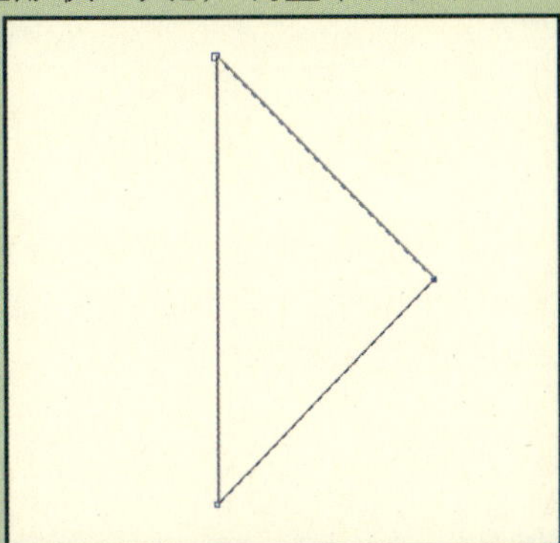

图 4-105　“删除”节点制作三角形

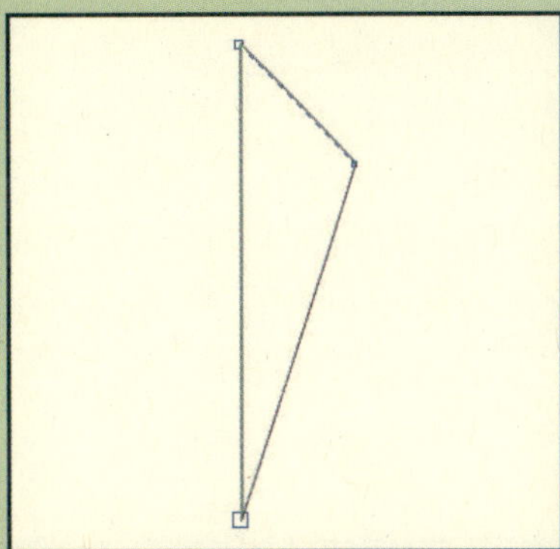

图 4-106　调整节点

Step 05 单击调色板的【蓝色】按钮■，填充图形颜色，并右键单击调色板中的【无轮廓】按钮，去掉图形外轮廓边框，如图 4-107 所示。

Step 06 单击工具箱中的【选择工具】，按键盘上的【+】键“复制”图形，单击属性栏上的【镜像】按钮，水平翻转图形，并更改颜色调整位置，如图 4-108 所示。

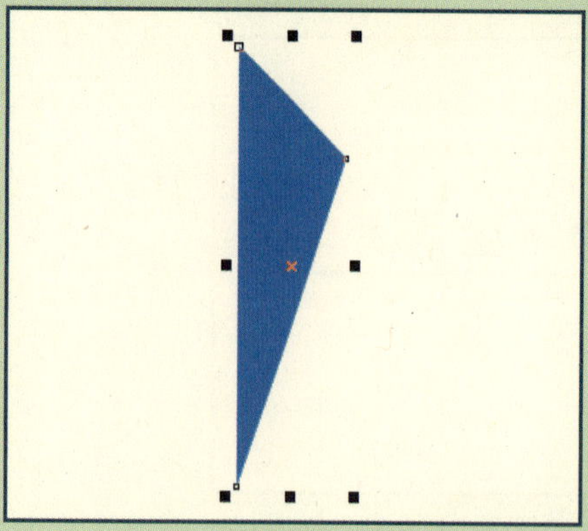

图 4-107　填充图形颜色

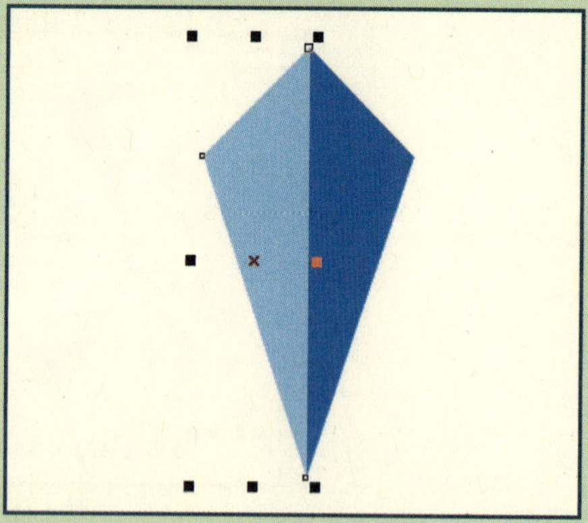

图 4-108　水平翻转图形

Step 07 框选制作的两个三角形图形，按键盘上的【+】键“复制”图形，并移动图形位置，右键单击调色板的【黑色】按钮■，填充图形边框颜色，并左键单击调色板中的【无轮廓】按钮，去掉图形颜色，如图 4-109 所示。

Step 08 单击工具箱中的【手绘工具】，在图形中绘制线条，如图 4-110 所示。

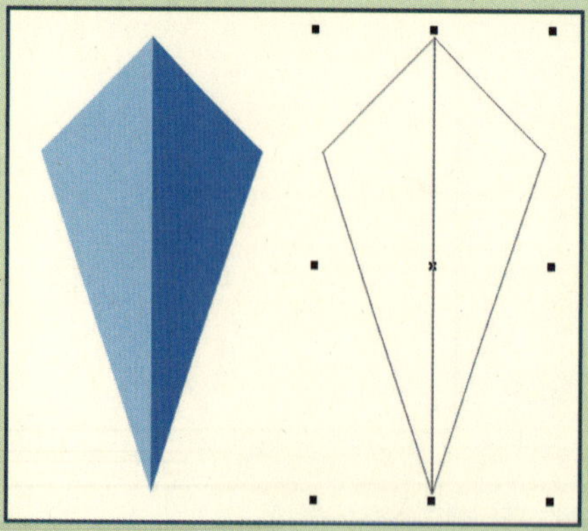

图 4-109　复制图形

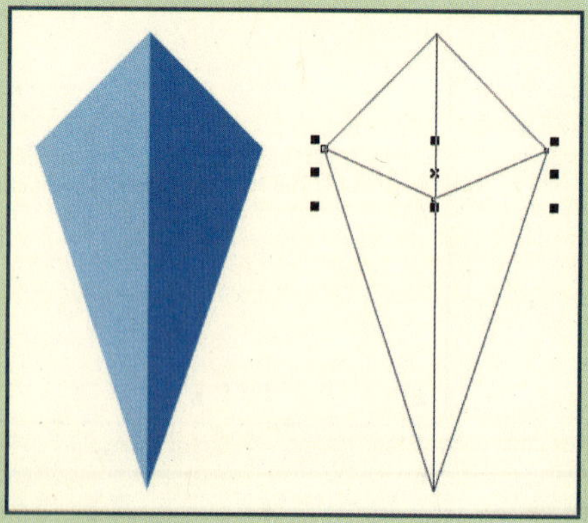

图 4-110　绘制线条

Step 09 单击工具箱中的【选择工具】，框选“黑色”线条图形，将图形移动到“蓝色”图形中，并调整大小位置，如图 4-111 所示。

Step 10 按【F12】键，打开【轮廓笔】对话框，在对话框中设置【颜色】为白色，设置【宽度】为 0.5mm，设置其他参数，如图 4-112 所示。

Step 11 设置【轮廓笔】参数后的效果，如图 4-113 所示。

Step 12 单击工具箱中的【选择工具】，绘制的所有图形，按【Ctrl+G】键“群组”图形，并旋转图形，如图 4-114 所示。

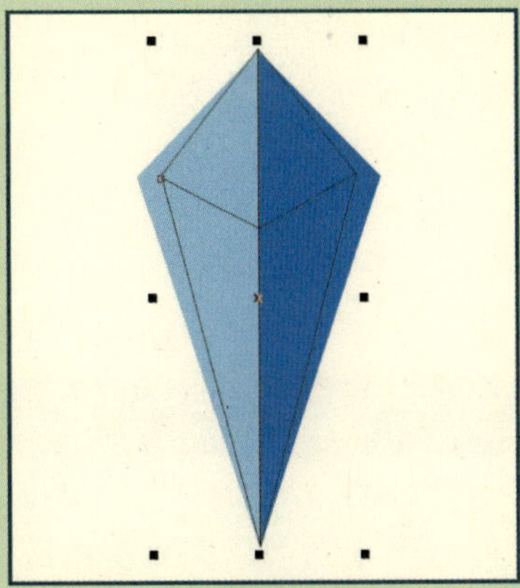

图 4-111　调整大小位置

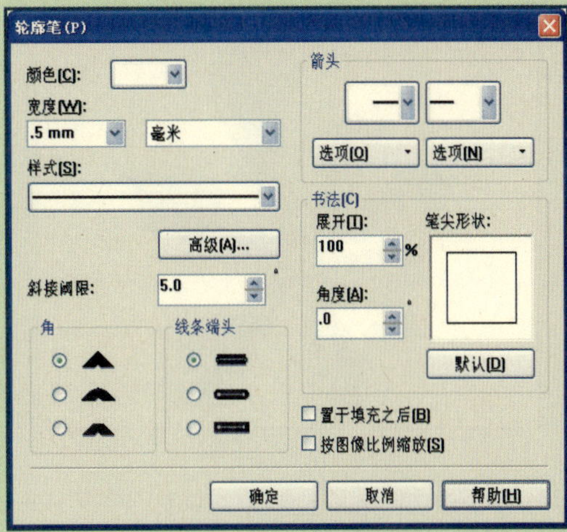

图 4-112　设置“轮廓笔”参数

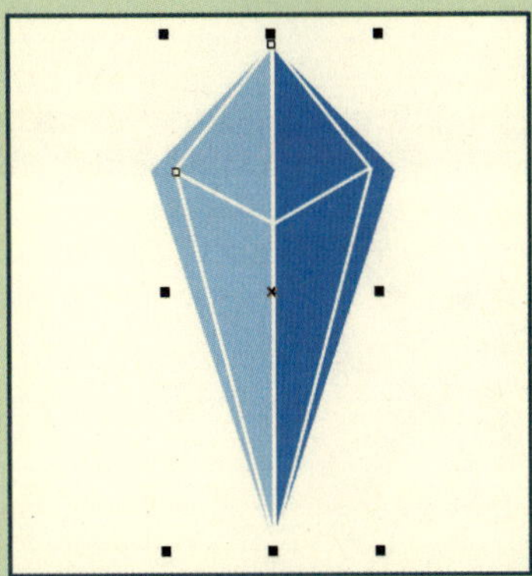

图 4-113　设置【轮廓笔】后的效果

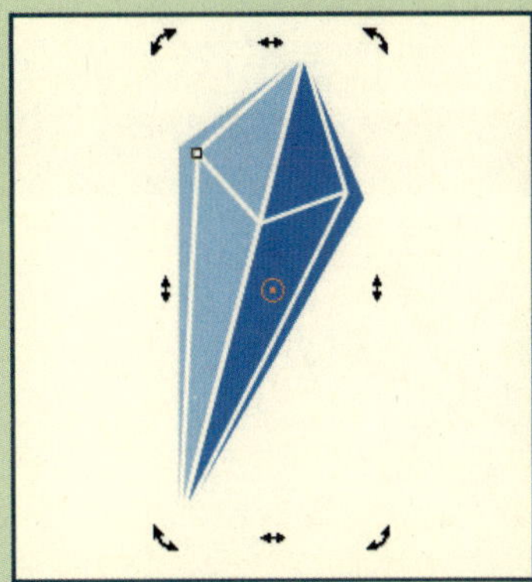

图 4-114　旋转图形

Step 13 移动复制多个图形，并分别旋转图形，调整图形大小位置如图 4-115 所示。

Step 14 单击工具箱中的【椭圆工具】，在窗口中按住【Ctrl】键拖动鼠标，绘制正圆图形，并填充图形颜色为“黑色”，去掉外边框，如图 4-116 所示。

图 4-115　调整图形大小位置

图 4-116　绘制正圆图形

Step 15 单击工具箱中的【选择工具】，按键盘上的【+】键“复制”图形，按住【Shift】键，拖动编辑框的角点，往中心缩小图形，并填充颜色为“白色”，如图 4-117 所示。

Step 16 单击工具箱中的【矩形工具】，在窗口中绘制“白色”矩形图形，如图 4-118 所示。

图 4-117　复制并缩小图形

图 4-118　绘制“白色”矩形图形

Step 17　单击工具箱中的【选择工具】，框选绘制的“标志”图形，按【Ctrl+G】键“群组”图形，并移动到如图 4-119 所示的位置。

Step 18　单击工具箱中的【矩形工具】，在图形中绘制矩形条图形，并填充图形颜色为“蓝色”，去掉外边框，如图 4-120 所示。

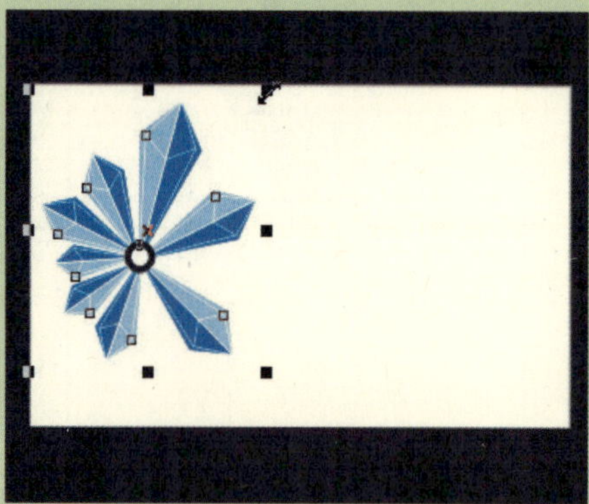

图 4-119　移动图形位置

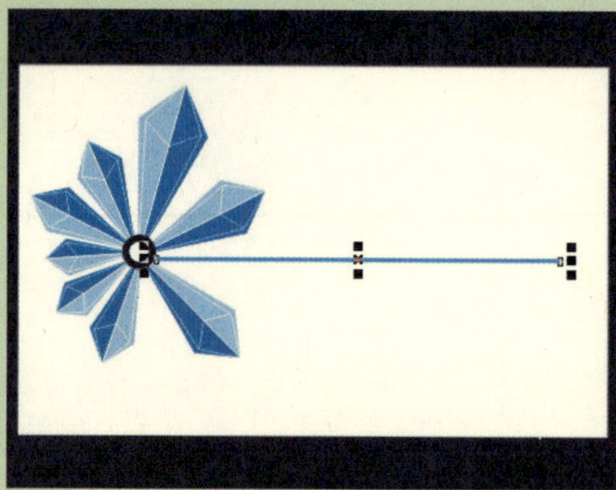

图 4-120　绘制矩形条图形

Step 19　单击工具箱中的【矩形工具】，按住【Ctrl】键拖动鼠标，绘制正方形图形，并填充颜色为“蓝色”，去掉外边框如图 4-121 所示。

Step 20　用同样的方法，复制多个图形，分别调整位置，如图 4-122 所示。

图 4-121　绘制正方形图形

图 4-122　复制多个图形

Step 21　单击工具箱的【文本工具】，在图形上分别输入文字信息，如图 4-123 所示。

Step 22　单击工具箱的【手绘工具】，分别在个别文字后绘制“蓝色”图形，如图 4-124 所示。

图4-123 输入文字信息

图4-124 绘制“蓝色”图形

Step 23 执行完以上操作后，制作名片设计的最终效果如图4-125所示。

图4-125 最终效果

4.3 提高——自己动手练

通过几个实例的讲解之后，读者应该对CorelDRAW中对象的操作方法有了更深入的认识。如果要真正了解并使用，还应多加练习。

4.3.1 绘制旋转图案

本例是一个旋转图案的绘制，最终效果如图4-126所示。

图4-126 最终效果

Step 01 按【F7】键，按住【Ctrl】键的同时拖动鼠标，绘制一个圆。填充圆为黑色，去掉轮廓，如图 4-127 所示。

Step 02 选中圆，按下小键盘上的【+】键，在原处复制一个圆，按住【Shift】键，向内等比例缩小圆。改变复制的圆的轮廓色为白色，轮廓宽度为 3mm，如图 4-128 所示。

图 4-127 绘制圆

图 4-128 复制圆

Step 03 选中圆，按下小键盘上的【+】键，在原处复制一个圆，按住【Shift】键，向内等比例缩小圆。填充复制的圆的颜色为白色，如图 4-129 所示。

Step 04 绘制如图 4-130 所示的图形，填充图形颜色为绿色后去掉轮廓，如图 4-131 所示。

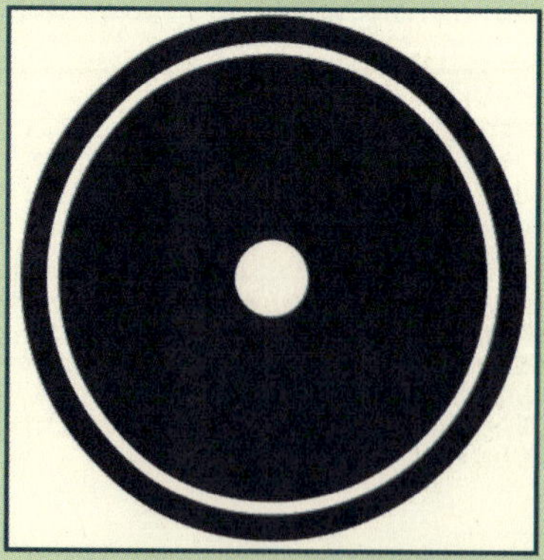

图 4-129 复制圆

图 4-130 绘制图形

Step 05 添加一条垂直辅助线和一条水平辅助线。双击对象，显示对象的中心点，把中心点移到两条辅助线的交点处，如图 4-132 所示。

图 4-131 填充颜色

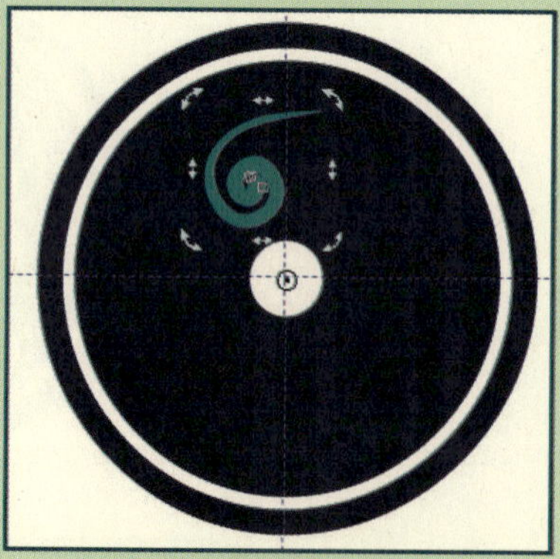

图 4-132 移动中心点

Step 06 按【Alt+F8】键，打开【变换】泊坞窗，设置旋转角度为45°，如图4-133所示。单击【应用到再制】按钮7次，得到如图4-134所示的效果。

Step 07 改变复制的图形的颜色如图4-135所示。这样，本例的制作就完成了。

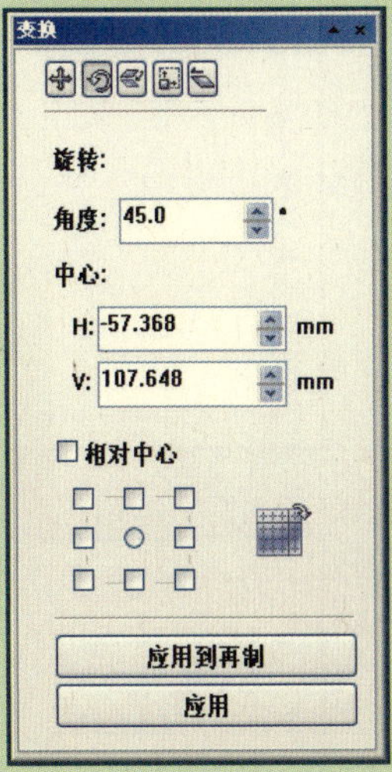

图 4-133 【变换】泊坞窗

图 4-134 旋转复制图形

图 4-135 最终效果

4.3.2 制作邮票

本例是一个邮票的绘制，最终效果如图4-136所示。

图 4-136 最终效果

Step 01 按【F6】键，绘制一个矩形。按【F7】键，按住【Ctrl】键，在矩形的左上角绘制一个小圆，如图4-137所示。

Step 02 选中小圆，按住【Ctrl】键的同时，按住鼠标左键不放，将小圆垂直向下移动一定距离后单击鼠标右键，复制小圆。不断按【Ctrl+D】键，得到如图4-138所示的图形。

Step 03 复制一小圆，放到如图4-139所示的位置。用相同的方法制作图形如图4-140所示。

Step 04 分别群组左边和上边的圆，复制群组的圆并将复制后的圆分别移动到矩形的右边和下边，如图4-141所示。

Step 05 选中所有的圆，将它们群组。选中群组对象，执行【排列】→【修整】→【修整】命令，在打开的【修整】泊坞窗中，选择【修剪】选项。单击【修剪】按钮，用鼠标单击矩形，得到如图4-142所示的效果。

图 4-137　绘制矩形和圆

图 4-138　复制圆

图 4-139　复制圆

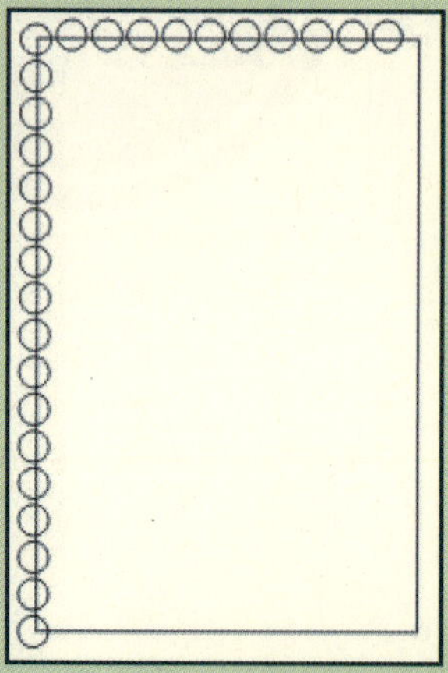

图 4-140　复制圆

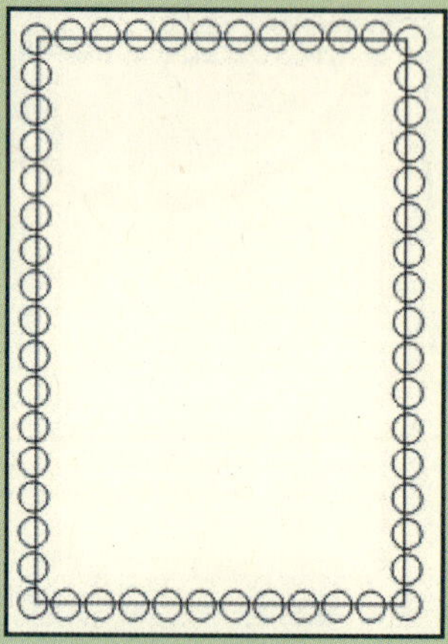

图 4-141　复制圆

图 4-142　修剪对象

Step 06 改变图形轮廓色为20%的黑色。导入本书配套光盘中的“素材\卡通女孩”文件，调整图片的大小，把它放到如图4-143所示的位置。按【F8】键，输入文字，文字颜色为白色，如图4-144所示。

Step 07 单击工具箱中的【交互式阴影工具】，在图形上向外拖动鼠标，为其应用阴影效果。在属性栏中设置阴影不透明度为30，羽化值为10，阴影色为黑色。这样，邮票的制作就完成了，如图4-145所示。

图 4-143　导入素材

图 4-144　输入文字

图 4-145　最终效果

第 5 章　交互式工具的应用

本章要点

- 入门——基本概念与基本操作
  - 交互式调和工具
  - 交互式封套工具
  - 交互式轮廓图工具
  - 交互式立体化工具
  - 交互式变形工具
  - 交互式透明工具
  - 交互式阴影工具
- 进阶——典型实例
  - 立体柱子
  - 绘酒杯
  - 绘制番茄
- 提高——自己动手练
  - 绘制水晶按钮
  - 制作立体五角星

5.1 入门——基本概念和基本操作

本节将介绍交互式工具组中的交互式调和工具、交互式轮廓图工具、交互式变形工具、交互式阴影工具、交互式封套工具、交互式立体化工具和交互式透明工具的使用。

5.1.1 交互式调和工具

【交互式调和工具】可以在两个矢量图形之间产生形状、颜色、轮廓及尺寸上的渐变过渡效果。绘制如图 5-1 所示的两个图形，单击【交互式调和工具】，在左边对象上按住鼠标左键不放，拖动鼠标至右边对象上，释放鼠标即可创建调和效果，效果如图 5-2 所示。

图 5-1 绘制两个图形

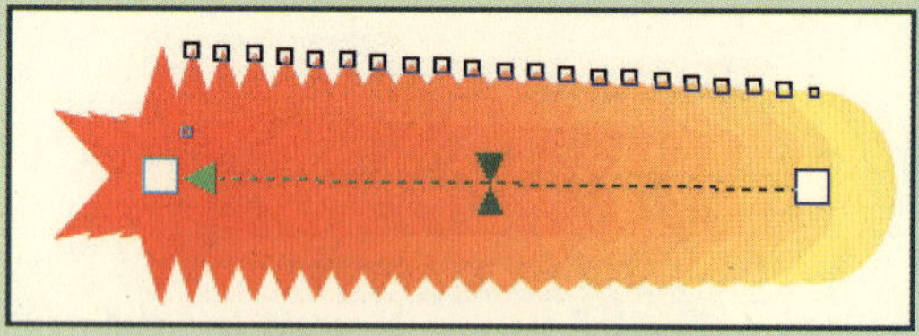

图 5-2 创建调和效果

【交互式调和工具】的属性栏如图 5-3 所示。利用【交互式调和工具】对应的属性栏可以设置不同的调和效果。

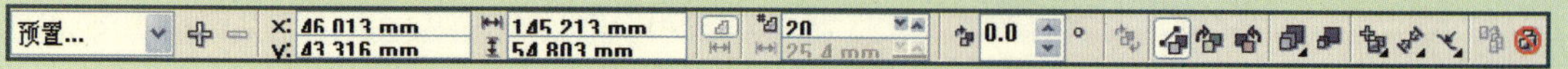

图 5-3 交互式调和工具属性栏

- 利用属性栏中的【调和步幅 / 间距】按钮可以设定两个对象之间的调和步数，如图 5-4 所示是调和步数为 3 时的效果。
- 【调和方向】增量框可以用来设定过渡中，对象旋转的角度。
- 【环绕调和】按钮可以在将调和中产生旋转的过渡对象拉直的同时，以两个对象的中间位置作为旋转中心环绕。

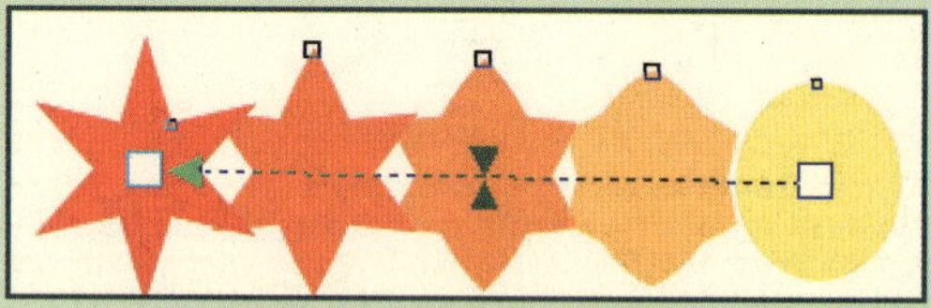

图 5-4 设定调和步数的效果

- 【直接调和】、【顺时针调和】、【逆时针调和】按钮用来设定调和对象之间颜色过渡的方向，如图 5-5 所示。

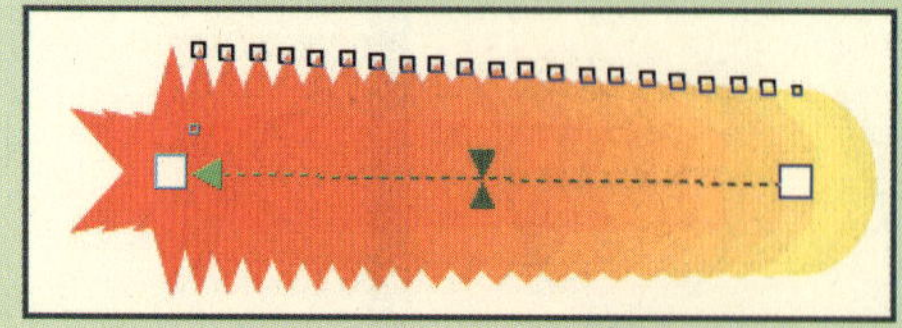

直接调和

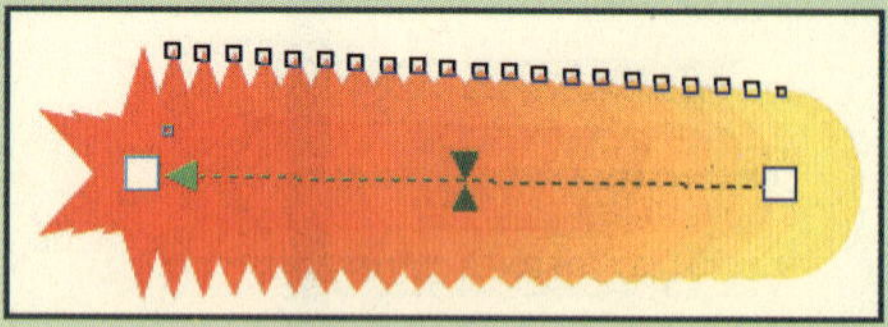

顺时针调和

时针调和

图 5-5 三种调和效果

◆ 在页面上绘制一条曲线，如图 5-6 所示。选中图 5-5 中的第 3 个对象，单击属性栏中的【路径属性】按钮，在打开的菜单中选择【新建路径】，这时鼠标形状变为弯曲的箭头形状，用鼠标单击路径，得到如图 5-7 所示的效果。

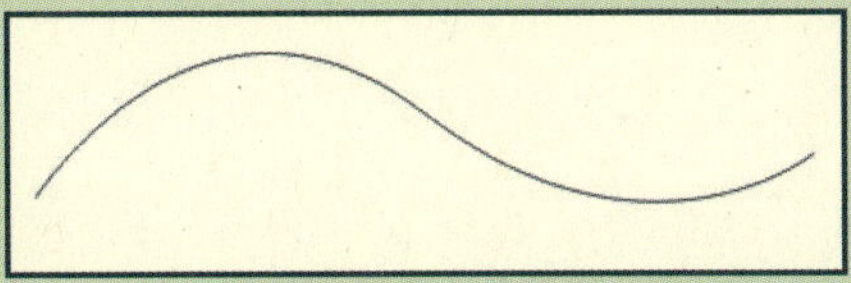

图 5-6　绘制曲线

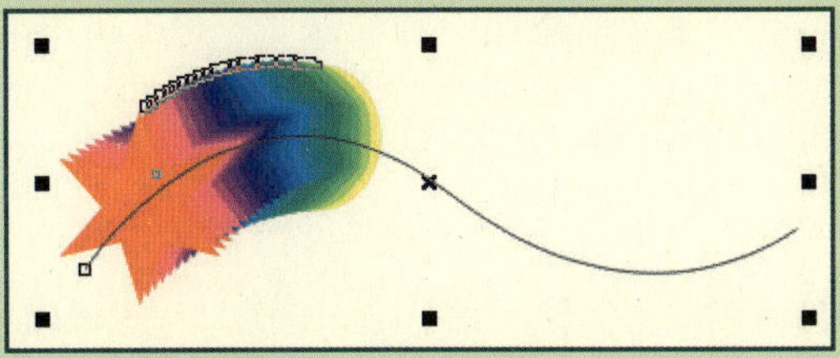

图 5-7　沿路径调和

◆ 单击【杂项调和选项】按钮，在弹出的面板中选择【沿全路径调和】选项，如图 5-8 所示，可以使调和对象填满整个路径，如图 5-9 所示。

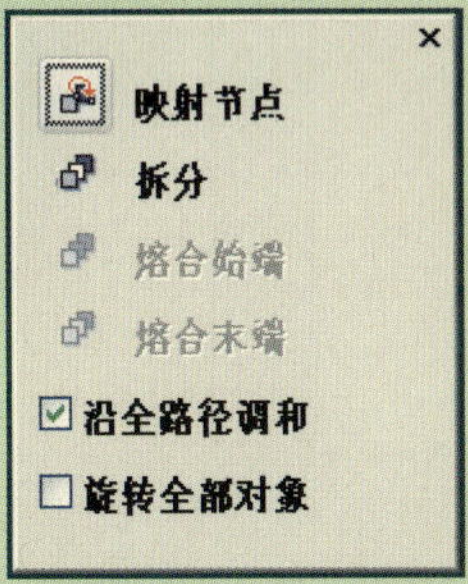

图 5-8　选中【沿全路径调和】选项

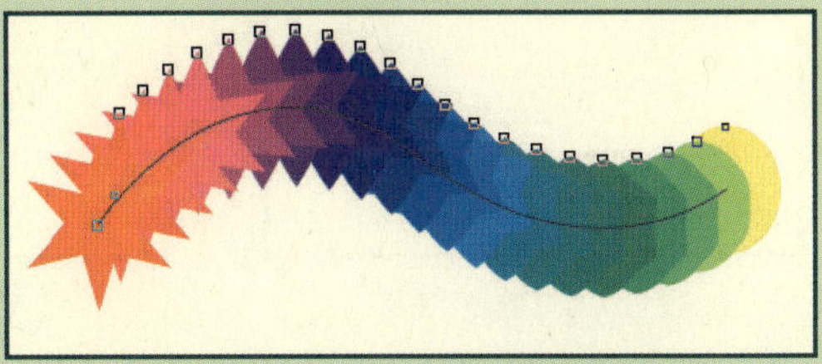

图 5-9　对象填满整个路径

◆ 交互式调和工具属性栏中的【对象和色彩加速调和】按钮用来调整调和对象及调和颜色的加速度。选中调和对象，单击【对象和色彩加速调和】按钮，在打开的面板中拖动滑块到如图 5-10 所示的位置，对象的调和变为如图 5-11 所示效果。

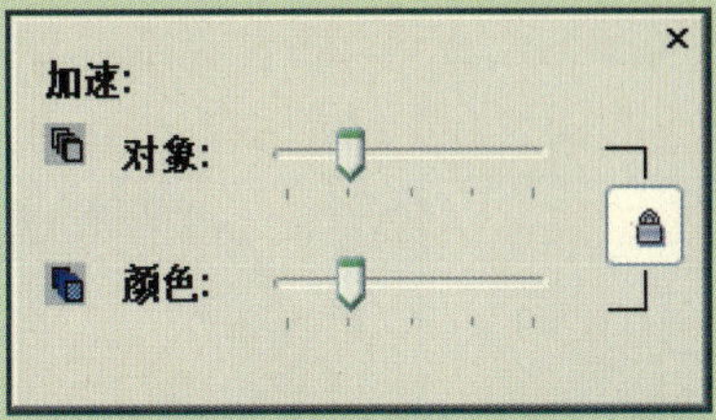

图 5-10　对象和色彩加速调和面板

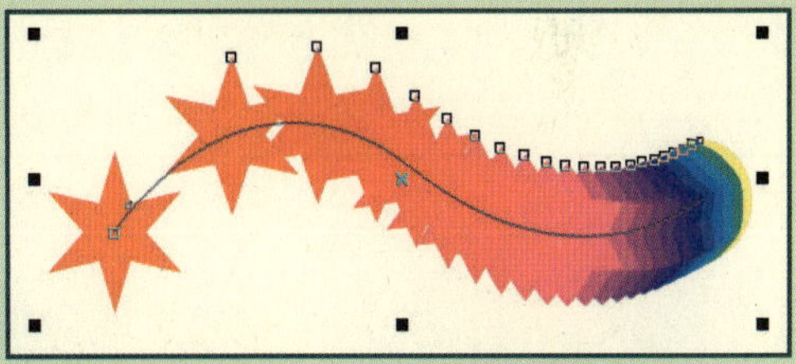

图 5-11　加速调和效果

◆ 在 预置... 样式列表中可以选择系统预置的调和样式。选择如图 5-12 所示的调和样式，图 5-2 中的调和对象变为如图 5-13 所示的效果。

图 5-12　选择调和样式

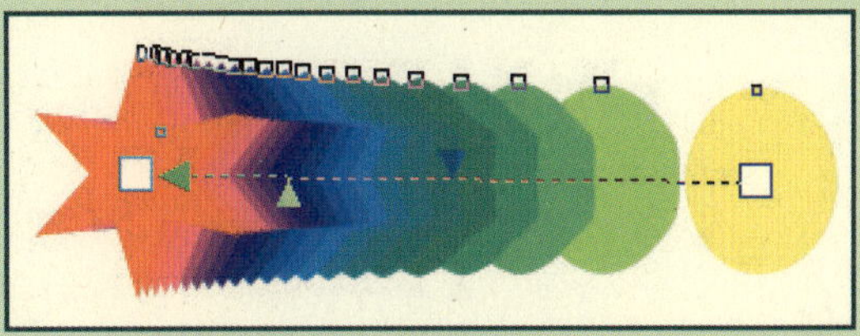

图 5-13　调和效果

- 单击属性栏中的【复制调和属性】按钮，可以在对象间复制调和效果，选取要进行复制调和属性的对象后，单击【复制调和属性】按钮，这时鼠标光标会变成向右的粗黑箭头，单击要复制的调和效果即可。
- 【消除调和】按钮：用来取消对象中的调和效果。

5.1.2 交互式轮廓图工具

使用【交互式轮廓图工具】可以给对象添加轮廓效果，它由很多同心轮廓线圈组成。选中如图 5-14 所示的图形。单击工具箱中的【交互式轮廓图工具】，用鼠标向内拖动对象的轮廓线，到达适当位置后释放鼠标便完成了轮廓图效果的制作，如图 5-15、图 5-16 所示。

图 5-14　选中对象

图 5-15　绘制过程

图 5-16　制作完成的效果

交互式轮廓图工具的属性栏如图 5-17 所示。通过设置【交互式轮廓图工具】的属性栏可以得到需要的轮廓效果，属性栏中各按钮含义如下：

图 5-17　【交互式轮廓图工具】属性栏

- 在预置...样式列表中可选择系统预置的样式。
- 单击【至中心】、【内侧】、【外侧】按钮、、可以控制添加轮廓线的方向，如图 5-18 所示三个图形分别为【至中心】、【内侧】、【外侧】的效果。

图 5-18　三种不同效果

- 【轮廓步幅】11 及【轮廓间距】2.54 mm 增量框用来设置轮廓线圈的级数和各个轮廓线圈之间的间距距离。
- 【线性轮廓填色】、【顺时针轮廓填色】、逆时针轮廓填色】按钮：可以在色谱中，用直线、顺时针或逆时针曲线所通过的颜色来填充原始对象和最后一个轮廓形状，并据此创建颜色的级数。
- 【轮廓线颜色】按钮：可在弹出对话框中选择最后一个同心轮廓线的颜色。

- 【填充颜色】按钮：可以在弹出的对话框中选择最后一个同心轮廓的颜色。
- 【渐变终止颜色】按钮：若原始对象使用了渐变效果，可以通过单击此按钮来改变渐变填充的最后终止颜色。
- 【对象与颜色加速度】按钮：与交互式调和工具中的【对象与颜色加速度】按钮相同，此按钮可以用来调节轮廓对象与轮廓颜色的加速度。

5.1.3 交互式变形工具

交互式变形工具可以使对象产生不规则的变化。【交互式变形工具】具有推拉变形、拉链变形和扭曲变形3种方式。单击工具箱中的【交互式变形工具】，在属性栏中选择需要的变形方式。选中需要变形的对象，并按住左键拖动鼠标到适当位置后，释放鼠标即可。

1．推拉变形

单击工具箱中的【交互式变形工具】，在属性栏中单击【推拉变形】按钮，此时属性栏如图5-19所示。

图5-19 推拉变形属性栏

在【推拉变形幅度】增量框中设定变形的幅度，正数值用于推拉变形式，负数值用于拉动变形。单击属性栏中的【中心变形】按钮后可将变形中心点设定在对象中心。

选中要变形的对象，如图5-20所示。按住左键拖动鼠标到适当位置后，释放鼠标即可，如图5-21、图5-22所示。

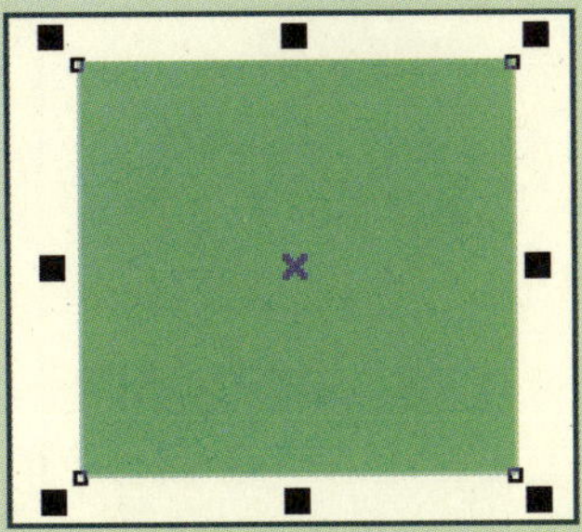

图5-20 选中对象

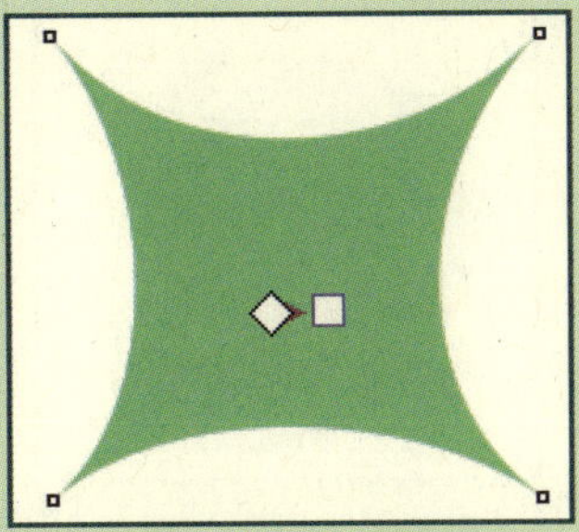

图5-21 推动变形

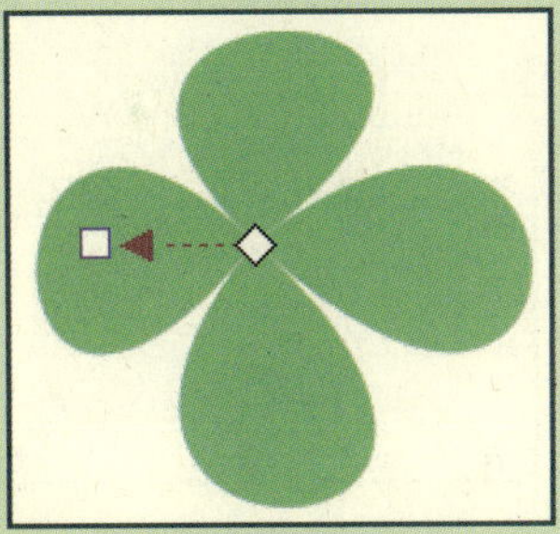

图5-22 拉动变形

2．拉链变形

单击工具箱中的【交互式变形工具】，在属性栏中单击【拉链变形】按钮，此时属性栏如图5-23所示。

图5-23 拉链变形属性栏

【拉链失真幅度】增量框用来设定变形的幅度，【拉链失真频率】增量框用来设定变形的数量。通过属性栏中的相关设定，可以使对象产生随机、平滑和局部的拉链变形。

选中要变形的对象，如图5-24所示。按住左键拖动鼠标到适当位置后，释放鼠标即可，如图5-25所示。

图 5-24　绘制五边形

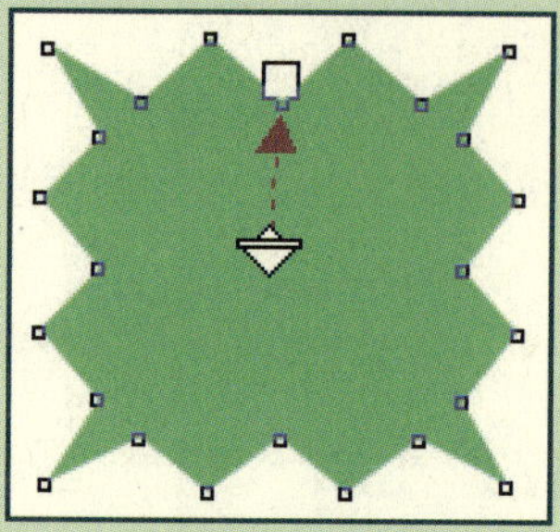

图 5-25　拉链变形效果

3．扭曲变形

单击工具箱中的【交互式变形工具】，在属性栏中单击【扭曲变形】按钮，此时属性栏如图 5-26 所示。

图 5-26　扭曲变形属性栏

【完全旋转】增量框用来设定完全旋转时的圈数。【添加角度】增量框用来设定应用旋转圈数的同时添加的旋转角度。变形中心点的位置不同，所产生的变形幅度也不一样，中心点在对象外部时变形幅度较大，反之较小。

选中要变形的对象，如图 5-27 所示。在选定的对象上拖动鼠标，可使对象以一个固定点作螺旋旋转，向顺时针方向拖动鼠标和向逆时针方向拖动鼠标，可以得到两种不同方向的旋转效果，如图 5-28、图 5-29 所示。

图 5-27　选择对象

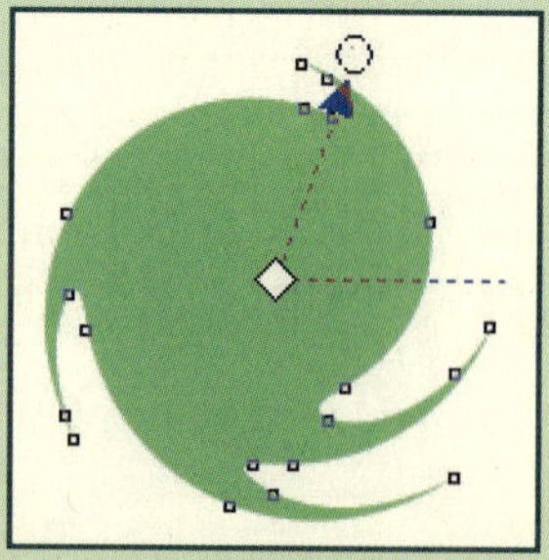

图 5-28　顺时针扭曲

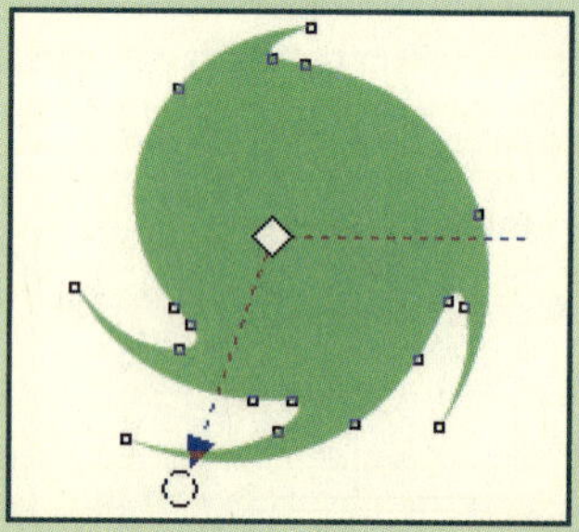

图 5-29　逆时针扭曲

5.1.4 交互式阴影工具

阴影效果可以使对象产生立体效果。阴影效果是与对象链接在一起的，对象外观改变的同时，阴影效果也会随之产生变化。单击工具箱中的【交互式阴影工具】，选中要添加阴影效果的对象。在对象上面按住左键并拖动鼠标，拖动到需要的位置后，释放鼠标即可为对象添加阴影效果。

交互式阴影工具的属性栏如图 5-30 所示。通过【交互式阴影工具】的属性栏可以精确地设置添加阴影的效果。属性栏中各参数的含义如下：

图 5-30　【交互式阴影工具】属性栏

◆【阴影偏移量】增量框 用来设定阴影相对于对象的坐标值。

◆【阴影角度】 用来设定阴影效果的角度。

◆【阴影不透明度】滑轨框 用来设定阴影的不透明度。

◆【阴影羽化效果】 用来设定阴影的羽化效果。

◆【阴影羽化方向】按钮 用来设定阴影的羽化方向为在内、中间、在外或平均。

◆【阴影羽化边缘】按钮 用来设定阴影羽化边缘的类型为直线型、正方形、反转方形等。

◆【阴影淡化/伸展】 用来设定阴影的淡化及伸展。

◆【阴影颜色】按钮 用来设定阴影的颜色。

5.1.5 交互式封套工具

使用【交互式封套工具】 通过修改封套上的节点来改变封套的形状，从而使对象产生变形效果。其具体操作如下：

单击【交互式封套工具】，单击需要制作封套效果的对象，如图 5-31 所示。此时对象四周出现一个矩形封套虚线控制框，如图 5-32 所示。拖动调节封套控制框上的节点可以改变对象的外观，如图 5-33 所示。

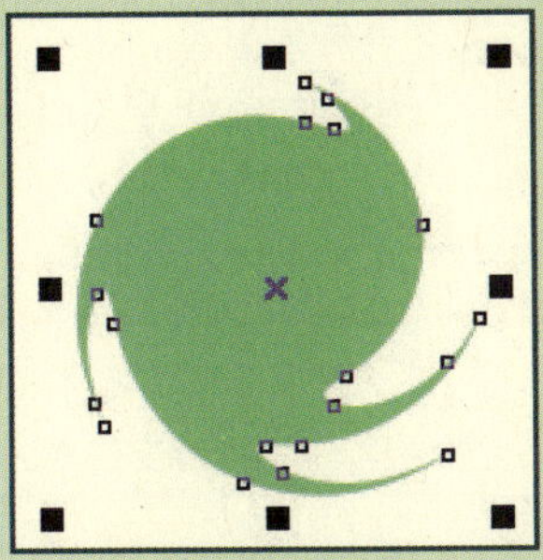

图 5-31 选中对象

图 5-32 显示封套虚线控制框

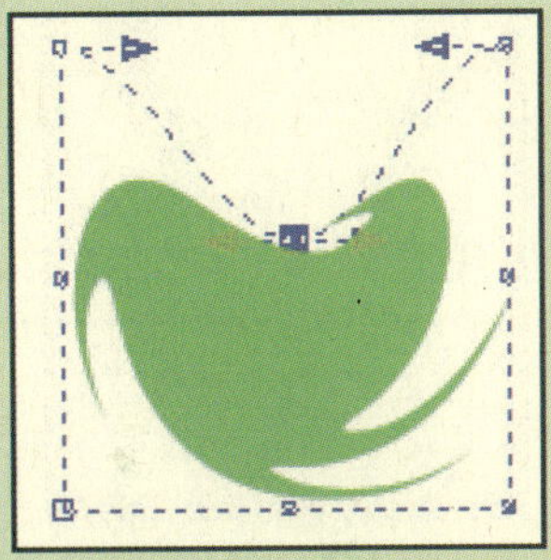

图 5-33 制作封套效果

交互式封套工具的属性栏如图 5-34 所示。通过属性栏可以精确地设置封套的效果，属性栏中的各参数的含义如下：

图 5-34 交互式封套工具属性栏

◆ 在【封套样式】下拉列表框 中选择系统预置的样式，分别单击【直线模式】按钮 、【单弧线模式】按钮 、【双弧线模式按钮 】、【非强制模式】按钮 可以选择不同的封套编辑模式。

◆ 【映射模式】列表框：提供了水平的、原始的、自由变换、垂直的共 4 种映射模式。

◆ 【保持线条】按钮：可以将对象的线条保持为直线或者转换为曲线。

◆ 通过【添加封套】按钮 可以指定图形外观创建封套效果。使用【交互式封套工具】选中对象后，单击【创建封套自】按钮 ，再单击要作为封套外形的对象即可。

5.1.6 交互式立体化工具

立体化效果分为矢量图立体化效果和位图立体化效果。使用工具箱中的【交互式立体化工具】可以给对象添加立体化效果。

单击工具箱中的【交互式立体化工具】，并选中要添加立体化效果的对象，如图 5-35 所示。在对象上按住鼠标左键并拖动鼠标，拖动到适当位置后释放鼠标，即可创建立体化效果，如图 5-36 所示。

图 5-35 选中对象

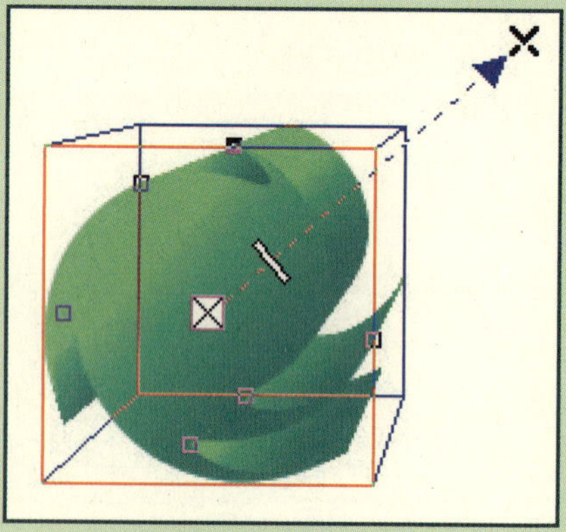

图 5-36 添加立体化效果

在立体化效果的属性栏中可以精确地改变对象的立体化效果，其属性栏如图 5-37 所示。属性栏上各参数的含义如下:

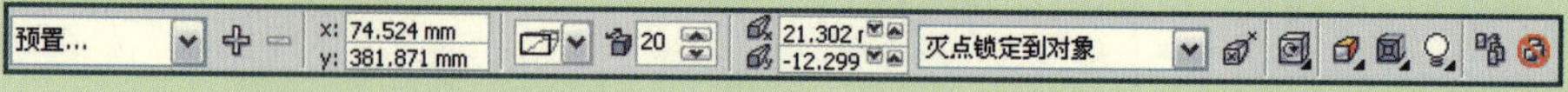

图 5-37 交互式立体化工具属性栏

◆【立体化类型】按钮：其下拉列表框中提供了 6 种不同的立体化延伸方式。

◆【深度】增量框及【灭点坐标】增量框：用来设定灭点延伸的深度及灭点位置的坐标值。

◆ 灭点属性下拉列表 灭点锁定到对象 ：提供了锁定灭点到对象、锁定灭点到页面、共享灭点等方式。

◆【VP 对象 /VP 页面】按钮：用来相对于对象的中心点或页面的坐标原点来计算或显示灭点的坐标值。

◆【立体化旋转】按钮：在弹出的对话框中通过拖动图例来旋转控制对象；也可以在文本框中输入数值来设定旋转。

◆【立体化颜色】按钮：用来设定使用对角填充、使用纯色、使用递减的颜色 3 种方式。如图 5-38、图 5-39、图 5-40 所示是分别使用这三种方式时的对话框。

◆【立体化斜角】按钮：通过拖动对话框中图例的节点来添加斜角效果，也可以在增量框中输入数值来设定斜角。勾选【只显示斜角装饰边】复选框后，只显示斜面。

◆【立体化照明】按钮：可以在对话框的图例中为对象添加光照效果。

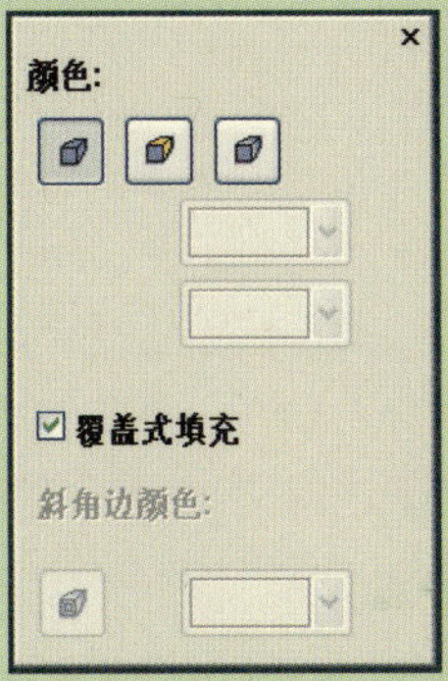

图 5-38 使用对角填充

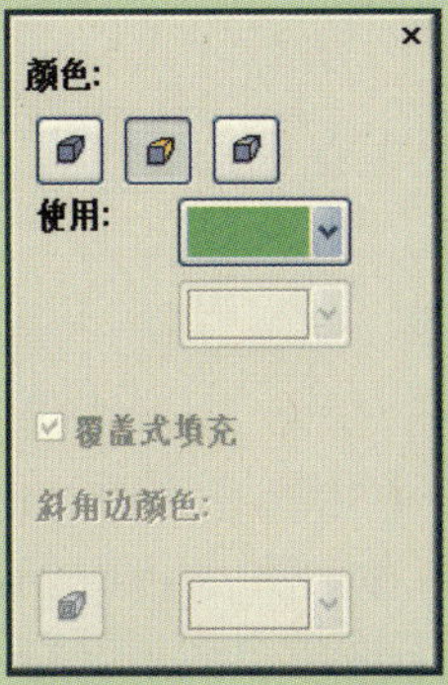

图 5-39 使用纯色

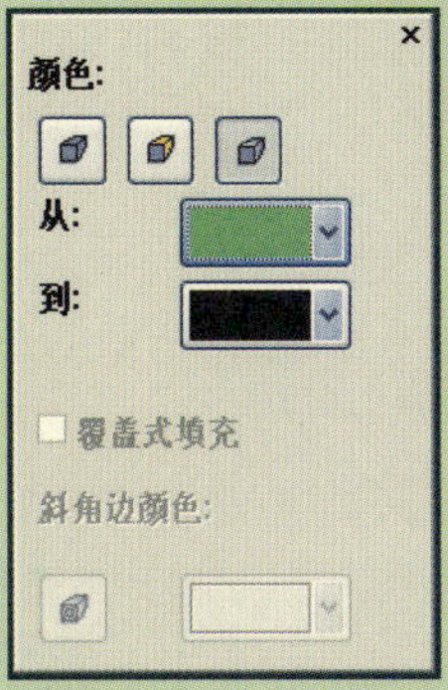

图 5-40 使用递减颜色

5.1.7 交互式透明工具

【交互式透明工具】可以方便地为对象添加【标准】、【渐变】、【图案】及【底纹】等透明效果。单击工具箱中的【挑选工具】选中要应用透明效果的对象，单击工具箱中的【交互式透明工具】。在属性栏中的【透明类型】下拉列表框 标准 中可以选择透明类型，选择不同的类型，属性栏也会随之变化。

- 在属性栏中的【透明类型】下拉列表框 标准 中选择标准类型，其属性栏如图 5-41 所示。

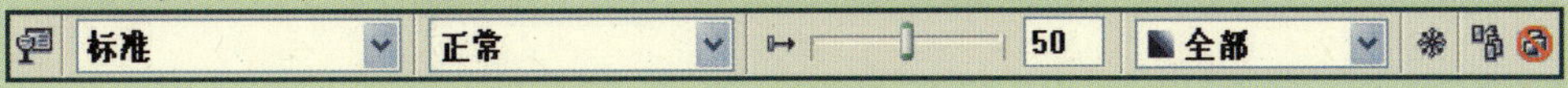

图 5-41 【标准】属性栏

- 通过拖动【开始透明】 50 中的滑块设定对象的起始透明；在【应用透明对象】下拉列表框 全部 中选择将透明效果应用于填充色、轮廓线或所有。如图 5-42 所示为选择标准类型时的效果。

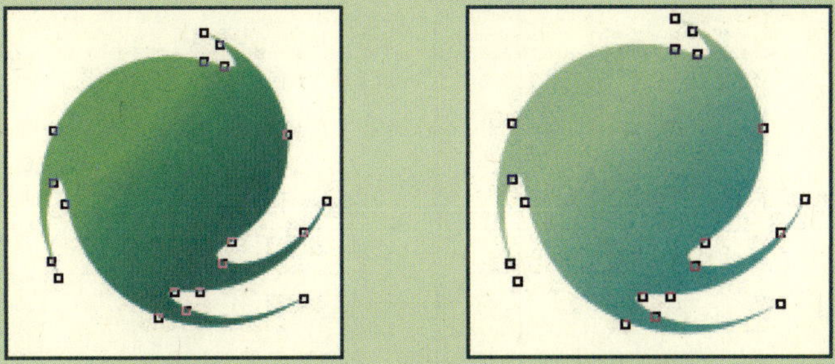

图 5-42 应用标准透明的前后对比效果

- 在属性栏中的【透明类型】下拉列表框中选择【线性】，属性栏如图 5-43 所示。

图 5-43 【线性】类型属性栏

- 在【渐变透明的角度与锐角】增量框中设定透明渐变的方向角度及锐度。【冻结】按钮：用来锁定对象的外形。渐变透明有线型、射线、圆锥、方角共 4 种类型可供选择。
- 图案透明有双色、全色、位图共 3 种透明类型。【透明图案选择】按钮用来选择图案的类型；【结束透明度】 100 用来改变对象的结束透明度。【创建样式】按钮可以将指定的图案填充在对象中；单击【为透明度图块生成镜像】按钮可以镜像平铺排列创作图案。

5.2 进阶——典型实例

掌握了各种交互式工具的使用，并了解其用途之后，下面通过几个比较典型的实例对以上的学习进行更深入的讲解。

5.2.1 立体柱子

本例将制作效果如图 5-44 所示的立体柱子。通过本例的练习，读者练习使用【椭圆工具】和【交互式立体化工具】来制作立体效果很强的柱子效果。

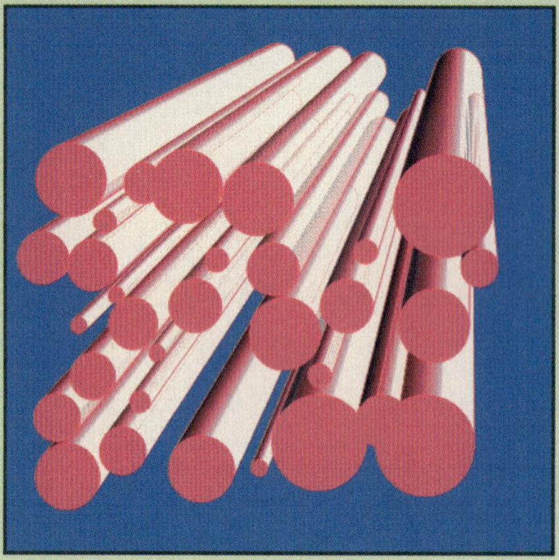

图 5-44 最终效果

Step 01 单击工具箱中的【椭圆工具】，按住【Ctrl】键不放，绘制正圆，如图 5-45 所示。

Step 02 按【+】键复制椭圆或执行【编辑】→【再制】命令也可以复制对象。复制很多正圆后，分别将各正圆进行缩放，随意排列，如图 5-46 所示。

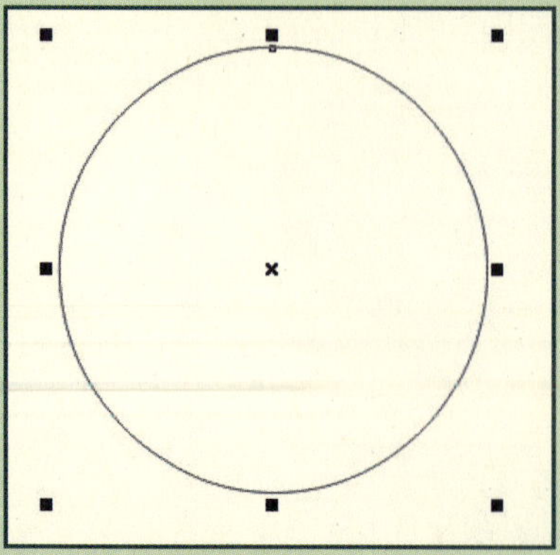

图 5-45 绘制正圆

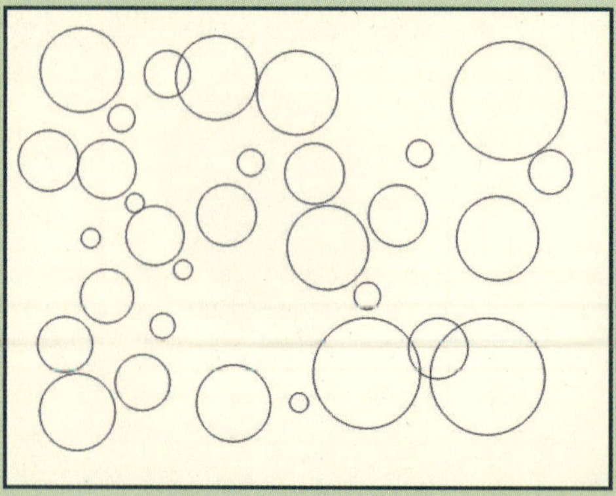

图 5-46 复制正圆

Step 03 单击【选择工具】，框选所有的正圆，并单击属性栏上的【焊接】按钮将所有的正圆焊接成为一个整体，效果如图 5-47 所示。

Step 04 填充颜色为：洋红，并右键单击色盘上的【无轮廓】按钮☒。然后选择工具箱中的【交互式立体化工具】，在有颜色的位置按住不放，向后拖动，如图 5-48 所示。

Step 05 选择属性栏上的【照明】按钮，选择灯 1，放置到如图 5-49 所示的位置。此时的柱子立体化照明效果如图 5-50 所示。

Step 06 选择属性栏上的【照明】按钮，选择灯 2，放置到如图 5-51 所示的位置。此时的柱子立体化照明效果如图 5-52 所示。

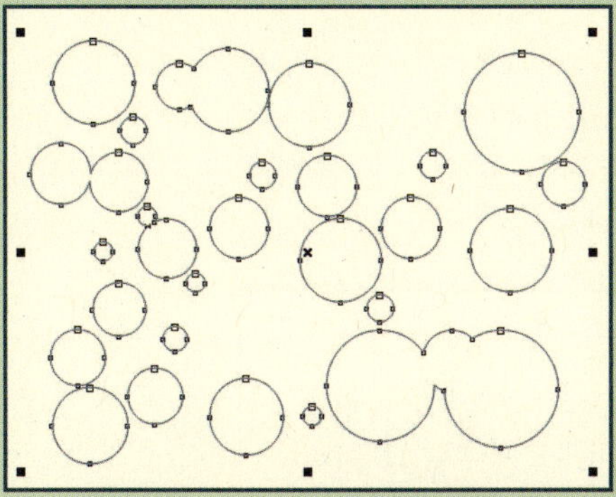

图 5-47 焊接所有的正圆

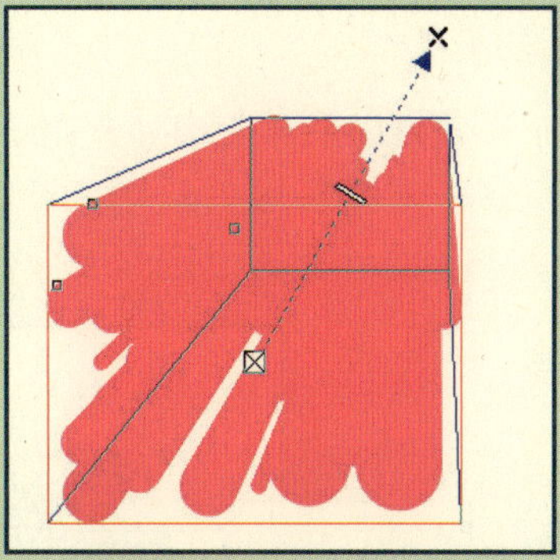

图 5-48 制作立体化效果

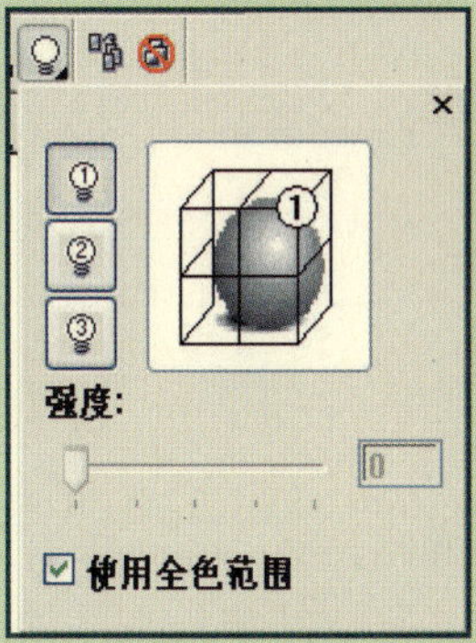

图 5-49 设置灯 1 效果

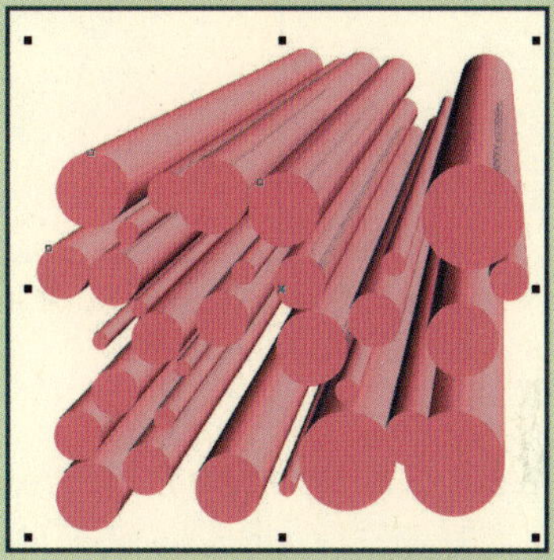

图 5-50 立体化照明效果

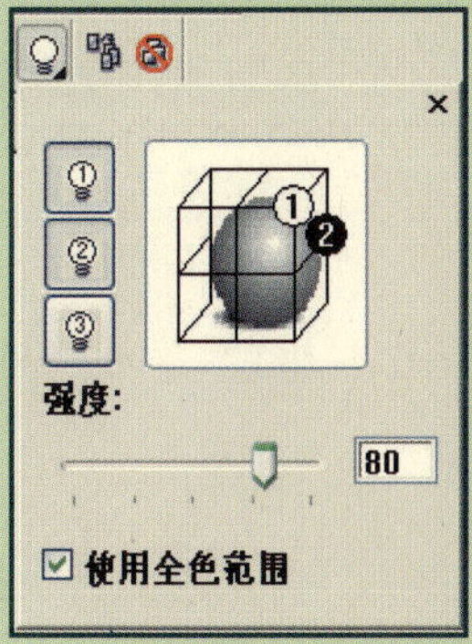

图 5-51 设置灯 2 效果

图 5 -52 立体化照明效果

Step 07 右键单击颜色中的洋红，使其边缘成为洋红色，效果如图 5-53 所示。

Step 08 为了使立体柱子的效果增强对比度，可以为其增加一个冷色调的背景，如蓝色。最终效果如图 5-54 所示。

图 5-53 增加洋红边缘

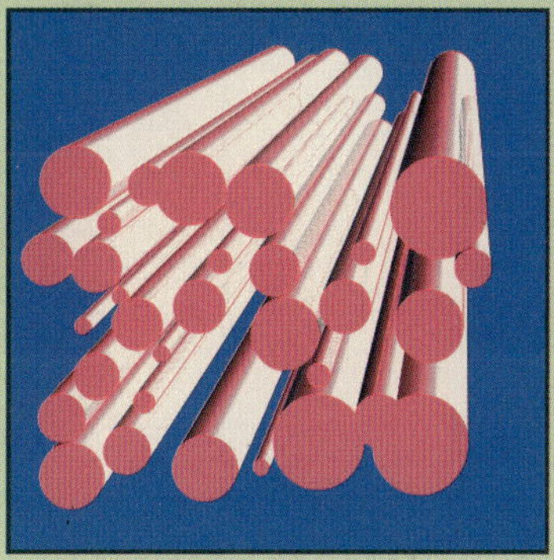

图 5-54 最终效果

5.2.2 绘制番茄

本例将制作效果如图 5-55 所示的番茄。番茄的整体效果以红绿色色调为主，通过本例的制作，读者将进一步掌握图形绘制、透明效果、填充颜色、投影效果以及复制等基础知识操作方法和技巧。

图 5-55 最终效果

1．绘制番茄的外形

Step 01 执行【文件】→【新建】命令或按【Ctrl + N】键创建新文件。单击工具箱中的【手绘工具】，绘制如图 5-56 所示的线条。

Step 02 选择工具箱中的【形状工具】，框选所有节点，选择属性栏上的“转换直线为曲线”按钮。分别调整线条的曲线，并填充图形为“红色”，效果如图 5-57 所示。

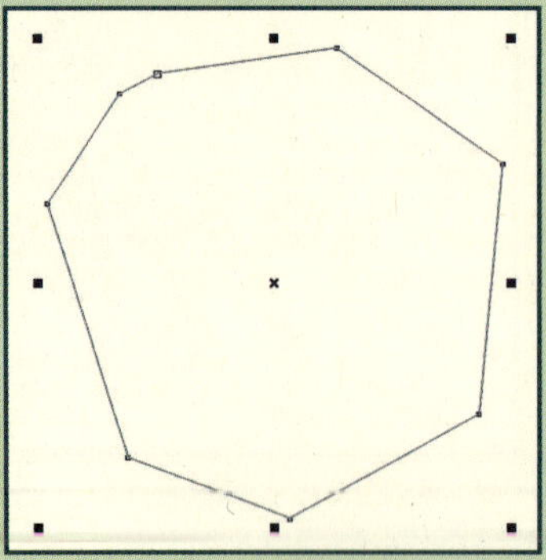

图 5-56 绘制线条

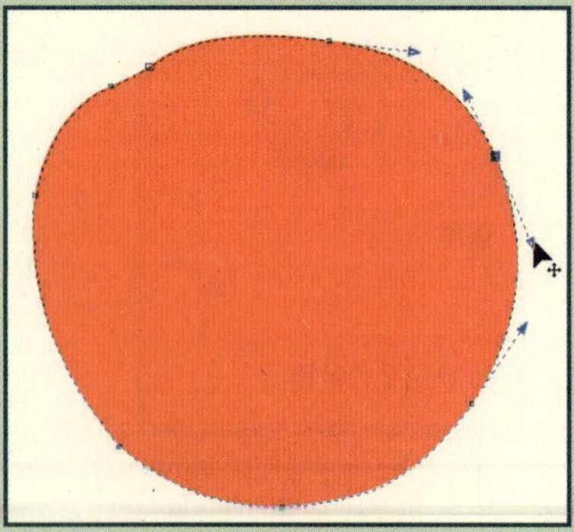

图 5-57 调整线条的曲线

Step 03 用同样的方法绘制序号 1~10 的选框图形，并分别填充不同的颜色，如图 5-58 所示。

图 5-58 填充不同的颜色

提 示 >>

如图 5-86 所示中的序号 3 图形，是以上绘制的“红色”图形。

2. 绘制番茄上“高光”和“暗部”效果

Step 01 单击工具箱中的【交互式透明工具】，分别制作序号 1、序号 2、序号 4、序号 7、序号 10 图形的透明效果如图 5-59 所示。

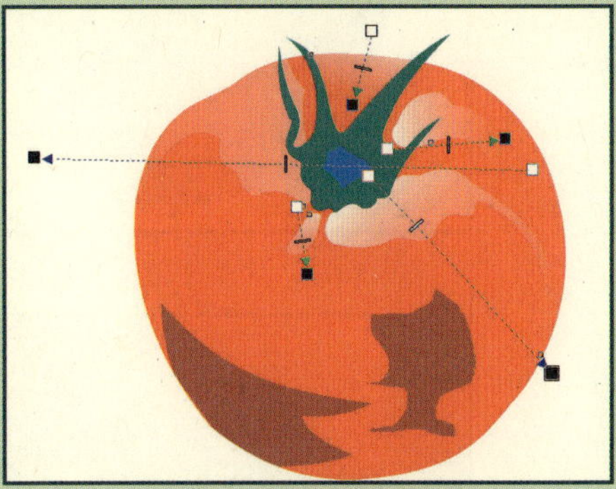

图 5-59 制作透明效果

Step 02 单击工具箱中的【选择工具】，选择序号 3 的图形，按【F11】键打开“渐变填充方式”对话框，在【类型】中选择“射线”，设置【水平】参数为“29”，设置【垂直】参数为“9”，设置【边界】参数为“4”，在【颜色调和】选项中选择“自定义”单选框，设置渐变颜色的参数为：

位置：0 颜色（C：35；M：93；Y：92；K：0）；
位置：64 颜色（C：10；M：90；Y：100；K：0）；
位置：100 颜色（C：19；M：49；Y：100；K：0）。

单击【确定】按钮。如图 5-60 所示。

Step 03 渐变填充图形后的效果，如图 5-61 所示。

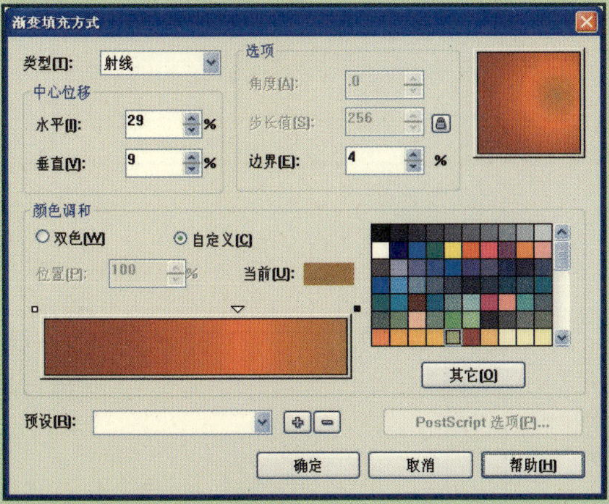

图 5-60 设置渐变色参数

图 5-61 渐变填充图形后的效果

Step 04 选择序号 3 的图形，按键盘上的【+】键，复制图形并将图形填充为“嫩绿色”，如图 5-62 所示。

Step 05 单击工具箱中的【交互式透明工具】，制作“嫩绿色”图形的透明效果，方向如图 5-63 所示。

Step 06 选择序号 5 的图形，单击工具箱中的【交互式阴影工具】，拖动鼠标添加阴影，效果如图 5-64 所示。

Step 07 在添加的“阴影”图形上，单击鼠标右键，选择快捷菜单中的“拆分阴影群组在图层 1”命令，或者按【Ctrl+K】键，将图形与阴影拆分，如图 5-65 所示。

图 5-62　复制并填充序号 3 的图形

图 5-63　制作透明效果

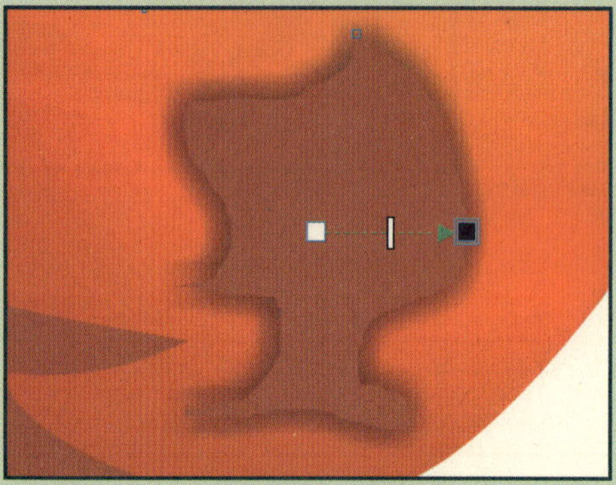

图 5-64　为序号 5 的图形添加阴影

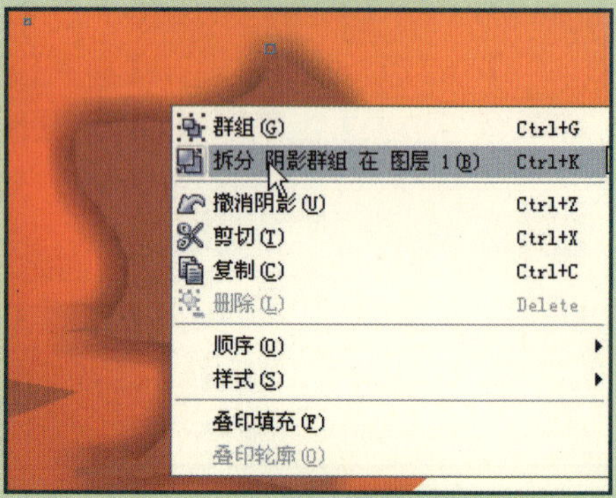

图 5-65　拆分图形与阴影

Step 08 单击工具箱中的【选择工具】，选择序号 5 的图形，并按【Delete】键删除图形，保留阴影图形，单击工具箱中的【交互式透明工具】，选择“阴影”图形，设置属性栏上的“开始透明度”为：98，效果如图 5-66 所示。

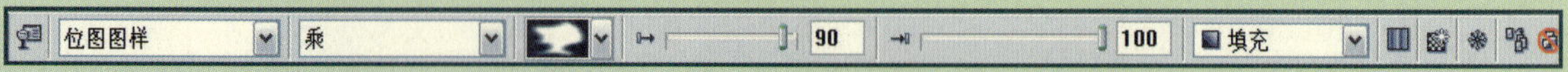

图 5-66　交互式透明工具属性栏

Step 09 设置属性栏上的“开始透明度”参数后，效果如图 5-67 所示。

Step 10 将序号 6 的图形颜色填充成绿色，并制作其阴影为暗红色效果，如图 5-68 所示。

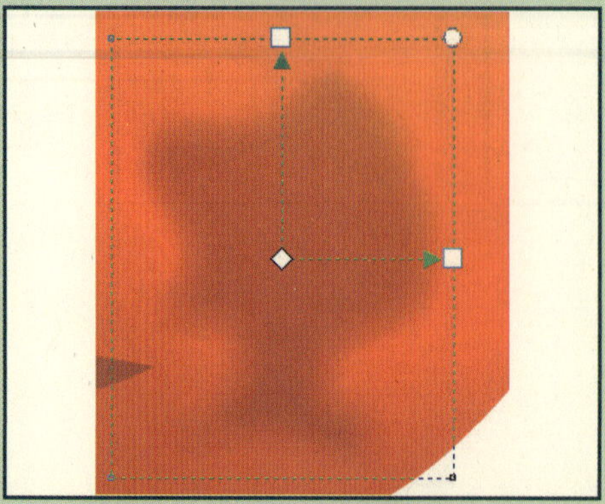

图 5-67　设置属性栏后的效果

图 5-68　为序号 6 的图形添加阴影

Step 11 单击工具箱中的【交互式透明工具】，制作图形的透明效果，方向如图 5-69 所示。

Step 12 单击工具箱中的【手绘工具】，在番茄上绘制“白色”图形，如图 5-70 所示。

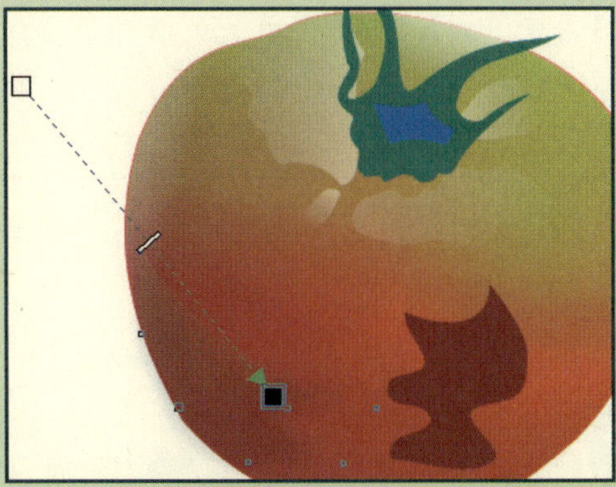

图 5-69 制作透明效果

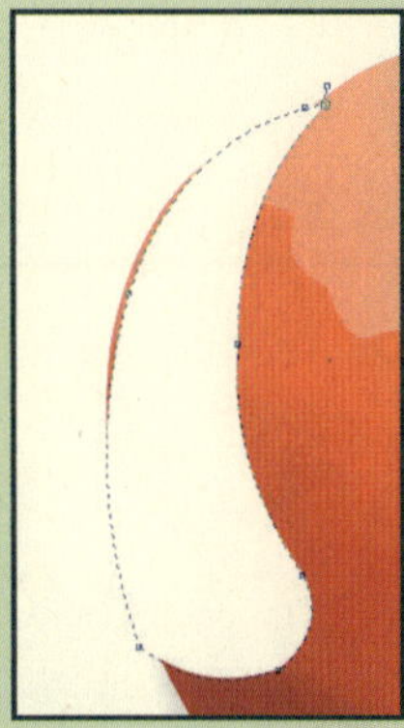

图 5-70 绘制“白色”图形

Step 13 单击工具箱中的【交互式透明工具】，制作“白色”图形的透明效果，方向如图 5-71 所示。

Step 14 选择序号 8 的图形，按【F11】键打开“渐变填充方式”对话框，设置合意的渐变颜色，如图 5-72 所示。

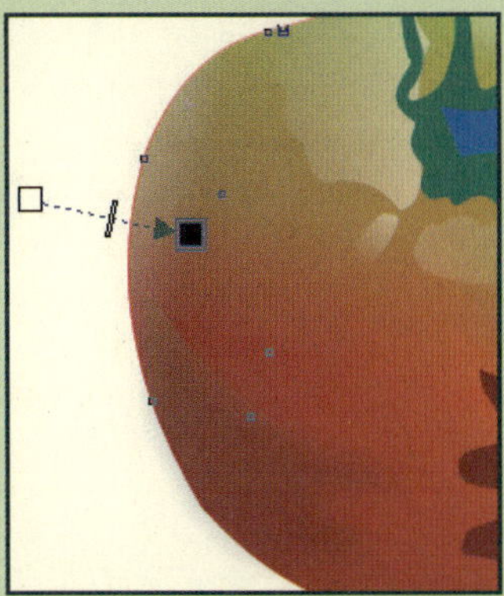

图 5-71 制作透明效果

图 5-72 为序号 8 的图形设置渐变颜色

3．绘制番茄的“枝叶”图形

Step 01 选择工具箱中的【形状工具】，调整序号 9 图形的大小形状，并填充合意的渐变颜色，如图 5-73 所示。

Step 02 运用工具箱中的【手绘工具】，绘制番茄的“叶”，并填充合意的渐变颜色，如图 5-74 所示。

图 5-73 填充渐变颜色

图 5-74 绘制番茄叶并填充渐变颜色

Step 03 运用同样的方法，单击工具箱中的【手绘工具】，绘制“番茄叶”图形，并填充合意的渐变颜色，如图 5-75 所示。

Step 04 用同样的方法，绘制“番茄叶”图形，并渐变填充如图 5-76 所示。

图 5-75 绘制番茄叶

图 5-76 再次绘制番茄叶

Step 05 制作“番茄”和“番茄叶”的整体效果，如图 5-77 所示。

Step 06 单击工具箱中的【手绘工具】，随意绘制一个图形，单击工具箱中的【交互式阴影工具】，拖动鼠标添加阴影，并设置属性栏上的“阴影颜色”为：棕色，并按【Ctrl+K】键，将图形与阴影拆分，删除该图形保留“阴影”图形，如图 5-78 所示。

图 5-77 制作整体效果

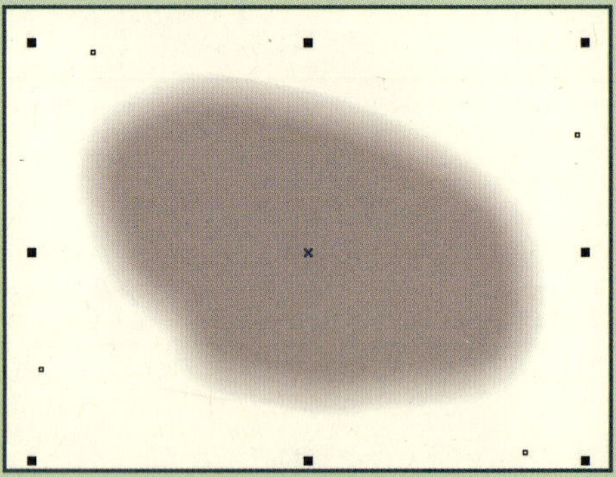

图 5-78 拆分图形与阴影

Step 07 将“阴影”图形放到“番茄叶”的后一位，效果如图 5-79 所示。

图 5-79 调整阴影与图形的位置

4. 绘制番茄上的“水珠”和“投影”效果

Step 01 单击工具箱中的【椭圆工具】，在番茄的后方绘制椭圆选框图形，并填充图形颜色，如图 5-80 所示。

Step 02 单击工具箱中的【交互式透明工具】，制作图形的透明效果，如图 5-81 所示。

图 5-80　绘制椭圆选框图形

图 5-81　制作透明效果

Step 03 单击工具箱中的【椭圆工具】，绘制圆选框图形，并分别填充颜色如图 5-82 所示。

提 示 >>

其中一个“白色”图形是经过“修剪”后得到的。

Step 04 单击工具箱中的【选择工具】，选择“灰色”图形，按【F11】键打开“渐变填充方式”对话框，在【类型】中选择“射线”，设置【水平】参数为“24”，设置【垂直】参数为“2”，设置【边界】参数为“5”，在【颜色调和】选项中选择“自定义”单选框，设置渐变颜色的参数为：

位置：0	颜色（C：20；M：100；Y：75；K：0）；
位置：27	颜色（C：0；M：100；Y：100；K：0）；
位置：68	颜色（C：0；M：57；Y：70；K：0）；
位置：92	颜色（C：0；M：4；Y：5；K：0）；
位置：100	颜色（C：0；M：0；Y：0；K：0）。

单击【确定】按钮，如图 5-83 所示。

图 5-82　绘制圆选框图形

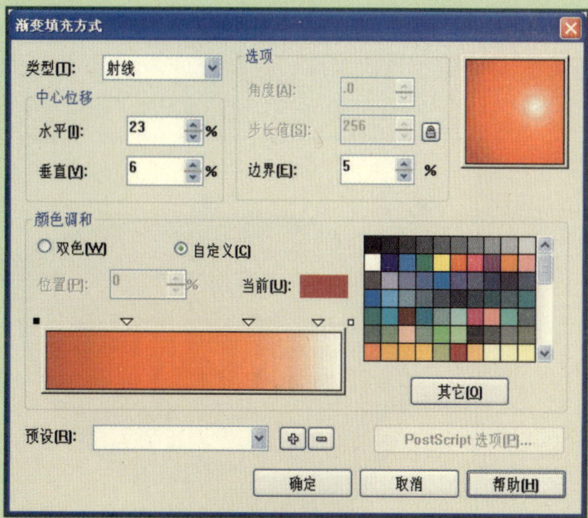

图 5-83　设置渐变色参数

Step 05 填充渐变色后的效果，如图 5-84 所示。

Step 06 选择被“修剪”的白色图形，单击工具箱中的【交互式透明工具】，在图形上拖动鼠标，制作图形的透明效果，如图 5-85 所示。

Step 07 单击工具箱中的【选择工具】，框选制作的“水珠”图形，按【Ctrl+G】键“群组”图形，并复制多个“水珠”图形，分别调整图形的大小位置，效果如图 5-86 所示。

图 5-84　填充渐变色后的效果

提　示 >>

单击工具箱中的【选择工具】，框选整个图形，按【Ctrl+G】键进行群组。

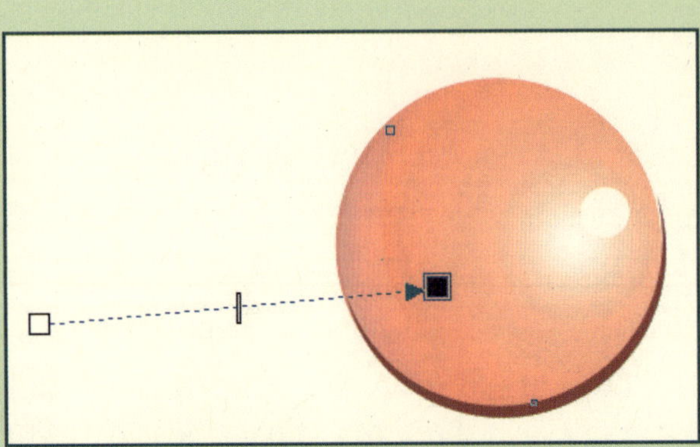

图 5-85　制作透明效果

图 5-86　复制多个“水珠”图形

Step 08 选择【艺术笔工具】，设置属性栏上的参数如图 5-87 所示。

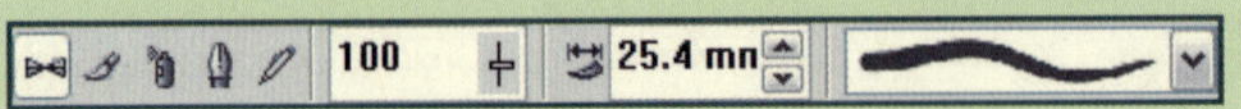

图 5-87　艺术笔工具属性栏

Step 09 绘制绿色画笔，大小如图 5-88 所示。

Step 10 执行【位图】→【转换为位图】命令，打开对话框，勾选【透明背景】，将笔触转换为透明背景的位图，如图 5-89 所示。

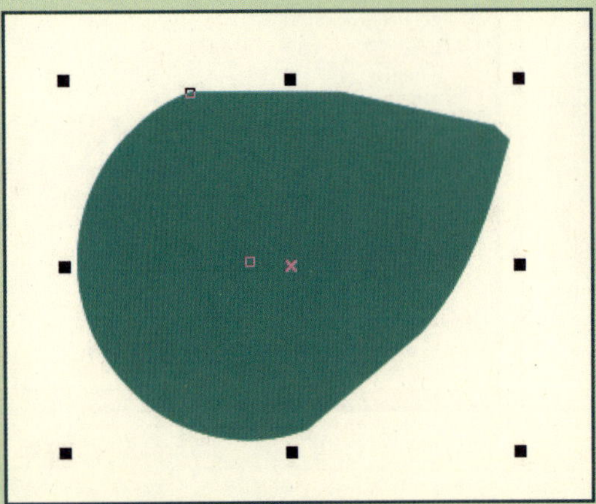

图 5-88　绘制绿色画笔

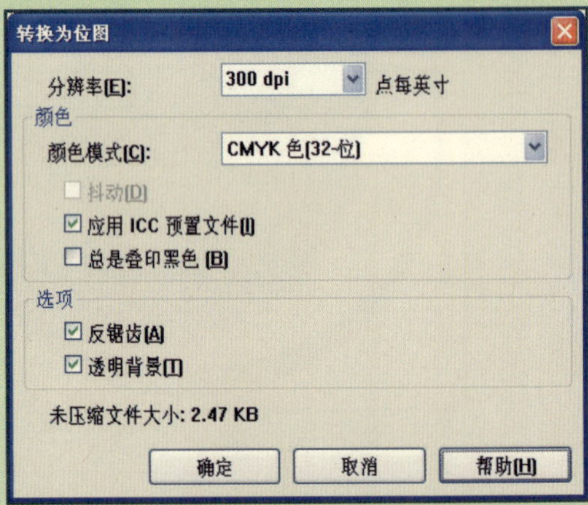

图 5-89　将笔触转化为位图

Step 11 执行【位图】→【模糊】→【高斯式模糊】命令，设置参数为28像素，如图5-90所示。

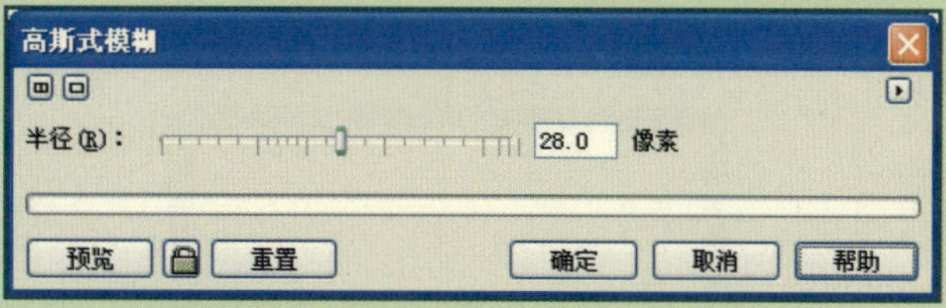

图5-90 设置【高斯式模糊】对话框

Step 12 此时的笔触高斯式模糊效果如图5-91所示。

Step 13 将其放置到番茄的下方，并选择【交互式透明工具】，制作图形的透明效果，如图5-92所示。

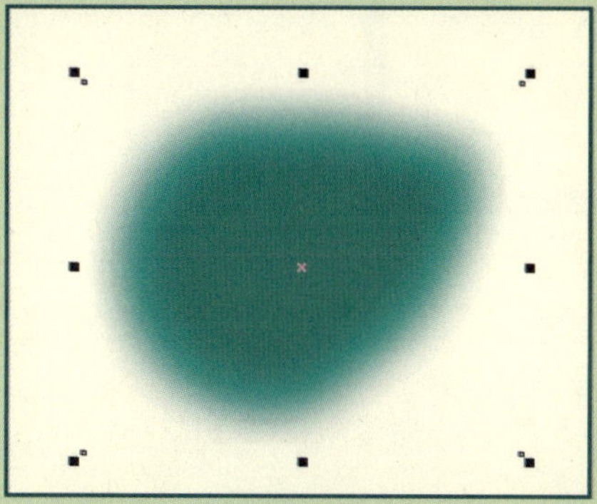

图5-91 笔触高斯式模糊效果

图5-92 对笔触制作透明效果

Step 14 复制一个番茄并单击工具箱中的【矩形工具】，在“番茄”图形的后方绘制“橘红色”矩形图形，如图5-93所示。

图5-93 绘制矩形图形

Step 15 单击工具箱中的【交互式透明工具】，在图形上拖动鼠标，制作图形的透明效果，如图5-94所示。

图5-94 最终效果

5.2.3 手绘酒杯

本例主要运用了“手绘工具”、“渐变填充”、“交互式透明工具”、“交互式阴影工具”、“矩形工具”、“转换为位图”等工具和命令，制作出两只逼真的酒杯图形，效果如图 5-95 所示。

图 5-95 最终效果

1．绘制酒杯图形

Step 01 执行【文件】→【新建】命令或按【Ctrl+N】键，创建新文件。单击工具箱中的【手绘工具】在窗口中绘制图形，如图 5-96 所示。

Step 02 单击工具箱中的【交互式透明工具】，在图形中拖动鼠标，制作透明效果，如图 5-97 所示。

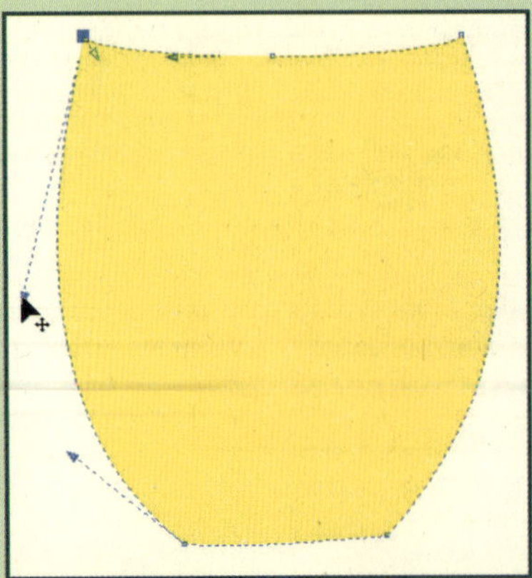

图 5-96 绘制图形

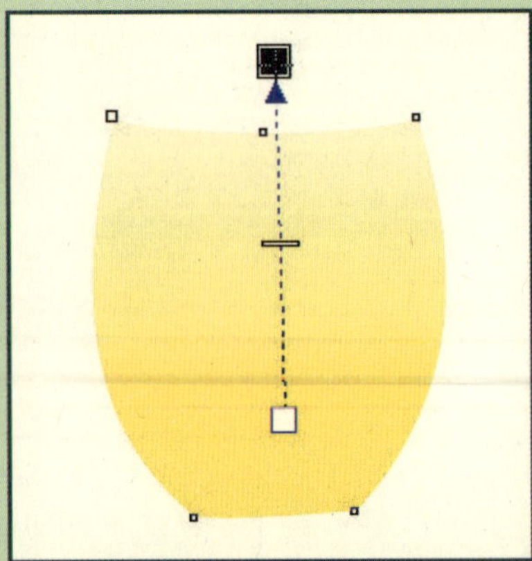

图 5-97 制作透明效果

Step 03 单击工具箱中的【选择工具】，按键盘上的【+】键“复制”图形，单击调色板中的【无轮廓】按钮☒，去掉填充颜色，单击工具箱中的【交互式阴影工具】，制作边框的“阴影”效果，并在属性栏上设置“阴影的不透明度”为 50，“阴影羽化”为 6，颜色为棕色（C：24；M：62；Y：98；K：0），效果如图 5-98 所示。

Step 04 执行【效果】→【精确裁剪】→【放置在容器中】命令，将图形放置到“黄色”渐变图形中，调整位置如图 5-99 所示。

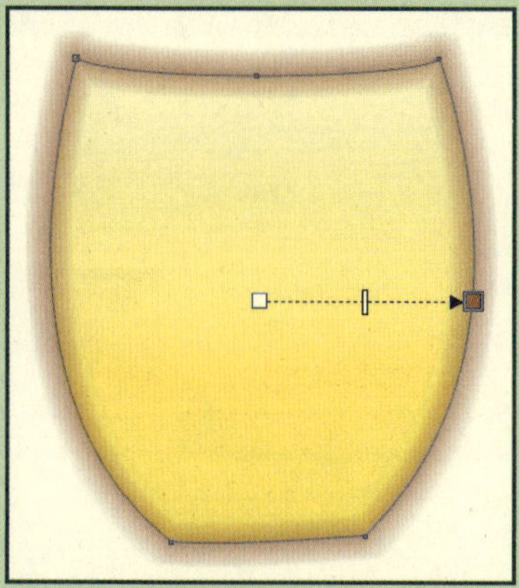

图 5-98 制作“阴影”效果

图 5-99 执行【放置在容器中】命令

Step 05 在图形上右键单击鼠标，在弹出的快捷菜单中选择【编辑内容】命令，并调整图形大小位置，如图 5-100 所示。

Step 06 在图形上右键单击鼠标，在弹出的快捷菜单中选择【完成编辑这一级】命令，并结束编辑，如图 5-101 所示。

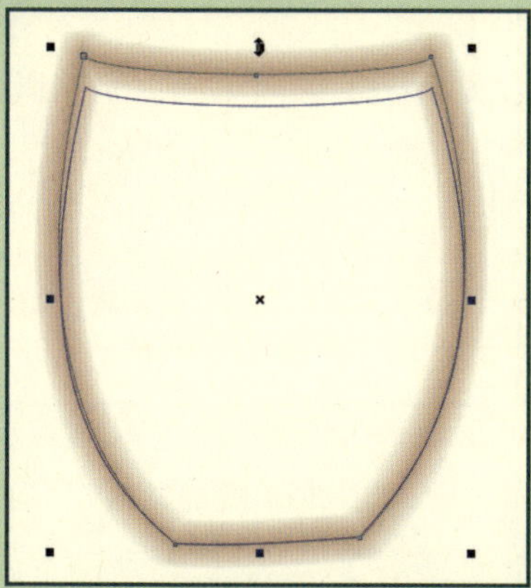

图 5-100 编辑内容

图 5-101 结束编辑

Step 07 单击工具箱中的【手绘工具】，在图形上绘制“绿色”图形，如图 5-102 所示。

Step 08 按【F11】键，打开【渐变填充方式】对话框，选择【类型】中的“线性”，设置【角度】参数为“－17.8”，设置【边界】参数为“3”，在【颜色调和】选项中选择“自定义”单选框，分别设置：

位置：0 颜色（C：0；M：0；Y：100；K：0）；
位置：40 颜色（C：0；M：5；Y：96；K：0）；
位置：60 颜色（C：0；M：25；Y：80；K：0）；
位置：70 颜色（C：0；M：60；Y：100；K：0）；
位置：100 颜色（C：50；M：90；Y：100；K：0）。

单击【确定】按钮，如图 5-103 所示。

Step 09 渐变填充后的效果，如图 5-104 所示。

Step 10 单击工具箱中的【手绘工具】，在图形上绘制“黑色”图形，如图 5-105 所示。

图 5-102　绘制“绿色”图形

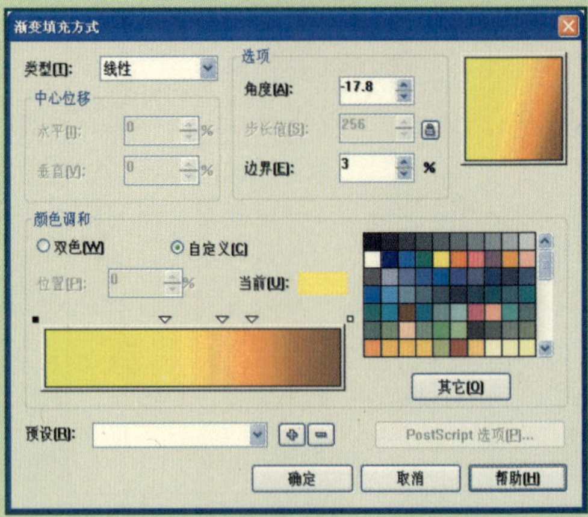

图 5-103　设置渐变参数

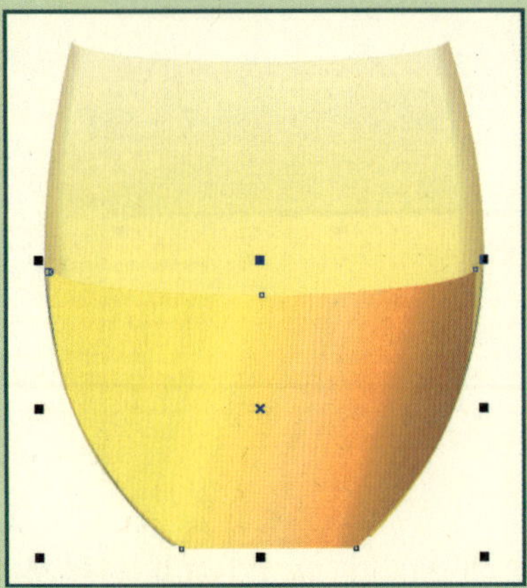

图 5-104　渐变填充后的效果

图 5-105　绘制“黑色”图形

Step 11 单击工具箱中的【选择工具】，移动复制图形，并单击属性栏上的【镜像】按钮水平翻转图形，调整位置如图 5-106 所示。

Step 12 单击工具箱中的【手绘工具】，在图形上分别绘制图形，并分别填充图形颜色如图 5-107 所示。

图 5-106　水平翻转图形

图 5-107　绘制图形

Step 13 单击工具箱中的【交互式透明工具】，在图形中拖动鼠标，分别制作透明效果如图 5-108 所示。

Step 14 单击工具箱中的【选择工具】，选择其中的图形，按键盘上的【+】键"复制"图形，并填充颜色如图 5-109 所示。

图 5-108　制作透明效果

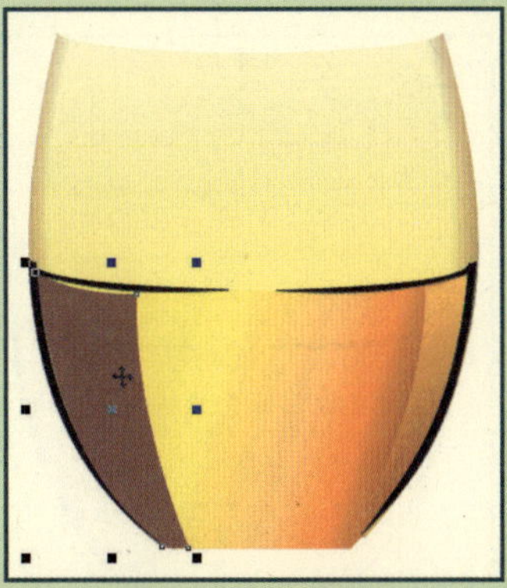

图 5-109　复制并填充图形

Step 15 单击工具箱中的【交互式透明工具】，在图形中拖动鼠标，制作透明效果如图 5-110 所示。

Step 16 单击工具箱中的【椭圆工具】，在空白区域分别绘制"橘黄色"和"红色"图形，如图 5-111 所示。

图 5-110　制作透明效果

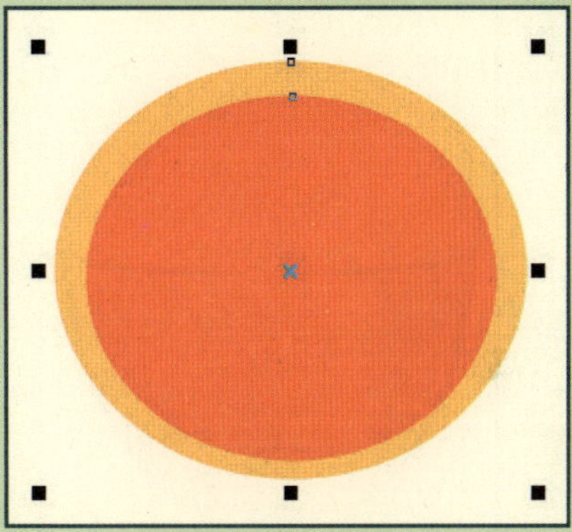

图 5-111　绘制椭圆图形

Step 17 单击工具箱中的【选择工具】，框选"橘黄色"和"红色"椭圆图形，单击属性栏上的【后减前】按钮，减去"红色"图形，如图 5-112 所示。

Step 18 将图形移动到酒杯中，并调整大小位置，如图 5-113 所示。

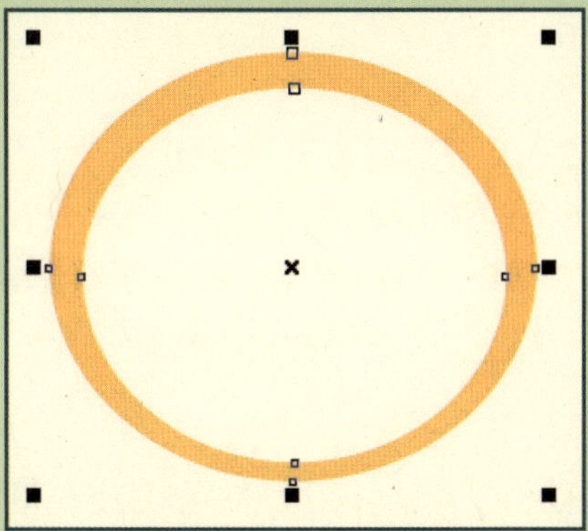

图 5-112　减去图形

图 5-113　调整图形大小位置

Step 19 单击工具箱中的【选择工具】移动复制图形，调整图形的大小位置，如图5-114所示。

Step 20 按键盘上的【+】键“复制”图形，并填充颜色为“黄色”，如图5-115所示。

图5-114　移动复制图形并调整大小

图5-115　复制图形填充颜色

Step 21 单击工具箱中的【交互式透明工具】，在图形中拖动鼠标，制作透明效果如图5-116所示。

Step 22 单击工具箱中的【椭圆工具】，在图形中绘制“绿色”椭圆图形，如图5-117所示。

图5-116　制作透明效果

图5-117　绘制“绿色”椭圆图形

Step 23 按【F11】键，打开【渐变填充方式】对话框，选择【类型】中的“线性”，设置【角度】参数为“－3.1”，设置【边界】参数为“0”，在【颜色调和】选项中选择“自定义”单选框，分别设置：

位置：0　颜色（C：0；M：0；Y：100；K：0）；
位置：40　颜色（C：0；M：5；Y：96；K：0）；
位置：60　颜色（C：0；M：25；Y：80；K：0）；
位置：70　颜色（C：0；M：60；Y：100；K：0）；
位置：100　颜色（C：50；M：90；Y：100；K：0）。

单击【确定】按钮，如图5-118所示。

Step 24 渐变填充图形后的效果，如图5-119所示。

Step 25 单击工具箱中的【手绘工具】，在图形上绘制“黑色”图形，如图5-120所示。

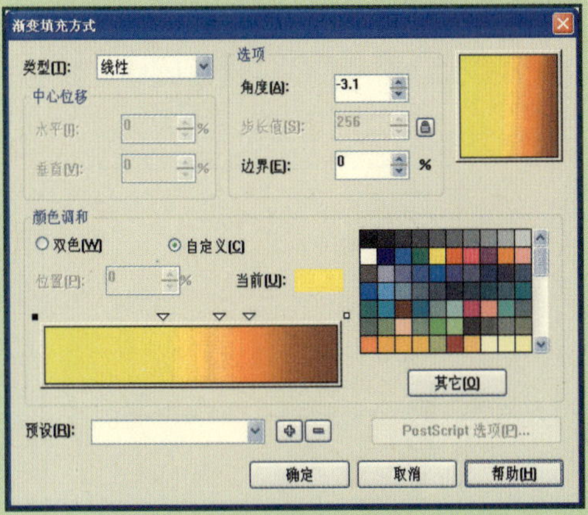

图 5-118 设置渐变参数

图 5-119 渐变填充图形后的效果

Step 26 单击工具箱中的【选择工具】，按键盘上的【+】键“复制”图形，填充颜色为“黄色”，并缩小图形如图 5-121 所示。

图 5-120 绘制“黑色”图形

图 5-121 复制并调整图形大小

Step 27 按键盘上的【+】键“复制”图形，填充颜色如图 5-122 所示。

Step 28 单击工具箱中的【交互式透明工具】，在图形中拖动鼠标，制作透明效果如图 5-123 所示。

图 5-122 复制图形并填充颜色

图 5-123 制作透明效果

Step 29 用同样的方法，单击工具箱中的【手绘工具】，在图形上绘制“白色”图形，并单击工具箱中的【交互式透明工具】，拖动鼠标，分别制作透明效果如图 5-124 所示。

Step 30 单击工具箱中的【艺术笔工具】，在属性栏上单击【画笔】按钮，选择【笔触列表】中的画笔样式，在图形上绘制“高光”图形，并填充图形颜色为“白色”，效果如图 5-125 所示。

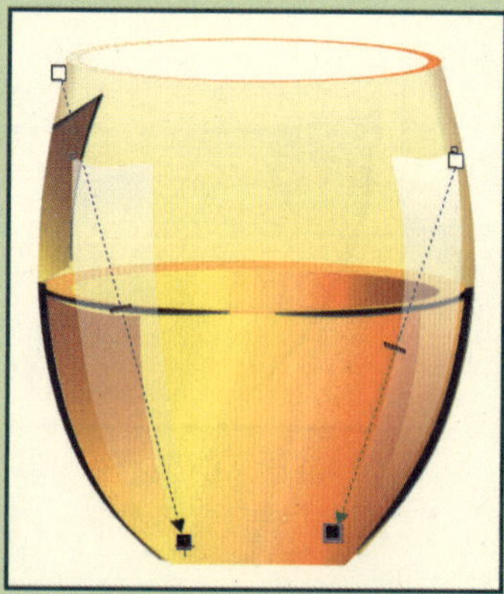

图 5-124 制作透明效果

图 5-125 绘制“高光”图形

2．绘制杯身和杯底图形

Step 01 单击工具箱中的【手绘工具】，在图形上绘制“黑色”图形，如图 5-126 所示。

Step 02 用同样的方法，单击工具箱中的【手绘工具】，在图形上分别绘制“淡黄色”和“浅蓝色”图形，并填充颜色如图 5-127 所示。

图 5-126 绘制“黑色”图形

图 5-127 绘制图形

Step 03 单击工具箱中的【选择工具】，选择“淡黄色”图形，按【F11】键，打开【渐变填充方式】对话框，选择【类型】中的“射线”，设置【水平】参数为“－11”，设置【垂直】参数为“89”，设置【边界】为“0”，在【颜色调和】选项中选择“自定义”单选框，分别设置：

位置：0 颜色（C：22；M：3；Y：8；K：0）；
位置：72 颜色（C：0；M：0；Y：10；K：0）；
位置：100 颜色（C：0；M：0；Y：0；K：0）。

单击【确定】按钮，如图 5-128 所示。

Step 04 渐变填充图形后的效果。如图 5-129 所示。

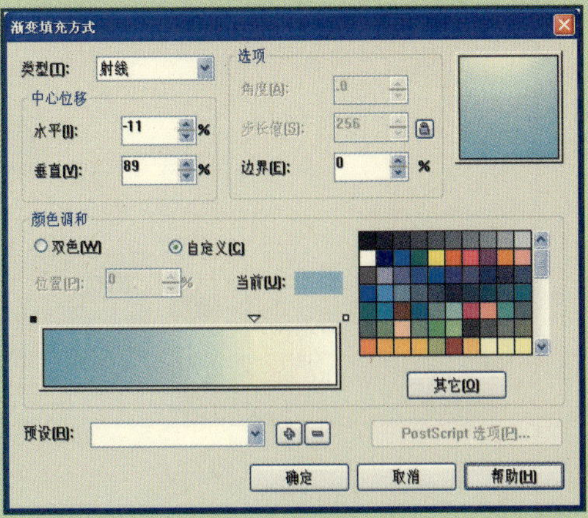

图 5-128　设置渐变参数

图 5-129　渐变填充图形后的效果

Step 05 单击工具箱中的【交互式透明工具】，在“浅蓝色”图形上拖动鼠标，制作透明效果如图 5-130 所示。

Step 06 单击工具箱中的【手绘工具】，在图形下方绘制“黑色”图形，如图 5-131 所示。

图 5-130　制作透明效果

图 5-131　绘制“黑色”图形

Step 07 用同样的方法，单击工具箱中的【手绘工具】，在“黑色”图形上绘制序号 1、序号 2、序号 3、序号 4、序号 5、序号 6 的图形，如图 5-132 所示。

Step 08 同时选中序号 2、序号 3、序号 4、序号 6 的图形，按【F11】键，打开【渐变填充方式】对话框，选择【类型】中的“线性”，设置【角度】参数为“－147.1”，设置【边界】参数为“15”，在【颜色调和】选项中选择“自定义”单选框，分别设置：

位置：0　　颜色（C：0；M：0；Y：0；K：100）；
位置：50　　颜色（C：0；M：0；Y：0；K：20）；
位置：100　　颜色（C：0；M：0；Y：0；K：100）。

单击【确定】按钮，如图 5-133 所示。

Step 09 渐变填充后的效果，如图 5-134 所示。

Step 10 选择序号 1 的图形，单击工具箱中的【交互式透明工具】，在图形中拖动鼠标，制作透明效果如图 5-135 所示。

图 5-132　绘制图形

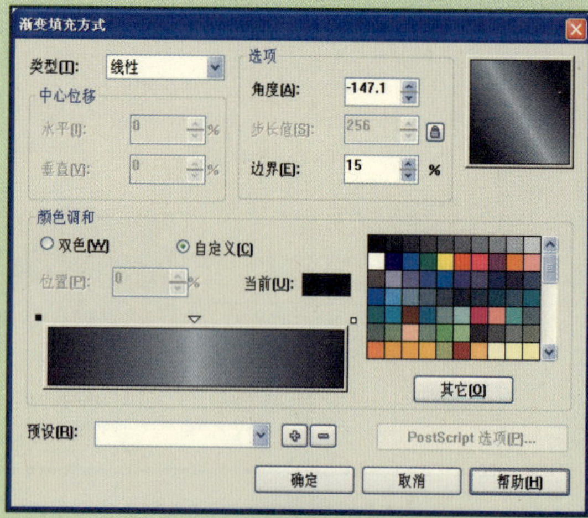

图 5-133　设置渐变参数

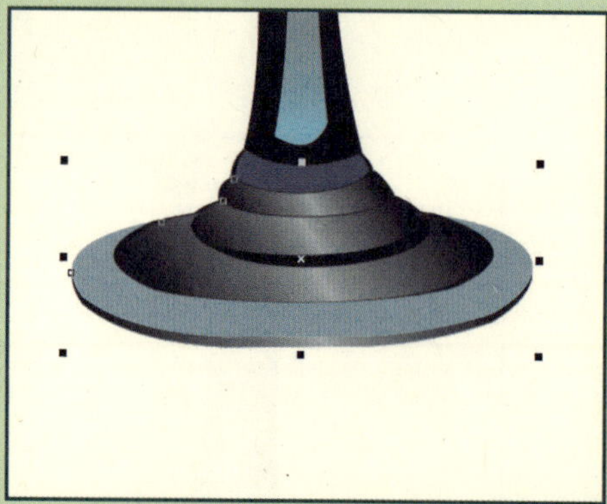

图 5-134　渐变填充后的效果

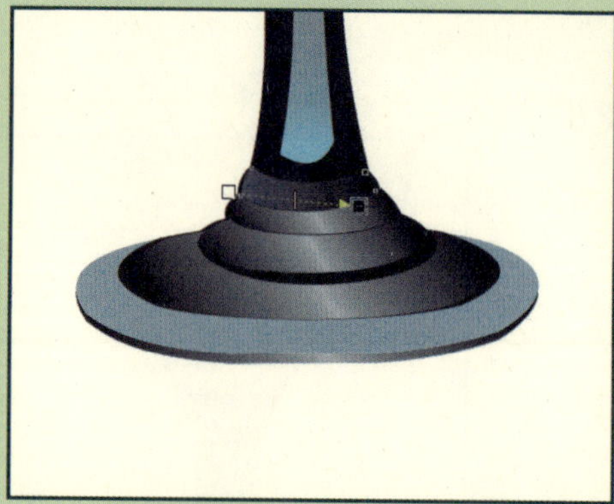

图 5-135　制作透明效果

Step 11 单击工具箱中的【交互式透明工具】，在图形上拖动鼠标，并设置“透明度类型”为：射线，设置“透明度操作”为正常，调整方向和大小如图 5-136 所示。

Step 12 单击工具箱中的【选择工具】，选择序号 2 的图形，按键盘上的【+】键“复制”图形，填充图形为“黑色”，并单击工具箱中的【交互式透明工具】，在图形中拖动鼠标，制作透明效果如图 5-137 所示。

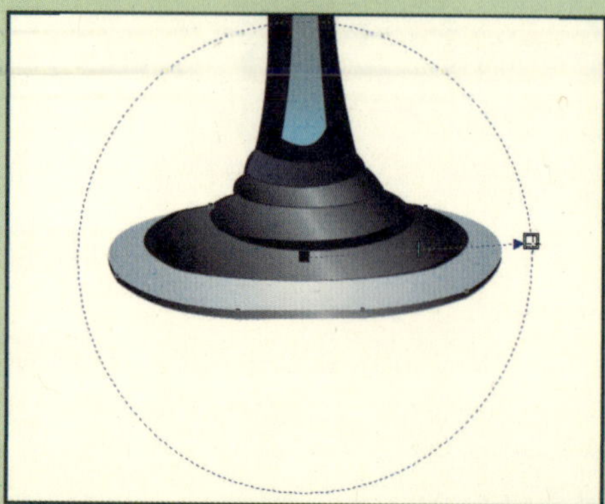

图 5-136　制作“射线”透明效果

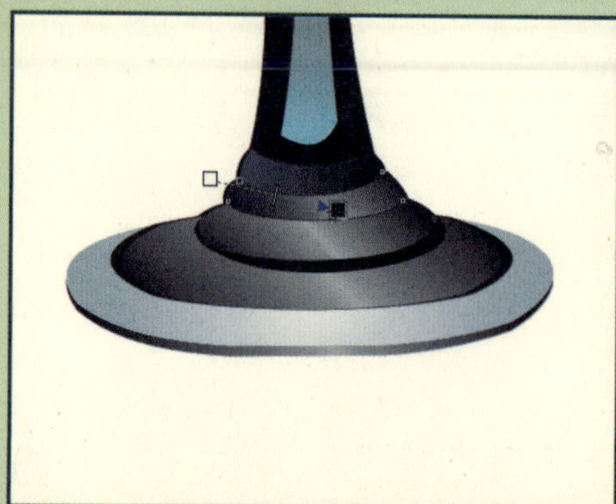

图 5-137　制作透明效果

Step 13 用同样的方法，单击工具箱中的【选择工具】，分别复制序号 3 和序号 4 的图形，并分别填充颜色如图 5-138 所示。

Step 14 单击工具箱中的【交互式透明工具】，在图形中拖动鼠标，分别制作透明效果如图 5-139 所示。

图 5-138　填充颜色

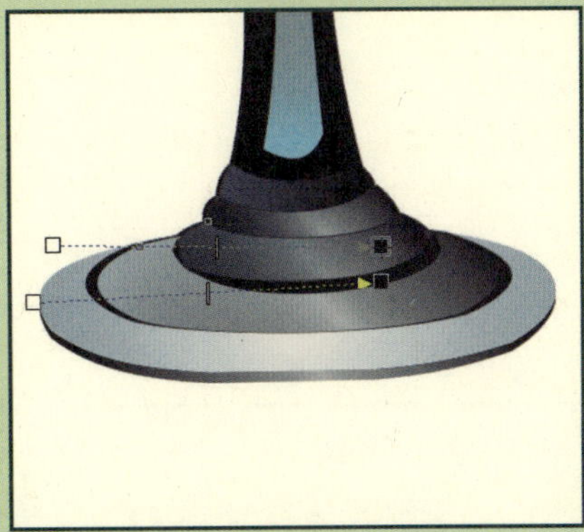

图 5-139　制作透明效果

3．制作气泡和倒影图形

Step 01 单击工具箱中的【椭圆工具】，在空白区域绘制“橘红色”图形，如图 5-140 所示。

Step 02 按【F11】键，打开【渐变填充方式】对话框，选择【类型】中的“射线”，设置【水平】参数为“－22”，设置【垂直】参数为“29”，设置【边界】为“0”，在【颜色调和】选项中选择“自定义”单选框，分别设置：

位置：0　　颜色（C：0；M：60；Y：100；K：0）；
位置：87　　颜色（C：0；M：0；Y：85；K：0）；
位置：100　　颜色（C：0；M：0；Y：0；K：0）。

单击【确定】按钮，如图 5-141 所示。

图 5-140　绘制“橘红色”图形

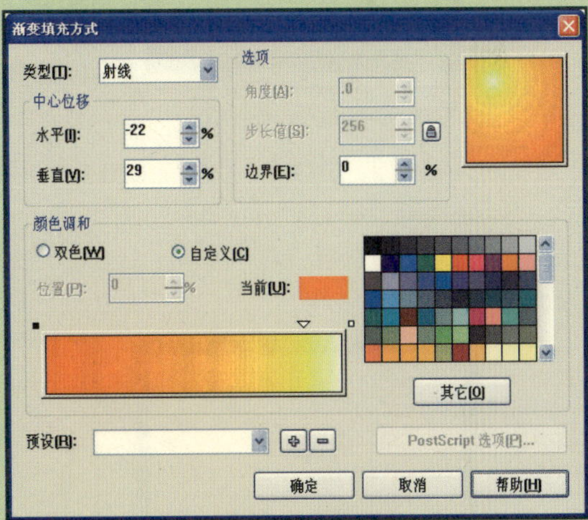

图 5-141　设置渐变参数

Step 03 渐变填充图形后的效果，如图 5-142 所示。

Step 04 单击工具箱中的【选择工具】，将椭圆图形拖动到酒杯中，并移动复制多个图形，分别调整大小位置，制作的气泡效果如图 5-143 所示。

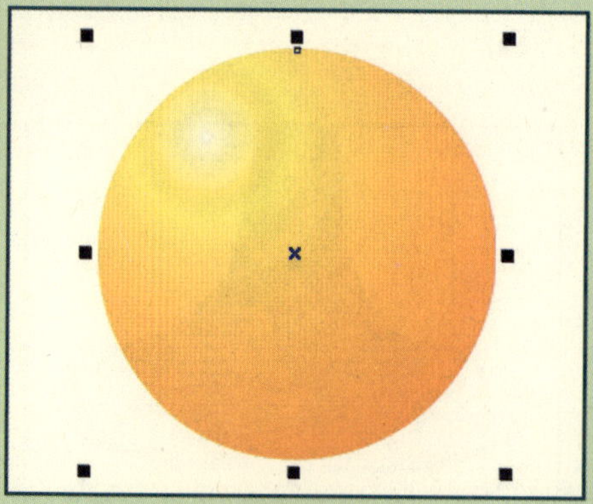

图 5-142　渐变填充图形后的效果

图 5-143　制作的气泡效果

Step 05 单击工具箱中的【矩形工具】，在空白区域分别绘制矩形图形，如图 5-144 所示。

Step 06 用同样的方法，绘制“黄色”矩形图形，并单击工具箱中的【交互式透明工具】，在图形中拖动鼠标，制作透明效果如图 5-145 所示。

Step 07 单击工具箱中的【选择工具】，框选绘制的酒杯图形，按【Ctrl+G】键“群组”图形，并移动图形到如图 5-146 所示的位置。

图 5-144　绘制矩形图形

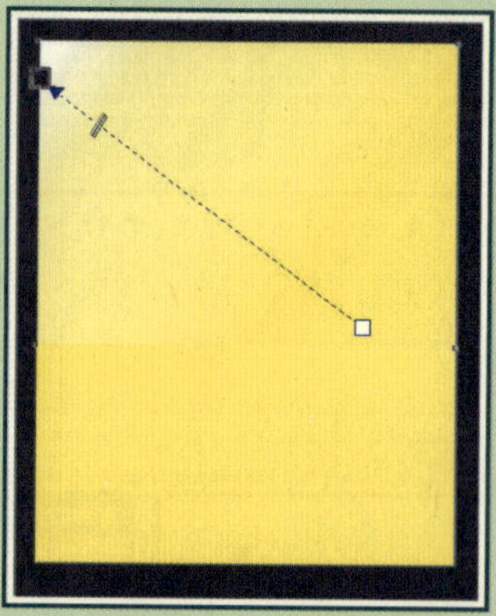

图 5-145　制作透明效果

图 5-146　调整酒杯图形位置

Step 08 单击工具箱中的【选择工具】，移动复制图形，并拖动图形的编辑框，调整图形的大小位置如图 5-147 所示。

Step 09 按【Ctrl+U】键，取消“群组”图形，并框选酒杯的底部调整大小如图 5-148 所示。

Step 10 单击工具箱中的【选择工具】，将图形重新“群组”，移动复制图形如图 5-149 所示。

图 5-147　复制图形并调整大小

图 5-148　调整酒杯底部图形

图 5-149　移动复制图形

Step 11 执行【位图】→【转换为位图】命令，打开【转换为位图】对话框，在对话框中设置参数如图 5-150 所示，按【确定】按钮。

Step 12 单击属性栏上的【镜像】按钮，垂直翻转图形，并调整位置如图 5-151 所示。

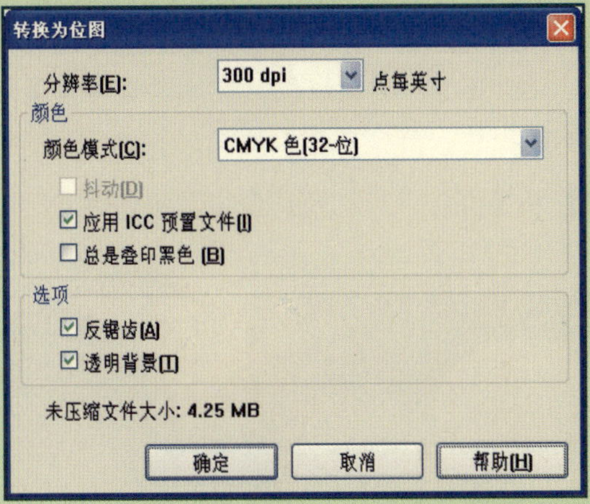

图 5-150 设置【转换为位图】参数

图 5-151 垂直翻转图形

Step 13 单击工具箱中的【交互式透明工具】，在图形中拖动鼠标透明效果如图 5-152 所示。

Step 14 用同样的方法，制作另一只酒杯的“倒影”图形，最终效果如图 5-153 所示。

图 5-152 制作透明效果

图 5-153 最终效果

5.3 提高——自己动手练

通过几个实例的讲解之后，读者应该对 CorelDRAW 中的交互式工具的使用方法有了更深入的认识。如果要真正了解并使用，还应多加练习。

5.3.1 绘制水晶按钮

本例是一个水晶按钮的绘制，最终效果如图 5-154 所示。

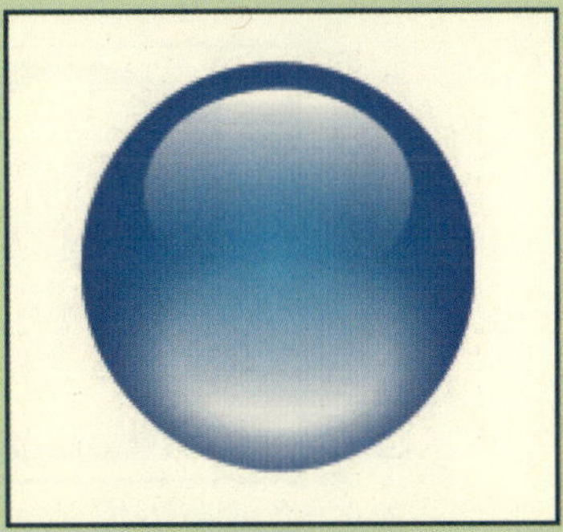

图 5-154 最终效果

Step 01 按【F7】键，按住【Ctrl】键的同时拖动鼠标，绘制一个正圆。为圆应用射线渐变填充，设置外面色块的颜色为（C：77；M：47；Y：12；K：0），中心色块的颜色为（C：65；M：0；Y：10；K：0），如图5-155所示，完成后去掉轮廓。

Step 02 按【F7】键，绘制一个椭圆，填充椭圆为任意颜色。单击工具箱中的【交互式阴影工具】，在椭圆上向外拖动鼠标，为其应用阴影效果。在属性栏中设置阴影不透明度为80，羽化值为30，阴影颜色为白色，如图5-156所示。

Step 03 选中椭圆及其阴影，执行【排列】→【拆分阴影群组】命令，将椭圆和阴影拆分。删除椭圆，将阴影放到如图5-157所示的位置。

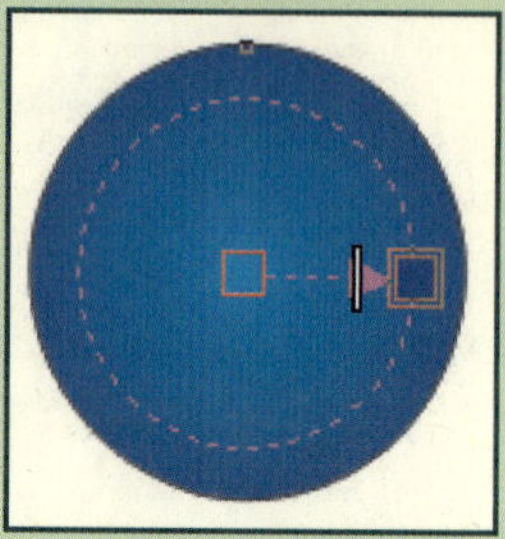
图 5-155 填充渐变色

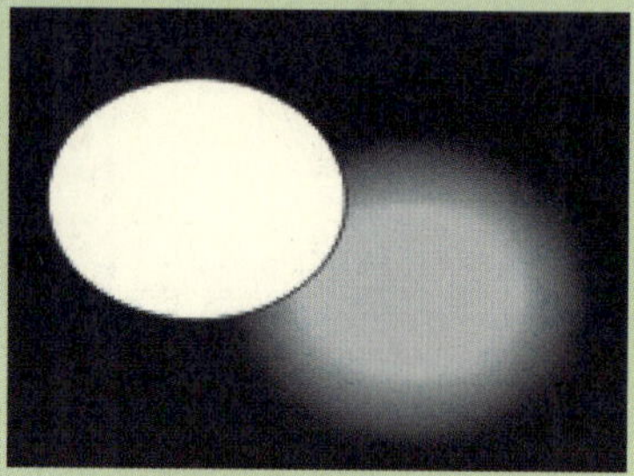
图 5-156 应用阴影效果

图 5-157 拆分并放置阴影

Step 04 单击工具箱中的【交互式透明工具】，在属性栏的透明度类型中选择【线性】，分别拖动起点和终点色块到如图5-158所示的位置。

Step 05 按【F7】键绘制如图5-159所示椭圆并填充椭圆为白色，去掉轮廓如图5-160所示。

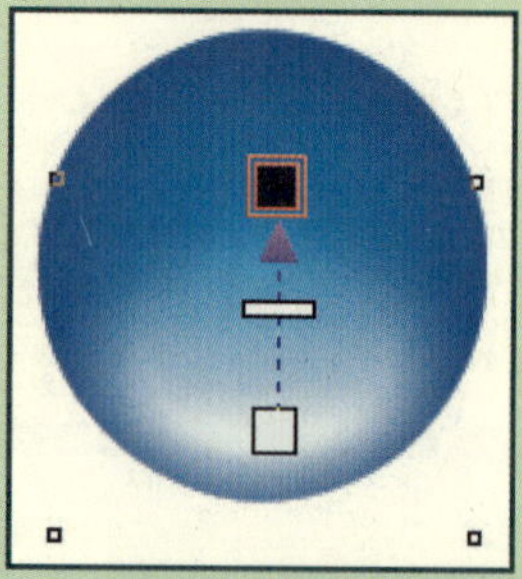
图 5-158 应用透明效果

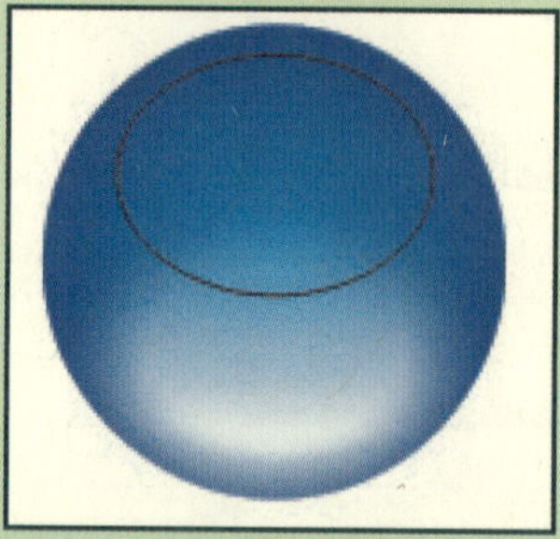
图 5-159 绘制椭圆

图 5-160 去掉轮廓

Step 06 单击工具箱中的【交互式透明工具】，在属性栏的透明度类型中选择“线性”，分别拖动起点和终点色块到如图5-161所示的位置。这样，水晶按钮就制作完成了，最终效果如图5-162所示。

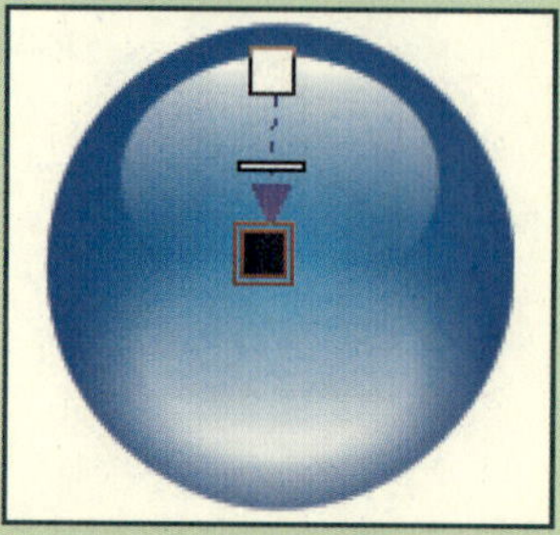
图 5-161 应用透明效果

图 5-162 最终效果

5.3.2 制作立体五角星

本例是一个立体五角星的绘制，最终效果如图 5-163 所示。

图 5-163 最终效果

Step 01 单击工具箱中的【星形工具】，在属性栏中设置星形边数为 5。在工作区中拖动鼠标，绘制如图 5-164 所示的五角星形。填充五角星形为红色，去掉图形轮廓，如图 5-165 所示。

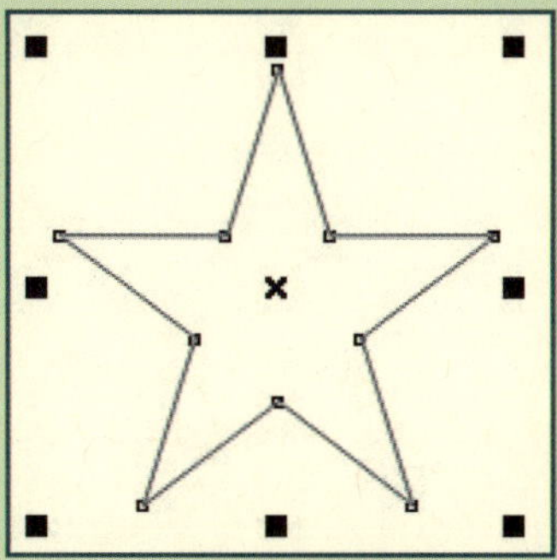

图 5-164 绘制五角星形

图 5-165 填色并去掉轮廓

Step 02 选中五角星形，单击工具箱中的【交互式轮廓图工具】。在属性栏的轮廓图偏移增量 2.0 mm 中设置轮廓图偏移量为 2mm，在填充色中选择填充色为黄色，其余参数设置如图 5-166 所示。

图 5-166 交互式轮廓图工具属性栏

Step 03 按住鼠标左键不放，从五角星形的顶点向中心拖动对象的轮廓线，到中心位置后释放鼠标，得到如图 5-167 所示的效果。这样，立体五角星形的制作就完成了，最终效果如图 5-168 所示。

图 5-167 从顶点向中心拖动鼠标

图 5-168 最终效果

读书笔记

<<< du shu bi ji

第 6 章　位图的颜色与位图滤镜特效

本章要点

- 入门——基本概念与基本操作
  - 位图的基本操作
  - 位图滤镜效果
  - 调整色彩与色调
  - 透镜效果
- 进阶——典型实例
  - 改变模式
  - 时尚变形
  - 个性写真
  - 黑白魅力
- 提高——自己动手练
  - 拼图效果
  - 瓷砖效果

6.1 入门——基本概念和基本操作

本节将介绍位图的基本操作、位图与色调颜色的调整、位图滤镜特效以及透镜的使用。

6.1.1 位图的基本操作

位图的基本操作包括导入位图和裁剪位图，下面我们将分别介绍它们。

1. 导入位图

在CorelDRAW X3中，允许用户导入多种格式的位图，如JPG、BMP、GIF、TIF、PSD等格式的图片，并且用户可以一次导入多个文件放在同一个页面中，具体操作如下：

(1) 导入一张图片

执行【文件】→【导入】命令，打开如图6-1所示的【导入】对话框。在“文件类型”下拉列表中选择文件类型，在对话框中选中要导入的图片文件，然后单击对话框右下角的【导入】按钮，在工作区中按下鼠标左键进行拖动，然后松开鼠标可将位图导入到工作区，如图6-2所示。

图6-1 【导入】对话框

图6-2 导入图片

(2) 导入多张位图

在【导入】对话框中按住【Ctrl】键，可以同时选中多个文件对象，如图6-3所示。单击【导入】按钮，然后在页面窗口多次拖动鼠标，就可将多张图片导入到工作区了。

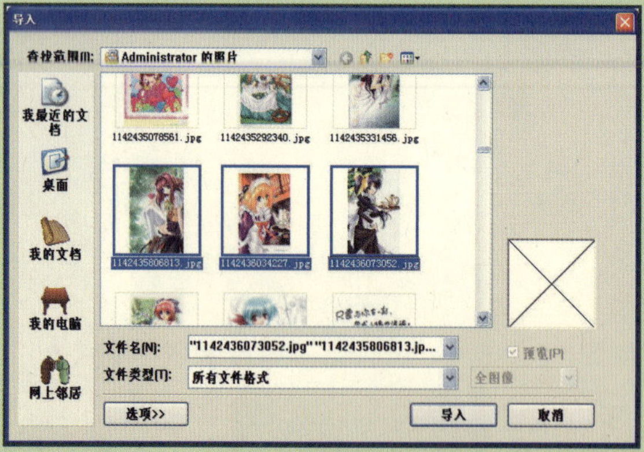

图6-3 导入多张图片

2. 裁剪位图

在导入位图前，还可以对图片进行裁剪，具体操作如下：

Step 01 在位图导入前，在【导入】对话框中的右下角选择“裁剪”选项，如图 6-4 所示。

图 6-4 选择“裁剪”选项

Step 02 在对话框中选择文件名，单击【导入】按钮，这时会打开【裁剪图像】对话框，如图 6-5 所示。

Step 03 在【裁剪图像】对话框中，确定位图保留的区域，如图 6-6 所示。单击【确定】按钮，就将裁剪后的位图导入到工作区了，如图 6-7 所示。

图 6-5 【裁剪图像】对话框

图 6-6 确定位图保留的区域

图 6-7 导入裁剪后的图片

6.1.2 调整色彩与色调

导入到页面中的位图效果并不一定是用户想要的效果，用户可以根据需要将位图进行调整，如调整色调、饱和度、亮度等，从而得到自己想要的效果。

1. 亮度 / 对比度 / 强度

选中位图，执行【效果】→【调整】→【亮度 / 对比度 / 强度】命令，打开【亮度 / 对比度 / 强度】对话框。拖动滑杆可设置对象亮度、对比度、强度的调整值，也可在其后的文字框中直接输入数值；单击【预览】按钮可预览当前参数设置下的对象效果；单击【重置】按钮可将参数值复原为默认值，如图 6-8 所示。

2．颜色平衡

“颜色平衡”可在CMYK和RGB颜色值之间变换绘图的颜色模式，可以增加或减少红色、绿色、蓝色色调的数量，还可以通过“颜色平衡”过滤器改变整个图像的色度值。

选中位图，执行【效果】→【调整】→【颜色平衡】命令，打开【颜色平衡】对话框，如图6-9所示。

图 6-8 【亮度/对比度/强度】对话框

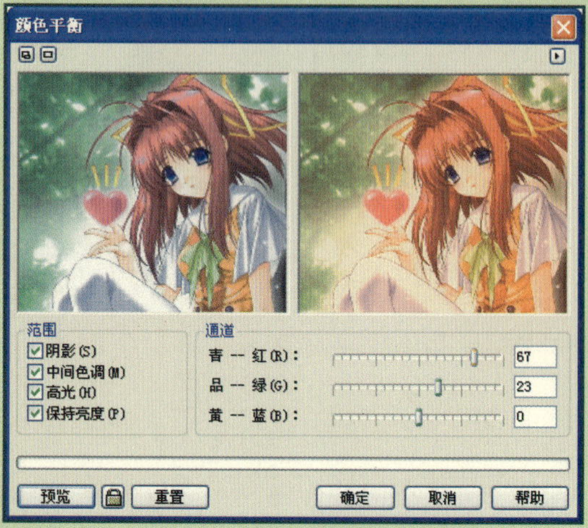

图 6-9 【颜色平衡】对话框

（1）在范围选项中可选择色彩平衡的区域，主要包括阴影、中间色调、高光和保持亮度选项，在调整颜色时，选中“保持亮度”复选框，表示在应用颜色校正的同时保持绘图的亮度级，禁用时表示颜色校正将影响绘图的颜色变深。

（2）通过“通道”滑块，可以设置颜色级别。拖动“青－红”滑块向右移动表示添加红色，向左移动滑块表示添加青色；拖动“洋红－绿”滑块向右移动滑块表示添加绿色，向左移动表示添加洋红色；拖动“黄－蓝”滑动块向右移动表示添加蓝色，向左移动滑块表示添加黄色。

3．色度/饱和度/光度

“色度/饱和度/光度”通过改变色度、饱和度和光度的值，调整绘图中的颜色和浓度。

选中位图，执行【效果】→【调整】→【色度/饱和度/光度】命令，打开【色度/饱和度/光度】对话框，在对话框中可以对位图的色度、饱和度和光度进行调整，单击【预览】按钮，可以查看调整后的位图效果，如图6-10所示。

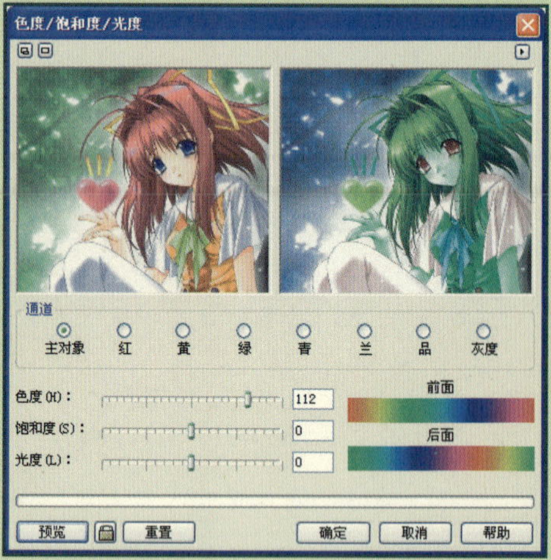

图 6-10 【色度/饱和度/光度】对话框

6.1.3 位图滤镜效果

CorelDRAW X3可以设置三维效果、艺术笔触、模糊效果、颜色变换、轮廓图、创造性效果、扭曲效果、高斯模糊等特殊效果，在CorelDRAW X3中共包括10组滤镜，它们都位于“位图”菜单中，如图6-11所示。下面将介绍这些特殊效果的使用方法和技巧。

1．“三维效果”滤镜组

三维滤镜组主要用于使位图产生三维特效，可以为图像快速添加深度和维度。执行【位图】→【三维效果】命令，将弹出如图 6-12 所示的子菜单，其中列出了 CorelDRAW 提供的 7 种三维效果。下面我们介绍其中常用的几种滤镜。

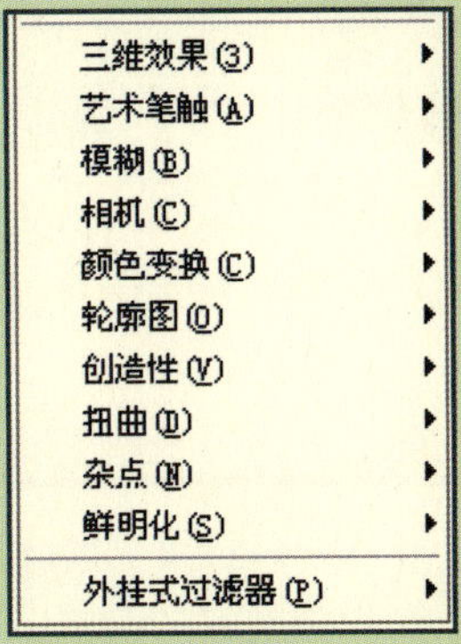

图 6-11　“位图”菜单

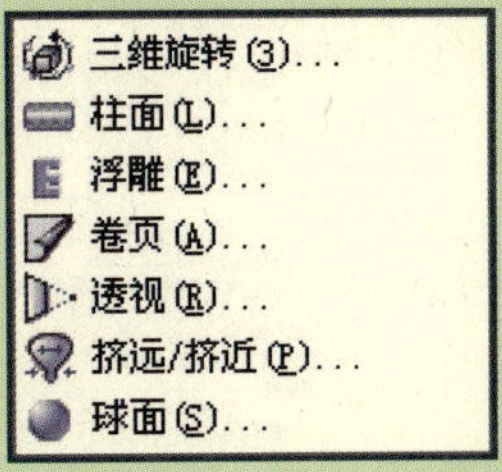

图 6-12　三维效果子菜单

（1）“三维旋转”滤镜

三维旋转滤镜可以通过拖放三维模型（位于滤镜对话框左下方），在三维空间中旋转图像；也可以在水平或者垂直文本框中输入旋转值，如图 6-13 所示。

（2）“浮雕”滤镜

浮雕滤镜用来在对象上创建突出或者凹陷的效果。在原形左上方放置照射图像的光源，可以创建突出的效果图像。在光源相反的方向添加阴影效果可以强化浮雕效果，如图 6-14 所示。

图 6-13　【三维旋转】对话框

图 6-14　【浮雕】对话框

（3）“透视”滤镜

透视滤镜可以产生透视的效果，为位图应用透视效果，位图的左右或上下会同时变化，如图 6-15 所示。

（4）球面

使用“球面”滤镜可以形成类似球面的弧面效果，如图 6-16 所示。

图 6-15 【透视】对话框

图 6-16 【球面】对话框

2. “艺术笔触”滤镜组

“艺术笔触”滤镜组可以把图形转换成类似使用各种自然方法绘制的图像，包括各种自然绘制工具及自然绘制风格，例如炭笔、印象派等，执行【位图】→【艺术笔触】命令，将弹出如图 6-17 所示的子菜单，在艺术笔触菜单包含了 14 个滤镜。下面我们介绍其中常用的几种滤镜。

（1）“炭笔画”滤镜

“炭笔画”滤镜可以使图像产生一种素描效果。炭笔的大小和边缘的浓度可以在 1～10 的比例之间调整，如图 6-18 所示。

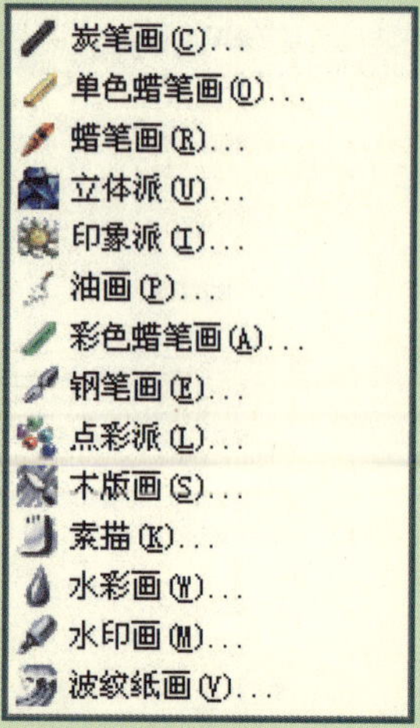

图 6-17 “艺术笔触”子菜单

图 6-18 【炭笔画】对话框

（2）立体派

使用“立体派”滤镜可以形成类似立体派油画风格的画面效果，如图 6-19 所示。

（3）油画

使用“油画”滤镜可以形成类似用油画刀绘制的画面效果，如图 6-20 所示。

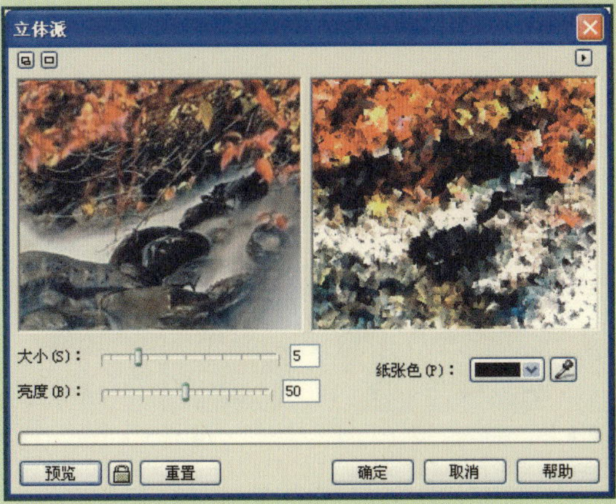

图 6-19 【立体派】对话框

图 6-20 【油画】对话框

3．“模糊”滤镜组

CorelDRAW X3 包含了所有图形编辑器中最多种类的模糊滤镜。模糊滤镜组主要用来编辑导入位图和创建特殊效果，模糊滤镜组的工作原理是平滑颜色上的尖锐突出。执行【位图】→【模糊】命令，将弹出如图 6-21 所示的子菜单，其中显示了 CorelDRAW X3 提供的 9 种模糊滤镜。下面我们介绍其中常用的几种滤镜。

（1）“高斯式模糊”滤镜

高斯模糊是最常用的模糊效果，高斯模糊滤镜在润色过程中通常使用较低的值，而较高的值总是用来创建模糊的特殊效果。高斯滤镜比传统的平滑模糊具有更多的随机效果，如图 6-22 所示。

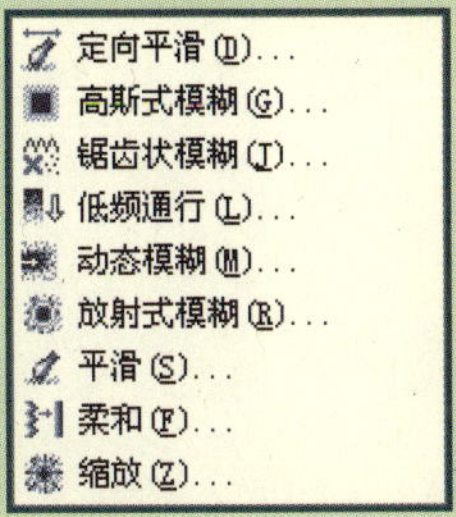

图 6-21 “模糊”子菜单

图 6-22 【高斯式模糊】对话框

（2）“动态模糊”滤镜

动态模糊滤镜是一个非常受欢迎的滤镜，通常用来创建运动效果。动态模糊滤镜通过只在某一个角度上集中应用模糊效果，创建运动效果，该角度可以在滤镜对话框中定义，如图 6-23 所示。

（3）“缩放模糊”滤镜

使用“缩放”命令可以产生类似摄影中移动相机或变焦拍摄后，对象高速后退的画面效果，如图 6-24 所示。

图 6-23 【动态模糊】对话框

图 6-24 【缩放】对话框

4．“颜色变换”滤镜组

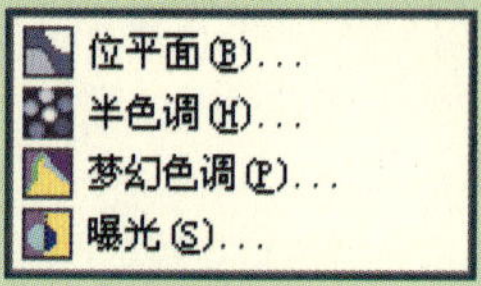

图 6-25 “颜色变换”子菜单

执行【位图】→【颜色变换】命令，可以打开如图 6-25 所示的子菜单， CorelDRAW 为读者提供了 4 种颜色转换滤镜。下面介绍其中常用的滤镜。

（1）“半色调”滤镜

使用“半色调”命令可以产生类似印刷网点的画面效果，如图 6-26 所示。

（2）“曝光”滤镜

曝光滤镜是把图像转化为类似照片负片的效果，较低的值会产生颜色较深的图像，而较高的值可以创建颜色更丰富的图像，更接近彩色底片的效果，如图 6-27 所示。

图 6-26 【半色调】对话框

图 6-27 【曝光】对话框

5．“轮廓图”滤镜组

“轮廓图”滤镜组确定了图像中的边缘和轮廓，执行【位图】→【轮廓图】命令，将弹出如图 6-28 所示的子菜单。在菜单中，CorelDRAW X3 为读者提供了三种轮廓图滤镜，分别是边缘检测滤镜、“查找边缘”滤镜和“创造性”滤镜组。

(1)“边缘检测”滤镜

边缘检测滤镜寻找图像中的边缘，并使用线条和曲线替代边缘。这个滤镜通常会产生其他轮廓更细微的效果，可以使用对话框中的背景颜色拾取工具设置图像的背景色。如图 6-29 所示为【边缘检测】对话框。

图 6-28 “轮廓图”子菜单

(2)“查找边缘”滤镜

查找边缘滤镜同边缘检测非常相似，但是包含更多选项。查找边缘滤镜可以对柔和边缘或者更分明的边缘进行可靠的查找，层次选项用来设置效果的强度，如图 6-30 所示。

图 6-29 【边缘检测】对话框

图 6-30 【查找边缘】对话框

6．“创造性”滤镜组

执行【位图】→【创造性】命令，将弹出如图 6-31 所示的子菜单，在子菜单中列举了 CorelDRAW 提供的 14 种创造性滤镜。下面我们介绍其中常用的几种滤镜。

(1)“工艺”滤镜

工艺滤镜是把一个独立滤镜结合在一个界面上，工艺滤镜可以使用一些材料对图像进行转化，可以制作出具有创造性特色的图像效果。如图 6-32 所示为【工艺】对话框 。

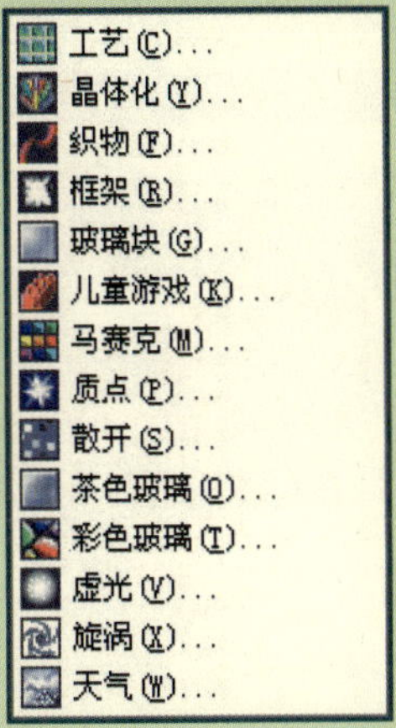

图 6-31 “创造性”子菜单

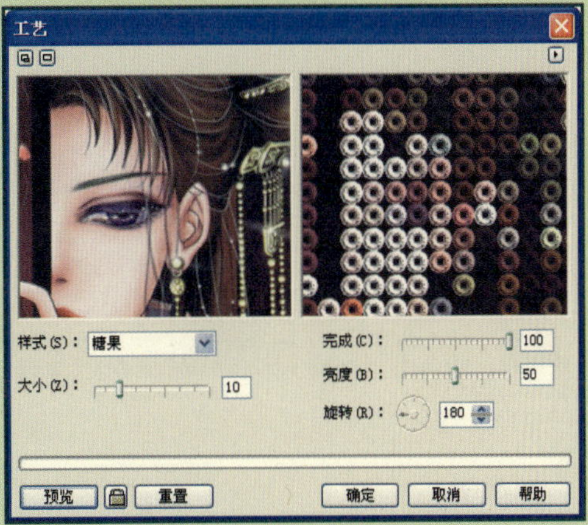

图 6-32 【工艺】对话框

(2)“织物”滤镜

织物滤镜与工艺滤镜相似，为图像和背景创建纹理填充效果时，该滤镜非常有用，如图 6-33 所示。

（3）“天气”滤镜

天气滤镜可以为图像运用雪花、雨、雾等天气效果。大小选项控制气候微粒的大小，浓度选项可以调整效果的浓度，如图 6-34 所示。

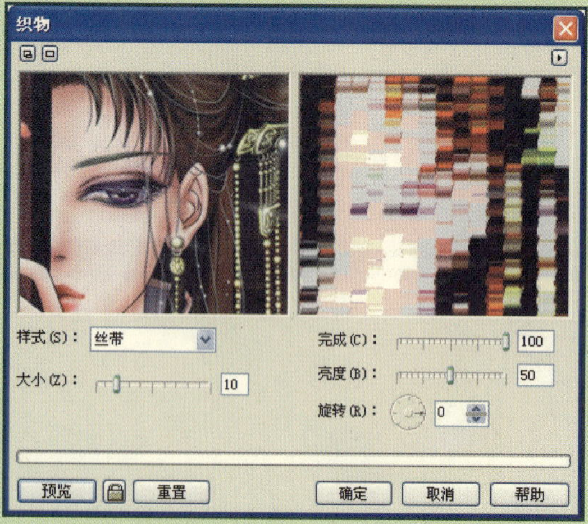

图 6-33 【织物】对话框

图 6-34 【天气】对话框

7．“扭曲”滤镜组

执行【位图】→【扭曲】命令，弹出如图 6-35 所示的子菜单，其中列举了 CorelDRAW X3 提供的 10 种扭曲滤镜。下面介绍其中常用的几种滤镜。

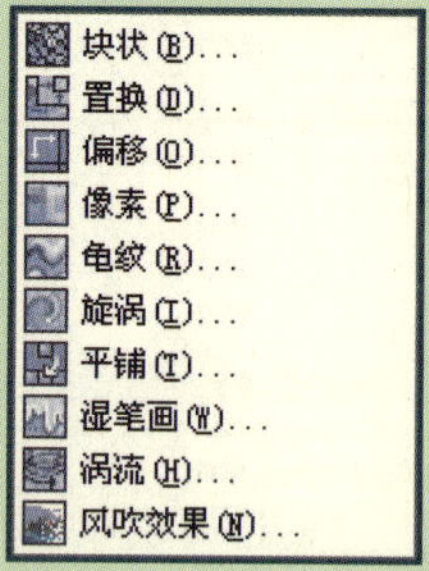

图 6-35 “扭曲”子菜单

（1）“偏移”滤镜

偏移滤镜可以使图像产生偏移效果。偏移滤镜是把图像切割成小块，然后使用不同的顺序结合起来，如图 6-36 所示。

（2）“像素”滤镜

像素滤镜可以将图像分成一小块一小块的像素。“像素化模式”选项区用来设定像素化的模式，有正方形、矩形和射线 3 个选项，如图 6-37 所示。

图 6-36 【偏移】对话框

图 6-37 【像素】对话框

8．“杂点”滤镜组

“杂点”是指图像中不必要或位置不合适的像素点，杂点图像的典型例子就是把电视机拨到一个没有图像的频道，随机显示的雪花点就是电视机的杂色。执行【位图】→【杂点】命令，将弹出如图6-38所示的子菜单，其中列举了CorelDRAW X3提供的6种杂点滤镜。

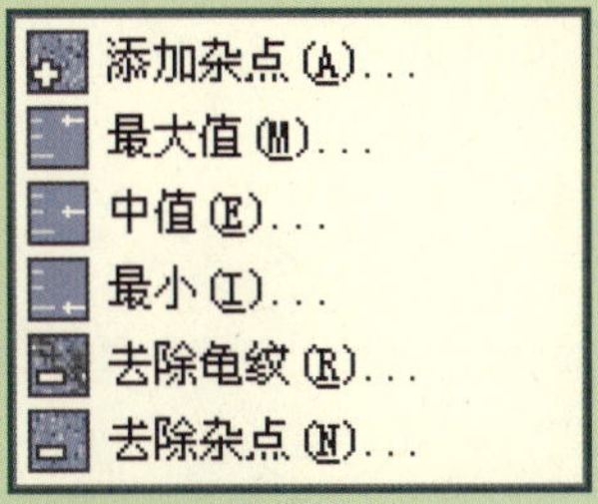

图6-38 “杂点”子菜单

(1)“添加杂点”滤镜

添加杂点滤镜是为图像添加杂点的强大工具，可以指定杂点添加的方式，其中共有三种杂点类型：高斯式、尖突和均匀。高斯杂点类型沿着高斯曲线添加杂点；尖突杂点类型比高斯类型添加杂点少，常用来生成较亮的杂点区域；均匀杂点类型可在图像上相对地添加杂点。图6-39为【添加杂点】对话框 。

(2)“去除龟纹”滤镜

去除龟纹滤镜可以去除扫描图像中的龟纹图像。去除龟纹时，会去掉更多的图案，但是产生了更多的模糊效果。在去除龟纹对话框中可以降低图像的大小，这个操作会有助于去除龟纹图案，如图6-40所示。

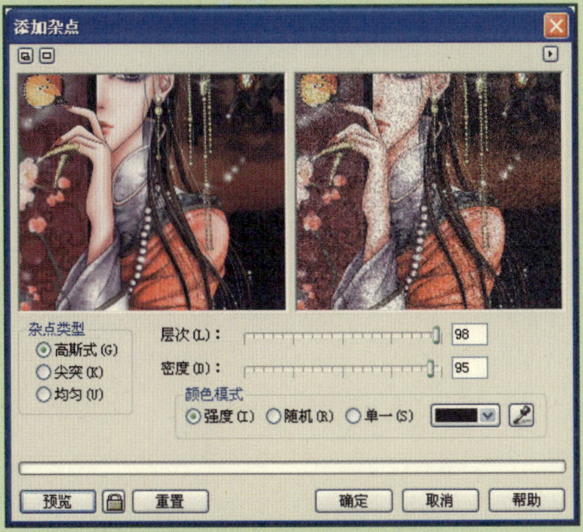

图6-39 【添加杂点】对话框

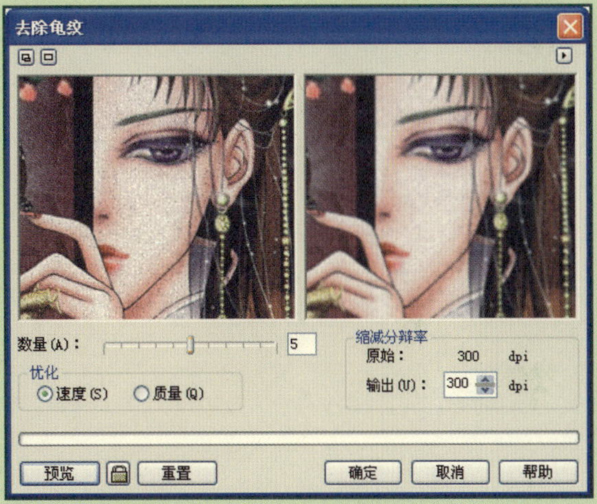

图6-40 【去除龟纹】对话框

9．“鲜明化”滤镜组

鲜明化滤镜可以使图像的色彩更加鲜明，边缘更加突出。执行【位图】→【鲜明化】命令，弹出如图6-41所示的子菜单，其中列举了CorelDRAW X3提供的5种鲜明化滤镜。

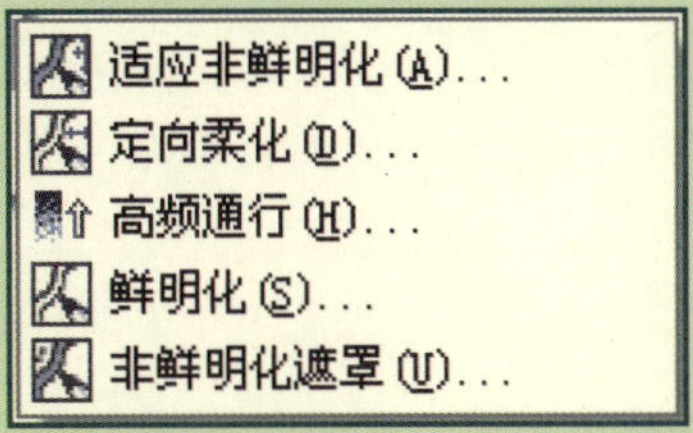

图6-41 “鲜明化”子菜单

(1)定向柔化

图像中数值最大的像素方向决定图像边框的鲜明化方向。

(2)高频通行

使用此命令，可将图像中的低分辨率区域和阴影部分清除，产生一种灰色的朦胧效果。

6.1.4 透镜效果

CorelDRAW X3为读者提供了12种功能不同的透镜，每种透镜所产生的效果各异。添加透镜效果的方法如下:

Step 01 导入一张要添加透镜效果的图片，如图6-42所示。执行【效果】→【透镜】命令，打开“透镜”泊坞窗，如图6-43所示。

图6-42 导入图片

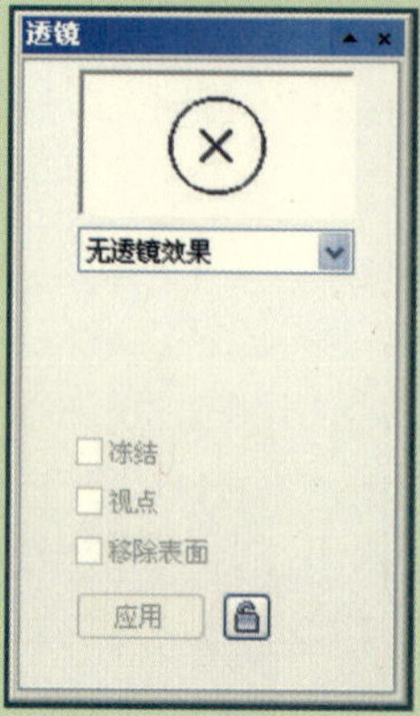

图6-43 “透镜”泊坞窗

Step 02 绘制一个对象，把它放到图片上，如图6-44所示。在“透镜”泊坞窗中选择一种透镜效果，如图6-45所示。单击【应用】按钮即可将选定的透镜效果应用于对象，如图6-46所示。

图6-44 绘制图形

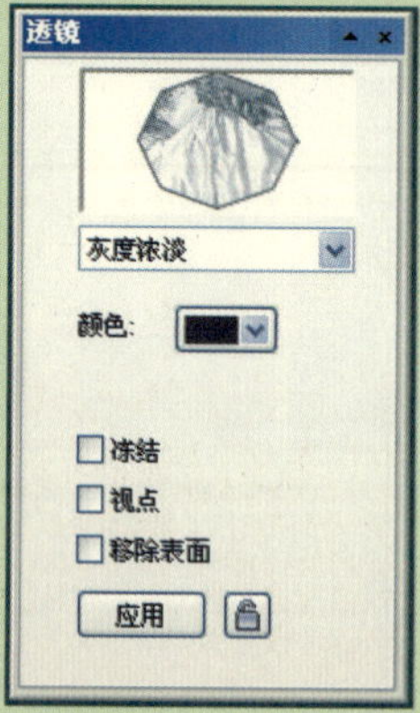

图6-45 选择一种透镜效果

对话框中参数的含义如下:

- 冻结：选择“冻结”复选框，可以将应用了透镜效果的对象下面的其他对象所产生的效果添加成透镜效果的一部分，不会因为对象的移动而改变该透镜效果。
- 视点：选择“视点”复选框，在右侧会出现一个【编辑】按钮，单击【编辑】按钮后，在对象的中心位置会出现一个“×”标记，此标记代表透镜所观察到对象的中心，拖动该标记到新的位置或在“透镜”泊坞窗中输入该标记的坐标位置值。单击【应用】按钮，则可观察到以新视点为中心的对象的一部分透镜效果。

图6-46 应用透镜效果

- 移除表面：选中“移除表面”复选框，则透镜效果只显示该对象与其他对象重合的区域，而被透镜覆盖的其他区域则不可见。

6.2 进阶——典型实例

掌握了位图的基本操作和调整位图色彩与色调的使用，并了解位图滤镜的使用方法之后，下面通过几个比较典型的实例对以上的学习进行更深入的讲解。

6.2.1 改变模式

本例向读者展示CorelDRAW中，利用改变模式来制作位图特效的方法。其中使用到了【Lab颜色】模式以及【图像Lab调整器】将图片颜色进行改变，效果如图6-47所示。

图6-47　最终效果

Step 01 单击属性栏上的“导入”按钮，导入素材“改变模式.tif”图片，如图6-48所示。

Step 02 执行【位图】→【模式】→【Lab颜色】命令，此时读者可以观察到在原素材的基础上，人物的皮肤、头发、衣服等亮度都有微弱的改变，如图6-49所示。

图6-48　导入素材图片

图6-49　改变图片模式

Step 03 执行【位图】→【图像Lab调整器】命令，打开【图像Lab调整器】对话框，设置参数为：6574，－3，0，－3，97，48，0，0，单击【确定】按钮参数，如图6-50所示。

Step 04 此时的图片颜色最终效果如图6-51所示。

图6-50　设置【图像Lab调整器】对话框

6.2.2 时尚变形

本例充分地向读者展示CorelDRAW的位图处理功能，其中使用到改变图片模式的【双色调】命令、【调色板】命令，然后再使用【图像Lab调整器】将图片颜色进行改变，并减少其细节。另外还使用【位图】命令中的【跟踪位图】命令，将位图转化为矢量图形。最后，将各图形填充上自己喜欢的颜色，成为个性化作品，如图6-51所示。

图6-51　最终效果

Step 01 单击属性栏上的“导入”按钮，导入素材“时尚变形.tif”图片，如图6-52所示。

提 示 >>

选择导入的素材图片后，可以在工作区域空白处单击导入原比例大小的图片。也可以在空白区域框选导入，这样素材图片便以最合适的比例大小出现在你的框选范围内。

Step 02 执行【位图】→【模式】→【双色】命令，打开【双色调】对话框，设置【类型】为：单色。单击【确定】即可，如图6-53所示。

图6-52　导入素材图片

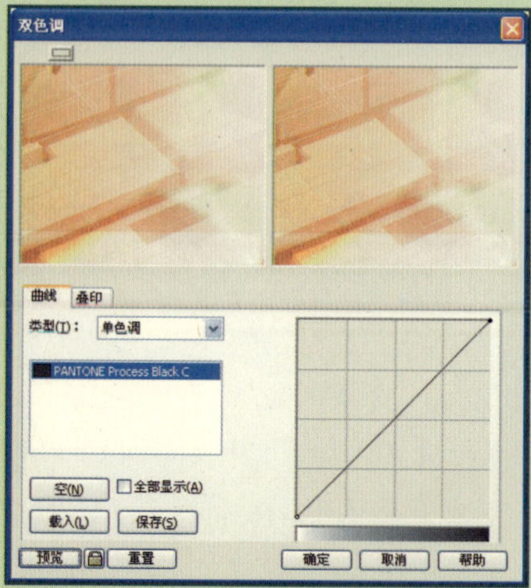

图6-53　【双色调】对话框

提 示 >>

【双色调】对话框并不是只能选择默认的选项，可以调整曲线，也可以选择色调的颜色等，建议读者逐一进行尝试并做到熟能生巧。

Step 03 执行黑色单色调后，除了白色像素以外的颜色都变成了黑色或灰色，如图6-54所示。

Step 04 执行【位图】→【模式】→【调色板】命令，打开【双色调】对话框，保持默认值，单击【确定】，如图6-55所示。

提 示 >>

该位图的改变说明了双色调的颜色改变，是以该颜色的色阶进行分配的，比如单色调设置的是红色，那么除白色以外的像素根据各自的色调高低设置成不同的红色，如：淡红色、大红色、深红色等等。

图6-54 灰度效果

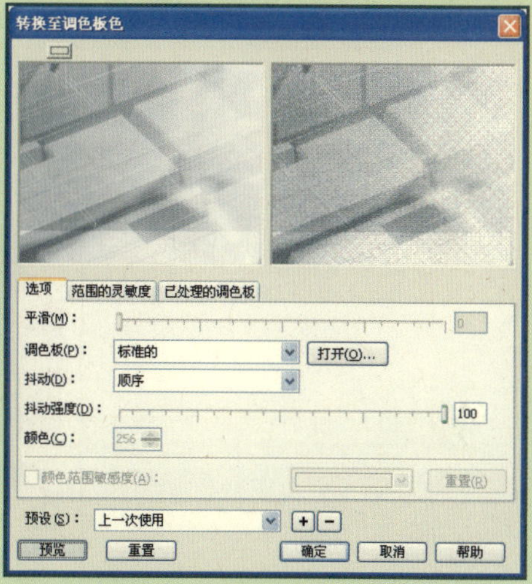

图6-55 设置【双色调】参数

Step 05 执行【位图】→【图像Lab调整器】命令，打开【图像Lab调整器】对话框，设置参数为：9500，7，－70，－40，100，0，0，0，效果如图6-56所示。

Step 06 执行【图像Lab调整器】后，其颜色保持黑白状态并省略了一些颜色细节。效果如图6-57所示。

图6-56 设置【图像Lab调整器】参数

图6-57 省略细节后的效果

Step 07 执行【位图】→【跟踪位图】→【高品质图像】命令，打开【跟踪位图】对话框，设置【平滑】为100，【细节】为最大。其余保持默认值，单击【确定】按钮，如图6-58所示。

Step 08 此时的位图转化为质量图，即多个对象群组而成的图形。效果如图6-59所示。

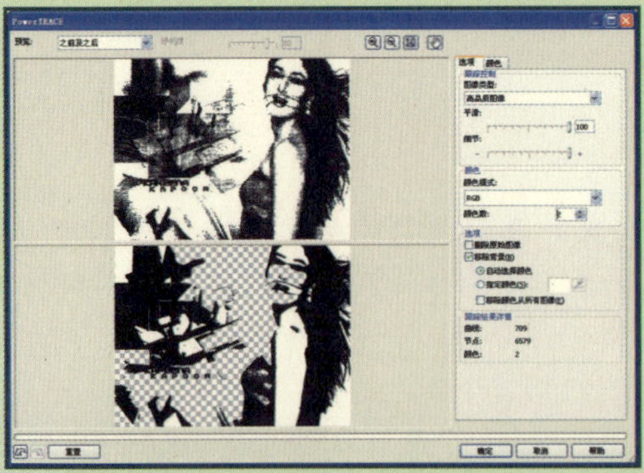

图 6-58 设置【跟踪位图】参数

图 6-59 将位图转化为矢量图

Step 09 按【Ctrl+U】键取消群组。然后分别选择各部件，填充成自己喜欢的颜色即可，如图 6-60 所示。

图 6-60 最终效果

6.2.3 个性写真

本例将制作一幅个性写真，如图 6-61 所示。其中主要运用了【艺术笔触】命令、【三维效果】命令等，并在其中特意运用到艺术画笔作为边框效果，希望读者区分【艺术画笔工具】与【艺术笔触】，它们是两个不同的概念。

图 6-61 最终效果

Step 01 执行【文件】→【新建】命令或按【Ctrl + N】键，创建新文件。单击工具箱中的【矩形工具】，在窗口中绘制"翠绿色"矩形图形，如图 6-62 所示。

Step 02 单击工具箱中的【艺术笔工具】，选择属性栏上的【画笔】按钮，选择笔刷类型如图 6-63 所示。

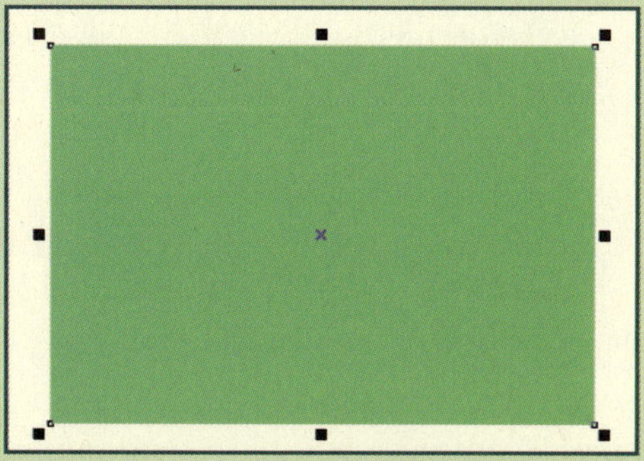

图 6-62　绘制矩形

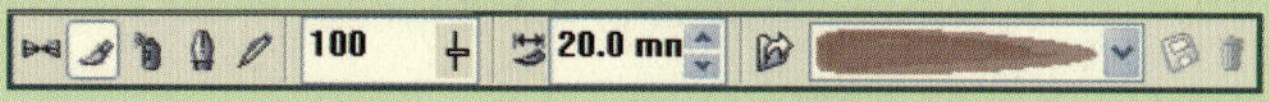

图 6-63　艺术笔工具属性栏

Step 03 在翠绿色背景上随意绘制画笔效果如图 6-64 所示。

Step 04 分别选择各笔触，并填充成不同的颜色，建议考虑与绿色有关的颜色，如：深绿、中绿、黄绿等。效果如图 6-65 所示。

图 6-64　随意绘制画笔效果

图 6-65　改变各画笔的颜色

Step 05 单击【选择工具】，框选所有的彩色笔触，并执行【位图】→【转换为位图】命令。单击【确定】按钮，如图 6-66 所示。

Step 06 执行【位图】→【模糊】→【高斯式模糊】命令。参数设置为 70，如图 6-67 所示。

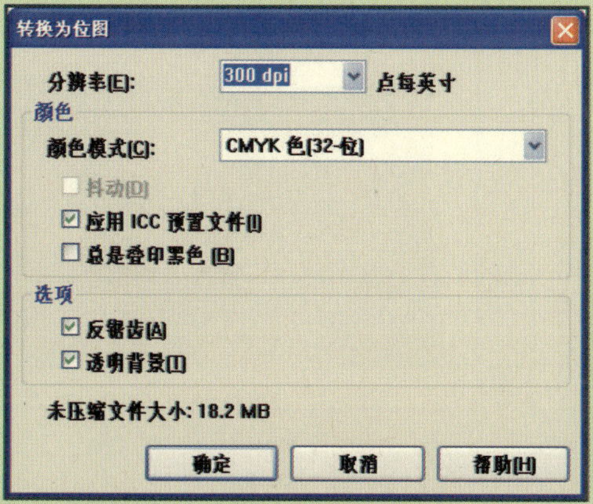

图 6-66　转换彩色笔触为位图

图 6-67　设置位图为模糊效果

提　示 >>

制作这个步骤是为了使模糊笔触与绿色背景形成一个整体，方便选择背景。

Step 07 此时的笔触模糊效果如图 6-68 所示。将笔触位图拖移到工作区域其他位置，并执行【效果】→【精确剪裁】→【放置到容器中】命令。出现黑色箭头后，单击绿色背景，如图 6-69 所示。

Step 08 此时的效果与放置前有范围上的区别，效果没有发生改变，如图 6-70 所示。

Step 09 单击工具箱中的【艺术笔工具】，单击属性栏上的【画笔】按钮，选择笔刷类型，如图 6-72 所示。

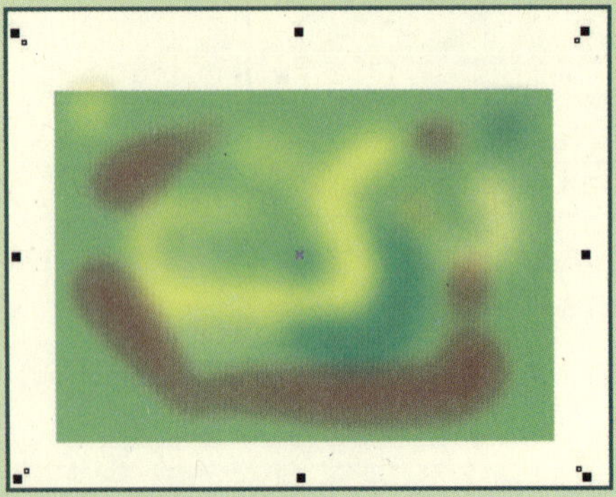

图 6-68　笔触模糊效果

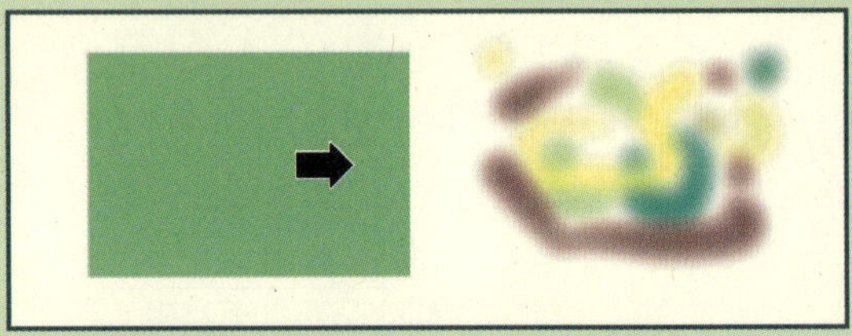

图 6-69　将模糊的图片放置到绿色背景中

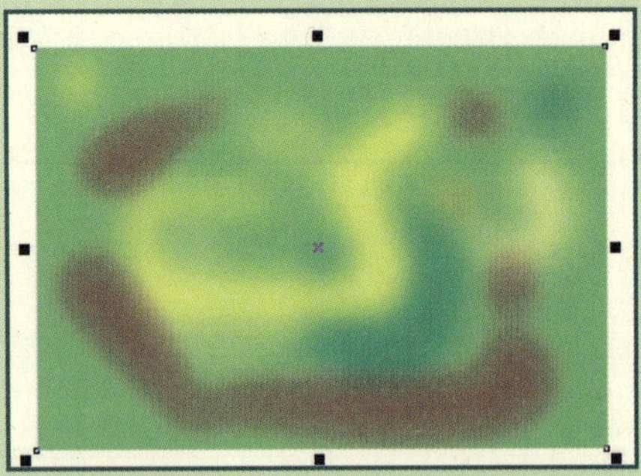

图 6-70　置于容器后的效果

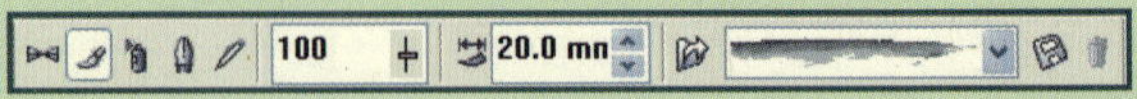

图 6-71　选择笔刷类型

Step 10 绘制笔刷效果，放置到背景上方，单击色盘上的白色，改变笔触颜色如图 6-72 所示。

Step 11 复制白色笔触，并旋转其角度到四周，如图 6-73 所示。

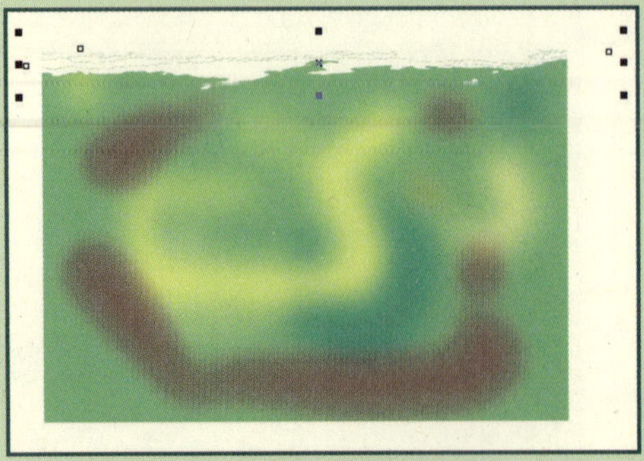

图 6-72　绘制笔触效果

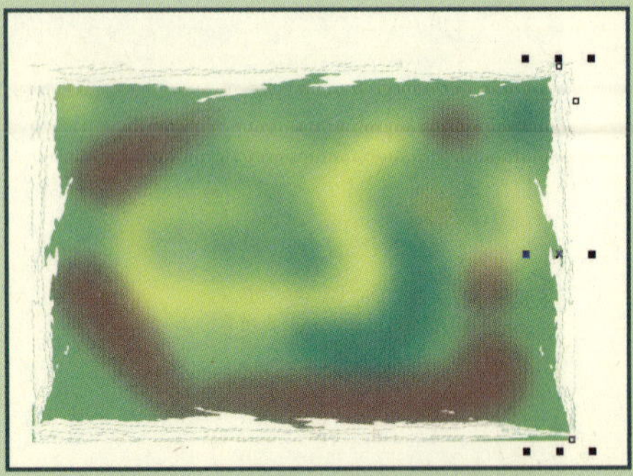

图 6-73　复制笔触效果

Step 12 单击【选择工具】，框选所有的图形，并执行【位图】→【转换为位图】命令。单击【确定】按钮，如图 6-74 所示。

提 示 >>

可以选择【选择工具】改变笔触的长短、高矮等。

Step 13 执行【位图】→【三维效果】→【卷页】命令。设置其下卷页效果按钮，颜色为：绿色，如图 6-75 所示。

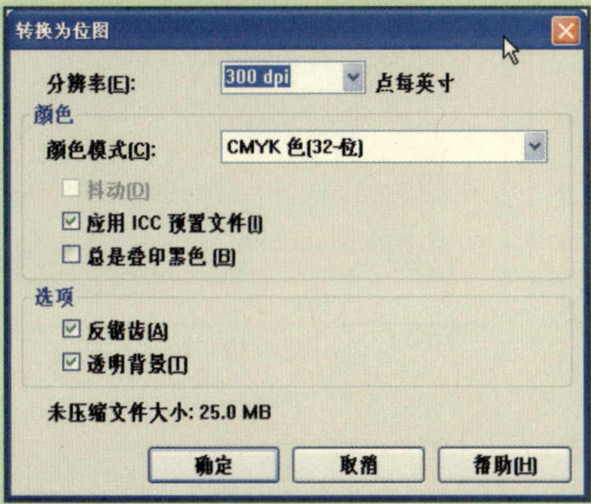

图 6-74 转化为位图

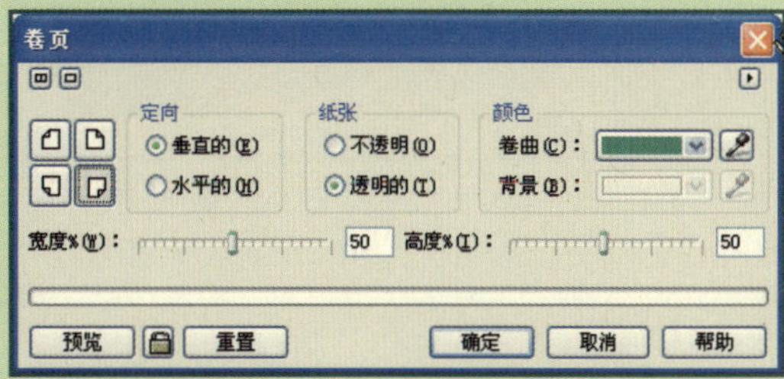

图 6-75 设置卷页参数

Step 14 此时的位图卷页效果，如图 6-76 所示。

Step 15 选择【矩形工具】，在窗口中绘制“浅灰色”外框的白色矩形。单独选择背景后，执行【效果】→【精确剪裁】→【放置到容器中】命令。出现黑色箭头后，单击矩形，如图 6-77 所示。

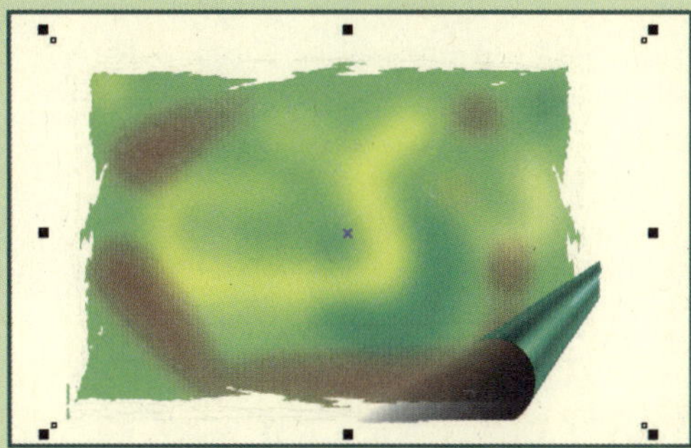

图 6-76 绿色卷页效果

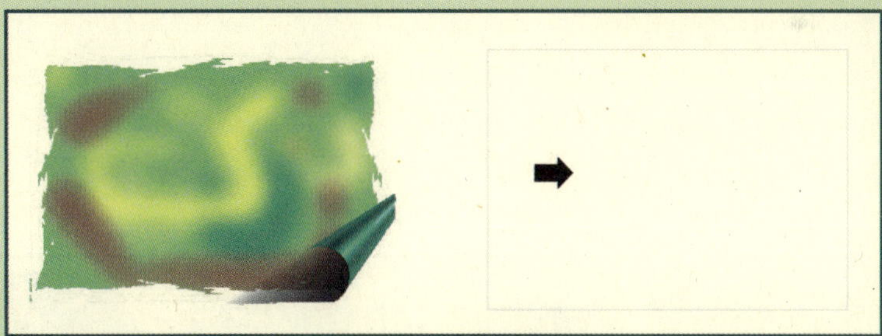

图 6-77 将卷页置入到矩形框中

Step 16 此时，矩形框的范围就成了背景的范围，如图 6-78 所示。

Step 17 右键单击背景，选择【编辑内容】命令，进入到容器内部，移动笔触背景到矩形框的边缘，如图 6-79 所示。

Step 18 此时的卷页边缘到了选择范围的边缘，如图 6-80 所示。

提 示 >>

虽然不做“置入”等步骤与做了这些步骤的效果是一样的，但是若不做，则会为后来的打印输出带来麻烦。之所以制作了这些步骤，是为了制作的规范化。

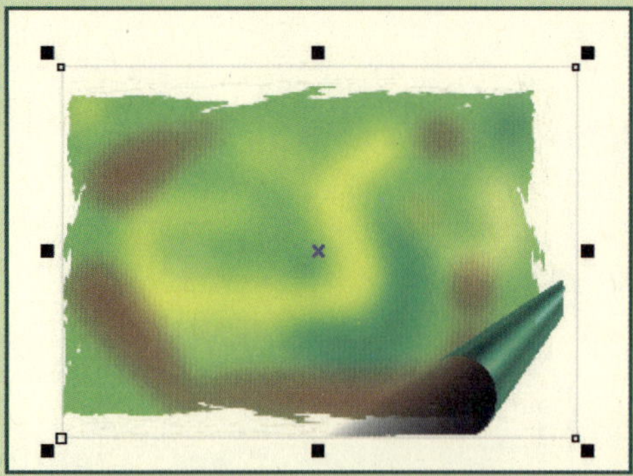

图 6-78　背景效果

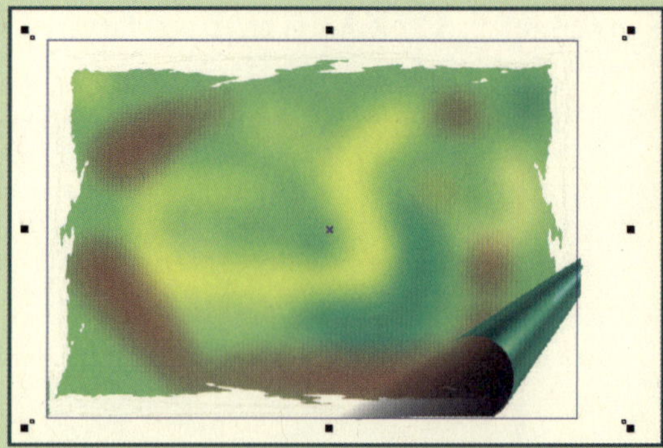

图 6-79　将编辑内容

Step 19　单击属性栏上的“导入”按钮，导入素材“女孩.tif”图片，如图 6-81 所示。

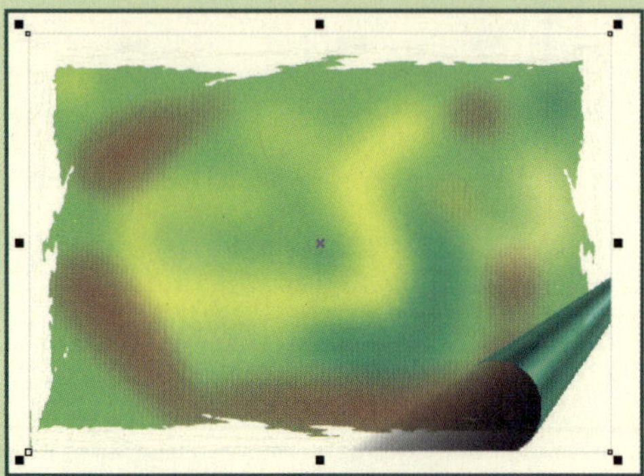

图 6-80　调整卷页效果

图 6-81　导入素材图片

Step 20　选择【裁切工具】，对图片进行裁切，双击确认，如图 6-82 所示。

Step 21　被裁切后的素材图片效果如图 6-83 所示。

提　示 >>

必须是在对象被选择的状态下进行裁切，才是针对被选择的对象进行裁切。否则就会针对整个工作区域进行裁切。

图 6-82　裁切图片

图 6-83　裁切后的效果

Step 22　复制出 3 个素材图片，并选择其中一张素材图片执行【位图】→【艺术笔触】→【单色蜡笔画】命令。设置参数【压力】为 47，【底纹】为 10，勾选所有的【单色】复选框。【纸张颜色】为绿色，如图 6-84 所示。

Step 23 单击【确定】按钮，此时的图片效果如图 6-85 所示。

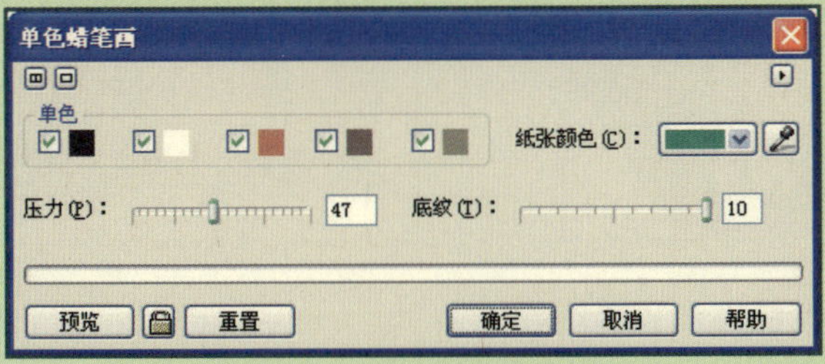

图 6-84 设置【单色蜡笔画】参数

图 6-85 图片效果

Step 24 执行【位图】→【艺术笔触】→【立体派】命令。设置参数【大小】为 2，【底纹】为 1。【纸张颜色】为绿色，如图 6-86 所示。

Step 25 单击【确定】按钮，此时的图片效果如图 6-87 所示。

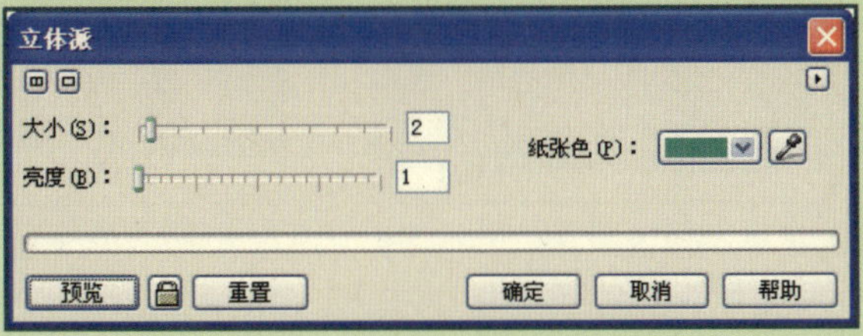

图 6-86 设置【立体派】参数

图 6-87 图片效果

Step 26 执行【位图】→【艺术笔触】→【点彩派】命令。设置参数【大小】为 5，【底纹】为 50，如图 6-88 所示。

Step 27 单击【确定】按钮，此时的图片效果如图 6-89 所示。

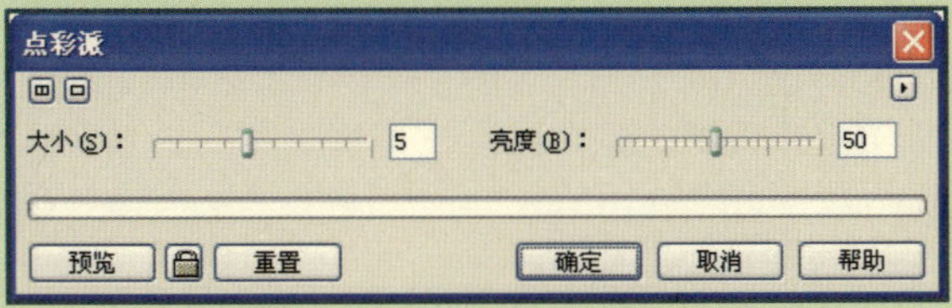

图 6-88 设置【点彩派】参数

图 6-89 图片效果

Step 28 将各图片缩放到合适大小并放置到相应的位置，效果如图 6-90 所示。

Step 29 选择素材图片，并放置到背景左边的位置，选择【交互式透明工具】，按住图片不放，拖移方向如图 6-91 所示。

Step 30 选择工具箱中的【形状工具】，框选右方的两节点，按住【Ctrl】键水平向左拖动，如图 6-92 所示。

Step 31 按【+】键复制该素材图片，再次选择【交互式透明工具】，按住图片不放，拖移方向如图 6-93 所示。

图 6-90 缩放图片并放到相应位置

图 6-91 制作图片透明效果

Step 32 选择工具箱中的【形状工具】，框选并调整左边的节点，如图 6-94 所示。

图 6-92 调整节点

图 6-93 复制并制作透明度

图 6-94 调整节点

Step 33 选择【椭圆工具】，绘制两个椭圆，位置如图 6-95 所示。

Step 34 选择【选择工具】，框选两个椭圆图形，选择属性栏上的【焊接】按钮，效果如图 6-96 所示。

Step 35 按住【Shift】键不放，等比例缩放该图形，如图 6-97 所示。

Step 36 复制该图形并分别填充图形颜色，输入文字，最终效果如图 6-61 所示。

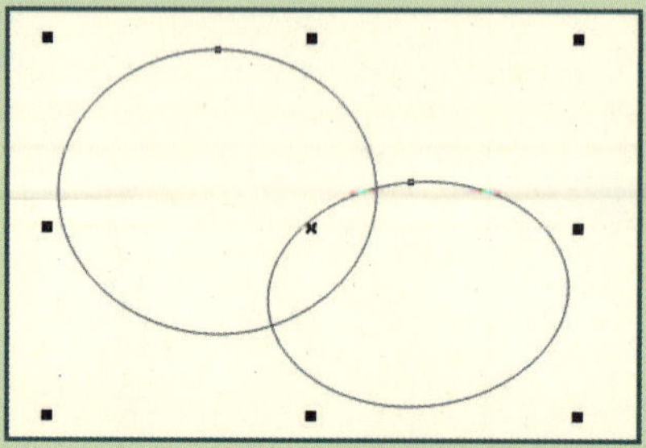
图 6-95 绘制椭圆

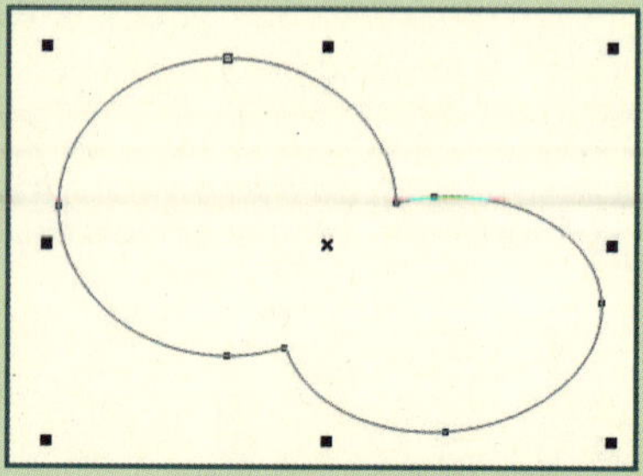
图 6-96 焊接两椭圆

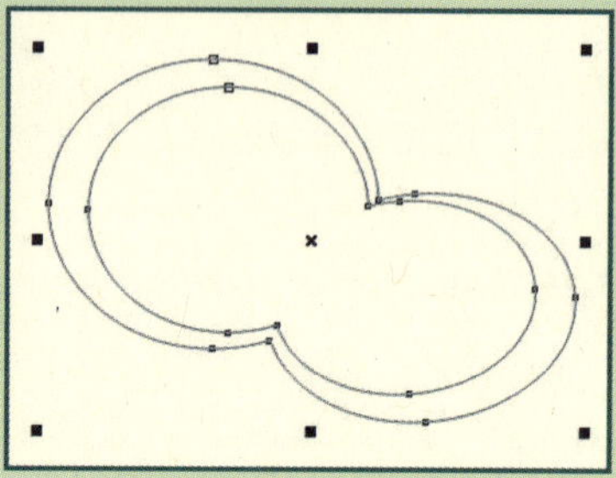
图 6-97 等比例缩放复制图形

6.2.4 黑白魅力

本例将制作一幅黑白魅力海报，如图 6-98 所示。其中主要运用了【图像 Lab 调整器】和【模式】命令，将图片制作成为艺术形式。最后将文字与艺术图片相结合形成海报效果。

图 6-98 最终效果

Step 01 执行【文件】→【新建】命令或按【Ctrl + N】键，创建新文件。单击工具箱中的【矩形工具】，在窗口中绘制矩形图形，分别填充颜色为黑色和白色，如图 6-99 所示。

Step 02 单击属性栏上的“导入”按钮，导入素材“美女.tif”图片，如图 6-100 所示。

图 6-99 绘制矩形做背景

图 6-100 导入素材

提 示 >>

如果制作该海报的目的不是为了练习，而是为了商业操作，则需要设置与实际输出相当的长度与宽度值。

Step 03 执行【位图】→【模式】→【灰度】命令，素材图片的效果如图 6-101 所示。

Step 04 执行【位图】→【模式】→【Lab 颜色】命令，执行【位图】→【图像 Lab 调整器】命令，设置参数为：5000，0，0，2，100，0，0，0，如图 6-102 所示。

Step 05 此时的灰度图片效果如图 6-103 所示。

Step 06 执行【位图】→【跟踪位图】命令，打开对话框，单击【确定】按钮即可，如图 6-104 所示。

图 6-101　转为灰度模式

图 6-102　调整图像的参数值

图 6-103　黑白艺术效果

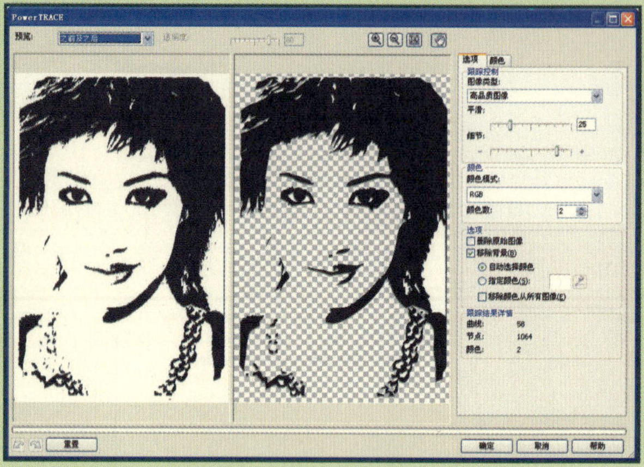

图 6-104　跟踪位图

提 示 >>

如果选择【删除原始图像】复选框，则转化成矢量图后，会将原来的位图删除掉。

Step 07 按【Ctrl+U】键，将所有图形解散，单独选中背景位图，并按【Delete】键删除背景位图，如图 6-105 所示。

Step 08 框选所有的图形，并按【Ctrl+G】键群组。复制矩形并调整到蓝色矩形大小。选择素材图形，并执行【效果】→【精确剪裁】→【放置在容器中】命令，如图 6-106 所示。

图 6-105　解散群组并删除背景

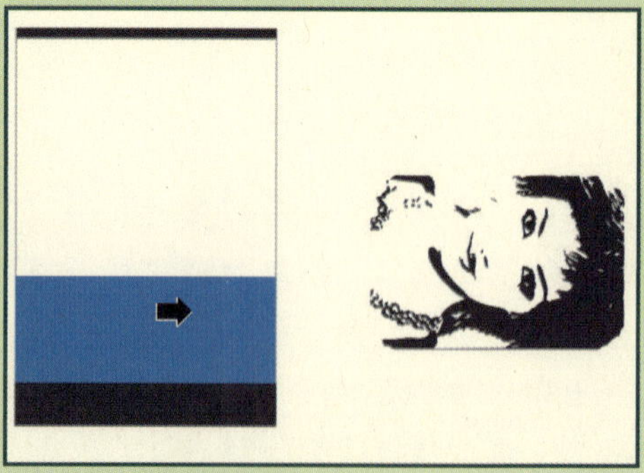

图 6-106　将图片置于容器内

提 示 >>

这里填充成蓝色矩形是为了方便读者观察学习。

按住【Ctrl】键不放，并单击容器，也可以直接进入到容器内进行编辑。

Step 09 右键单击容器，并选择【编辑内容】命令，进入容器后，移动其位置到如图 6-107 所示的位置。

Step 10 右键单击该图片，选择【完成编辑这一级】命令，如图 6-108 所示。

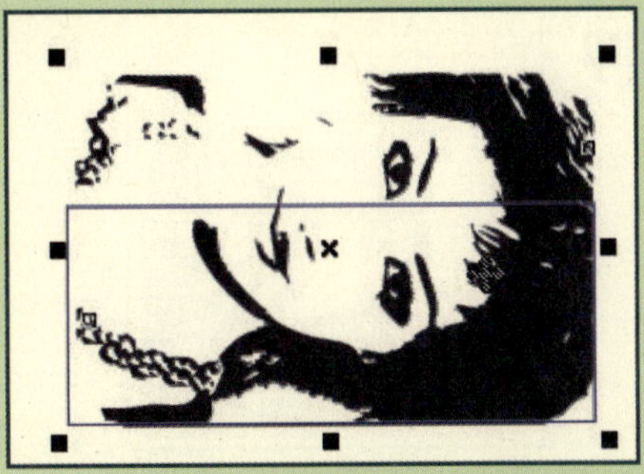

图 6-107 编辑容器中的内容

图 6-108 完成图片编辑

Step 11 改变蓝色矩形的颜色为白色，效果如图 6-109 所示。

Step 12 选择【艺术画笔工具】，设置属性栏上的参数如图 6-110 所示。

图 6-109 蓝色矩形更改为白色

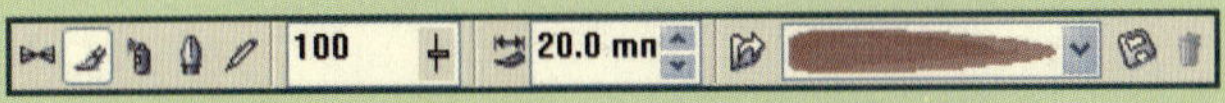

图 6-110 设置属性栏参数

Step 13 绘制艺术笔触，并改变颜色为黑色，位置如图 6-111 所示。

Step 14 复制艺术笔触，并按住【Ctrl】键不放，从右向左拖移，效果如图 6-112 所示。

图 6-111 绘制黑色笔触

图 6-112 复制并翻转笔触效果

Step 15 选择【文本工具】，输入文字，并选择【选择工具】，再次单击到旋转状态，放置鼠标在居中节点的位置，将文字水平倾斜，如图 6-113 所示。

Step 16 再次选择【艺术画笔工具】，绘制圆形笔触后填充颜色为红色。选择【形状工具】，调整笔触中心的控制线条曲度为圆形，如图 4-114 所示。

图 6-113 文字水平倾斜

图 6-114 绘制红色笔触

Step 17 复制该红色笔触，并缩小该笔触的大小，如图 6-115 所示。

Step 18 复制处理后的黑白美女素材图片到红色笔触的位置，如图 6-116 所示。

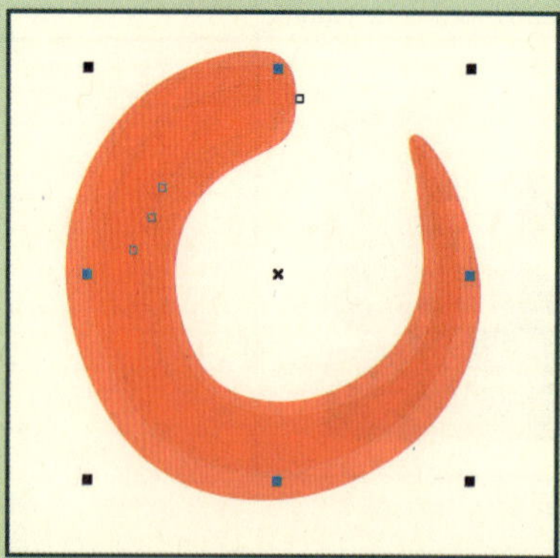

图 6-115 复制并缩放笔触大小

图 6-116 复制黑白美女素材

Step 19 选择【椭圆工具】，按住【Ctrl】键绘制正圆，选择【文本工具】，单击正圆外框，输入文字：HEIBAIMEILI，如图 6-117 所示。

Step 20 单击【选择工具】在空白处单击，然后选择正圆图形，按【Delete】键删除，如图 6-118 所示。

Step 21 最后输入其他的文字，或为文字改变颜色、字体、添加红色矩形等作为装饰，海报最终效果如图 6-119 所示。

提 示 >>

选择【选择工具】在工作区域空白处单击取消选择，就可以出现路径文字的属性栏，大家可以选择文字在路径上的位置、字距等其他参数。

图 6-117　输入路径文字

图 6-118　删除正圆路径

图 6-119　最终效果

6.3 提高——自己动手练

通过几个实例的讲解之后，读者应该对 CorelDRAW 中的位图的使用方法有了更深入的认识。如果要真正了解并使用，还应多加练习。

6.3.1 拼图效果

本例是一个拼图效果的制作，最终效果如图 6-120 所示。

图 6-120　最终效果

Step 01 按【Ctrl+I】键，导入本书配套光盘中“素材\向日葵”文件， 如图 6-121 所示。

Step 02 选中图片，执行【效果】→【调整】→【亮度/对比度/强度】命令，打开【亮度/对比度/强度】对话框，参数设置如图 6-122 所示。单击【确定】按钮，得到如图 6-123 所示的效果。

图 6-121　导入素材

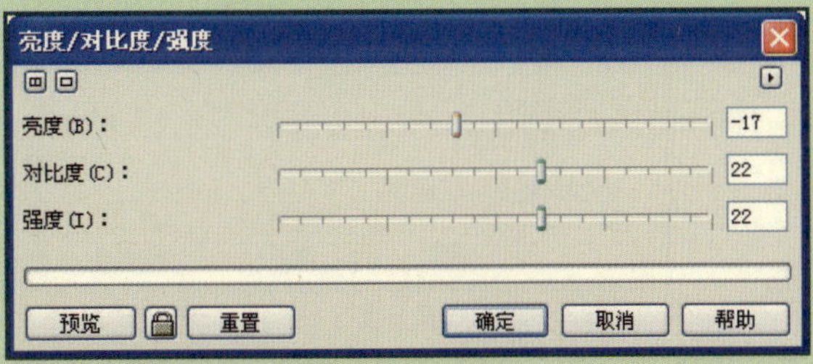

图 6-122　【亮度/对比度/强度】对话框

Step 03 选中图片，执行【位图】→【扭曲】→【块状】命令，打开【块状】对话框，参数设置如图 6-124 所示。单击【确定】按钮，得到最终效果。

图 6-123　调整后的效果

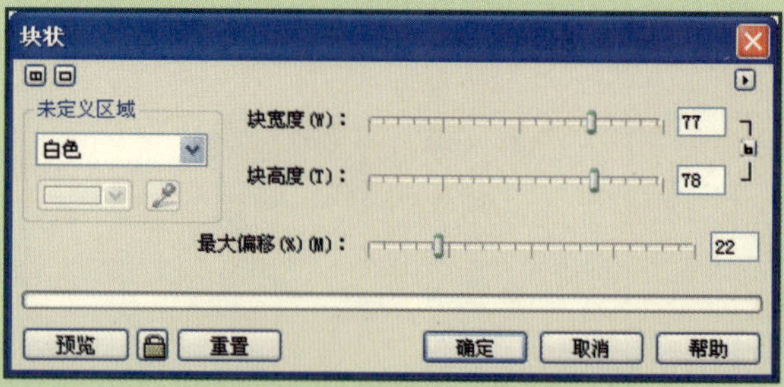

图 6-124　【块状】对话框

6.3.2 瓷砖效果

本例是一个瓷砖效果的制作，最终效果如图 6-125 所示。

图 6-125　最终效果

Step 01 按【F6】键，绘制一个矩形。填充矩形为 10% 的黑色，去掉轮廓如图 6-126 所示。

Step 02 选中矩形，执行【位图】→【转换为位图】命令，在打开的对话框中设置分辨率为 8，如图 6-127 所示。

Step 03 选中位图，执行【位图】→【创造性】→【工艺】命令，在“样式”中选择“瓷砖”，其余参数设置如图 6-128 所示。完成后单击【确定】按钮，得到最终效果。

图 6-126　绘制矩形

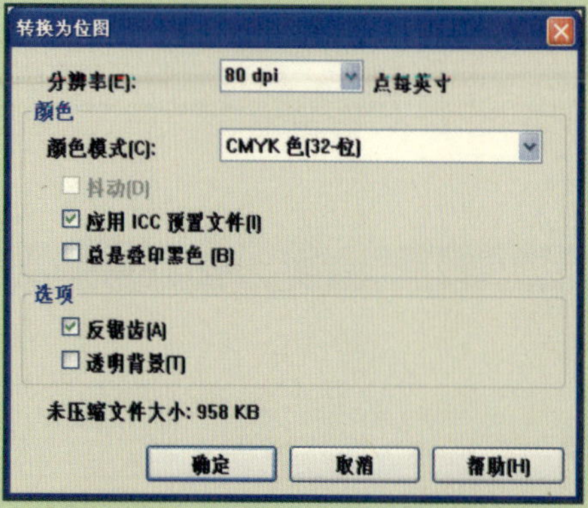

图 6-127　【转换为位图】对话框

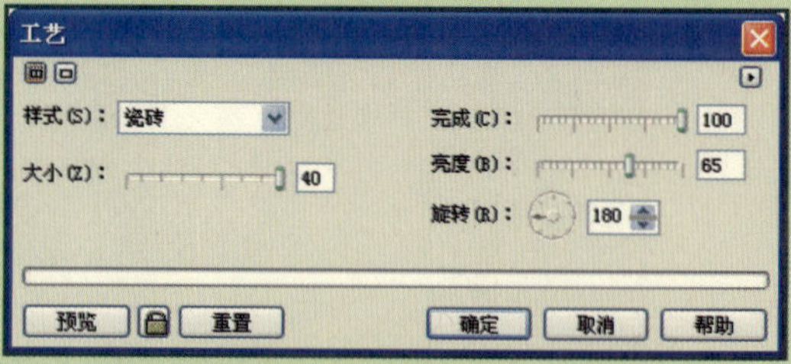

图 6-128　【工艺】对话框

提　示 >>

在对话框中设置的位图的分辨率不同，生成的瓷砖大小也会不同。

第 7 章　文本的使用

本章要点

- 入门——基本概念与基本操作
  - 创建和编辑美术文本
  - 创建和编辑段落文本
- 进阶——典型实例
  - 网页排版艺术
  - 促销广告
  - 食品杂志简介
  - 时尚杂志目录
- 提高——自己动手练
  - 制作文字爆炸效果
  - 立体透视字

7.1 入门——基本概念和基本操作

文本包括美术文本和段落文本，本节我们将介绍美术文本与段落文本的创建与编辑。

7.1.1 创建和编辑美术文本

下面介绍美术文本的创建和编辑方法，包括文本的基本格式、特殊字符和更改字母大小写等。

1. 创建美术文本

要在页面中创建美术文本，只需选择工具箱中的文字工具后在页面上单击鼠标，然后输入相应文字即可。其具体操作如下:

Step 01 新建一个空白文件，并在工具箱中单击【文本工具】。

Step 02 在文件窗口适当位置单击鼠标左键，单击处出现闪动的插入光标。

Step 03 通过键盘直接输入需要编辑的文字，效果如图 7-1 所示。

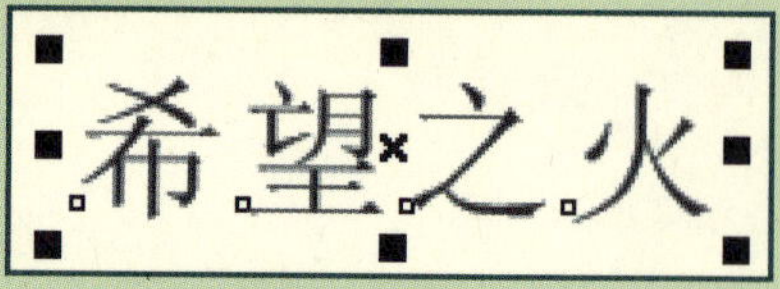

图 7-1 输入文字

2. 设置文本基本格式

创建美术文本后通常要设置文本字体类型、字号大小、粗细、对齐方式以及文本的排列方式等基本属性。其属性栏如图 7-2 所示，属性栏中各参数含义如下:

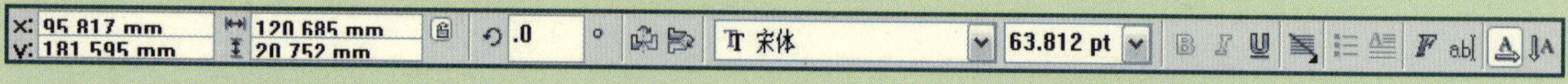

图 7-2 文字工具属性栏

- 单击字体列表下拉箭头，可以选择需要的字体，如图 7-3 所示。
- 单击字体大小列表下拉箭头，可以选择需要的字号，如图 7-4 所示。
- 单击按钮可以设定字体为粗体、斜体或下划线等属性。
- 单击【对齐方式】按钮，可在列表中选择文本的对齐方式，如图 7-5 所示。
- 单击属性栏上的按钮，可以设置文本的排列方式为水平或垂直。
- 单击【编辑文本】按钮，打开【编辑文本】对话框，在这里可以很方便地编辑文本的属性。

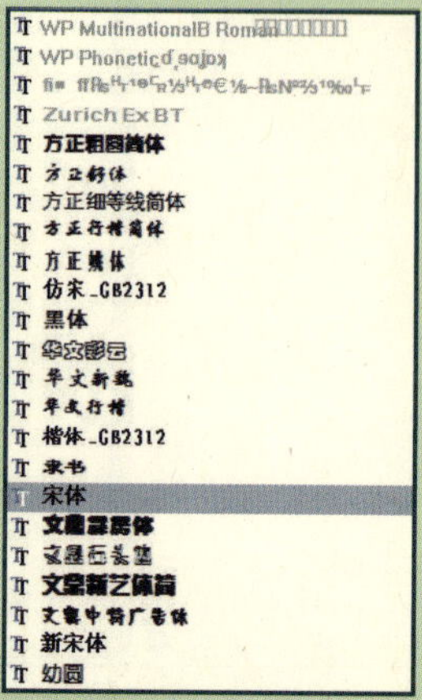

图 7-3 设定文字字体

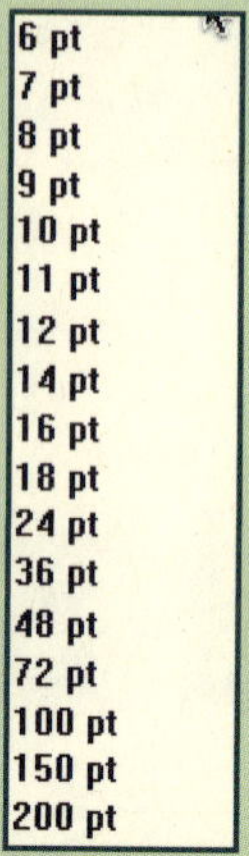

图 7-4 设定文字大小

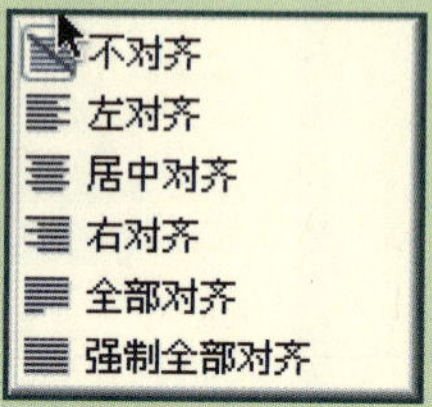

图 7-5 对齐方式

改变文字颜色的方法和改变普通对象的方法相同，利用调色板、【颜色】泊坞窗等都可改变文字的颜色。

3．插入特殊字符

在编辑文本时，经常会输入各种特殊字符，使用“插入字符”命令可以很轻松地插入各种字符。其操作方法如下：

Step 01 输入文字后，单击要插入字符的位置，即可出现闪动的光标，如图 7-6 所示。

Step 02 执行【文本】→【插入字符】命令，打开【插入字符】泊坞窗。

Step 03 在“字体”下拉列表框中选择需要的符号库，在符号库中双击选中的符号，如图 7-7 所示，字符就插入到了文本中指定的位置，如图 7-8 所示。

图 7-6 插入字符的位置

图 7-8 插入字符

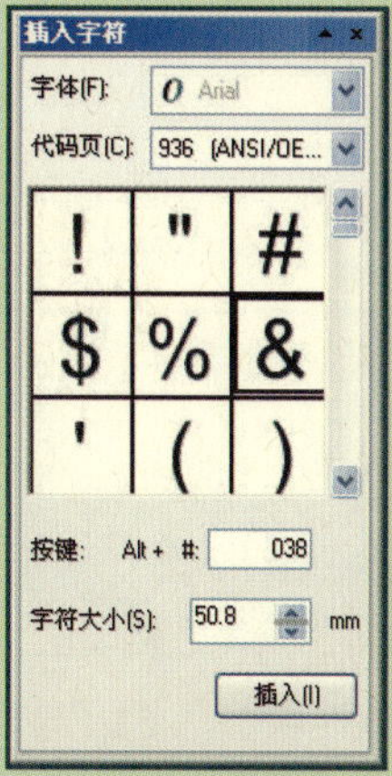

图 7-7 【插入字符】泊坞窗

4．更改大小写

CorelDRAW X3 具有更改英文字母大小写的功能，根据需要可选择句首字母大写、全部小写或全部大写等形式。其操作步骤如下：

Step 01 利用【挑选工具】选中文本，执行【文本】→【更改大小写】命令，打开【改变大小写】对话框，如图 7-9 所示。

Step 02 选择相应的选项后，单击【确定】按钮即可。

对话框中各选项含义如下：

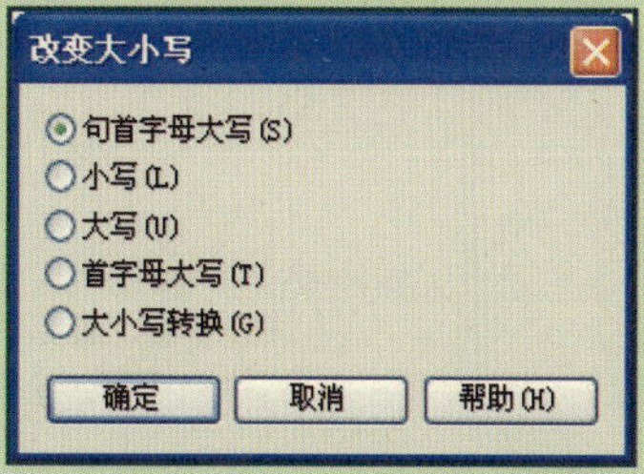

图 7-9 【改变大小写】对话框

- ♦ 选中【句首大写】选项，可以将当前句子的第 1 个单词的首字母大写。
- ♦ 选中【小写】选项，可以将所有的字母转换为小写。
- ♦ 选中【大写】选项，可以将所有的字母转换为大写。
- ♦ 选中【标题大写】选项，可以将每个单词的第 1 个字母大写。
- ♦ 选中【大小写转换】选项，可以将每个单词的第 1 个字母小写。

7.1.2 创建和编辑段落文本

段落文本常用于杂志、书刊或报刊排版编辑。利用段落文本可以制作出非常复杂而漂亮的版面。本节将介绍段落文本的创建、分栏、编辑文本样式、首字下沉等内容。

1．创建段落文本

创建段落文本的操作如下：

Step 01 新建一个空白文件，单击工具箱中的【文本工具】。

Step 02 用鼠标在绘图页面中拖出矩形文本框，这时文字光标将出现在文本框的左上角，如图7-10所示。

Step 03 在光标处输入文本即可，如图7-11所示。

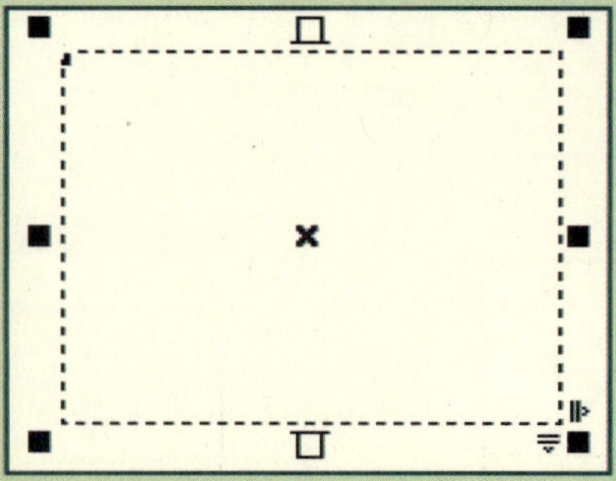

图 7-10　绘制文本框

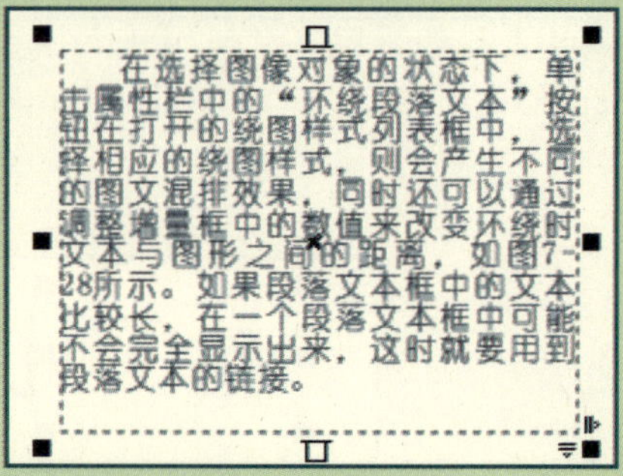

图 7-11　输入文字

2．段落文本分栏

段落文本分栏是将一个段落文本分为几栏，使版面美观大方。其操作方法如下：

Step 01 单击工具箱中的【挑选工具】，选中要进行分栏的段落文本。执行【文本】→【栏】命令，打开【栏设置】对话框。

Step 02 设定“栏数”和“栏宽度”的值，单击【确定】按钮即可将分栏效果应用于段落文本，如图7-12所示。分栏后的效果如图7-13所示。

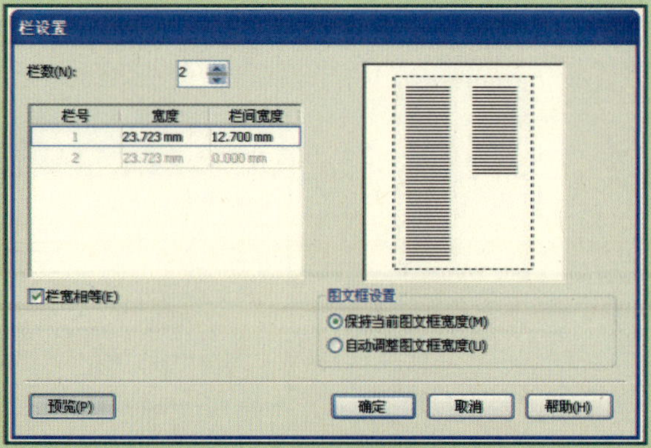

图 7-12　【栏设置】对话框

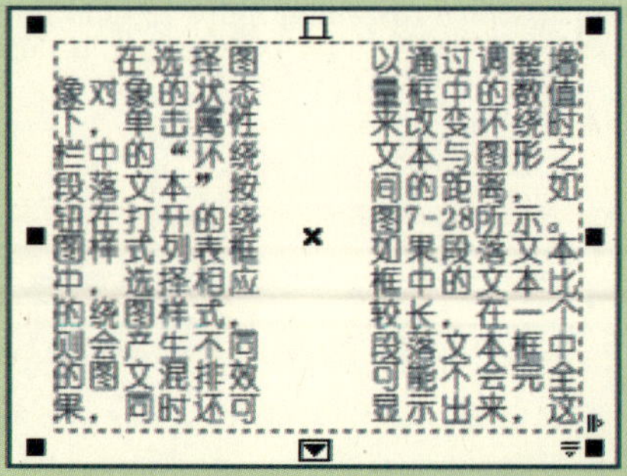

图 7-13　分栏效果

3．编辑段落文本样式

文本样式包含了字体颜色、字号等属性，使用文本样式可以快速生成样式效果，简化文本处理的过程。

其具体操作方法如下：

Step 01 使用工具箱中的【挑选工具】选中段落文本，如图7-14所示。

Step 02 执行【窗口】→【泊坞窗】→【图形和文本样式】命令，在弹出的【图形和文本】泊坞窗中双击需要的文本样式，如图7-15所示，即可应用文本样式，如图7-16所示。

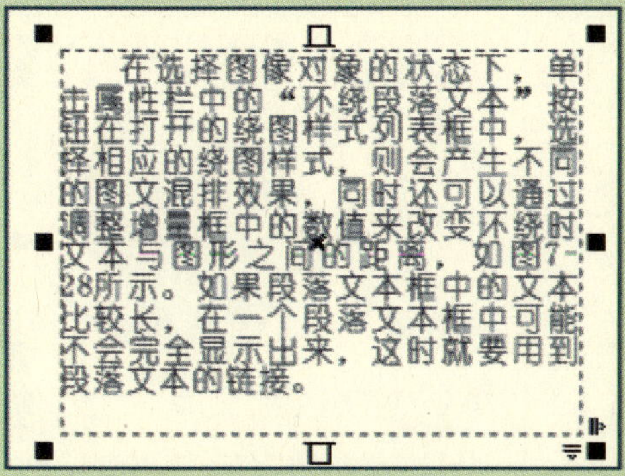

图 7-14　选中段落文本

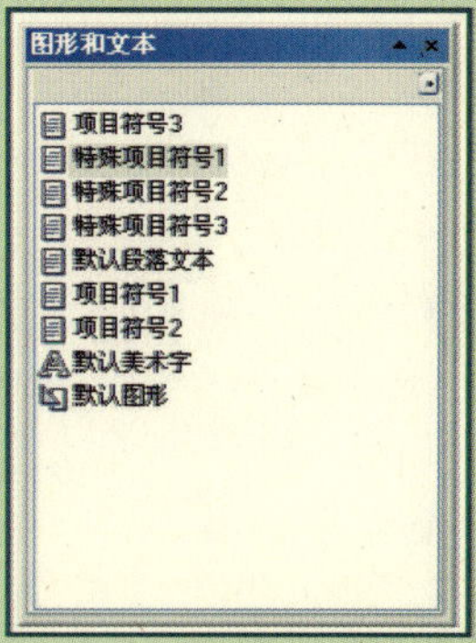

图 7-15　【图形和文本】泊坞窗

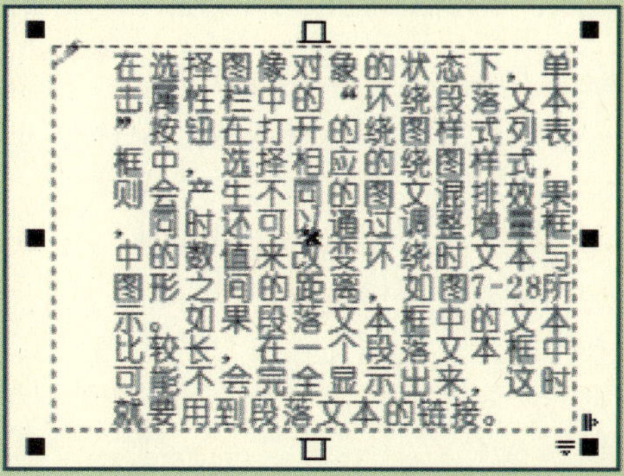

图 7-16　应用文本样式

4．设置段落项目符号

设置段落项目符号的操作方法如下：

Step 01 选中文本，执行【文本】→【项目符号】命令，打开【项目符号】对话框。

Step 02 在“符号特性”选项区中设定字体、符号、尺寸、移动基准线等如图7-17所示。完成后单击【确定】按钮即可。

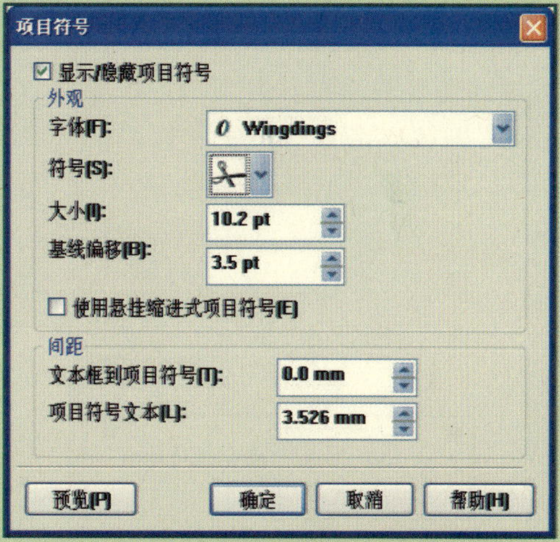

图 7-17　【项目符号】对话框

5．使段落文本环绕图形

在报刊、杂志上经常会看到文本环绕图形的样式，其操作方法如下：

Step 01 新建空白文件，单击工具箱中的【文本工具】，创建段落文本。绘制图形，把它放到段落文本上，这时图形所在位置将覆盖部分文本，如图 7-18 所示。

Step 02 用【挑选工具】选中图形，并在图形上单击鼠标右键，在打开的快捷菜单中选择“段落文本换行”命令，即可完成图文混排，如图 7-19 所示。

Step 03 在选择图像对象的状态下，单击属性栏中的【环绕段落文本】按钮，在打开的绕图样式列表框中，选择相应的绕图样式，则会产生不同的图文混排效果，同时还可以通过调整增量框中的数值来改变环绕时文本与图形之间的距离，如图 7-20 所示。

图 7-18　导入图形

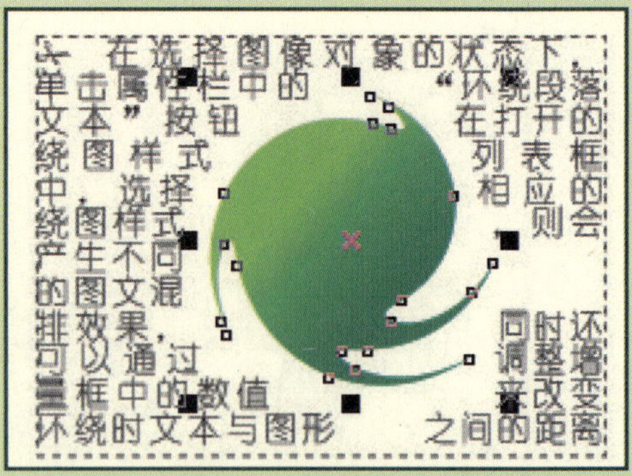

图 7-19　文本环绕图形

其中各选项含义如下：

- 无：单击此按钮可以将段落文本换行取消。
- 轮廓图选项组：设置段落文本环绕图形轮廓进行换行。
- 方角选项组：无论选择图形对象的轮廓如何，段落文本均以方形的形式围绕图形换行。
- 文本换行偏移参输入框：设置文本换行后与图形对象的间距。

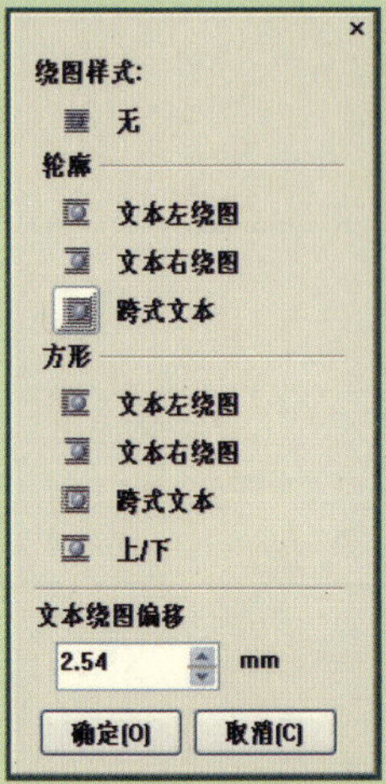

图 7-20　绕图样式列表框

6．文本的链接

如果段落文本框中的文本比较长，在一个段落文本框中可能不会完全显示出来，这时就要用到段落文本的链接。

文本链接的操作方法如下：

Step 01 新建空白文件，单击工具箱中的【文本工具】，创建段落文本。如果文本框中的文本超出了文本框的范围，在文本框的下面会有一个▼图标，如图 7-21 所示。

Step 02 单击此图标后，将光标移到要链接的文本框上，此时光标变为箭头图标，如图 7-22 所示。单击链接的文本框，即可链接文本，如图 7-23 所示。

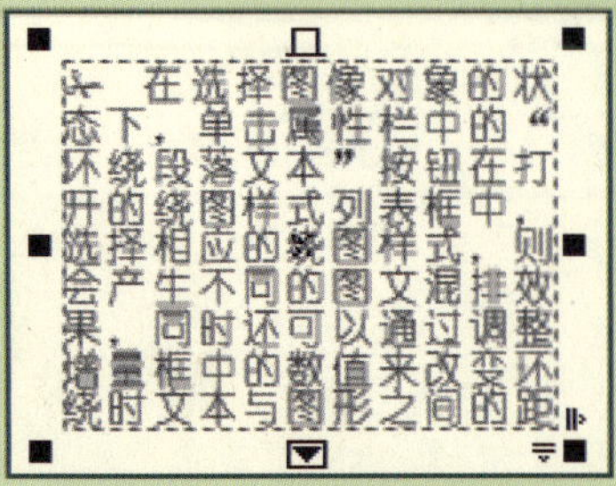

图 7-21　创建段落文本

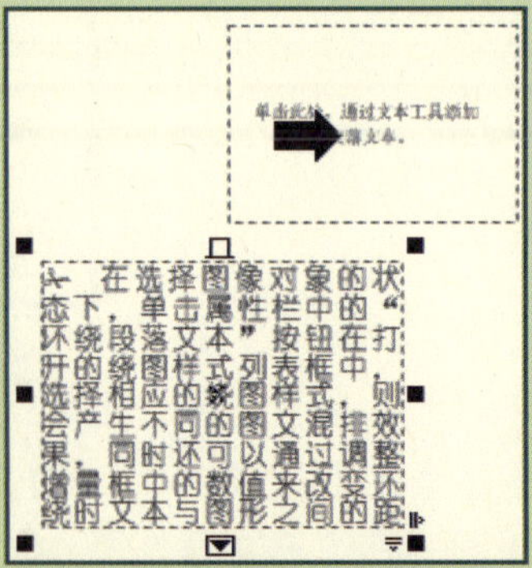

图 7-22　将光标移到要链接的文本框上

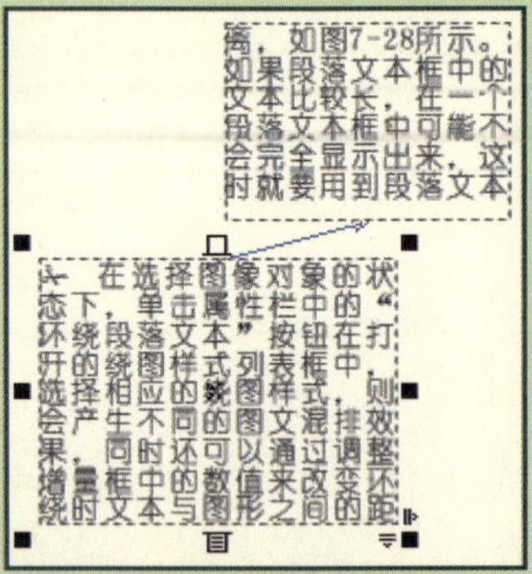

图 7-23　链接文本

7.1.3　文本的特殊编辑

CorelDRAW X3 不但可以编辑美术文本和段落文本，还可以对文本进行一些特殊的编辑，如使文字适合路径、将文本置入框架中等。

1．使文本适合路径

使用“使文本适合路径”命令，可以轻松地将文字沿着特定的路径排列，如曲线、矩形、椭圆表等。其具体操作如下：

Step 01 单击工具箱中的【文本工具】，创建一行美术文本。利用工具箱中的钢笔工具在页面中绘制一条曲线，如图 7-24 所示。

Step 02 选中文本，执行【文本】→【使文本适合路径】命令，这时鼠标将变成黑色向右箭头，移动箭头单击曲线路径，文本将沿该曲线路径排列，如图 7-25 所示。

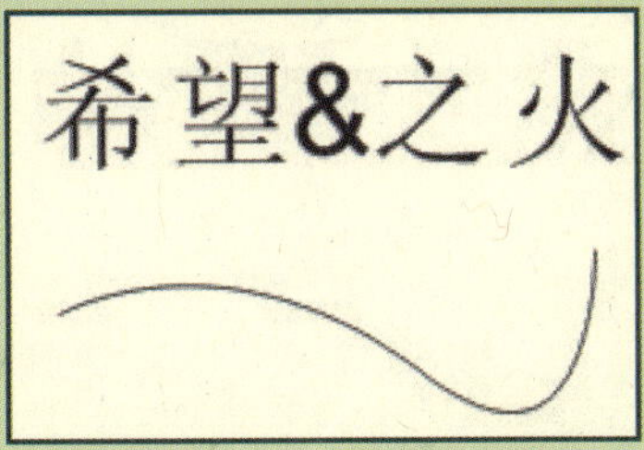

图 7-24 创建文本和路径

图 7-25 文本适合路径效果

此时属性栏如图 7-26 所示，通过对各选项的设置，可以使文本沿着路径产生不同的变化。属性栏中各选项含义如下：

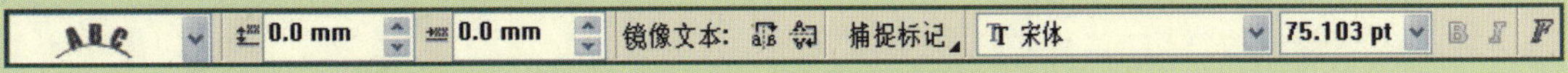

图 7-26 文本工具属性栏

- ◆ 文本方向：用来选择文本对齐到路径时相对于路径放置的方向。
- ◆ 与路径距离增量框：用来调整文本与路径之间的距离。
- ◆ 水平偏移增量框：用来调整文本在水平方向的偏移量。
- ◆ 镜像文本: 按钮：可以水平或垂直镜像文本。

2．将文本置入框架中

在文字排版中，有时需将段落文本放入封闭的曲线对象中，其操作方法如下：

Step 01 新建一个空白文件，单击工具箱中的【文本工具】创建段落文本，如图 7-27 所示。

Step 02 单击工具箱中的【多边形工具】，绘制一个多边形，如图 7-28 所示。

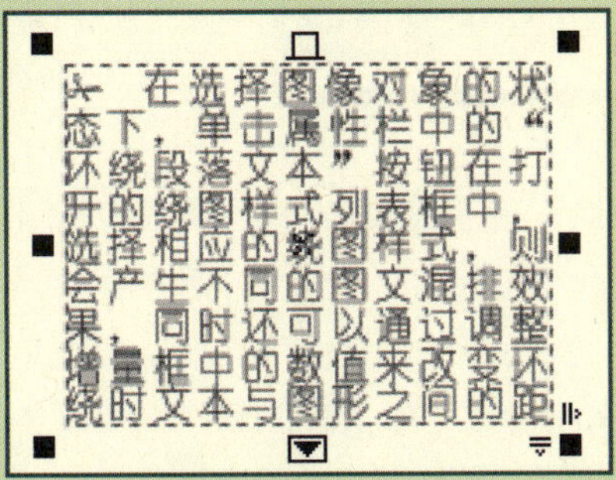

图 7-27 创建段落文本

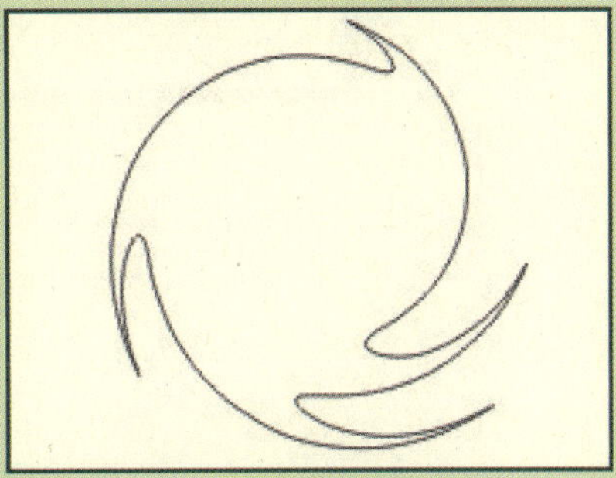

图 7-28 绘制多边形

Step 03 选中段落文本后，执行【效果】→【精确剪裁】→【放置在容器中】命令，在多边形上单击鼠标，得到如图 7-29 所示的效果。

Step 04 改变图形对象的大小，文字也会随之变化，如图 7-30 所示。

图 7-29　文本置入框架

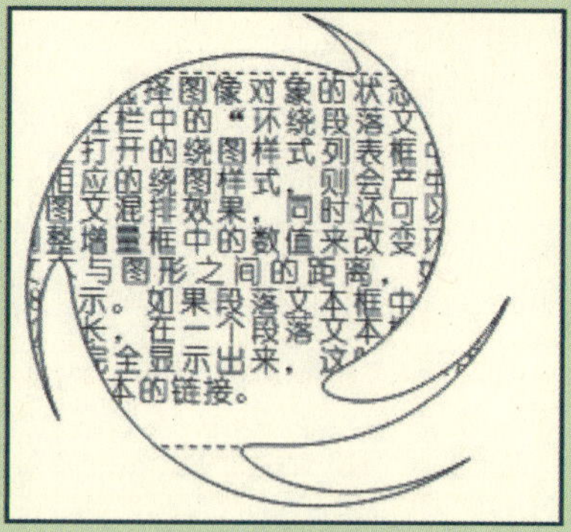

图 7-30　文字随对象大小变化

7.2 进阶——典型实例

掌握了创建和编辑美术文本以及段落文本的使用，并了解了文本特殊编辑的方法之后，下面通过几个比较典型的实例对以上的学习进行更深入的讲解。

7.2.1 网页排版艺术

本例将制作效果如图 7-31 所示的网页排版艺术。通过本例的学习，主要练习【文本工具】、【手绘工具】、【形状工具】、【螺旋形工具】、【交互式透明工具】、【放置在容器中】、【导入】等操作技巧。

图 7-31　最终效果

Step 01 执行【文件】→【新建】命令或按【Ctrl+N】键创建新文件。单击工具箱中的【矩形工具】，在窗口中绘制“黑色”矩形图形，按键盘上的【+】键“复制”图形，填充颜色为“白色”，并调整大小如图 7-32 所示。

Step 02 单击工具箱中的【矩形工具】，在图形上绘制“红色”矩形图形，如图 7-33 所示。

Step 03 单击工具箱中的【形状工具】，并拖动矩形图形的角点，将图形制作成圆角矩形图形，如图 7-34 所示。

Step 04 单击工具箱中的【手绘工具】，在空白区域绘制图形，并填充颜色为“红色”，如图 7-35 所示。

图 7-32　绘制矩形

图 7-33　绘制“红色”矩形

图 7-34　制作成圆角矩形

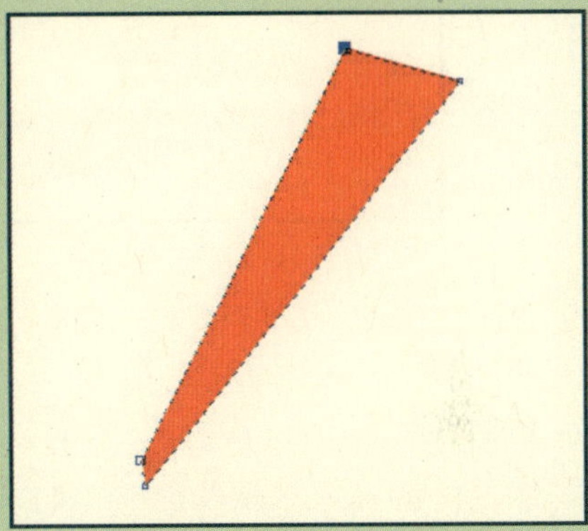

图 7-35　绘制“红色”图形

Step 05 按【F11】键，打开【渐变填充方式】对话框，选择【类型】中的“射线”，设置【水平】参数为“－57”，设置【垂直】参数为“－50”，设置【边界】为“0”，在【颜色调和】选项中选择“自定义”单选框，分别设置：

位置：0　　颜色（C：0；M：100；Y：100；K：0）；
位置：25　　颜色（C：0；M：100；Y：100；K：0）；
位置：100　　颜色（C：0；M：0；Y：0；K：0）。

单击【确定】按钮，如图 7-36 所示。

Step 06 渐变填充图形后的效果，如图 7-37 所示。

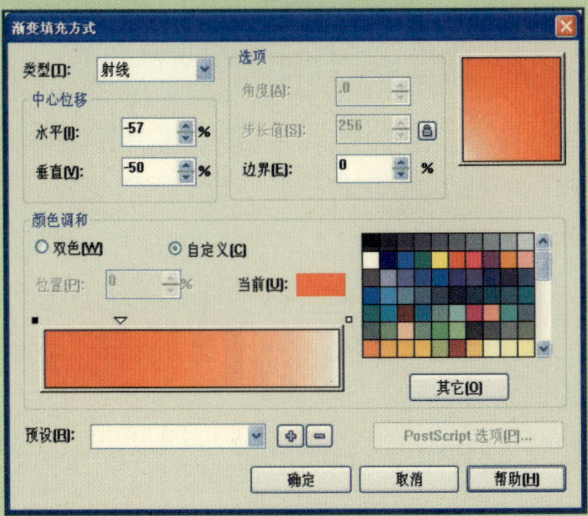

图 7-36　设置渐变参数

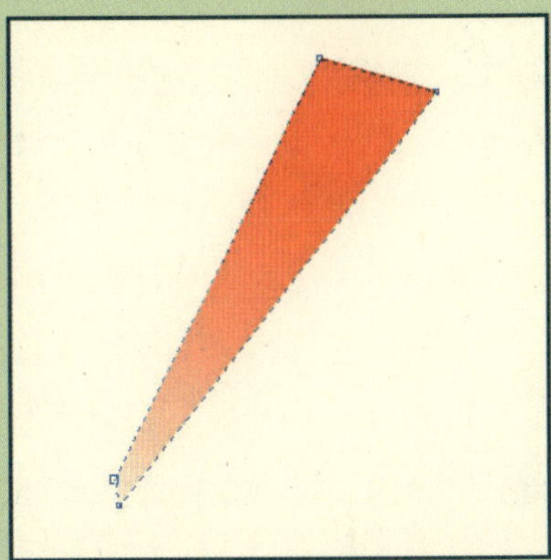

图 7-37　渐变填充图形后的效果

Step 07 单击工具箱中的【选择工具】，旋转复制图形，并框选制作的图形，按【Ctrl+G】键“群组”，如图 7-38 所示。

Step 08 单击工具箱中的【交互式透明工具】，并设置“透明度类型”为标准，设置“透明度操作”为正常，设置“开始透明度”为 50，效果如图 7-39 所示。

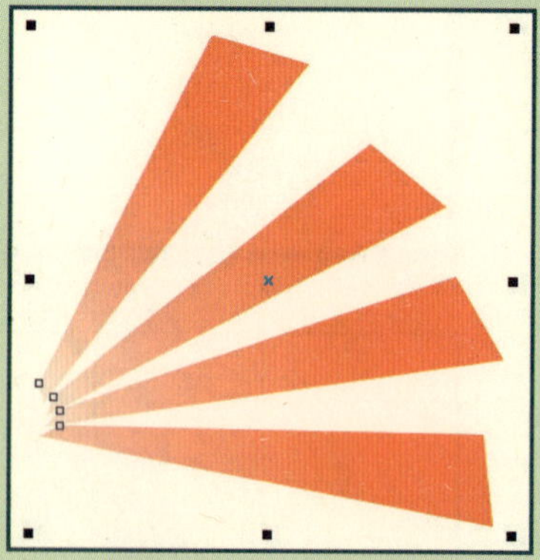

图 7-38 旋转复制图形

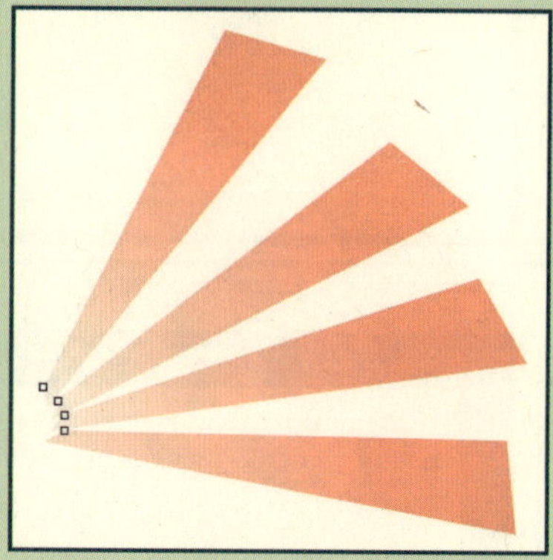

图 7-39 制作“标准”透明效果

Step 09 单击工具箱中的【椭圆工具】，在图形上按住【Shift】键拖动鼠标，绘制“蓝色”正圆图形，如图 7-40 所示。

Step 10 单击工具箱中的【选择工具】，按键盘上的【+】键“复制”图形，并分别往中心缩小图形，分别填充颜色如图 7-41 所示。

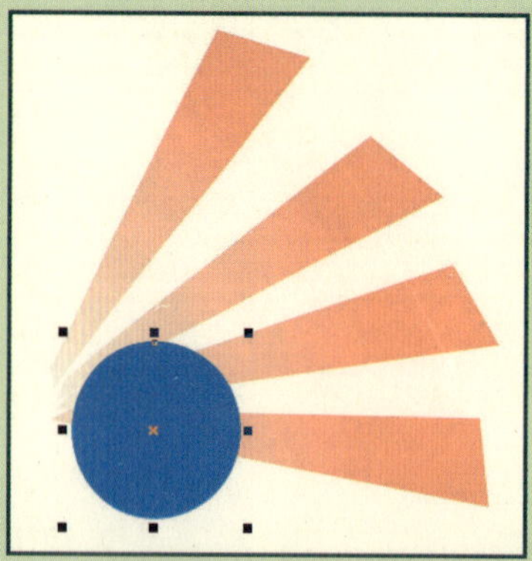

图 7-40 绘制“蓝色”正圆图形

图 7-41 复制图形并填充颜色

Step 11 单击工具箱中的【选择工具】，框选制作的“正圆”图形，按【Ctrl+G】键“群组”图形，并移动复制图形，分别调整大小位置如图 7-42 所示。

Step 12 框选制作的“正圆”图形和“渐变”图形，按【Ctrl+G】键“群组”图形，并执行【效果】→【精确裁剪】→【放置在容器中】命令，将图形放置到“圆角矩形”图形中，调整位置如图 7-43 所示。

Step 13 单击工具箱中的【螺旋形工具】，在窗口中拖动鼠标，绘制螺旋形线条。单击工具箱中的【选择工具】，设置属性栏上的【轮廓宽度】2.0 mm 为 0.8mm，并填充线条颜色为“白色”，如图 7-44 所示。

Step 14 单击工具箱中的【文本工具】，在“白色”线条上单击鼠标，并输入“黄色”文字，如图 7-45 所示。

图 7-42　移动复制图形

图 7-43　执行【放置在容器中】命令

图 7-44　填充线条颜色

图 7-45　输入“黄色”文字

提　示 >>

输入文字后，单击工具箱中的【选择工具】，可以通过拖动文字下方的“红色”调节点，调整文字位置。

Step 15 单击工具箱中的【文本工具】，在空白区域输入文字，如图 7-46 所示。

Step 16 单击工具箱中的【形状工具】，通过拖动文字下方的“白色”调节点，调整文字位置如图 7-47 所示。

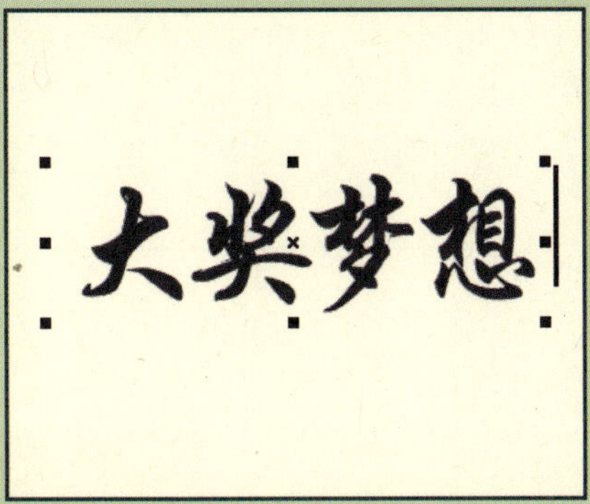

图 7-46　输入文字

图 7-47　调整文字位置

Step 17 按【Ctrl+Q】键，将文字转换为曲线图形，并使用【形状工具】，调整文字的形状如图 7-48 所示。

Step 18 按【F11】键，打开【渐变填充方式】对话框，选择【类型】中的“线性”，设置【角度】参数为“90”，设置【边界】参数为“0”，在【颜色调和】选项中选择“双色”

单选框，分别设置【从】的颜色为：黄色（C：0；M：0；Y：100；K：0），设置【到】的颜色为：橘红色（C：0；M：100；Y：100；K：0），如图7-49所示。

图7-48 调整文字的形状

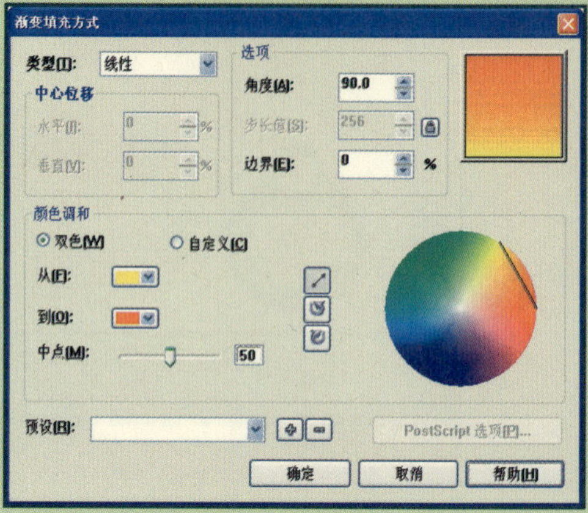

图7-49 调整渐变色

Step 19 填充渐变色后，并填充文字图形的边框为“黄色”，如图7-50所示。

Step 20 单击工具箱中的【选择工具】，将文字图形拖动到“红色”图形中，单击工具箱中的【交互式阴影工具】，在文字上拖动鼠标，制作“阴影”效果，并在属性栏上设置“阴影的不透明度”为50，“阴影羽化”为5，如图7-51所示。

图7-50 填充文字边框颜色

图7-51 制作“阴影”效果

Step 21 单击工具箱中的【矩形工具】，在图形上分别绘制“橘红色”和“蓝色”矩形图形，如图7-52所示。

Step 22 单击工具箱中的【选择工具】，选择“橘红色”矩形图形，按键盘上的【+】键“复制”图形，并填充图形颜色为“白色”，如图7-53所示。

图7-52 绘制矩形图形

图7-53 复制图形并填充颜色

Step 23 单击工具箱中的【交互式透明工具】，在图形中拖动鼠标，制作透明效果如图 7-54 所示。

Step 24 单击工具箱中的【选择工具】，并移动复制“白色”透明图形，并分别调整位置如图 7-55 所示。

图 7-54 制作透明效果

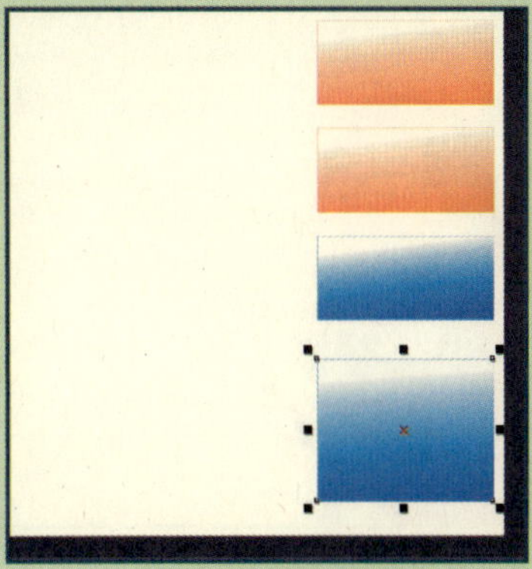

图 7-55 复制“白色”透明图形

Step 25 单击工具箱中的【矩形工具】，在图形上绘制“绿色”矩形图形，如图 7-56 所示。

Step 26 单击工具箱中的【选择工具】，并按住【Shift】键，平行移动复制图形，效果如图 7-57 所示。

图 7-56 绘制“绿色”矩形图形

图 7-57 平行移动复制图形

Step 27 单击属性栏上的“导入”按钮，导入素材“广告照片 1、广告照片 2、广告照片 3、广告照片 4.tif”图片，如图 7-58、图 7-59、图 7-60、图 7-61 所示。

图 7-58 广告照片 1

图 7-59 广告照片 2

图 7-60 广告照片 3

Step 28 执行【效果】→【精确裁剪】→【放置在容器中】命令，将素材图片分别放置到“绿色”矩形图形中，调整位置如图 7-62 所示。

Step 29 单击工具箱中的【文本工具】，在图形上拖动鼠标，绘制“文本框”，并在文本框中输入文字信息，如图 7-63 所示。

图 7-61　广告照片 4

图 7-62　执行【放置在容器中】命令

Step 30 用同样的方法，在图形中分别输入文字信息，并使用【椭圆工具】，在图形上绘制“橘红色”正圆图形，如图 7-64 所示。

图 7-63　输入文字信息

图 7-64　输入其他文字与绘制正圆

Step 31 单击工具箱中的【选择工具】，选择文本框，单击属性栏上的【显示项目符号】按钮 ☰，为文字添加项目符号，并单击属性栏上的【水平对齐】下拉按钮，在弹出的列表中选择“居中对齐”命令，效果如图 7-65 所示。

Step 32 用同样的方法，调整其他文本框文字，制作完成后的最终效果，如图 7-66 所示。

图 6-65　设置文本框属性

图 6-66　最终效果

7.2.2 促销广告

本例将制作效果如图6-67所示的促销广告。通过本例的制作，主要练习【文本工具】、【形状工具】、【手绘工具】、【艺术笔工具】、【矩形工具】等工具的配合使用。

图7-67 最终效果

Step 01 执行【文件】→【新建】命令或按【Ctrl+N】键创建新文件。单击工具箱中的【矩形工具】，在窗口中绘制“绿色”矩形图形，如图7-68所示。

Step 02 单击工具箱中的【矩形工具】，在图形上绘制矩形图形，填充颜色如图7-69所示。

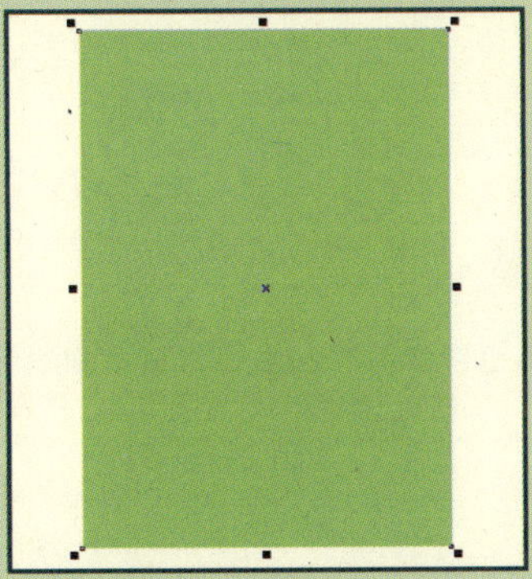

图7-68 绘制“绿色”矩形图形

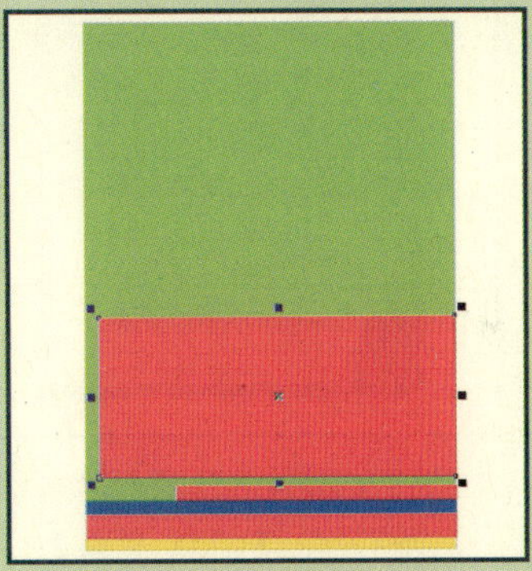

图7-69 绘制矩形图形

Step 03 单击工具箱中的【形状工具】，按【Ctrl+Q】键，将矩形图形转换为曲线，并调整图形如图7-70所示。

Step 04 单击工具箱中的【矩形工具】，在图形中绘制“白色”图形，用同样的方法，将图形转换为曲线，并调整形状如图7-71所示。

图7-70 将矩形图形转换为曲线并调整

图7-71 将白色图形转换为曲线并调整

Step 05 单击工具箱中的【手绘工具】，在空白区域绘制图形，并填充颜色为“深紫色”，如图 7-72 所示。

Step 06 单击工具箱中的【选择工具】，旋转复制图形，并分别填充颜色如图 7-73 所示。

图 7-72 绘制“深紫色”图形

图 7-73 旋转复制图形

Step 07 框选复制的图形，单击工具箱中的【交互式透明工具】，在图形中拖动鼠标，制作透明效果，如图 7-74 所示。

Step 08 单击工具箱中的【文本工具】，在“白色”图形上分别输入文字，如图 7-75 所示。

图 7-74 制作透明效果

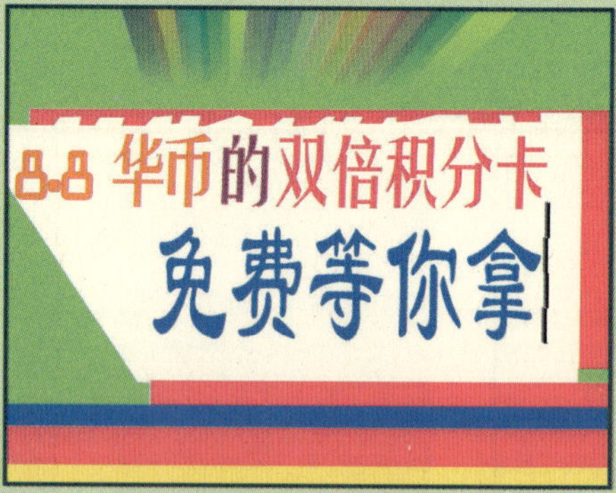

图 7-75 分别输入文字

Step 09 单击工具箱中的【选择工具】，两次单击文字，使文字的编辑框呈旋转状态，并拖动左右移动节点，分别斜切文字如图 7-76 所示。

Step 10 单击工具箱中的【艺术笔工具】，在属性栏上单击【画笔】按钮，选择【笔触列表】中的画笔样式，在“白色”图形上绘制图形，并填充图形颜色为“粉红”，如图 7-77 所示。

图 7-76 斜切文字

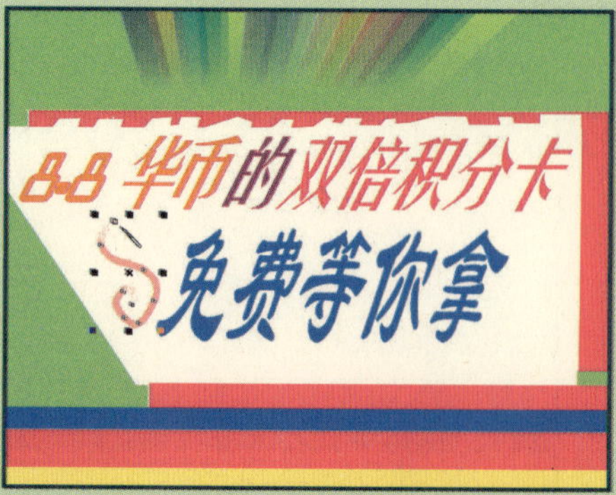

图 7-77 绘制图形

Step 11 单击工具箱中的【选择工具】，按键盘上的【+】键“复制”图形，并单击属性栏上的【镜像】按钮，水平翻转图形，调整位置如图 7-78 所示。

Step 12 单击工具箱中的【艺术笔工具】，在属性栏上单击【画笔】按钮，选择【笔触列表】中的画笔样式，在空白区域绘制图形，并填充图形颜色为“黄色”，如图 7-79 所示。

图 7-78 复制图形

图 7-79 绘制图形

Step 13 单击工具箱中的【选择工具】，将绘制的图形拖动到“绿色”矩形中，并复制多个图形，分别调整大小位置如图 7-80 所示。

Step 14 单击工具箱中的【文本工具】，在空白区域输入文字，如图 7-81 所示。

图 7-80 分别调整大小位置

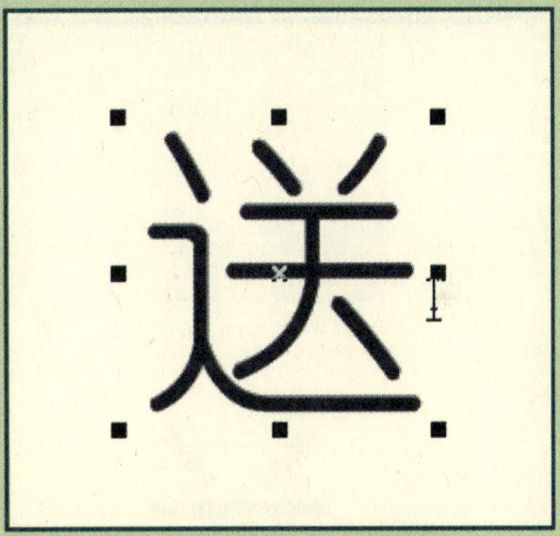

图 7-81 输入文字

Step 15 单击工具箱中的【形状工具】，按【Ctrl+Q】键，将文字转换为曲线图形，并删除部分文字笔画，如图 7-82 所示。

Step 16 使用【形状工具】，调整文字图形的形状如图 7-83 所示。

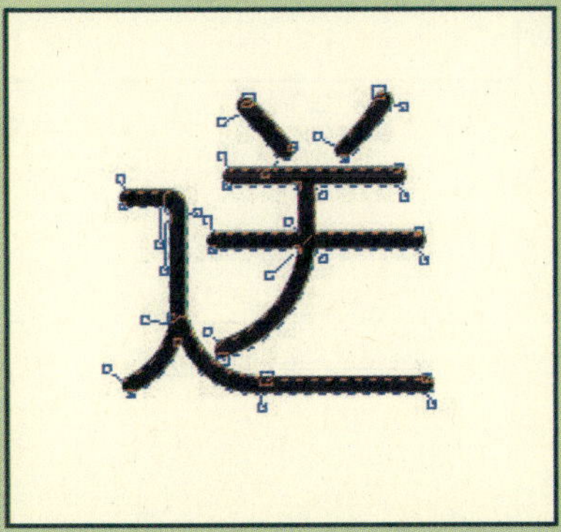

图 7-82 删除部分文字笔画

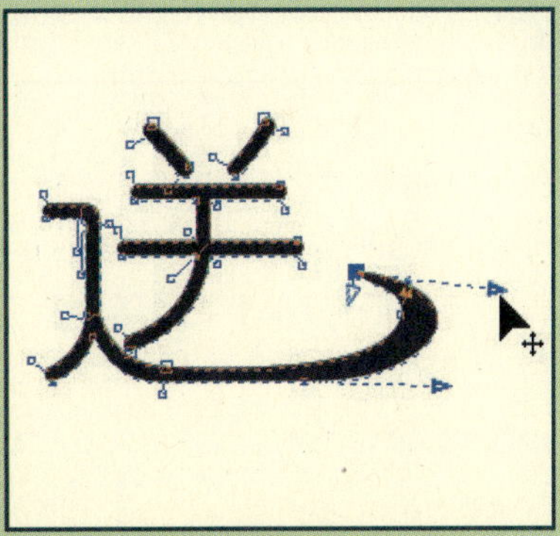

图 7-83 调整文字图形的形状

Step 17 单击工具箱中的【椭圆工具】，在文字图形上绘制“黄色”椭圆图形如图 7-84 所示。

Step 18 按【F11】键，打开【渐变填充方式】对话框，选择【类型】中的“射线”，设置【水平】参数为“－21”，设置【垂直】参数为“25”，设置【边界】为“0”，在【颜色调和】选项中选择“自定义”单选框，分别设置：

位置：0　　颜色（C：0；M：60；Y：100；K：0）；
位置：57　　颜色（C：0；M：0；Y：97；K：0）；
位置：100　　颜色（C：0；M：0；Y：0；K：0）。

单击【确定】按钮，如图 7-85 所示。

图 7-84　绘制“黄色”椭圆图形

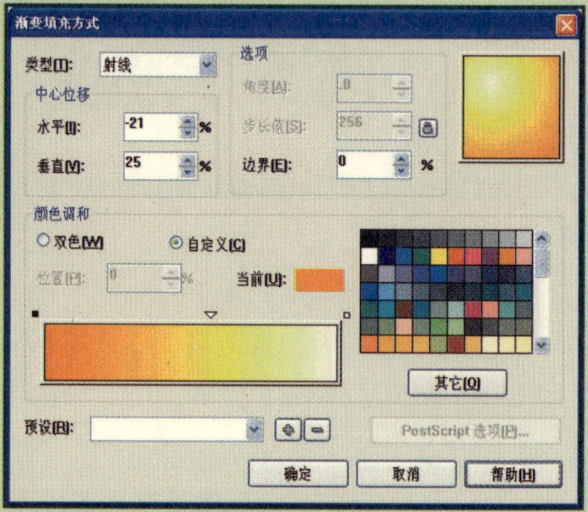

图 7-85　设置渐变参数

Step 19 渐变填充图形后，单击工具箱中的【选择工具】，移动复制图形如图 7-86 所示。

Step 20 选择“黑色”文字图形，填充颜色为“黄色”，并框选文字和椭圆图形，按【Ctrl+G】键“群组”图形，如图 7-87 所示。

图 7-86　移动复制图形

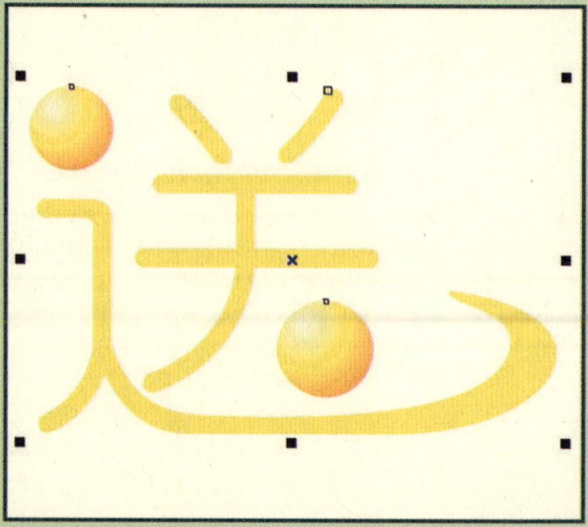

图 7-87　填充图形颜色

Step 21 单击工具箱中的【选择工具】，将文字图形移动到“绿色”矩形图形中，并旋转图形如图 7-88 所示。

Step 22 单击工具箱中的【手绘工具】，在文字后面绘制“深红色”图形，如图 7-89 所示。

Step 23 单击工具箱中的【选择工具】，复制“深红色”图形，并填充颜色为“黄色”，调整大小位置如图 7-90 所示。

Step 24 移动复制文字图形，并分别更改文字颜色，制作完成后的最终效果如图 7-91 所示。

图 7-88　旋转图形

图 7-89　绘制“深红色”图形

图 7-90　复制图形并填充颜色

图 7-91　最终效果

7.2.3 食品杂志简介

本例将制作一张食品杂志简介，如图 7-92 所示。其中主要运用了【文本工具】、【矩形工具】、【复杂星形工具】、【裁切工具】等，制作出一幅丰富多彩的食品杂志简介设计，具体的制作方法和操作技巧以下实例将为读者详细讲解。

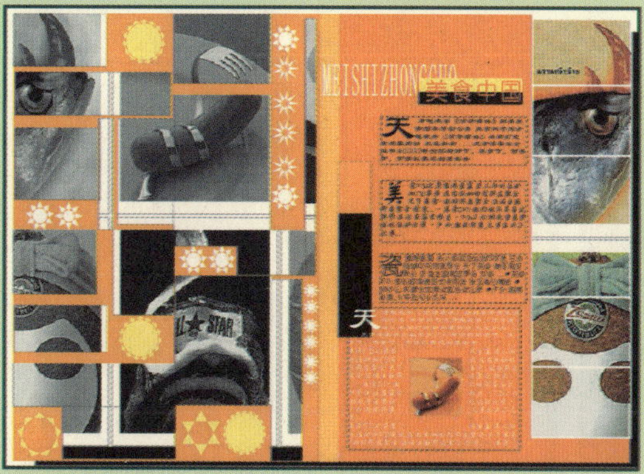

图 7-92　最终效果

Step 01 执行【文件】→【新建】命令或按【Ctrl+N】键创建新文件。单击工具箱中的【矩形工具】，在窗口中分别绘制矩形图形，如图 7-93 所示。

Step 02 用同样的方法，在空白区域绘制多个“黑色”矩形，并单击工具箱中的【选择工具】，框选绘制的“黑色”矩形图形，按【Ctrl+G】键“群组”图形，如图 7-94 所示。

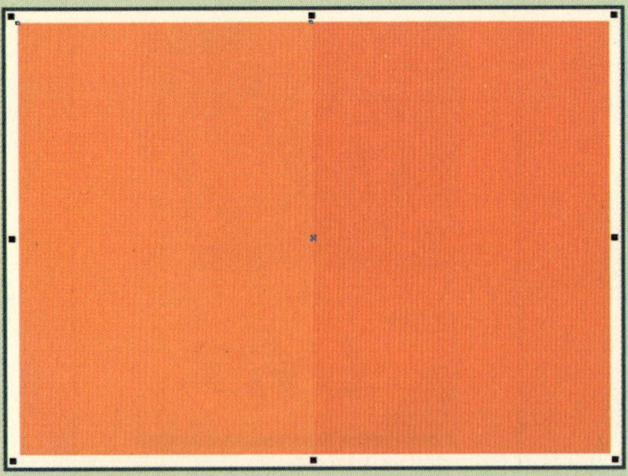

图 7-93　绘制矩形图形

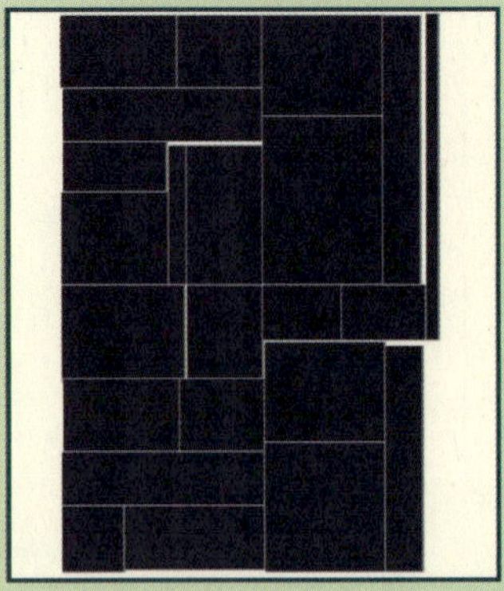

图 7-94　绘制“黑色”矩形图形

Step 03 单击属性栏上的“导入”按钮，导入素材“创意广告.tif”图片，如图 7-95 所示。

Step 04 执行【位图】→【模式】→【灰度】命令，将素材图片转换成黑白色，如图 7-96 所示。

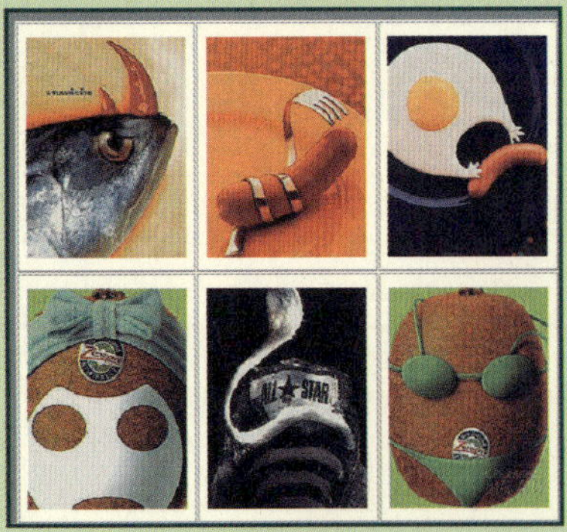

图 7-95　导入素材图片

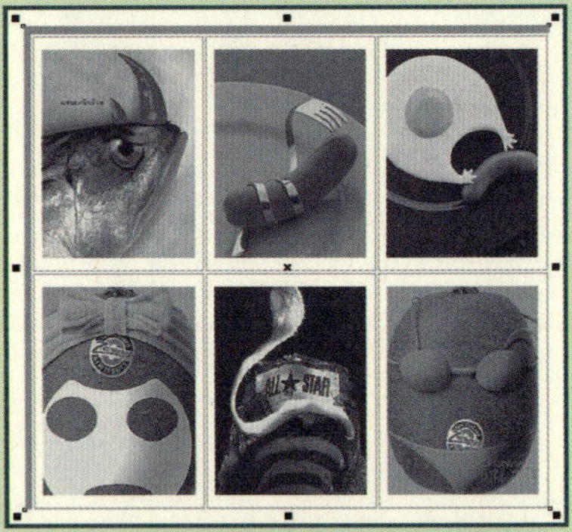

图 7-96　执行【灰度】命令

Step 05 执行【效果】→【精确裁剪】→【放置在容器中】命令，将素材图片放置到“黑色”矩形图形中，调整位置如图 7-97 所示。

Step 06 单击工具箱中的【选择工具】，将图形拖动到“橘黄色”图形中，调整位置如图 7-98 所示。

图 7-97　执行【放置在容器中】命令

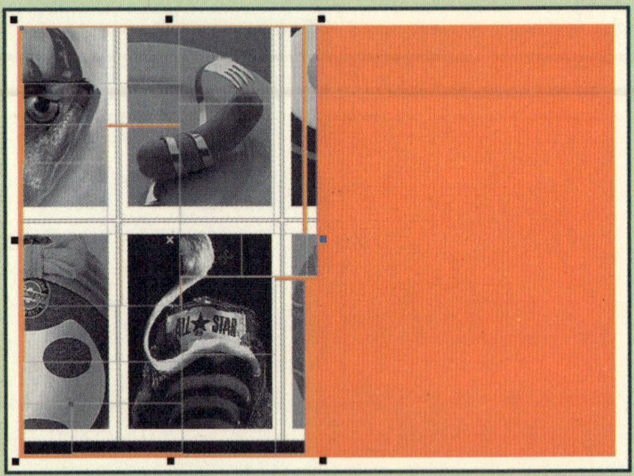

图 7-98　调整图形位置

Step 07 按【Ctrl+U】键，取消“群组”图形，并分别调整各图形的位置如图 7-99 所示。

Step 08 用同样的方法，导入素材图片，并将素材图片放置到矩形图形中，调整位置如图 7-100 所示。

图 7-99 分别调整各图形的位置

图 7-100 导入图片并放置到矩形图形中

Step 09 单击工具箱中的【矩形工具】，在图形上分别绘制矩形图形，如图 7-101 所示。

Step 10 单击工具箱中的【复杂星形工具】，设置属性栏上的【复杂星形边数】为 15，设置【复杂星形尖角】为 2，在图形上拖动鼠标绘制星形图形，并填充图形颜色为“黄色”，如图 7-102 所示。

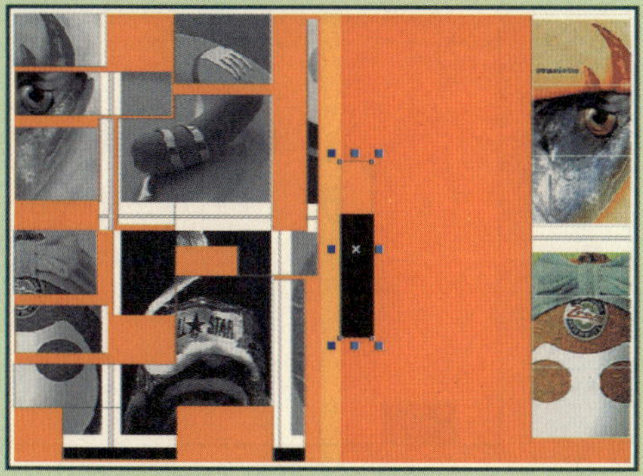

图 7-101 绘制矩形图形

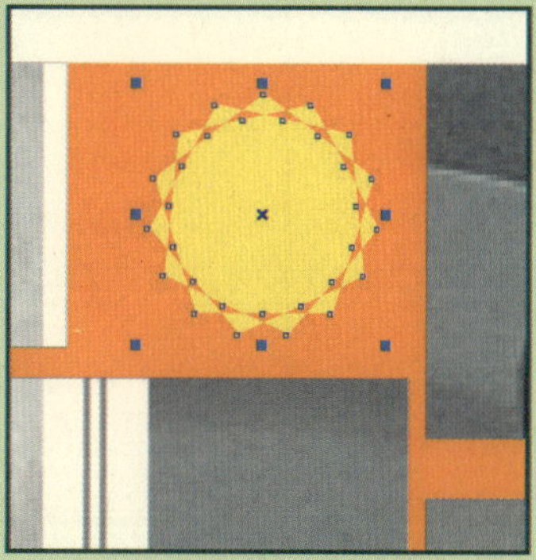

图 7-102 绘制星形图形

Step 11 用同样的方法，单击工具箱中的【复杂星形工具】，在属性栏上分别设置不同的【复杂星形边数】，并在图形上绘制不同的复杂星形如图 7-103 所示。

Step 12 单击工具箱中的【文本工具】，在图形中单击鼠标，输入美术文字，并填充文字颜色为白色，如图 7-104 所示。

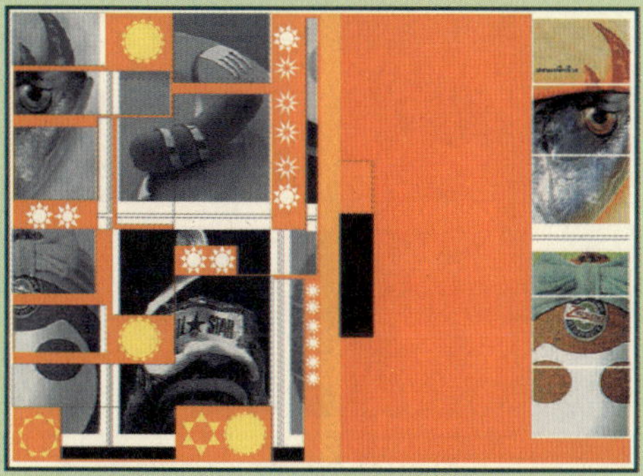

图 7-103 绘制其他复杂星形

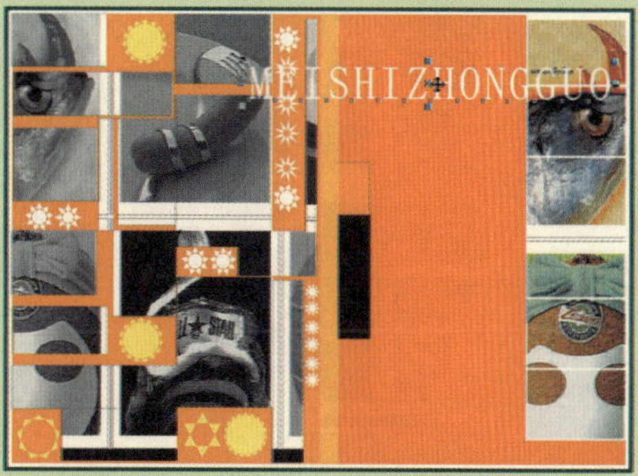

图 7-104 输入美术文字

Step 13 单击工具箱中的【选择工具】，拖动文字的编辑框，调整文字大小如图 7-105 所示。

Step 14 单击工具箱中的【矩形工具】，在图形分别绘制“黄色”和“黑色”矩形图形，并单击工具箱中的【文本工具】，输入“红色”文字，如图 7-106 所示。

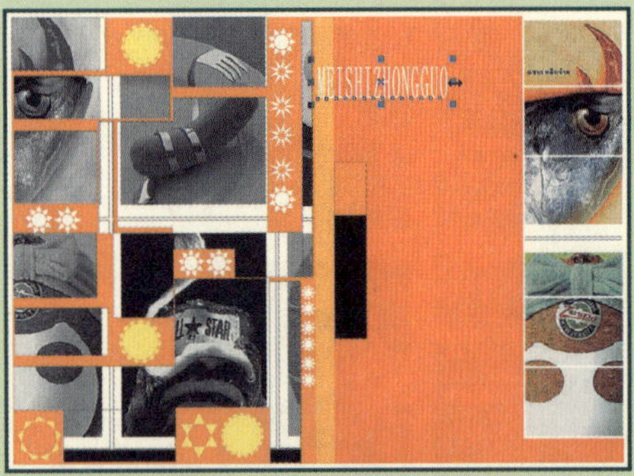

图 7-105　调整文字大小

图 7-106　输入“红色”美术文字

Step 15 单击工具箱中的【文本工具】，在空白区域拖动鼠标，绘制“文本框”，并在文本框中输入文字信息，如图 7-107 所示。

Step 16 单击工具箱中的【选择工具】，单击属性栏上的【显示首字下沉】按钮，将文本框中的第一个文字放大，如图 7-108 所示。

图 7-107　输入文本框文字

图 7-108　显示首字下沉

Step 17 用同样的方法，单击工具箱中的【文本工具】，分别输入文本框文字，并单击【显示首字下沉】按钮，如图 7-109 所示。

Step 18 用同样的方法，导入素材图片，并单击工具箱中的【裁切工具】，在素材图片中绘制裁切框，如图 7-110 所示，双击裁切框即可确定。

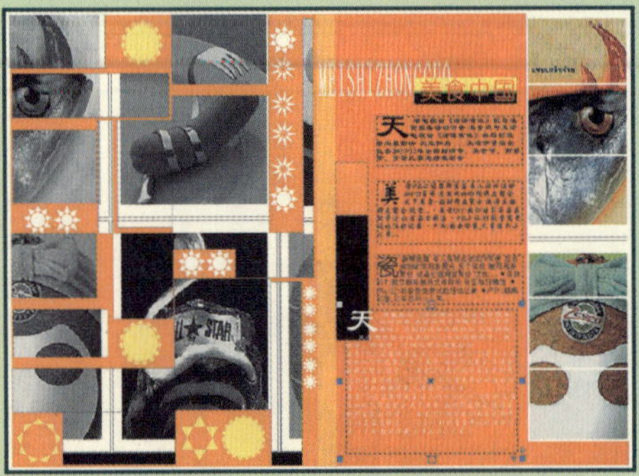

图 7-109　输入文本框文字

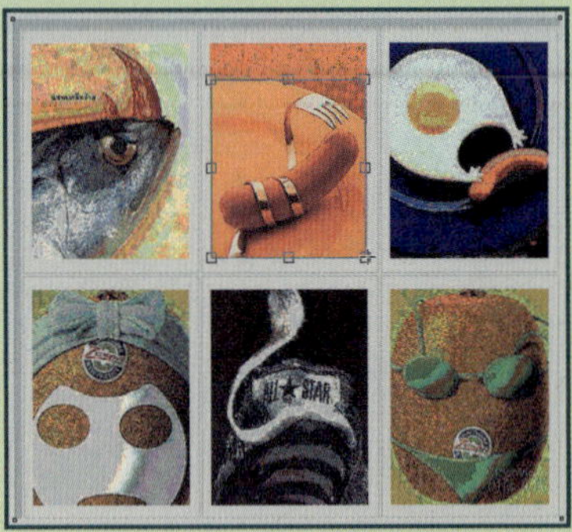

图 7-110　裁切图片

提 示 >>

在裁切图片时，首先使用【选择工具】，选择需要裁切的对象，然后再进行裁切，否则【裁切工具】将对整个窗口进行裁切。

Step 19 单击属性栏上的【段落文本换行】按钮的下拉按钮，并在弹出的下拉列表中单击【跨式文本】按钮，如图 7-111 所示，单击【确定】按钮。

Step 20 设置属性栏参数后，将裁切的图片拖动到文本框中，文字将自动围绕图片，制作完成后的最终效果，如图 7-112 所示。

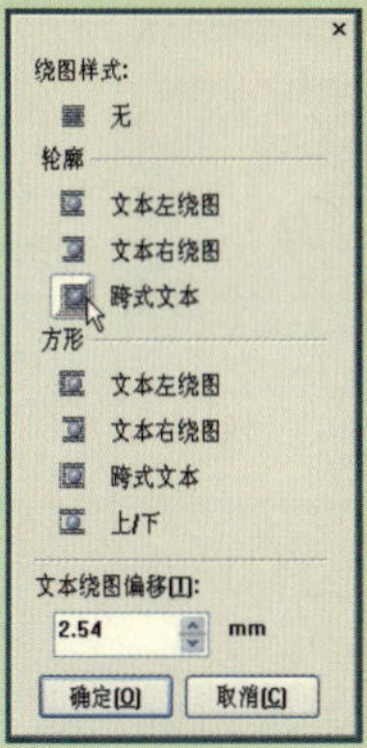

图 7-111　设置【段落文本换行】参数

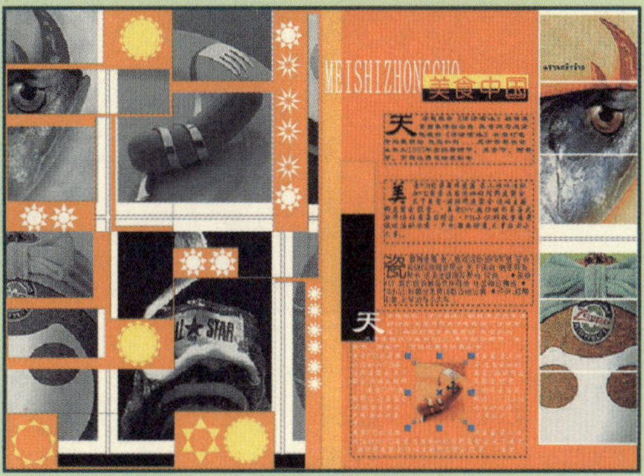

图 7-112　最终效果

7.2.4 时尚杂志目录

本例将制作一张时尚杂志目录，如图 7-113 所示。其中主要运用了【文本工具】、【矩形工具】、【纹理填充】等，重点讲解了文字排版和“文本文字”与“美术字”的区分，具体的操作步骤以下实例将为读者讲解。

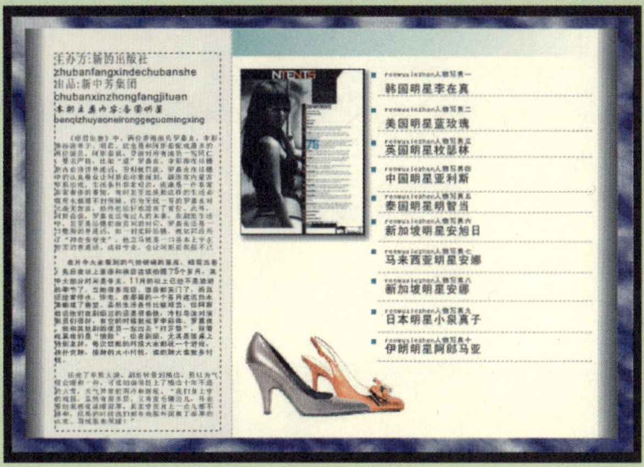

图 7-113　最终效果

Step 01 执行【文件】→【新建】命令或按【Ctrl+N】键创建新文件。单击工具箱中的【矩形工具】，在窗口中绘制“黑色”矩形图形，按键盘上的【+】键“复制”图形，填充颜色为“绿色”，并调整大小如图 7-114 所示。

Step 02 单击工具箱中的【纹理填充对话框】，打开【底纹填充】对话框，在对话框中设置【底纹库】为样本7，选择【底纹列表】中的“极地表面”填充样式，设置【阴影】的颜色为：黑色（C：0；M：0；Y：0；K：100），设置【中 - 阴影】的颜色为：深紫色（C：96；M：95；Y：2；K：0），设置【光】的颜色为白色，设置其他参数如图 7-115 所示。

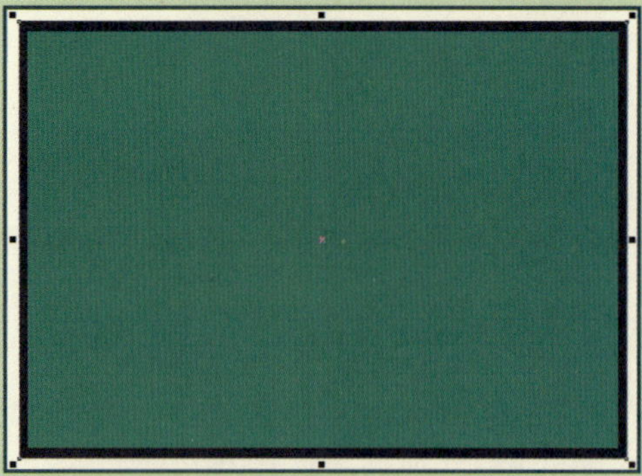

图 7-114　绘制矩形图形

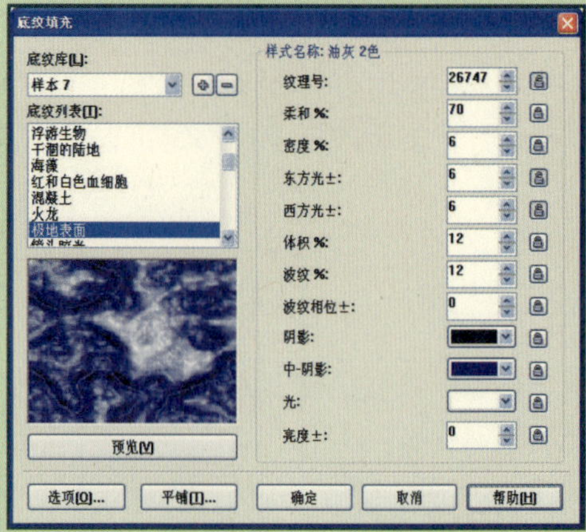

图 7-115　设置【底纹填充】参数

Step 03 填充图形纹理后的效果，如图 7-116 所示。

Step 04 单击工具箱中的【矩形工具】，在图形中绘制“白色”矩形图形，如图 7-117 所示。

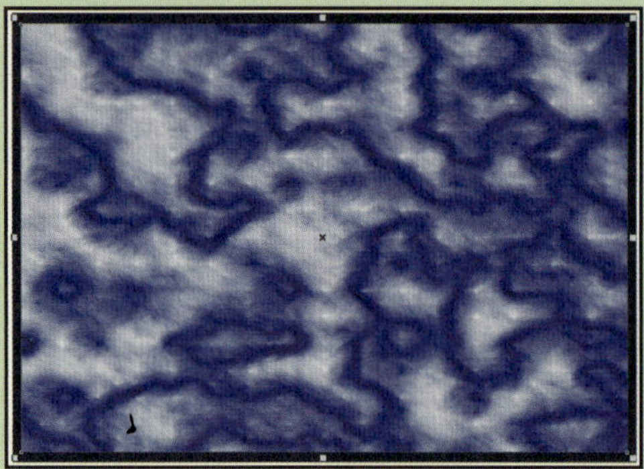

图 7-116　填充图形纹理后的效果

图 7-117　绘制“白色”矩形图形

Step 05 用同样的方法，使用工具箱中的【矩形工具】，分别绘制矩形图形，并分别填充颜色如图 7-118 所示。

Step 06 单击工具箱中的【交互式透明工具】，在“绿色”图形中拖动鼠标，制作透明效果，如图 7-119 所示。

图 7-118　分别绘制矩形图形

图 7-119　制作透明效果

Step 07 单击属性栏上的“导入”按钮，导入素材“韩国明星.tif”图片，如图 7-120 所示。

Step 08 单击工具箱中的【选择工具】，将素材图片拖动到“白色”矩形图形中，并单击工具箱中的【交互式阴影工具】，在素材图片上拖动鼠标添加“阴影”效果，在属性栏上设置“阴影的不透明度”为 50，“阴影羽化”为 5，效果如图 7-121 所示。

图 7-120 导入素材图片

图 7-121 制作“阴影”效果

Step 09 单击属性栏上的“导入”按钮，导入素材“高跟鞋 1.psd、高跟鞋 2.psd”图片，如图 7-122 和图 7-123 所示。

图 7-122 高跟鞋 1

图 7-123 高跟鞋 2

Step 10 单击工具箱中的【选择工具】，分别将素材图片拖动到“白色”矩形图形中，分别调整大小位置如图 7-124 所示。

Step 11 单击工具箱中的【文本工具】，在空白区域拖动鼠标，绘制“文本框”，并在文本框中输入文字信息，如图 7-125 所示。

图 7-124 调整素材图片大小位置

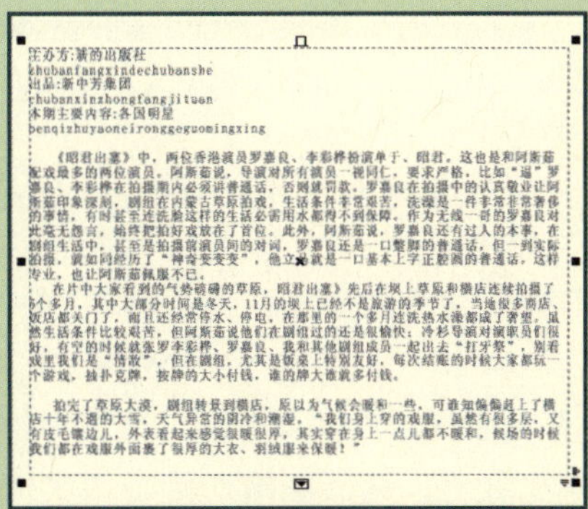

图 7-125 输入文字信息

Step 12 使用工具箱中的【文本工具】，在文本框中选中段落文字，并在属性栏上更改“字体”为黑体，如图 7-126 所示。

Step 13 用同样的方法，分别更改文本框中的文字大小和字体，效果如图 7-127 所示。

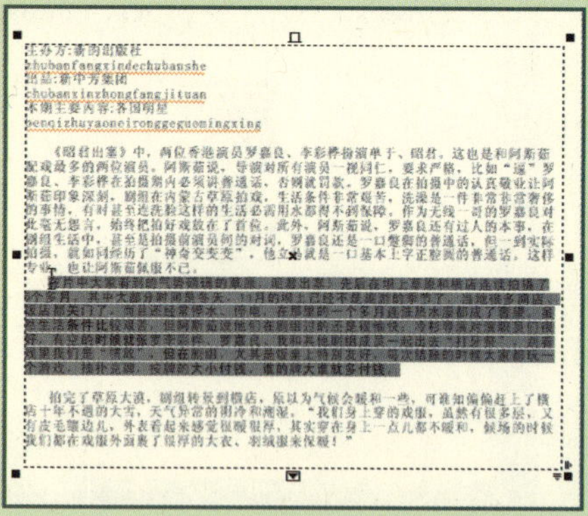

图 7-126　更改文字“字体”

图 7-127　更改其他文字大小和字体

Step 14 单击工具箱中的【选择工具】，将文本框拖动到图形中，并通过拖动文本框的编辑框调整文本框大小，如图 7-128 所示。

提 示 >>

通过调整文本框后，文本框中的文字大小将不会改变，同时文本框中的文字将随着文本框的改变而自动排列。

Step 15 使用工具箱中的【矩形工具】和【手绘工具】，在图形中绘制“蓝色”矩形点和“虚线”图形，如图 7-129 所示。

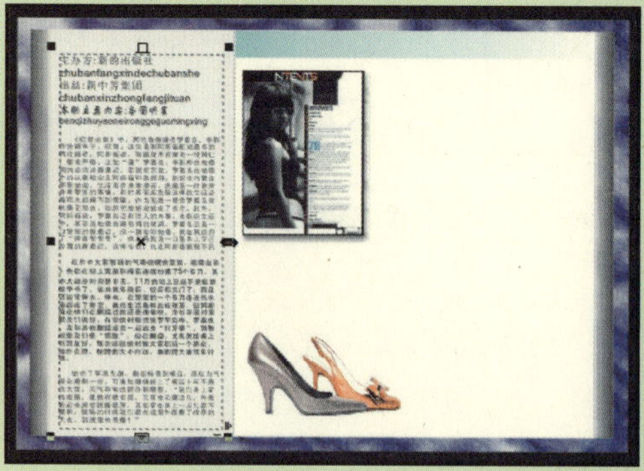

图 7-128　调整文本框大小

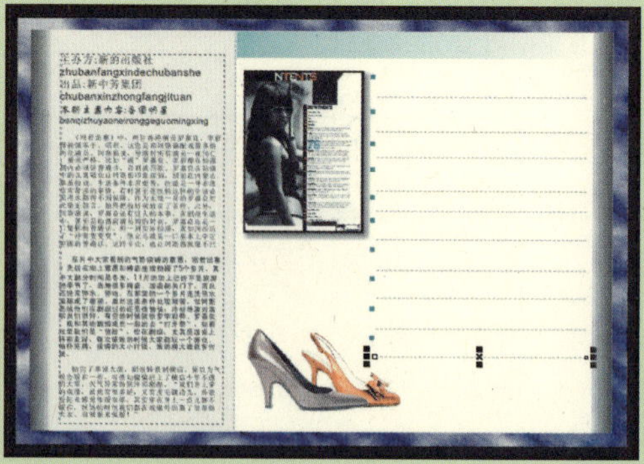

图 7-129　绘制“蓝色”矩形点和“虚线”图形

Step 16 单击工具箱中的【文本工具】，在“白色”图形中单击鼠标，输入美术文字，并单击工具箱中的【选择工具】，设置属性栏上的“字体”为黑体，设置“字体大小”为 8pt，调整后如图 7-130 所示。

Step 17 用同样的方法，单击工具箱中的【文本工具】，在“白色”图形中输入美术文字，单击工具箱中的【选择工具】，设置属性栏上的“字体”为黑体，并拖动美术文字的编辑框调整文字大小，如图 7-131 所示。

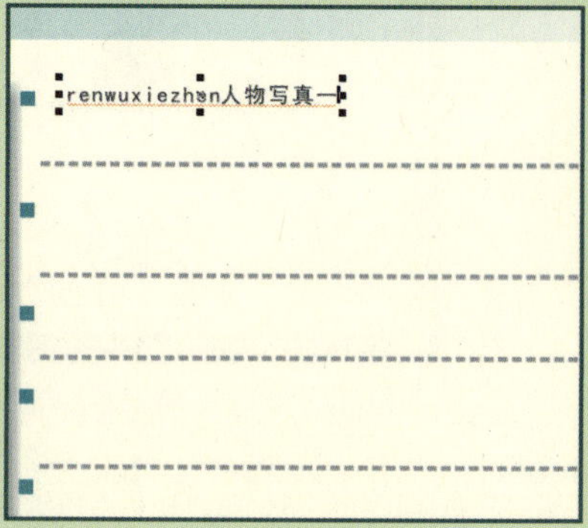

图 7-130　输入文字并调整大小

Step 18 用同样的方法，使用【文本工具】，在“白色”矩形图形中分别输入美术文字，制作完成后的最终效果如图 7-132 所示。

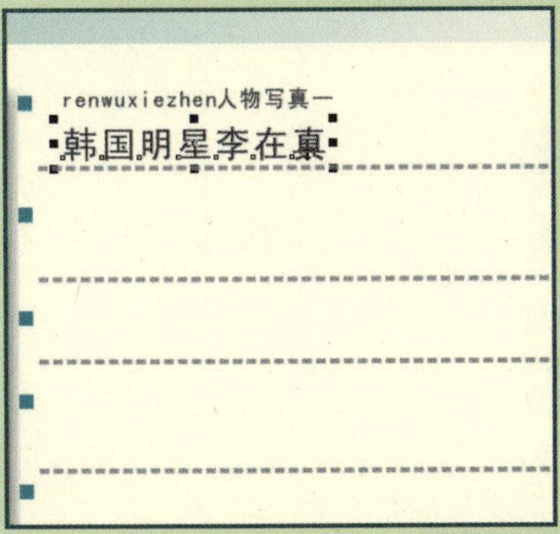

图 7-131 输入美术文字并调整大小

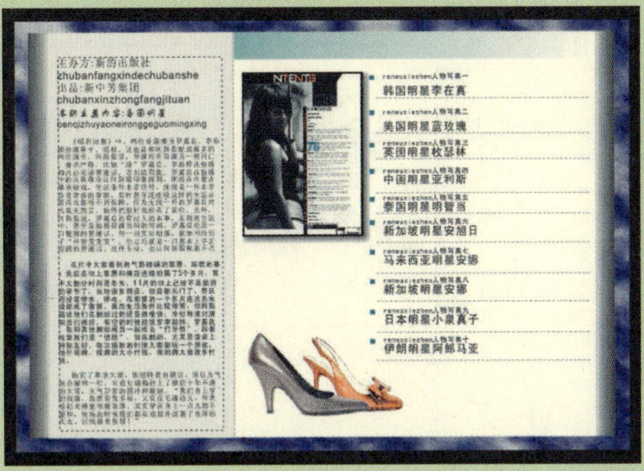

图 7-132 最终效果

7.3 提高——自己动手练

通过几个实例的讲解之后，读者应该对美术文本和段落文本的使用方法有了更深入的认识。如果要真正了解并使用，还应多加练习。

7.3.1 制作文字爆炸效果

本例是文字爆炸效果的制作，最终效果如图 7-133 所示。

图 7-133 最终效果

Step 01 按【F8】键，输入文字“爆炸”，如图 7-134 所示。改变字体为华文细黑，颜色为橘红色，如图 7-135 所示。

图 7-134 输入文字

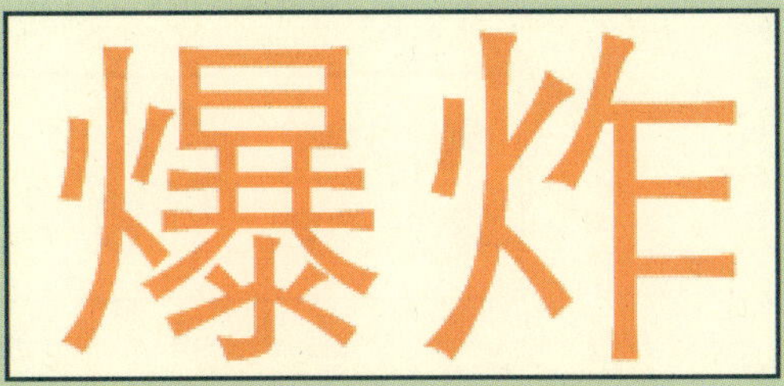

图 7-135 改变字体和颜色

Step 02 单击工具箱中的【交互式变形工具】，再单击属性栏中的【推拉变形按钮】。在属性栏的拉链失真振幅增量框中输入数值 12。

Step 03 在文字上单击鼠标左键，得到如图 7-136 所示的效果。这样，花边字的制作就完成了，最终效果如图 7-133 所示。

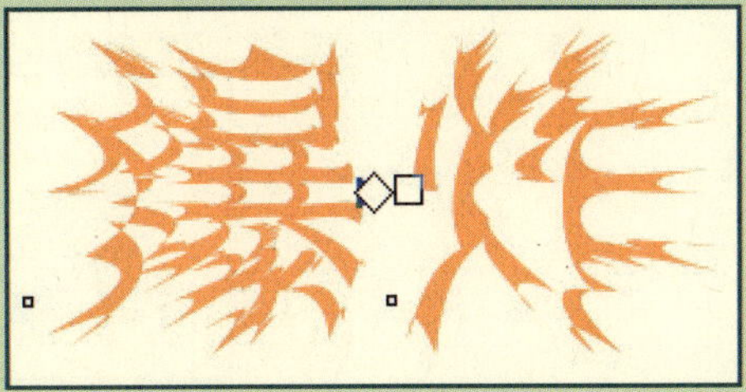

图 7-136 变形效果

7.3.2 立体透视字

本例是一个立体透视字的制作，最终效果如图 7-137 所示。

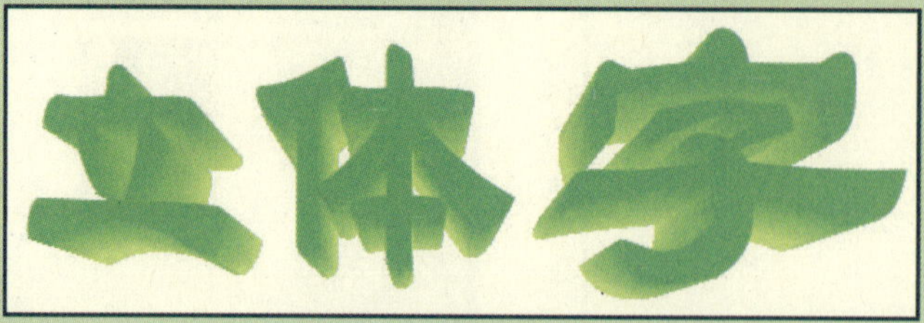

图 7-137 最终效果

Step 01 按【F8】键，输入文字“立体字”，字体为方正综艺简体，填充文字颜色为绿色，如图 7-138 所示。

图 7-138 输入文字

Step 02 单击工具箱中的的【交互式立体化工具】，选中文字，从文字上按住鼠标左键向下拖动，拖动到图 7-139 中 ✕ 符号所在的位置后释放鼠标，即可创建立体化效果。

Step 03 单击属性栏中【立体化颜色】按钮，在弹出的面板中单击【使用递减的颜色】按钮，设置立体色为从酒绿色到嫩苗色，如图 7-140 所示，此时文字变为如图 7-141 所示的效果。

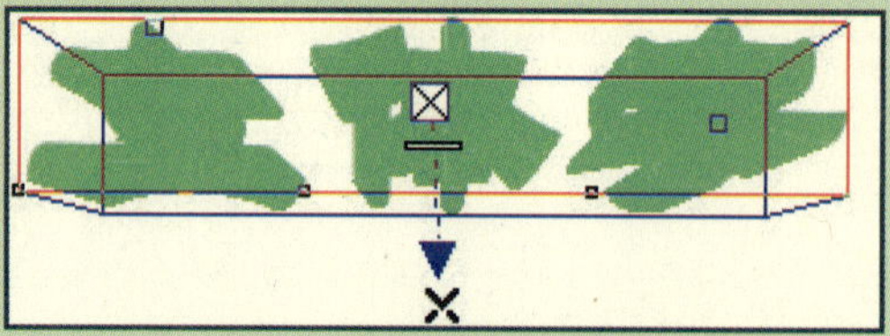

图 7-139 立体化效果

图 7-141 立体效果

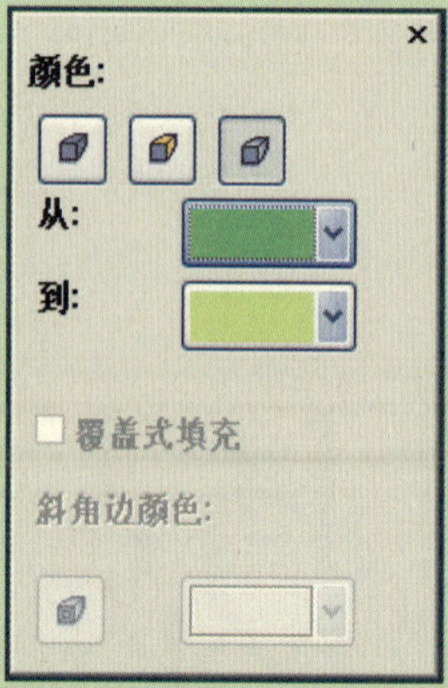

图 7-140 “立体化颜色”面板

Step 04 选中文字，执行【效果】→【添加透视点】命令，拖动节点调整文字效果如图 7-142 所示。这样，本例的制作就完成了，最终效果如图 7-137 所示。

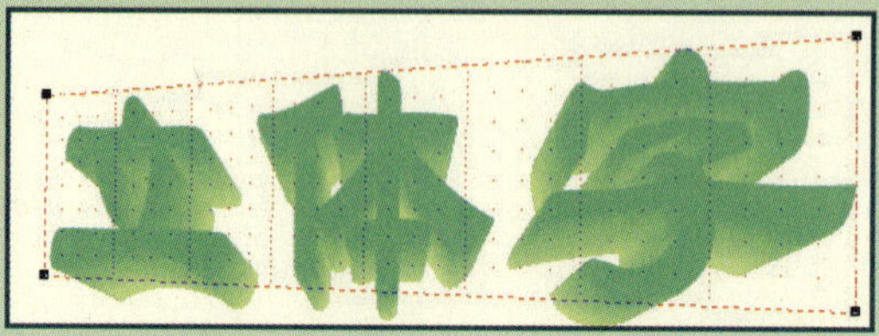

图 7-142 透视效果

第 8 章 绘制插画

本章要点

- 插画——美丽的家园
  - 绘制草地
  - 绘制天空
  - 绘制别墅
  - 制作栅栏
  - 制作绿树
- 插画——美丽的海滨
  - 绘制卡通画的大背景
  - 制作草地中的绿色植物和长椅
  - 制作水波和波光
  - 绘制山脉
  - 制作太阳、云彩和海鸟

8.1 插画——美丽的家园

本例将带领读者使用造型工具（【贝塞尔工具】和【形状工具】）绘制一幅精美、漂亮的插画——美丽的家园，完成后的最终效果如图 8-1 所示。通过对本例的练习，可以提高读者的造型能力，可以学习到如何利用【渐变填充工具】制作草地、天空和太阳等，还可以学习到如何用透明工具制作云彩效果。只要读者有耐心地一步步参照作品制作，即可轻松地绘制出这幅漂亮、时尚的卡通画来。

图 8-1　效果图

8.1.1 绘制草地

Step 01 执行【文件】→【新建】命令，在属性栏中设置页面的宽为 365mm、高度为 270mm，按回车键确定，新建一个页面，如图 8-2 所示。

Step 02 单击【贝塞尔工具】，沿页面下部绘制一个封闭图形作为插画的草地，并用【形状工具】对其形状作调整，如图 8-3 所示。

图 8-2　新建页面

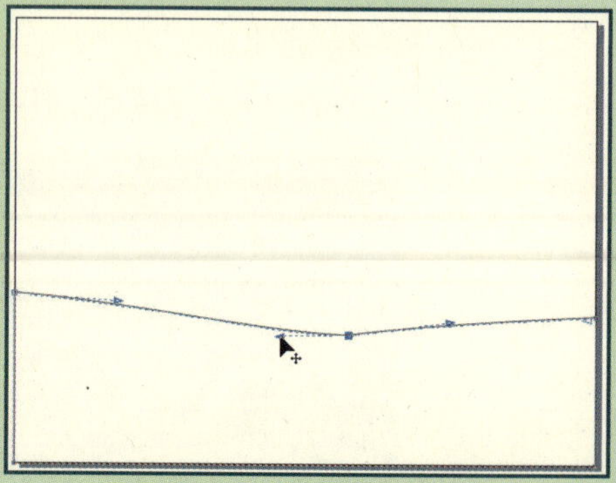

图 8-3　绘制草地图形

Step 03 选择【草地】图形，单击【渐变工具】，在弹出的【渐变填充方式】对话框中设置渐变【类型】为【线性】，【颜色调和】方式为【自定义】，渐变【角度】为 90，【边界】值为 5，如图 8-4 所示，主要渐变点的位置和颜色参数设置如下：

位置：0	颜色：（C：61；M：4；Y：100；K：0）；	
位置：76	颜色：（C：18；M：1；Y：93；K：0）；	
位置：100	颜色：（C：17；M：0；Y：93；K：0）。	

Step 04 单击【确定】按钮，即填充“草地”图形，然后去除轮廓，如图 8-5 所示；再用【贝塞尔工具】结合【形状工具】，在草地图形的下部绘制另一块封闭的草地图形。

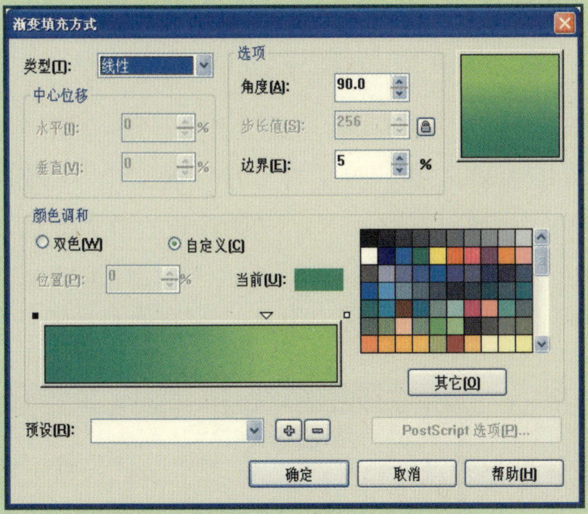

图 8-4 【渐变填充方式】对话框

图 8-5 绘制另一块草地图形

Step 05 选择另一块草地图形，同样对其执行“线性 - 自定义”渐变填充，对话框设置如图 8-6 所示，主要渐变点的位置和颜色参数设置如下：

位置：0	颜色：（C：61 M：4；Y：100；K：0）；
位置：66	颜色：（C：27； M：2；Y：94；K：0）；
位置：100	颜色：（C：22； M：2；Y：93；K：0）。

Step 06 单击【确定】按钮，填充草地图形，然后去除轮廓；再用【贝塞尔工具】结合【形状工具】在草地图形左上方绘制两个“月形”图形，作为草地远处的“绿色山丘”，如图 8-7 所示。

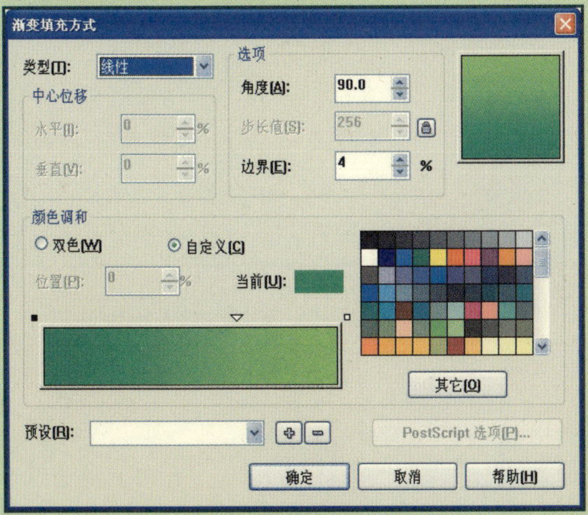

图 8-6 【渐变填充方式】对话框

图 8-7 绘制绿色山丘图形

Step 07 将左侧的山丘图形填充成浅绿色（C：08；0；M：14；Y：100；K：0），右侧的山丘图形填充成深绿色（C：79；M：0；Y：100；K：0），然后将两个填充图形的轮廓去除；再用【选取工具】双击【矩形工具】，页面中将产生一个页面矩形如图 8-8 所示。

8.1.2 绘制天空

1. 绘制天空背景和太阳

Step 01 选择页面矩形，然后对其执行“线性-自定义”渐变填充，对话框设置如图8-9所示，主要渐变点的位置和颜色参数设置如下：

位置：0　颜色：（C：60；M：0；Y：100；K：0）；
位置：43　颜色：（C：0；M：10；Y：70；K：0）；
位置：80　颜色：（C：0；M：0；Y：2；K：0）；
位置：100　颜色：（C：0；M：0；Y：0；K：0）。

图8-8　产生页面矩形

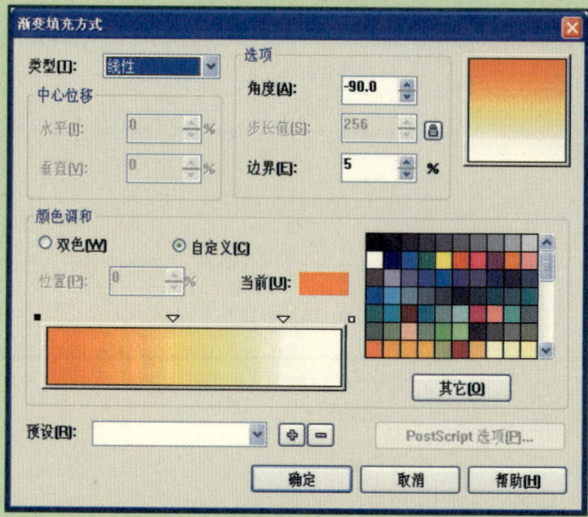

图8-9　【渐变填充方式】对话框

Step 02 单击【确定】按钮，将页面矩形填充，然后去除轮廓，这样天空背景就制作完成了；再用【椭圆工具】结合【Ctrl】键在天空的右上方绘制一个正圆作为太阳，如图8-10所示。

Step 03 选择“太阳”圆形，按住【Shift】键不放，用【选取工具】向内推动圆的（右下）角控制手柄并单击鼠标右键，即可将正圆以中心作等比缩小并复制一个；再以类似的方法向内等比缩小并复制一个正圆，如图8-11所示。

图8-10　绘制太阳图形

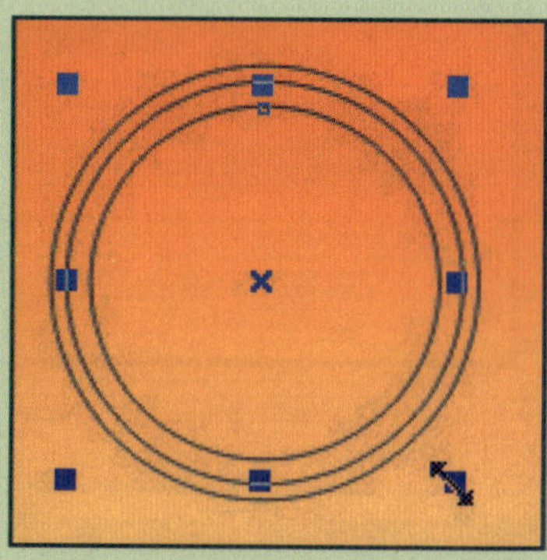

图8-11　向中心缩小并复制圆形

Step 04 接下来对三个“太阳”圆形执行“线性-自定义”渐变填充，渐变填充顺序为：从内到外（小圆→中圆→大圆），【渐变填充方式】对话框如图8-12~图8-14所示，各对话框中主要渐变点的位置和颜色参数设置如下：

小圆渐变色设置：

位置：0　颜色：（C：0；M：20；Y：100；K：0）；
位置：46　颜色：（C：0；M：9；Y：65；K：0）；
位置：100　颜色：（C：0；M：0；Y：40；K：0）。

中圆渐变色设置：

位置：0　颜色：（C：0；M：25；Y：90；K：0）；
位置：56　颜色：（C：0；M：20；Y：84；K：0）；
位置：100　颜色：（C：0；M：10；Y：70；K：0）。

大圆渐变色设置：

位置：0　颜色：（C：0；M：60；Y：100；K：0）；
位置：100　颜色：（C：0；M：20；Y：100；K：0）。

Step 05 先后单击【确定】按钮，将三个圆形填充，然后去除轮廓，效果如图 8-15 所示，这样太阳就绘制完成了。

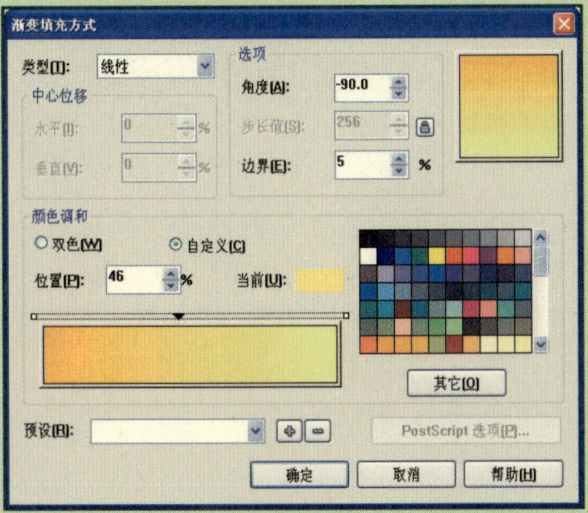

图 8-12　小圆渐变填充方式

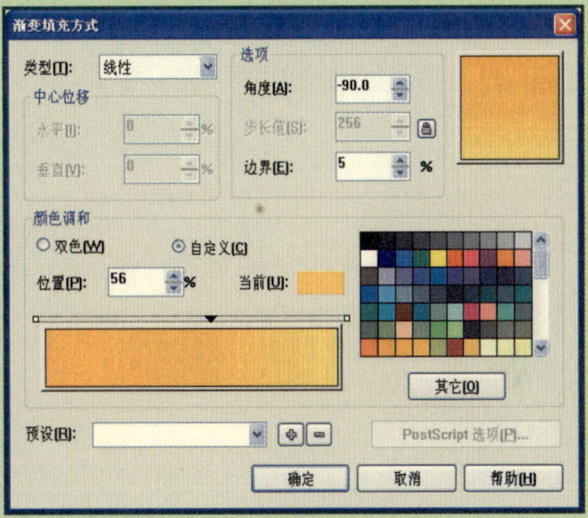

图 8-13　中圆渐变填充方式

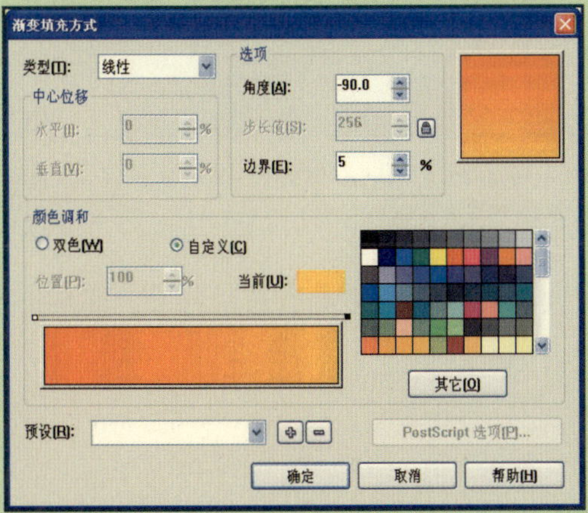

图 8-14　大圆渐变填充方式

图 8-15　填充太阳圆形

2．绘制云彩

Step 01 用【贝塞尔工具】结合【形状工具】在天空的左侧绘制一封闭图形作为云彩，如图 8-16 所示。

Step 02 选择云彩图形，将其填充成白色并去除轮廓，然后单击【交互式透明工具】，在属性栏的设置【透明类型】为【标准】类型，【开始透明度】设置为 40，如图 8-17 所示。

图 8-16　绘制云彩

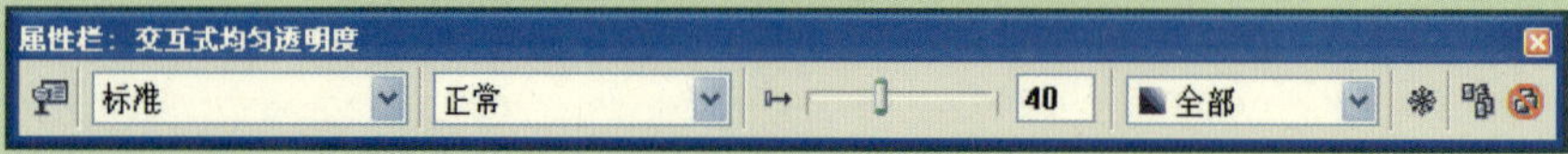

图 8-17　【交互式透明工具】属性栏

Step 03 执行透明设置后，白色云彩将变透明；再用【贝塞尔工具】结合【形状工具】在太阳的下方绘制另一“云彩”图形，如图 8-18 所示。

Step 04 同样将上图中绘制的云彩图形填充成白色，设成置 40% 的“标准”透明，并去除轮廓，如图 8-19 所示；再以类似的方法在太阳的内部制作几块不同形状但效果相同的云彩图形，这样天空中的云彩就制作完成了。

图 8-18　绘制另一云彩图形

图 8-19　制作其他云彩

3．制作星光效果

Step 01 接下来制作天空中的星光效果，用【椭圆工具】在页面外绘制一个椭圆，如图 8-20 所示。

Step 02 选择椭圆图形，按小键盘上的【+】键一次复制一个，然后在属性栏中设置【旋转角度】为 90°，按回车键即可将复制椭圆旋转 90°，如图 8-21 所示。

Step 03 用【椭圆工具】结合【Ctrl】键在“十字交叉”椭圆中间绘制一个正圆，效果如图 8-22 所示。

Step 04 框选三个图形，在属性栏中设置【旋转角度】为 18 度，按回车键将三个图形整体旋转 18º，如图 8-23 所示，这样星光图形就制作出来了。

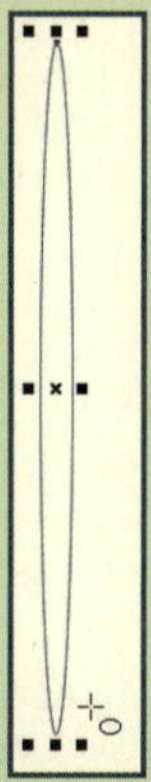

图 8-20 绘制椭圆

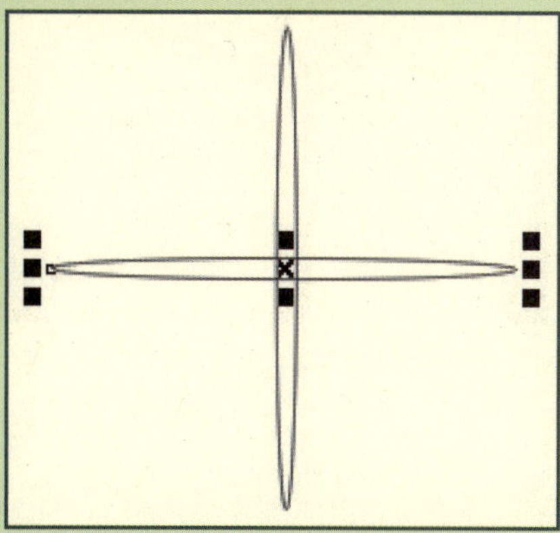

图 8-21 旋转复制的椭圆

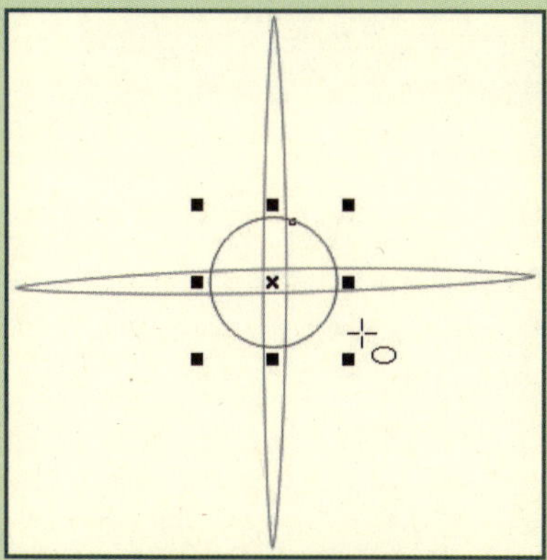

图 8-22 绘制正圆

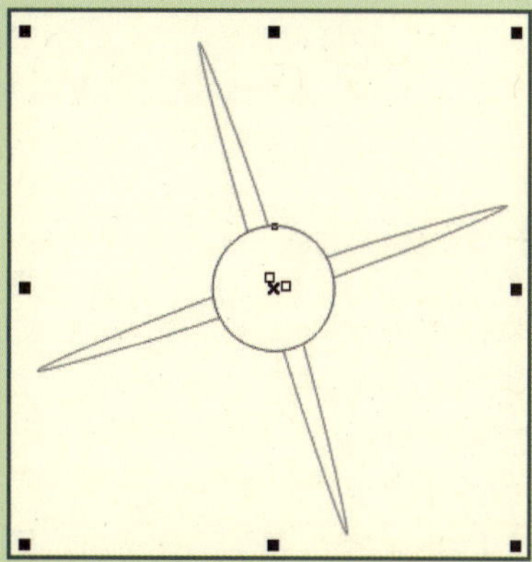

图 8-23 旋转（星光）图形

Step 05 框选星光图形，按【Ctrl+G】键将其群组，然后填充成白色并去除轮廓；再复制数个星光对象放置于天空背景中，分别将各星光对象调整为不同大小，如图 8-24 所示。

Step 06 将个别的星光对象解散群组，然后将的“十字椭圆”的颜色改成绿色（C：68；M：0；Y：89；K：0）、紫色（C：22；M：92；Y：18；K：0），使天空中的星光呈现出白、绿、紫三种颜色来，如图 8-25 所示。

图 8-24 复制与调整星光图形

图 8-25 调整个别星光的颜色

Step 07 再用【椭圆工具】结合【Ctrl】键在天空中绘制数个大小不同的圆，填充成白色并去除轮廓，将个别圆添加【标准】透明效果，如图 8-26 所示。

Step 08 再以类似的方法在草地右侧制作几个不同的白色星光，如图 8-27 所示。

图 8-26　添加星光圆点

图 8-27　制作草地上的星光

8.1.3 绘制别墅

Step 01 接下来制作草地上的别墅，用【贝塞尔工具】结合【形状工具】在页面外绘制如图 8-28 所示的 4 个封闭图形，以此图形作为别墅的墙面与墙基。

Step 02 然后将左墙面填充为浅红灰色（C：6；M：8；Y：8；K：0），右墙面填充为红灰色（C：9；M：9；Y：9；K：0）；左侧墙基填充为浅粉红色（C：8；M：18；Y：18；K：0），右侧墙基填充为粉红色（C：11；M：18；Y：20；K：0），如图 8-29 所示；再用【贝塞尔工具】结合【形状工具】绘制出房檐和屋顶图形。

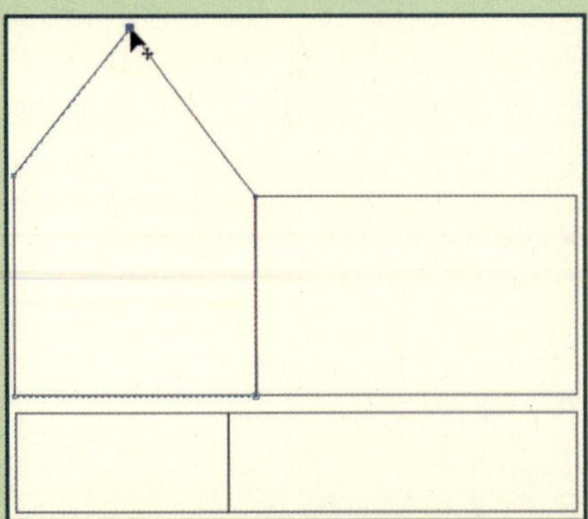

图 8-28　绘制别墅墙面和墙基

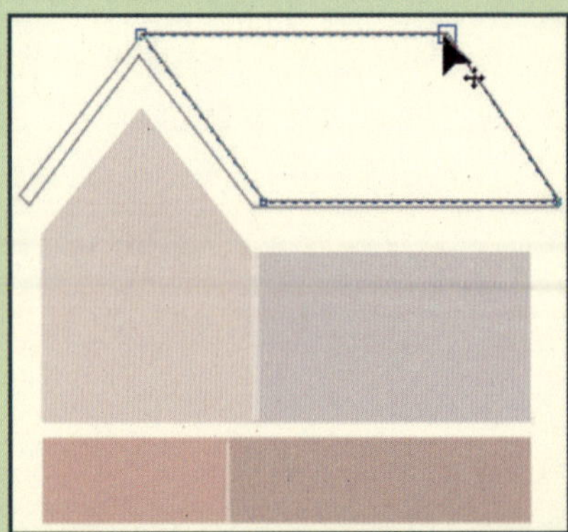

图 8-29　绘制房檐和屋顶图形

Step 03 将房檐和屋顶图形分别填充白色和深红色（C：30；M：87；Y：98；K：1），然后去除轮廓；再用【矩形工具】在墙面转折和墙基转折处各绘制一个矩形条，填充成白色并去除轮廓，添加 50% 的【标准】透明，如图 8-30 所示。

Step 04 用【矩形工具】在墙基和墙面之间绘制两个矩形作为墙腰线；再用【矩形工具】在左侧墙基上绘制一矩形作为后面要制作的遮阳篷的阴影图形，如图 8-31 所示。

图 8-30　制作墙体转折处的高光

图 8-31　绘制墙腰线和遮阳篷的阴影图形

Step 05 将腰线矩形分别填充为白色和深灰色（C：65；M：53；Y：53；K：0），并去除轮廓；再将遮阳篷阴影矩形填充为灰色（C：11；M：18；Y：18；K：0），并去除轮廓，如图 8-32 所示。

Step 06 用【贝塞尔工具】结合【形状工具】在房檐和墙面之间绘制两个封闭图形，作为屋顶和房檐的阴影图形，如图 8-33 所示。

图 8-32　填充阳蓬阴影矩形

图 8-33　绘制屋顶的阴影图形

Step 07 将上下阴影图形分别填充为深灰色（C：18；M：15；Y：16；K：0）和浅灰色（C：10；M：10；Y：10；K：0），并去除轮廓；再用【贝塞尔工具】结合【形状工具】在左侧墙面上绘制出两个封闭图形作为遮阳篷，如图 8-34 所示。

Step 08 将遮阳篷的表面图形填充为灰白色（C：0；M：2；Y：0；K：0），厚度面填充为深灰色（C：25；M：20；Y：20；K：0），并将两个图形的轮廓去除；再用【矩形工具】在左侧墙基的前方绘制一矩形作为房门，如图 8-35 所示。

图 8-34　绘制遮阳篷

图 8-35　绘制房门

Step 09 将房门矩形填充为深红色（C：30；M：87；Y：98；K：1），并去除轮廓；再用【矩形工具】在房门上方绘制一对“护窗”图形，如图 8-36 所示。

Step 10 将护窗图形的外部矩形填充为暗红色（C：45；M：99；Y：97；K：5），内部的小矩形填充为深褐色（C：71；M：88；Y：85；K：37），并去除轮廓，得到的效果如图 8-37 所示。

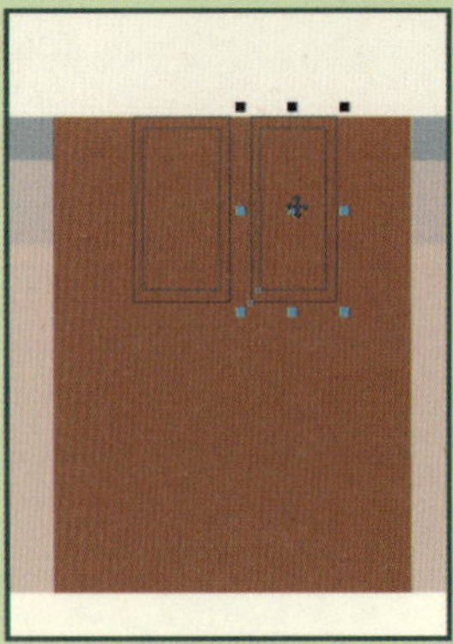

图 8-36 绘制房门护窗

图 8-37 填充“护窗”图形

Step 11 接下来为别墅添加“窗户”，用【矩形工具】在页面空外绘制出如图 8-38 所示的 3 个矩形作为窗户的框架。

Step 12 将大矩形填充成白色，将小矩形的填充为灰色（K：30），如图 8-39 所示；再用【矩形工具】在窗户内绘制出 2 个矩形。

Step 13 将两个矩形填充为深灰色（C：75；M：64；Y：64；K：24），并去除外轮廓，如图 8-40 所示，这样一单体的窗户就制作完成了。

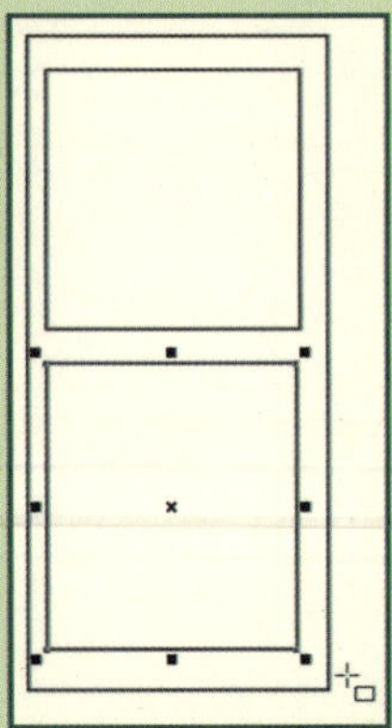

图 8-38 绘制窗户框架

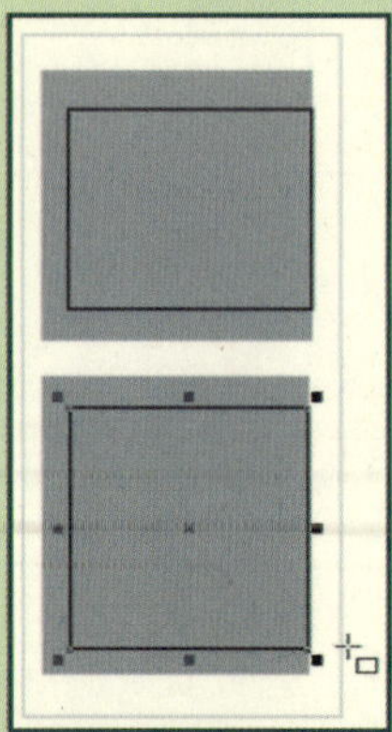

图 8-39 绘制矩形

图 8-40 填充矩形

Step 14 框选上面的单体窗户，按【Ctrl+G】键将其群组，然后复制一份一同放置于右侧墙面上；再以类似的方法制作另一种形状的“四格”窗户放置于左侧墙面上，效果如图 8-41 所示。

Step 15 接下来用类似的方法绘制另外一种类型的“左右开”窗户，如图 8-42 所示，只是从外到内 4 个层的矩形的颜色不同，分别是白色、浅灰色（C：9；M：5；Y：4；K：0）、深黑色（C：75；M：64；Y：64；K：24）、深灰色（C：59；M：48；Y：45；K：4）。

图 8-41 安置窗户

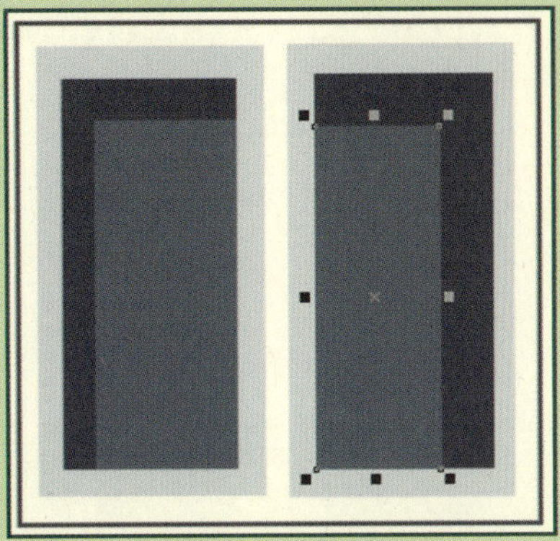

图 8-42 填充窗体颜色

Step 16 框选上图中的窗户图形，按【Ctrl+G】键将其群组，然后复制两份，将原对象放置到左侧墙面的上方，复制的两份放置在右侧墙基上，如图 8-43 所示。

Step 17 接下来制作别墅的阴影，用【椭圆工具】在别墅的下方绘制一椭圆，效果如图 8-44 所示。

图 8-43 安置窗户

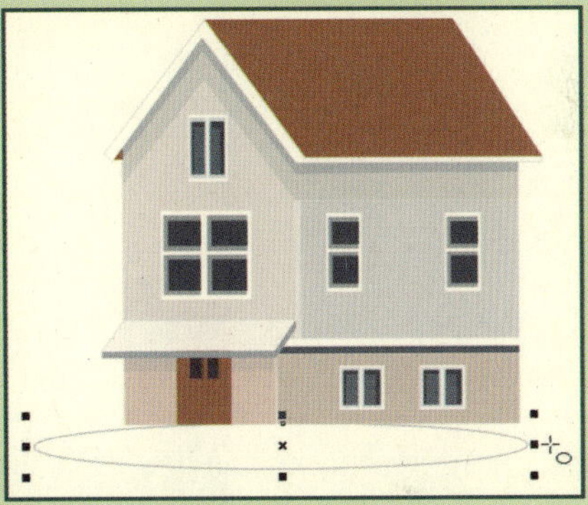

图 8-44 绘制椭圆

Step 18 用【选取工具】向上拖动椭圆下方的边控制点将其压扁，然后填充为灰色（K：0），去除外轮廓，如图 8-45 所示。

Step 19 用【矩形工具】在别墅的左边绘制数个矩形，后院门填充成白色，如图 8-46 所示。

图 8-45 压扁椭圆

图 8-46 绘制别墅后院门

Step 20 将门体内的阴影面矩形填充为灰色（K：20）和（K：30）；然后将门栓下面竖向排列的 12 个白色矩形添加 50% 的【标准】透明，这样后院门就绘制完成了，效果如图 8-47 所示。

Step 21 框选整个别墅图形，按【Ctrl+G】键将其群组，调整大小后将它放置到页面中绿色的草地上，如图 8-48 所示。

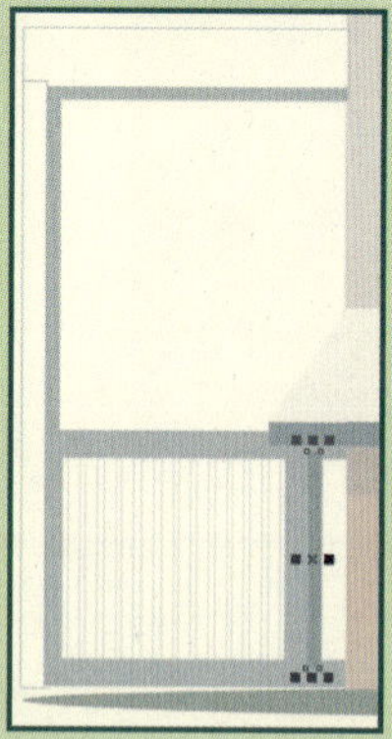

图 8-47 填充院门的颜色

图 8-48 移动别墅到草地上

Step 22 然后再以类似的方法绘制出另外的两座别墅来，放置到如图 8-49 所示的位置，这样别墅就全部制作完成了。

图 8-49 制作其他别墅

8.1.4 制作栅栏

Step 01 接下来制作草地上的栅栏，用【贝塞尔工具】结合【形状工具】在草地上绘出如图 8-50 所示的几条横向“栅栏线”来。

Step 02 将“栅栏线”的轮廓宽度设置为 0.353mm，轮廓颜色设置为白色，如图 8-51 所示。

图 8-50 绘制栅栏线

图 8-51 设置线的轮廓宽度和颜色

Step 03 接下来绘制“栏桩”，用【椭圆工具】在页面外绘制一椭圆形，作为“栏桩”的底座，如图 8-52 所示。

Step 04 将椭圆填充为绿色（C：48；M：47；Y： 84；K：4），去除轮廓；再用【矩形工具】结合【形状工具】在栅栏底座上绘制一个圆角矩形（即栏柱），如图 8-53 所示。

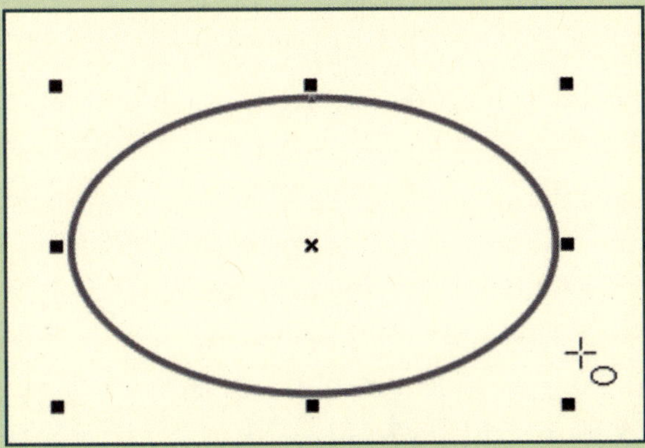

图 8-52　绘制椭圆

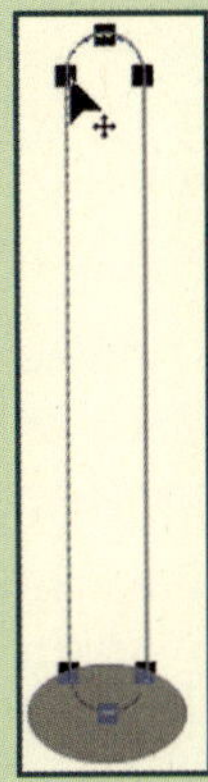

图 8-53　绘制圆角矩形

Step 05 选择“栏柱”图形，然后对其执行“线性 - 自定义”渐变填充，对话框如图 8-54 所示，主要渐变点的位置和颜色参数设置如下：

位置：0　　颜色：（C：0；M：0；Y：0；K：20）；
位置：47　　颜色：（C：0；M：0；Y：0；K：2）；
位置：100　　颜色：（C：0；M：0；Y：0；K：0）。

Step 06 单击【确定】按钮，将“栏柱”图形填充，然后去除外轮廓，如图 8-55 所示。

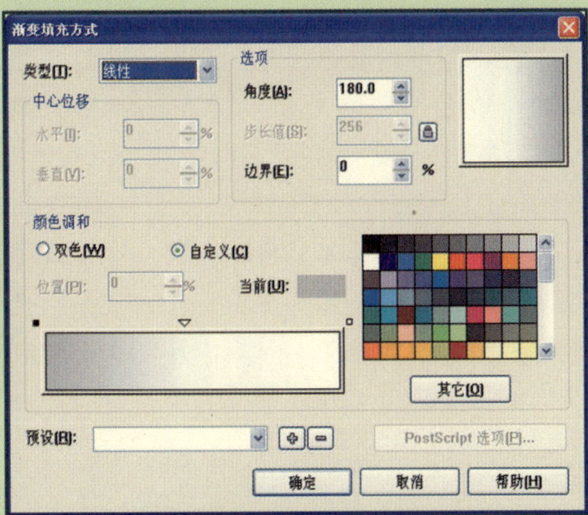

图 8-54　【渐变填充方式】对话框

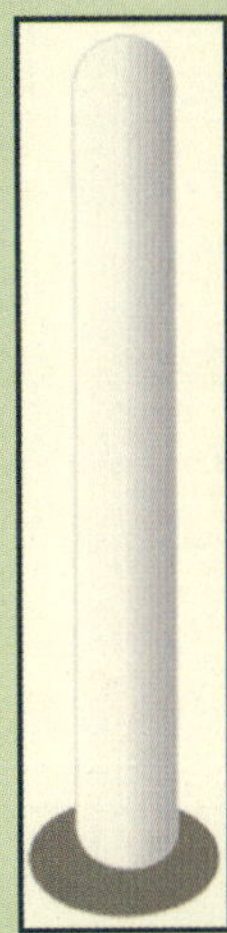

图 8-55　填充栏柱图形

Step 07 框选上图中的栏柱及底座图形，按【Ctrl+G】键将其群组，然后复制数个群组对象（即栏桩），分别调整大小和角度再放置到草地中的栅栏线上，效果如图 8-56 所示，这样栅栏就制作完成了。

图 8-56　放置栏桩

8.1.5 制作绿树

Step 01 接下来绘制草地上的绿树，用【贝塞尔工具】结合【形状工具】在页面外绘制一个封闭图形作为树冠，如图 8-57 所示。

Step 02 将树冠图形填充为深绿色（C：93；M：41；Y：98；K：9），去除轮廓如图 8-58 所示；再用【贝塞尔工具】结合【形状工具】在树冠内绘制出浅绿色的树叶的图形。

Step 03 将绘制的图形填充为浅绿色（C：100；M：0；Y：100；K：0）；再用【椭圆工具】在树的下方绘制一椭圆作为树的阴影，如图 8-59 所示。

Step 04 将椭圆填充为赭色（C：75；M：64；Y：86；K：38），如图 8-60 所示；再用【贝塞尔工具】结合【形状工具】画出树干图形来。

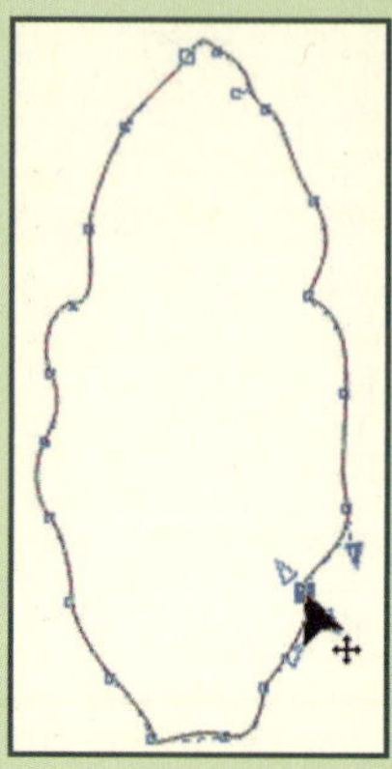
图 8-57 绘制树冠

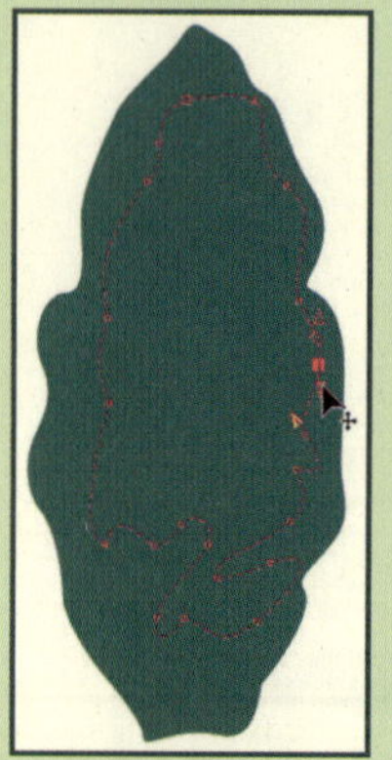
图 8-58 绘制树叶

图 8-59 绘制椭圆

图 8-60 绘制树干

Step 05 选择树干图形，对其执行“线性 - 自定义”的渐变填充，对话框设置如图 8-61 所示，其主要渐变点的位置和颜色设置如下：

位置：0 颜色：（C：63；M：93；Y：93；K：25）；
位置：19 颜色：（C：63；M：93；Y：93；K：25）；
位置：39 颜色：（C：55；M：88；Y：92；K：13）；
位置：100 颜色：（C：40；M：93；Y：96；K：3）。

Step 06 单击【确定】按钮，填充树干图形，然后去除轮廓，效果如图 8-62 所示，这样单棵树就制作完成了。

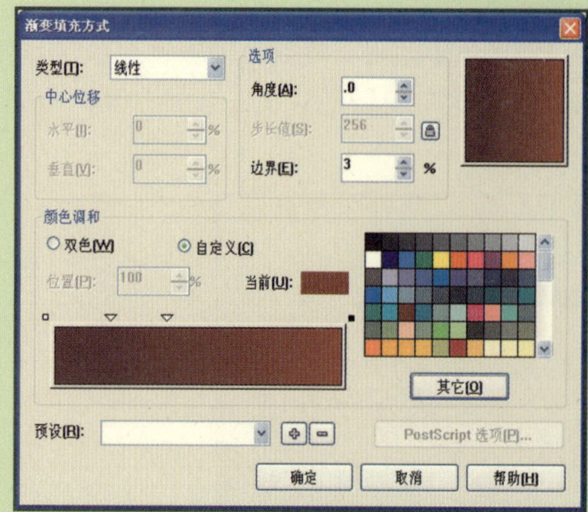

图 8-61 【渐变填充方式】对话框方式

图 8-62 填充树干

Step 07 框选上面绘制的“树”，按【Ctrl+G】键将其群组，然后复制数份，分别将它们调整大小后放置到草地上不同的位置，如图8-63所示。

Step 08 再以类似的方法制作其他类型的一棵树，同样复制数份并调整大小后放置到草地上不同的位置，如图8-64所示，这样“插画——美丽的家园”就全部制作完成了。

图8-63 放置树到草地上

图8-64 放置其他类型的树

8.2 插画——美丽的海滨

本例将带领读者使用造型工具（【贝塞尔工具】和【形状工具】）绘制一幅漂亮的插画——美丽的海滨，制作完成后的最终效果如图8-65所示。通过对本例的练习，可提高读者的造型能力，学会如何用【渐变填充工具】制作草地、天空和海面，学会如何用透明工具制作天空的云彩效果等。只要读者耐心地一步步参照往下做，即可轻松地绘制出这幅漂亮的插画。

图8-65 效果图

8.2.1 绘制卡通画的大背景

Step 01 执行【文件】→【新建】命令，在属性栏中设置页面的宽度为360mm、高度为270mm，按回车键确定，即可新建一个页面，如图8-66所示。

Step 02 单击【贝塞尔工具】，在页面下部绘制一个封闭图形，再用【形状工具】调整其形状，以此作为海滨的草坪图形，如图8-67所示。

图 8-66　新建页面

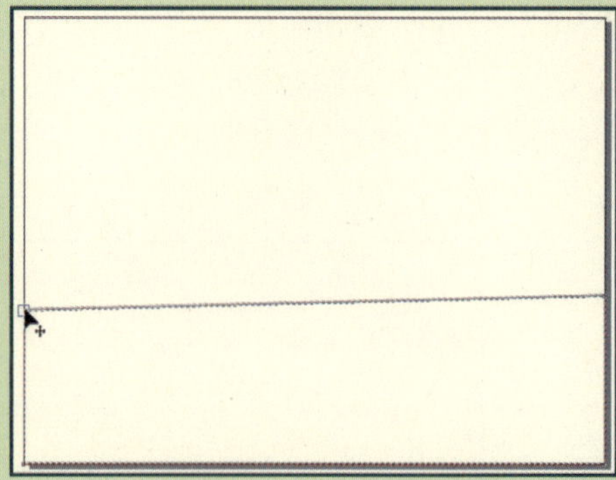

图 8-67　绘制草坪图形

Step 03 选择“草坪”图形，单击【渐变填充工具】，在弹出的【渐变填充方式】对话框中设置渐变【类型】为【线性】，【颜色调和】为【双色】，颜色调和【中点】为 33，渐变填充的颜色分别为绿色（C：100；M：0；Y：100；K：0）和黄绿色（C：25；M：2；Y：84；K：0），如图 8-68 所示。

Step 04 单击【确定】按钮，将“草坪”图形填充，然后去除轮廓；单击工具箱中的【手绘工具】，在“草坪”的上方绘制一封闭的“海滩”图形，效果如图 8-69 所示。

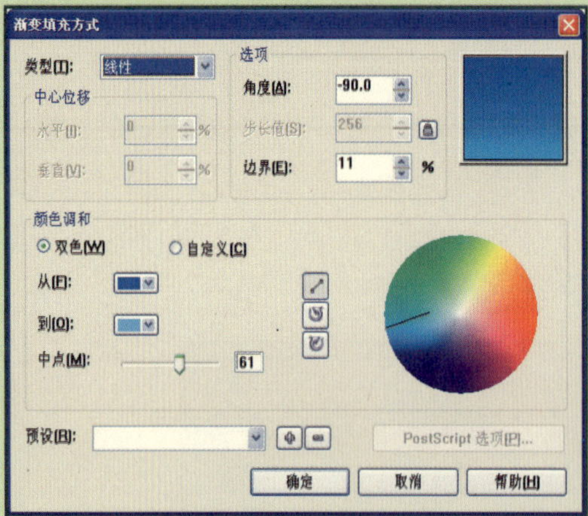

图 8-68　【渐变填充方式】对话框

图 8-69　绘制海滩图形

Step 05 再用【形状工具】调整海滩图形的形状，如图 8-70 所示。

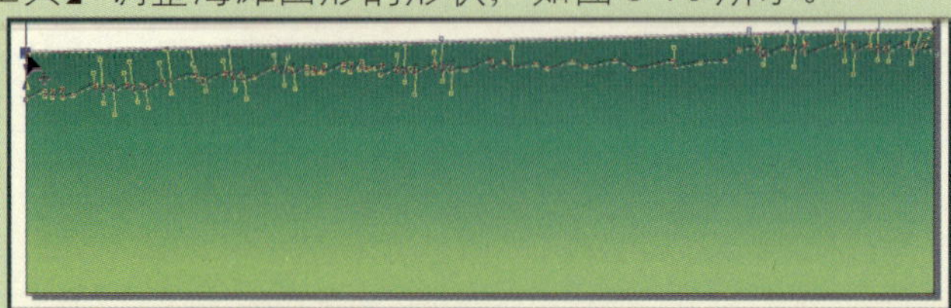

图 8-70　调整海滩图形

Step 06 选择“海滩”图形，然后将其填充为灰色（C：36；M：27；Y：27；K：0），并去除轮廓；再用【贝塞尔工具】结合【形状工具】在“海滩”图形的上方绘制一个四边形，作为海面，如图 8-71 所示。

Step 07 选择海面图形，然后对其执行“线性 - 双色”渐变填充，渐变填充的颜色分别为蓝色（C：40；M：0；Y：0；K：0）和浅蓝色（C：15；M：0；Y：0；K：0），对话框设置，如图 8-72 所示。

图 8-71 绘制海面图形

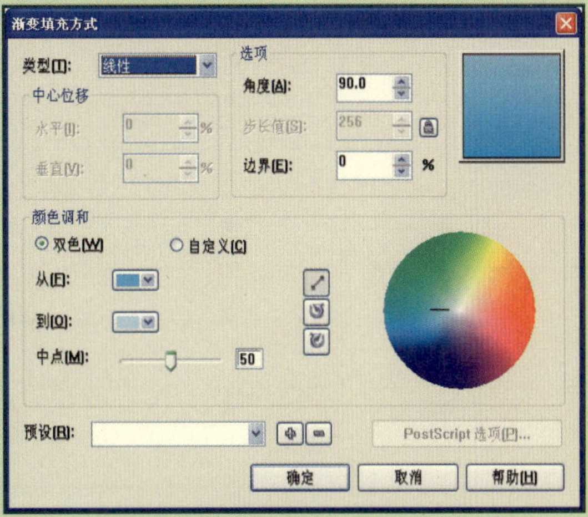

图 8-72 【渐变填充方式】对话框

Step 08 单击【确定】按钮，填充海面图形，然后去除轮廓；再用【矩形工具】在海面上方绘制一个矩形作为天空图形，如图 8-73 所示。

Step 09 选择天空图形，然后对其执行“线性 - 双色”渐变填充，渐变填充的颜色分别为深蓝色（C：100；M：10；Y：0；K：0）和浅蓝色（C：40；M：0；Y：0；K：0），如图 8-74 所示 。

图 8-73 绘制天空图形

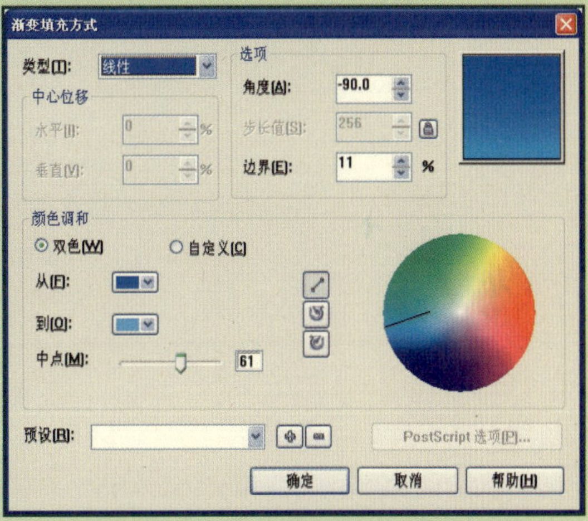

图 8-74 【渐变填充方式】对话框

Step 10 单击【确定】按钮，填充天空图形，然后去除轮廓，效果如图 8-75 所示，这样插画的大背景就绘制完成了。

图 8-75 填充天空

8.2.2 制作草地中的绿色植物和长椅

1. 制作绿色植物

Step 01 首先来制作草坪上的鲜花，用【椭圆工具】在页面外绘制一个椭圆作为花蕊图形，如图 8-76 所示。

Step 02 将花蕊图形填充成黄色（C：2；M：12；Y：94；K：0），并去除轮廓；再用【贝塞尔工具】结合【形状工具】在花蕊图形的四周绘制出花瓣图形，如图 8-77 所示的图形，然后将花瓣图形填充成白色并去除轮廓。

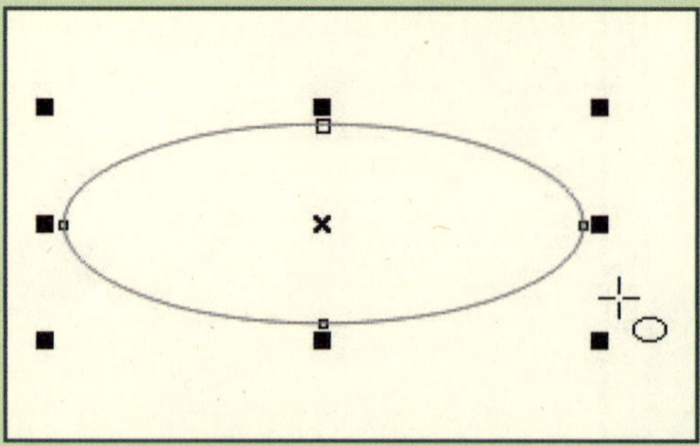

图 8-76 绘制花蕊

图 8-77 绘制花瓣

Step 03 框选上图中的鲜花图形，按【Ctrl+G】键将其群组，然后将鲜花对象复制数个分别放置于草坪的右下角不同的位置，并调整对各鲜花对象为不同大小，如图 8-78 所示。

Step 04 接下来绘制花的绿叶，用【贝塞尔工具】结合【形状工具】在页面外绘制出绿叶的形状，如图 8-79 所示。

图 8-78 调整数鲜花对象的大小

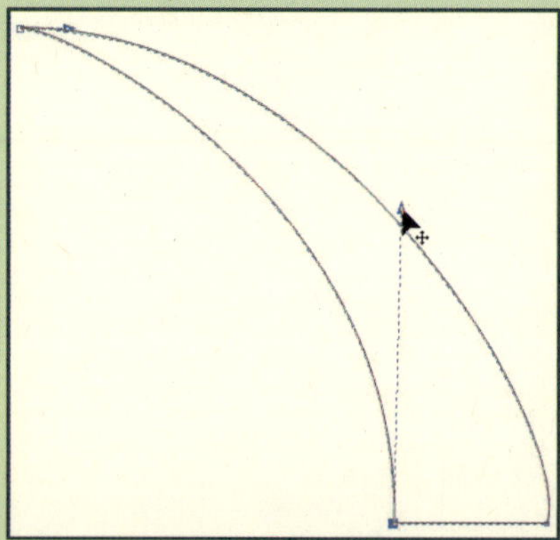

图 8-79 绘制绿叶图形

Step 05 选择图形，将其执行“线性 - 双色”渐变填充，渐变填充的颜色分别为绿色（C：40；M：0；Y：100；K：0）和黄绿色（C：10；M：0；Y：80；K：0），对话框设置如图 8-80 所示。

Step 06 单击【确定】按钮，填充图形，并去除轮廓；再用【贝塞尔工具】结合【形状工具】在“绿叶”右侧绘制其暗部图形，如图 8-81 所示。

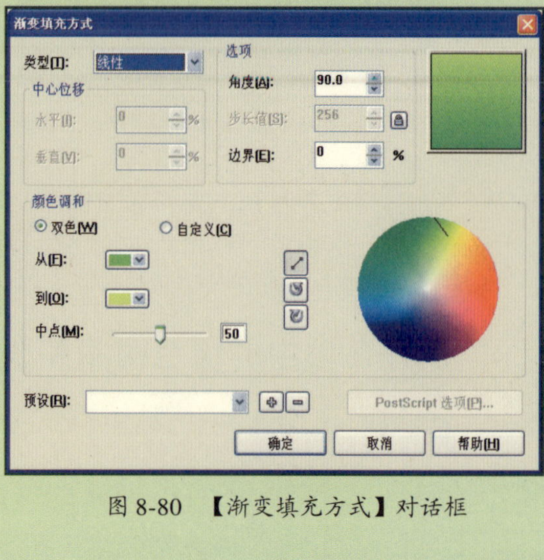

图 8-80 【渐变填充方式】对话框

Step 07 选择暗部图形，对其执行“线性-双色”渐变填充，渐变填充的颜色分别设置为黄绿色（C：40；M：0；Y：100；K：0）和绿色（C：65；M：0；Y：90；K：0），对话框设置如图8-82所示。

Step 08 单击【确定】按钮，填充绿叶的暗部，并去除轮廓，如图8-83所示。

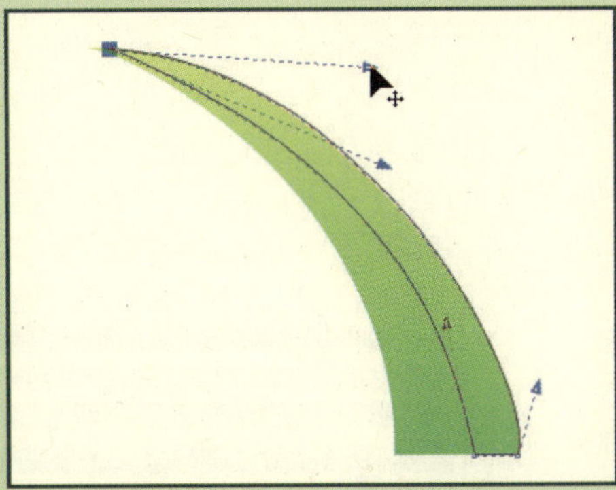

图8-81　绘制绿叶暗部图形

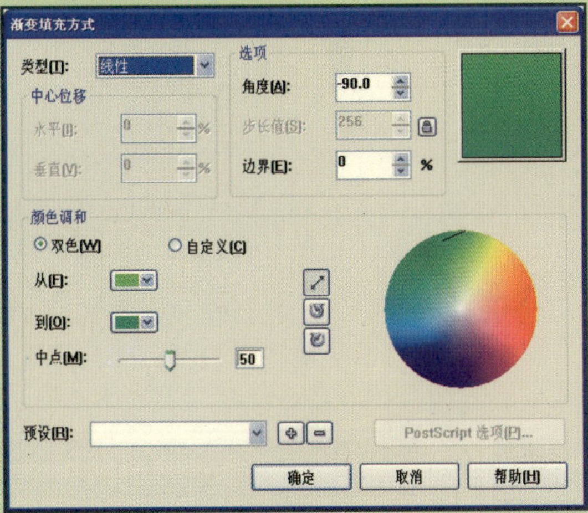

图8-82　【渐变填充方式】对话框

图8-83　填充绿叶暗部

Step 09 框选绿叶图形，按【Ctrl+G】键将其群组，再将绿叶对象复制数个，分别调整为不同大小后放置于草坪的右下方，与鲜花错落放置，如图8-84所示，这样草坪中的绿色植物就制作完成了。

图8-84　将绿叶对象移置到草坪

2．制作长椅

Step 01 接下来绘制草坪上的长椅，用【矩形工具】在页面外绘制一个矩形，然后将其复制3个按如图8-85所示排列，这样长椅的“椅背”就绘制出来了。

Step 02 将4个矩形全选中，然后填充为绿色（C：96；M：51；Y：95；K：24），并去除轮廓；再用【矩形工具】在椅背的左下方绘制上下两个矩形，以此作为长椅的“椅脚”，如图8-86所示。

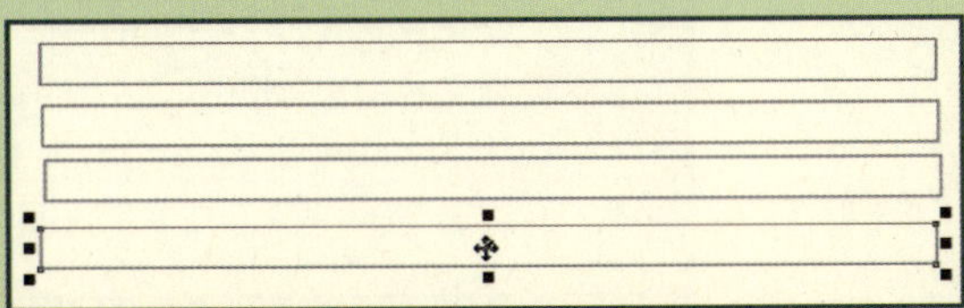

图8-85　绘制椅背图形

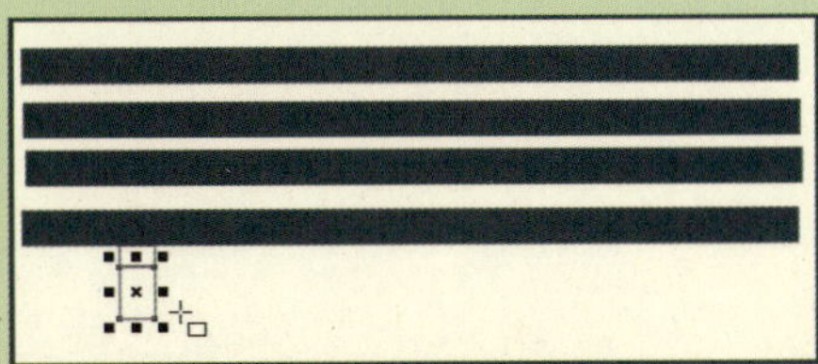

图8-86　绘制椅脚图形

Step 03 将椅脚的上下两个矩形分别填充为深绿色（C：91；M：63；Y：86；K：53）和绿色（C：96；M：51；Y：95；K：24），并去除轮廓；然后将左侧的椅脚复制一份放置于长椅的右下方，如图 8-87 所示。

Step 04 再用【贝塞尔工具】结合【形状工具】在椅背处绘制如图 8-88 所示的图形，作为长椅的凳面。

图 8-87　复制椅脚图形

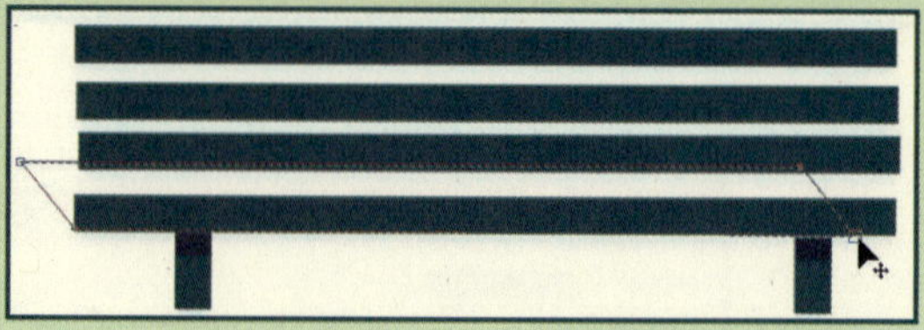

图 8-88　绘制长的椅凳面图形

Step 05 选择凳面图形，将其填充为深绿色（C：91；M：63；Y：86；K：53），并去除轮廓；再用【贝塞尔工具】结合【形状工具】在长椅下方绘制出长椅的阴影图形，如图 8-89 所示。

Step 06 选择阴影图形，将其填充为绿色（C：65；M：21；Y：98；K：0），并去除轮廓；然后单击【交互式透明工具】，在属性栏设置【透明类型】为【标准】类型，【开始透明度】设置为 35，为其添加透明效果，如图 8-90 所示，这样长椅就制作完成了。

图 8-89　绘制长椅阴影图形

图 8-90　填充长椅阴影图形

Step 07 框选上图中的长椅图形，将其调整大小后放置到海滨的草坪上，效果如图 8-91 所示。

图 8-91　移动长椅至草地

8.2.3 制作水波和波光

Step 01 接下来制作海面上的水波，用【贝塞尔工具】结合【形状工具】在海面绘出如图 8-92 所示的数个“水波”图形。

Step 02 然后对水波图形进行填充，靠近海滩的“水波”图形填充为蓝色（C：56；M：0；Y：0；K：0），靠近天空的“水波”图形填充为浅蓝色（C：30；M：0；Y：0；K：0），均填充后去除轮廓，如图 8-93 所示。

图 8-92　绘制水波图形

Step 03 接下来制作海面上的波光，用【椭圆工具】在页面外绘制一个椭圆，如图 8-94 所示。

Step 04 然后将椭圆复制一份，在属性栏中设置【旋转角度】为 90°，按回车键即可将复制的椭圆旋转 90°，如图 8-95 所示。

图 8-93 填充水波图形

图 8-94 绘制椭圆

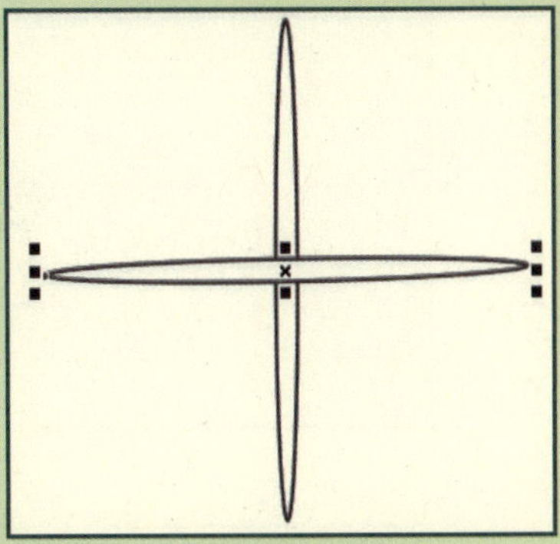

图 8-95 旋转复制的椭圆

Step 05 然后以类似的方法复制两个竖向的椭圆，分别对其旋转 45° 和 -45°，效果如图 8-96 所示。

Step 06 框选上图中的 4 个椭圆（即波光图形），按【Ctrl+G】键将其群组，然后填充为白色并去除轮廓；再复制数个波光图形分别调整为不同大小，一并放置于海面上，如图 8-97 所示。

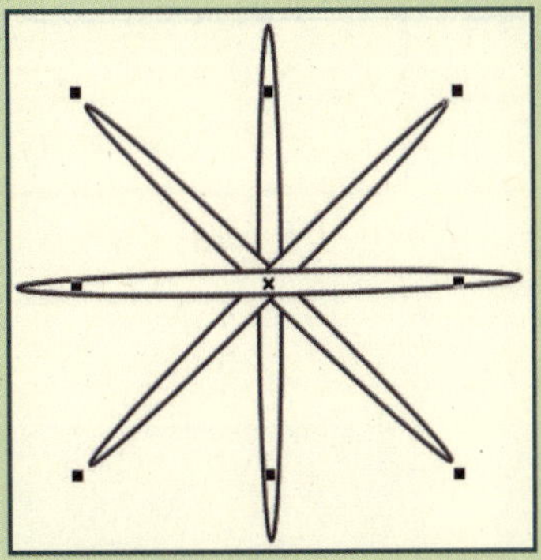

图 8-96 旋转复制的椭圆

图 8-97 将波光移动至海面

8.2.4 绘制山脉

Step 01 接下来绘制海面上的山丘，用【贝塞尔工具】结合【形状工具】在海面的左侧绘制一个山丘图形，如图 8-98 所示。

Step 02 选择山丘图形，对其执行“线性-双色”渐变填充，渐变填充的颜色分别为蓝绿色（C：59；M：5；Y：41；K：0）和深绿色（C：82；M：22；Y：65；K：0），对话框设置如图 8-99 所示。

Step 03 单击【确定】按钮，将山丘图形填充，然后去除轮廓；再用【贝塞尔工具】结合【形状工具】在山丘的右侧绘制一图形作为其暗部，如图 8-100 所示。

Step 04 选择暗部图形，同样对其执行“线性-双色”渐变填充，渐变填充的颜色分别为蓝绿色（C：60；M：0；Y：40；K：20）和深绿色（C：89；M：41；Y：74；K：5），对话框如图 8-101 所示。

图 8-98 绘制山丘图形

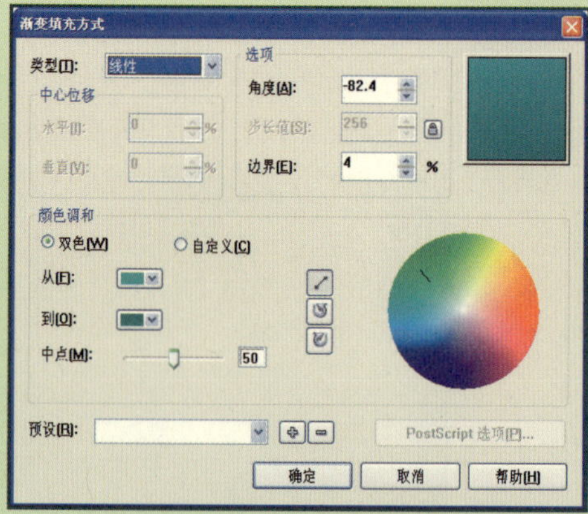

图 8-99 【渐变填充方式】对话框

图 8-100 绘制山丘图形的暗部

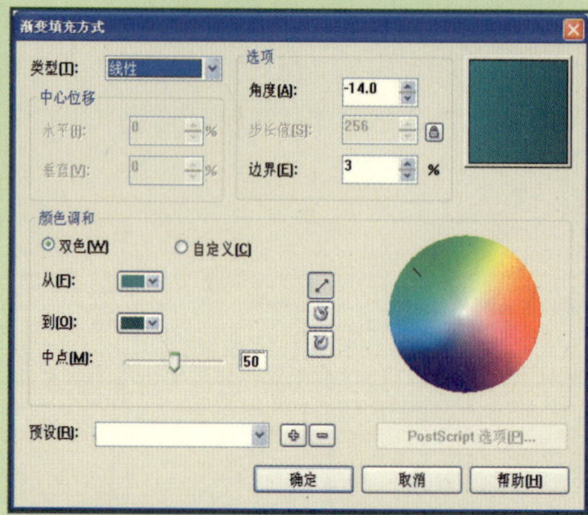

图 8-101 【渐变填充方式】对话框

Step 05 单击【确定】按钮，填充山丘的暗部图形，然后去除轮廓，如图 8-102 所示。

Step 06 再以类似的方法在海面上制作另外两座山丘图形，效果如图 8-103 所示。

图 8-102 填充山丘暗部图形

图 8-103 制作其他山丘图形

8.2.5 制作太阳、云彩和海鸟

Step 01 接下来绘制海面上升起的太阳，用【椭圆工具】结合【Ctrl】键在海天相接处绘制一个正圆作为太阳图形，如图 8-104 所示。

Step 02 选择“太阳”图形，将其填充成白色，并去除轮廓，并按【Ctrl+PageDown】键，将“太阳”放置到“海面”与“天空”之间，如图 8-105 所示；再用【贝塞尔工具】结合【形状工具】在天空左侧绘制一封闭的图形作为云彩。

图 8-104　绘制太阳图形

图 8-105　绘制云彩图形

Step 03 选择云彩图形，将其填充成白色，去除外轮廓，并将其放置到天空和山丘之间，效果如图 8-106 所示。

Step 04 单击【交互式透明工具】，在云彩上按下鼠标左键向左下方拖动，为其拖出【线性】透明效果，如图 8-107 所示。

图 8-106　填充云彩图形

图 8-107　对云彩图形添加【线性】透明

Step 05 然后以类似的方法在天空的右侧制作另一云彩图形，将其放置于“山丘”与“天空”之间，效果如图 8-108 所示。

Step 06 接下来开始绘制海鸟，用【贝塞尔工具】结合【形状工具】在页面外绘制一海鸟的形状，如图 8-109 所示。

图 8-108　制作其另一云彩效果

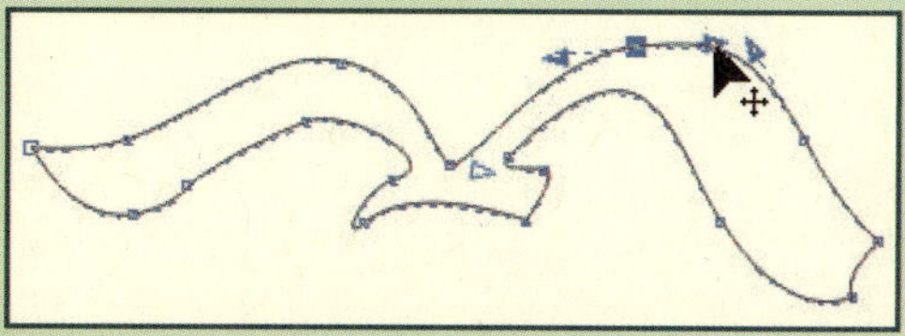

图 8-109　绘制海鸟图形

Step 07 将海鸟图形填充为白色；再用【贝塞尔工具】结合【形状工具】在海鸟的两翅端和尾部上各绘制一封闭图形，如图 8-110 所示。

Step 08 然后将上面的 3 个图形填充棕色（C：56；M：80；Y：97；K：15），并去除外轮廓，这样就将海鸟的白色羽毛与棕色羽毛分开了，效果如图 8-111 所示。

图 8-110　绘制海鸟的羽毛图形

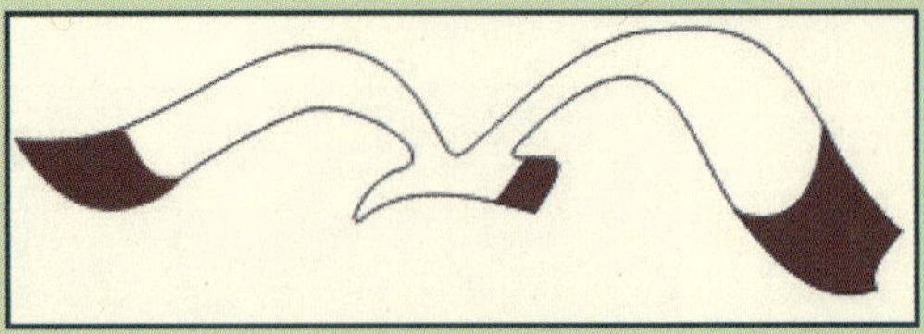

图 8-111　填充海鸟的羽毛

Step 09 框选上图中的海鸟图形，按【Ctrl+G】键将海鸟图形群组；然后复制数个海鸟对象，分别调整大小后放置到天空中不同的位置，如图 8-112 所示，这样插画——美丽的海滨就全部绘制作完成了。

图 8-112　将海鸟图形移至天空

第9章 广 告 设 计

本章要点

- **精品店铺广告设计**
  - 绘制背景图案
  - 制作图片合成和文字效果
- **POP 立牌——LG 售后服务形象立牌**
  - 制作 POP 立牌的主体架构
  - 制作 POP 立牌的上部——圆牌
  - 制作 POP 立牌的中部——小精灵
  - 制作 POP 立牌的底部——底座

9.1 精品店铺广告设计

本例将制作一幅精品店铺广告设计，如图9-1所示。其中主要运用了【交互式变形工具】、【手绘工具】、【形状工具】、【纹理填充对话框】、【图案填充对话框】、【交互式透明工具】等操作技巧，希望读者能够掌握其中的制作要点。

图 9-1 最终效果

9.1.1 绘制背景图案

Step 01 执行【文件】→【新建】命令或按【Ctrl+N】键创建新文件。单击工具箱中的【矩形工具】，在窗口中绘制“红色”矩形图形，如图9-2所示。

Step 02 按【F11】键，打开【渐变填充方式】对话框，选择【类型】中的【线性】，设置【角度】参数为“90”，设置【边界】参数为“0”，在【颜色调和】选项中选择【自定义】单选框。分别设置：

位置：0　颜色（C：24；M：99；Y：48；K：0）；
位置：60　颜色（C：0；M：100；Y：0；K：0）；
位置：100　颜色（C：0；M：40；Y：20；K：0）。

单击【确定】按钮，如图9-3所示。

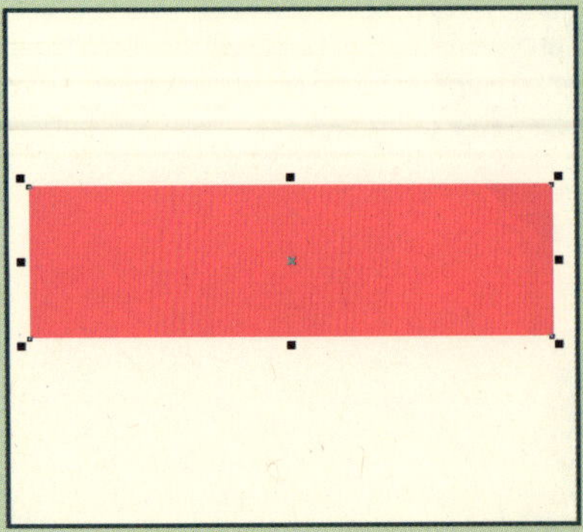

图 9-2 绘制“红色”矩形图形

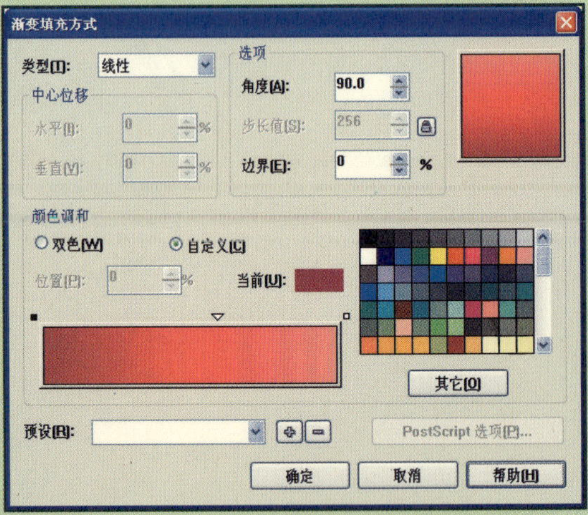

图 9-3 调整渐变色

Step 03 渐变填充图形后的效果，如图9-4所示。

Step 04 选择工具箱中的【形状工具】，拖动矩形图形的角点，调整图形为圆角矩形图形，如图9-5所示。

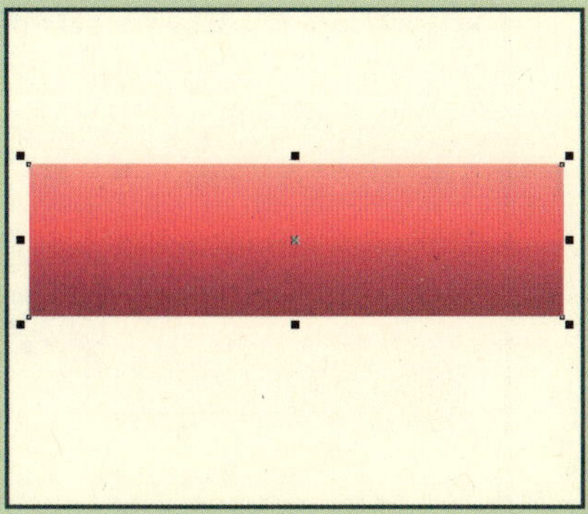

图 9-4 渐变填充图形后的效果

图 9-5 制作圆角矩形图形

Step 05 单击工具箱中的【矩形工具】，在图形上绘制一矩形方框，如图 9-6 所示。

Step 06 单击工具箱中的【选择工具】，按住【Shift】键，加选圆角矩形图形，单击属性栏上的【相交】按钮，制作相交图形，并删除矩形方框图形，填充相交图形为“绿色”，如图 9-7 所示。

图 9-6 绘制矩形方框

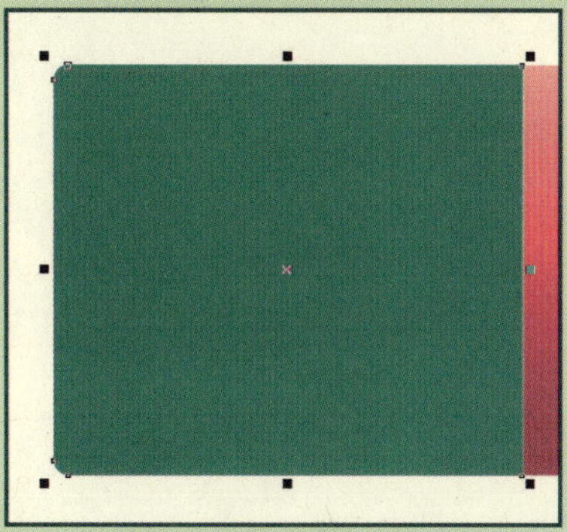

图 9-7 填充相交图形

Step 07 选择工具箱中的【形状工具】，并调整图形形状如图 9-8 所示。

Step 08 按【F11】键，打开【渐变填充方式】对话框，选择【类型】中的【线性】，设置【角度】参数为“128.8”，设置【边界】参数为“19”，在【颜色调和】选项中选择【自定义】单选框，分别设置：

位置：0 颜色（C：53；M：98；Y：96；K：11）；
位置：47 颜色（C：50；M：90；Y：100；K：0）；
位置：70 颜色（C：20；M：100；Y：75；K：0）；
位置：90 颜色（C：17；M：100；Y：64；K：0）；
位置：100 颜色（C：0；M：100；Y：0；K：0）。

单击【确定】按钮，如图 9-9 所示。

Step 09 渐变填充图形后的效果，如图 9-10 所示。

Step 10 单击工具箱中的【手绘工具】，在图形中绘制“粉红色”图形，如图 9-11 所示。

Step 11 用同样的方法，使用工具箱中的【手绘工具】，绘制“粉红色”图形，单击工具箱中的【交互式透明工具】，并设置【透明度类型】为标准，设置【透明度操作】为正常，设置【开始透明度】为 85，效果如图 9-12 所示。

图 9-8　调整图形形状

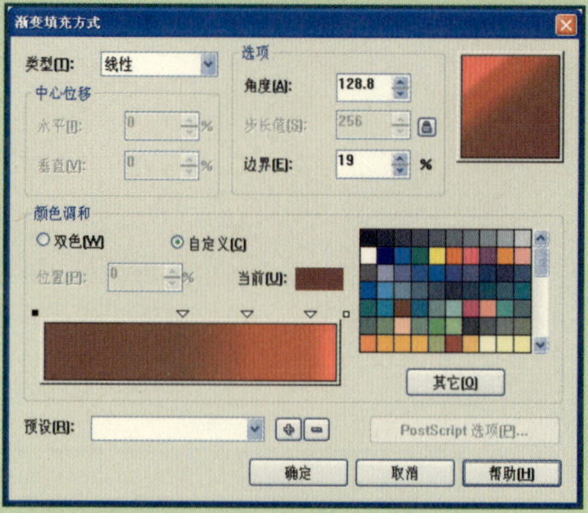

图 9-9　调整渐变参数

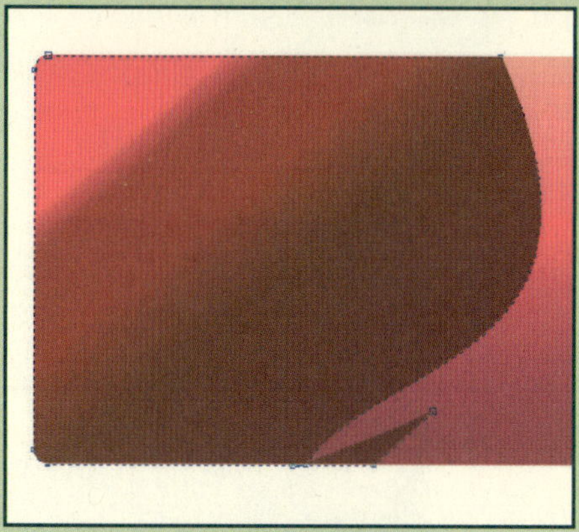

图 9-10　渐变填充图形后的效果

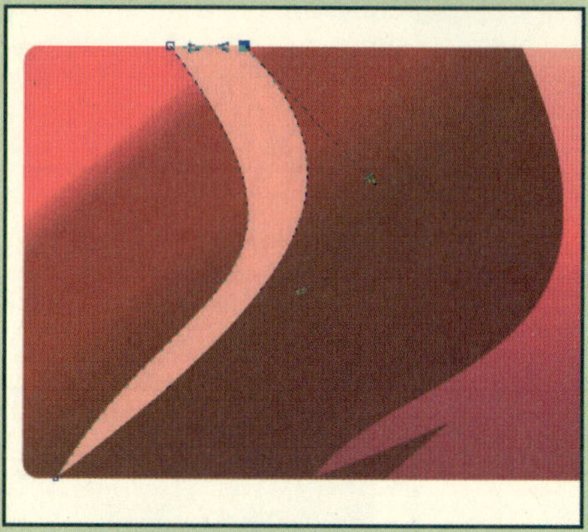

图 9-11　绘制“粉红色”图形

Step 12　单击工具箱中的【多边形工具】，设置属性栏上的【边数】5为 5，并在窗口的空白区域绘制“蓝色”图形，如图 9-13 所示。

图 9-12　绘制图形并制作透明效果

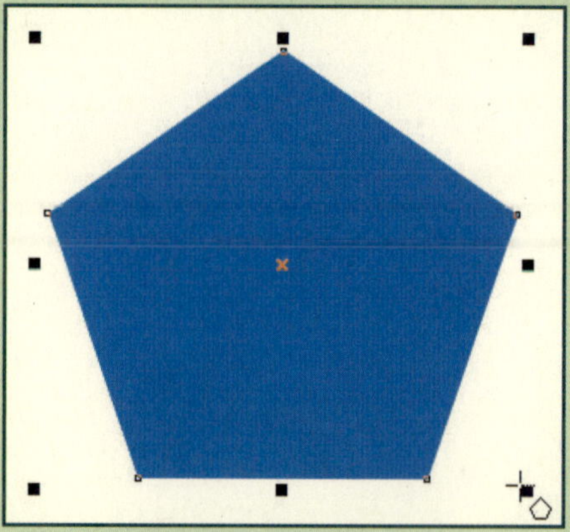

图 9-13　绘制“蓝色”图形

Step 13　选择工具箱中的【形状工具】，在图形的边缘双击，添加节点，并调整节点位置如图 9-14 所示。

Step 14　单击工具箱中的【交互式变形工具】，在图形上拖动鼠标，设置属性栏上的【拖拉失真振幅】35为 35，效果如图 9-15 所示。

图 9-14 添加节点并调整位置

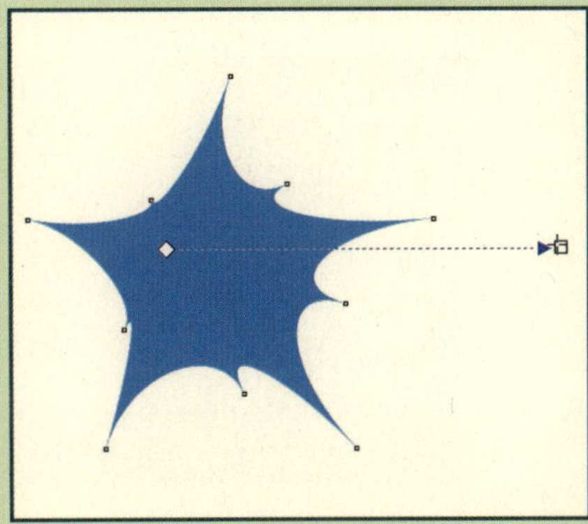

图 9-15 变形图形

Step 15 单击属性栏上的【拉链变形】按钮，在图形上拖动鼠标，并设置属性栏上的【拉链失真振幅】为 65，设置【拉链失真频率】5 为 5，效果如图 9-16 所示。

Step 16 按【F11】键，打开【渐变填充方式】对话框，选择【类型】中的【线性】，设置【角度】参数为“90”，设置【边界】参数为“0”，在【颜色调和】选项中选择【自定义】单选框，分别设置：

位置：0 颜色（C：24；M：99；Y：48；K：0）；
位置：60 颜色（C：0；M：100；Y：0；K：0）；
位置：100 颜色（C：0；M：40；Y：20；K：0）。

单击【确定】按钮，如图 9-17 所示。

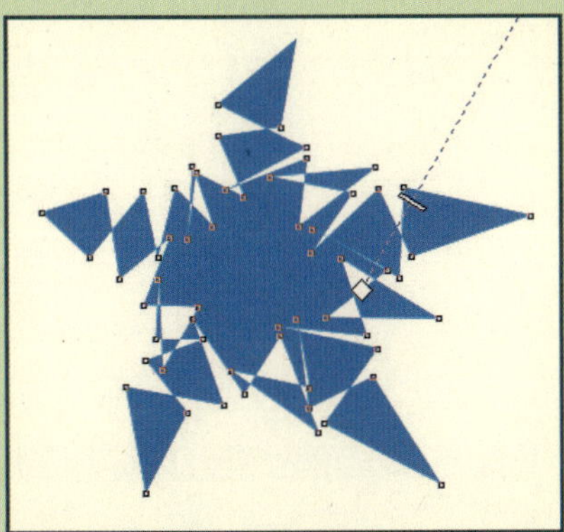

图 9-16 制作“拉链变形”效果

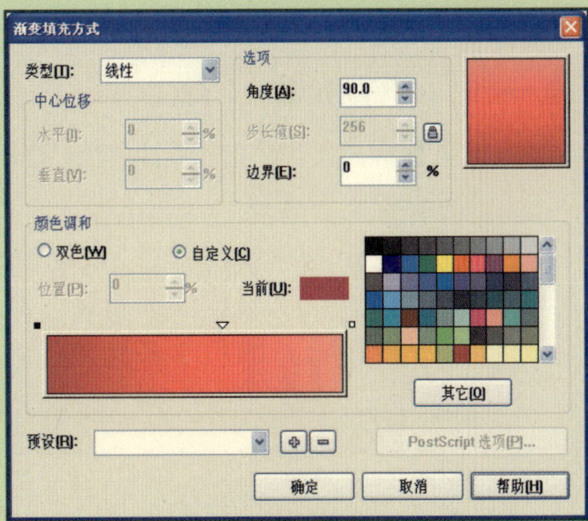

图 9-17 调整渐变参数

Step 17 单击工具箱中的【选择工具】，将制作的图形拖动到图形中，位置如图 9-18 所示。

Step 18 使用工具箱中的【选择工具】，拖动图形同时按鼠标右键，复制图形并填充颜色为白色，如图 9-19 所示。

Step 19 单击工具箱中的【交互式透明工具】，并设置【透明度类型】为标准，设置【透明度操作】为正常，设置【开始透明度】为 77，效果如图 9-20 所示。

Step 20 单击工具箱中的【选择工具】，复制多个图形，并分别调整图形的大小位置，如图 9-21 所示。

图 9-18　调整图形位置

图 9-19　复制图形并填充颜色

图 9-20　制作【标准】透明效果

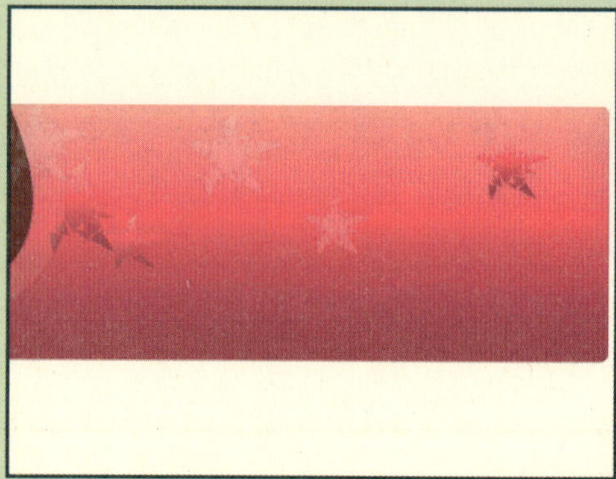

图 9-21　复制多个图形

Step 21 单击工具箱中的【椭圆工具】，按住【Ctrl】键拖动鼠标，绘制正圆图形，并填充颜色为“绿色”，如图 9-22 所示。

Step 22 按【F11】键，打开【渐变填充方式】对话框，选择【类型】中的【线性】，设置【角度】参数为“90”，设置【边界】参数为“0”，在【颜色调和】选项中选择【自定义】单选框，分别设置：

位置：0　　颜色（C：24；M：99；Y：48；K：0）；

位置：60　　颜色（C：0；M：100；Y：0；K：0）；

位置：100　　颜色（C：0；M：40；Y：20；K：0）。

单击【确定】按钮，如图 9-23 所示。

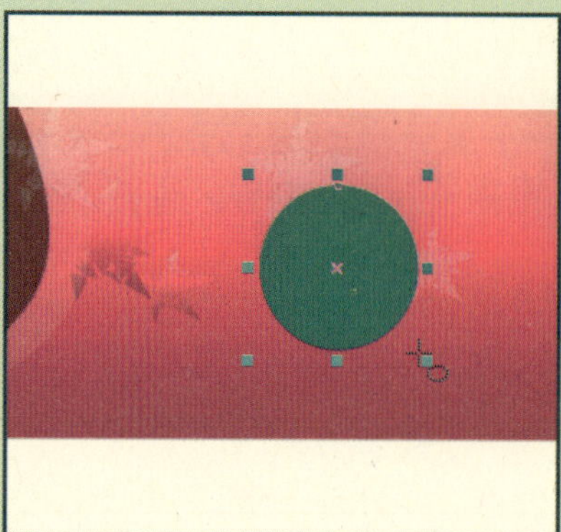

图 9-22　绘制“绿色”正圆

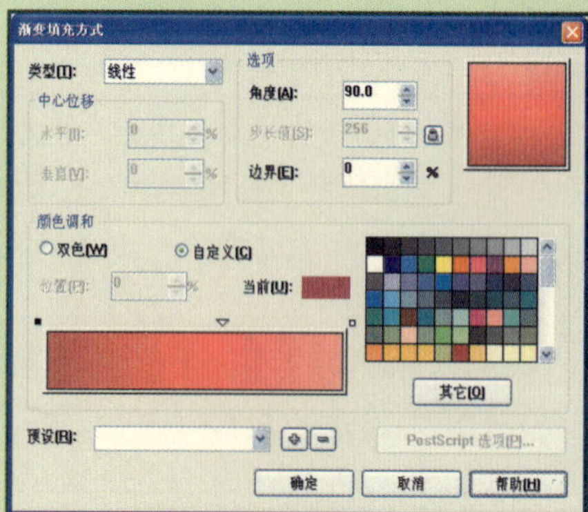

图 9-23　调整渐变参数

Step 23 单击工具箱中的【选择工具】，多个正圆图形，并分别调整大小位置如图 9-24 所示。

Step 24 单击工具箱中的【手绘工具】，在图形中绘制“蓝色”图形，如图 9-25 所示。

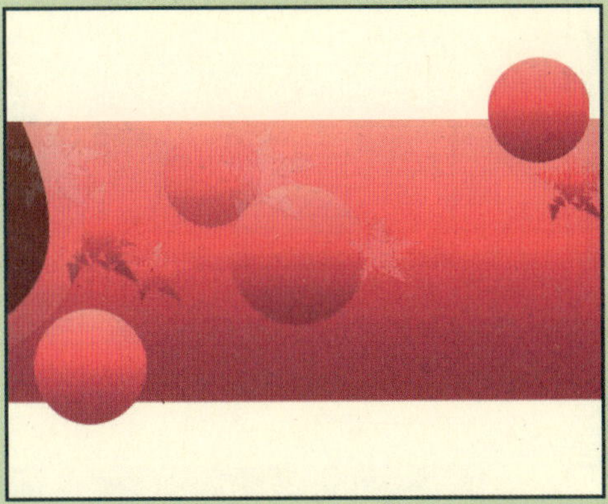

图 9-24 复制图形并调整大小

图 9-25 绘制“蓝色”图形

Step 25 单击工具箱中的【选择工具】，按键盘上的【+】键复制图形，并填充颜色为“黄色”，如图 9-26 所示。

Step 26 单击工具箱中的【纹理填充对话框】，打开【底纹填充】对话框，在对话框中设置【底纹库】为：样本 7，选择【底纹列表】中的“暴风雨之前”填充样式，设置“第 1 矿石”的颜色为：深蓝色（C：96；M：95；Y：2；K：0），设置“第 2 矿石”的颜色为：蓝色（C：90；M：57；Y：4；K：0），设置“光”的颜色为：蓝色（C：68；M：0；Y：32；K：0），设置其他参数如图 9-27 所示。

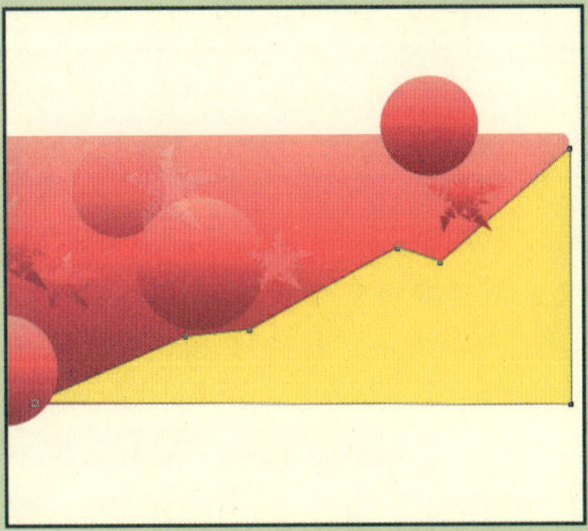

图 9-26 复制图形填充颜色

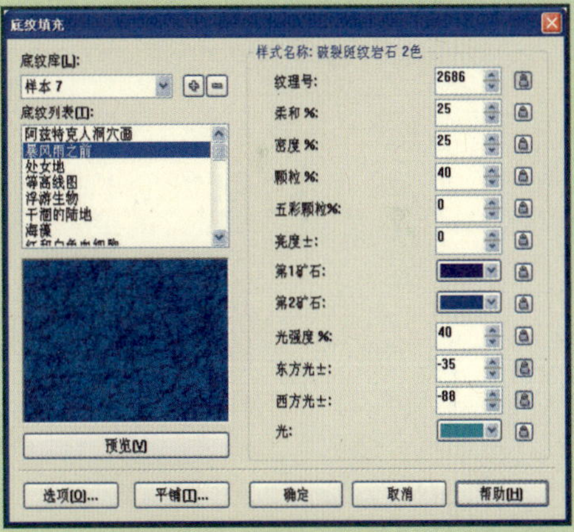

图 9-27 设置【底纹填充】参数

Step 27 单击工具箱中的【交互式透明工具】，并设置【透明度类型】为标准，设置【透明度操作】为正常，设置【开始透明度】为 50，效果如图 9-28 所示。

Step 28 单击工具箱中的【手绘工具】，在图形上绘制“蓝色”图形，如图 9-29 所示。

Step 29 单击工具箱中的【选择工具】，按键盘上的【+】键复制图形，并填充颜色为“黄色”，如图 9-30 所示。

Step 30 单击工具箱中的【纹理填充对话框】，打开【底纹填充】对话框，在对话框中设置【底纹库】为样本 7，选择【底纹列表】中的“等高线图”填充样式，在对话框中设置参数如图 9-31 所示。

图 9-28　制作【标准】透明效果

图 9-29　绘制【蓝色】图形

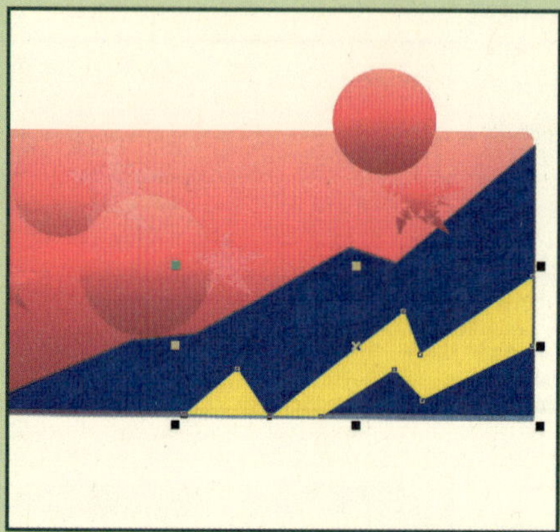

图 9-30　复制图形填充颜色

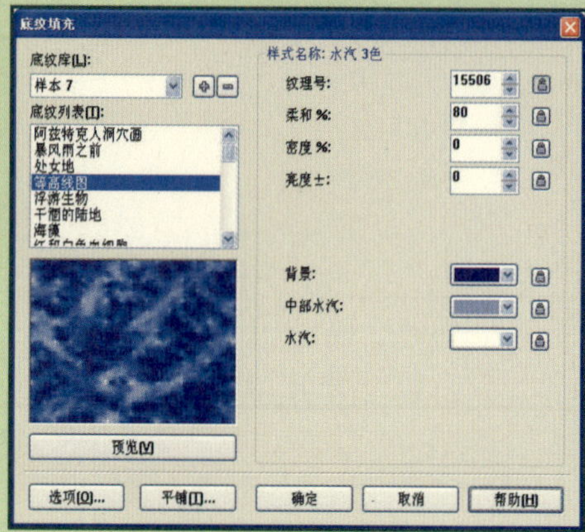

图 9-31　设置【底纹填充】参数

Step 31 用同样的方法，单击工具箱中的【交互式透明工具】，并设置【透明度类型】为：标准，设置【透明度操作】为正常，设置【开始透明度】为 80，并使用【手绘工具】，在图形上绘制“白色”图形，如图 9-32 所示。

Step 32 单击工具箱中的【图案填充对话框】，打开【填充图案】对话框，在对话框中选择“垂直线条”填充图案，并设置【宽度】为 10mm，设置【高度】为 10mm，设置其他参数如图 9-33 所示。

图 9-32　绘制“白色”图形

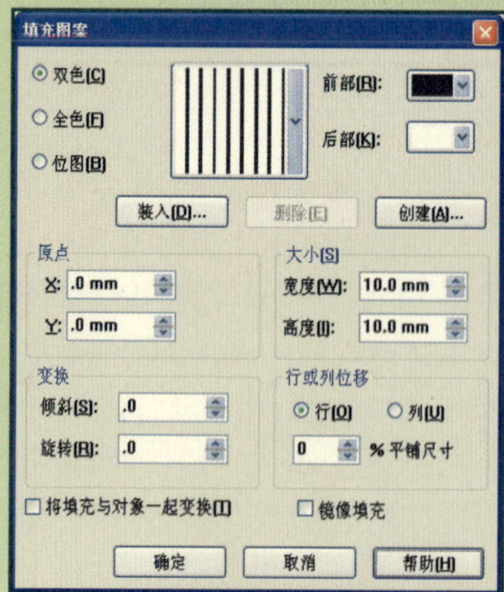

图 9-33　设置【填充图案】参数

Step 33 通过图案填充后的效果，如图9-34所示。

图9-34 填充后的效果

9.1.2 制作图片合成和文字效果

Step 01 单击工具箱中的【矩形工具】，在图形上绘制“白色”矩形图形，并旋转图形调整位置如图9-35所示。

Step 02 单击工具箱中的【选择工具】，复制多个矩形图形，并分别旋转调整位置，如图9-36所示。

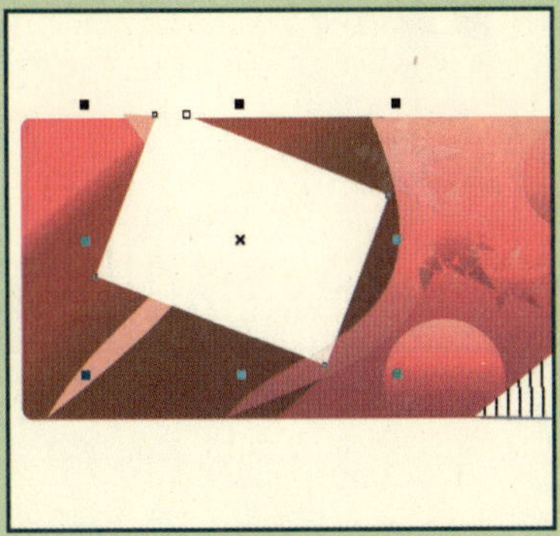

图9-35 旋转图形调整位置

图9-36 复制图形

Step 03 单击属性栏上的【导入】按钮，导入素材“照片1、照片2、照片3.tif”图片，如图9-37、图9-38、图9-39所示。

图9-37 照片1

图9-38 照片2

图9-39 照片3

Step 04 选择工具箱中的【形状工具】，并分别调整图形的形状如图9-40所示。

Step 05 单击工具箱中的【文本工具】，在空白区域输入文字，如图9-41所示。

图 9-40 调整图形的形状

图 9-41 输入文字

Step 06 按【Ctrl+Q】键，将文字【转换为曲线】图形，选择工具箱中的【形状工具】，调整文字形状如图 9-42 所示。

Step 07 单击工具箱中的【选择工具】，将文字拖动到图形中，填充颜色为“淡黄色”，填充边框颜色为“橘黄色”，并旋转调整位置如图 9-43 所示。

图 9-42 调整文字形状

图 9-43 旋转调整位置

Step 08 单击工具箱中的【文本工具】，在图形上输入文字，单击工具箱中的【选择工具】，旋转文字如图 9-44 所示。

Step 09 单击工具箱中的【交互式阴影工具】，在文字上拖动鼠标，制作阴影效果，并在属性栏上设置【阴影的不透明度】为 100，【阴影羽化】为 10，设置【透明度操作】为：正常，【阴影颜色】为白色，效果如图 9-45 所示。

图 9-44 输入文字并旋转

图 9-45 制作文字阴影效果

Step 10 用同样的方法，使用【文本工具】在图形上输入文字，单击工具箱中的【交互式阴影工具】，在文字上拖动鼠标，制作阴影效果，并在属性栏上设置【阴影的不透明度】

为75，【阴影羽化】为8，设置【透明度操作】为正常，【阴影颜色】为白色，效果如图9-46所示。

Step 11 通过执行【效果】→【精确裁剪】→【放置在容器中】命令，将绘制的所有图形放置到圆角矩形图形中，并使用【交互式阴影工具】，添加阴影图形，制作完成后的最终效果如图9-47所示。

图9-46 制作文字阴影效果

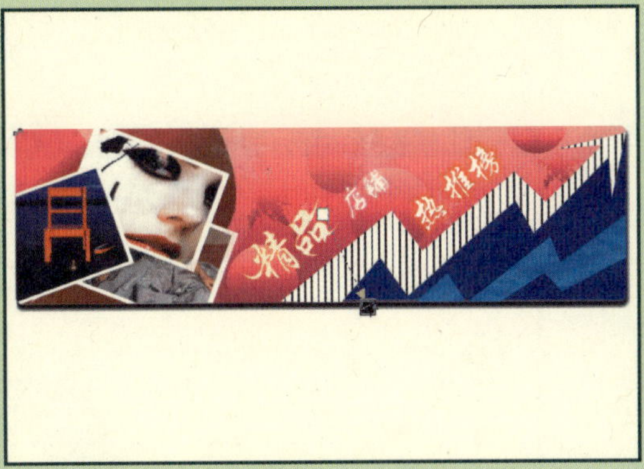
图9-47 最终效果

9.2 POP立牌——LG售后服务形象立牌

本例将带领读者设计一精美的POP立牌——LG售后服务形象立牌，制作完成后的最终效果如图9-48所示。通过本例的练习，可提高读者的造型能力；可学习多种填充（网状填充、底纹填充、渐变填充）方式；还可学习如何利用透明工具、阴影工具为POP立牌设置特殊效果。只要读者耐心地一步步参照往下做，即可轻松地绘制出这一漂亮、时尚的POP立牌。

图9-48 效果图

9.2.1 制作POP立牌的主体架构

Step 01 执行【文件】→【新建】命令，新建一个页面；然后单击工具箱中的贝塞尔工具，在页面中绘制一个四边形（即POP立牌的底座），并用形状工具调整其形状，如图9-49所示。

Step 02 选择底座图形，单击渐变填充工具，在弹出的【渐变填充方式】对话框中设置渐变的填充的【类型】为【线性】，【颜色调和】为【双色】，颜色调和【中点】为50，渐变填充的颜色分别为深蓝色（C：100；M：80；Y：0；K：0）和浅蓝色（C：100；M：20；Y：0；K：0），如图9-50所示。

图 9-49　绘制底座

Step 03　单击【确定】按钮，即可填充底座图形，然后去除轮廓；再用贝塞尔工具结合形状工具在底座图形上方绘制一封闭图形，即POP立牌的中部结构，如图9-51所示。

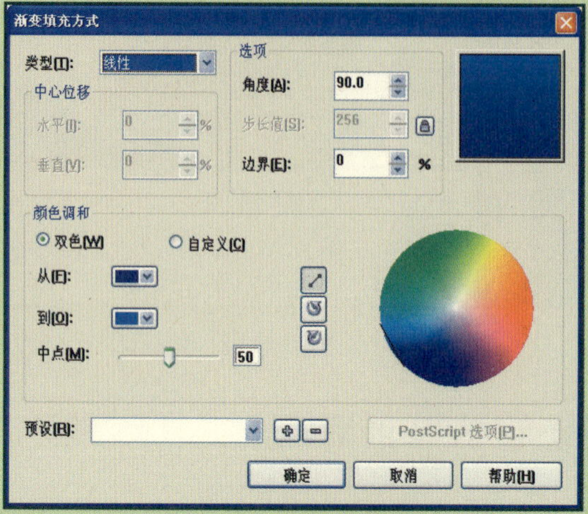

图 9-50 【渐变填充方式】对话框

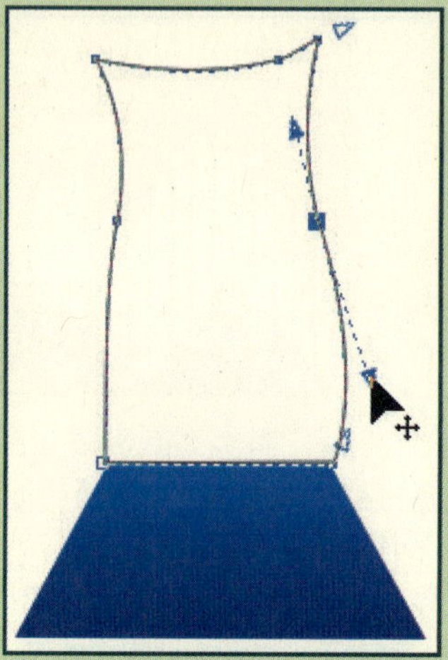

图 9-51　绘制POP立牌的中部结构

Step 04　选择中部图形，然后对其执行“线性-双色”渐变填充，渐变填充的颜色分别为红色（C：20；M：100；Y：75；K：0）和粉红色（C：10；M：100；Y：0；K：0），对话框设置如图9-52所示。

Step 05　单击【确定】按钮，填充中部图形并去除轮廓；再用椭圆工具结合【Ctrl】键，在中部图形上方绘制一个正圆，如图9-53所示。

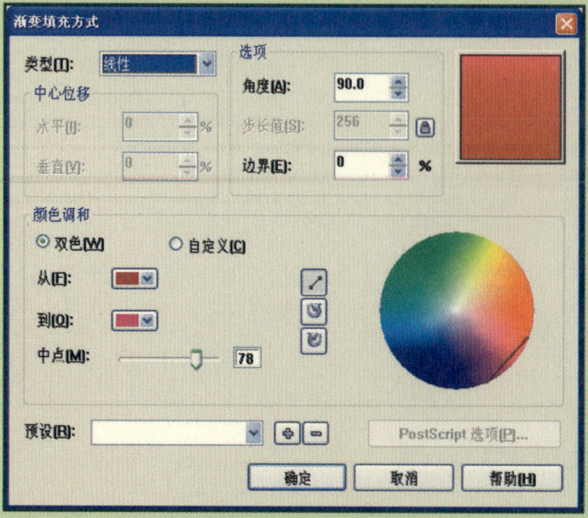

图 9-52 【渐变填充方式】对话框

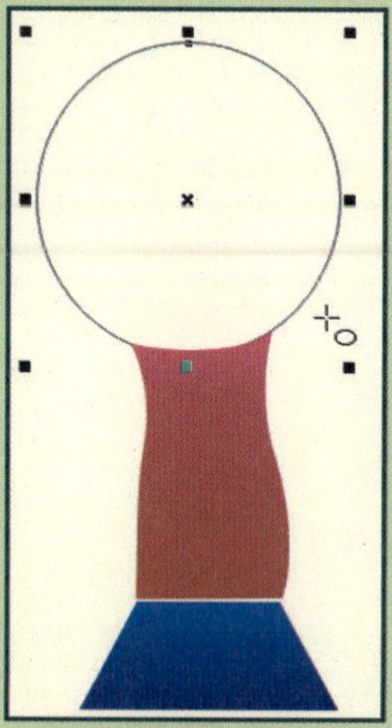

图 9-53　绘制POP立牌上部圆形

Step 06　选择正圆，然后对其执行“线性-自定义”渐变填充，对话框设置如图9-54所示，主要渐变点的位置和颜色参数设置如下：

位置：0　颜色：（C：100；M：80；Y：0；K：0）；
位置：30　颜色：（C：96；M：72；Y：94；K：0）；
位置：36　颜色：（C：71；M：12；Y：0；K：0）；
位置：100　颜色：（C：53；M：1；Y：4；K：0）。

单击【确定】按钮，将正圆填充，然后去除轮廓，如图 9-55 所示。

Step 07 将 POP 立牌的上、中、下三个图形同时选中，按【F12】键，在弹出的【轮廓笔】对话框中设置【轮廓宽度】为 1.5mm，【颜色】为白色，单击【确定】按钮，给 3 个图形添加上白色的轮廓，如图 9-56 所示。

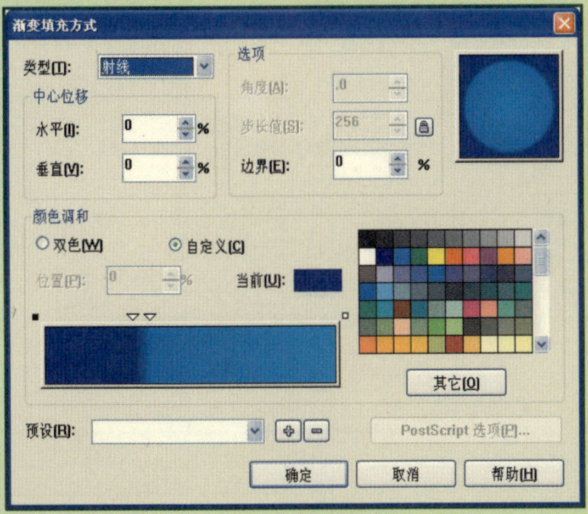

图 9-54　【渐变填充方式】对话框

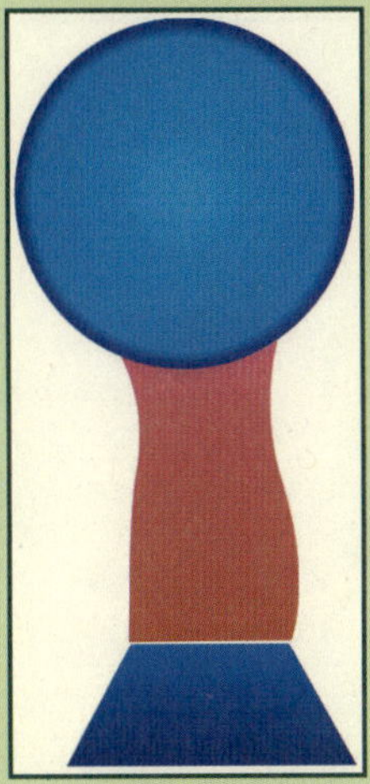

图 9-55　填充正圆

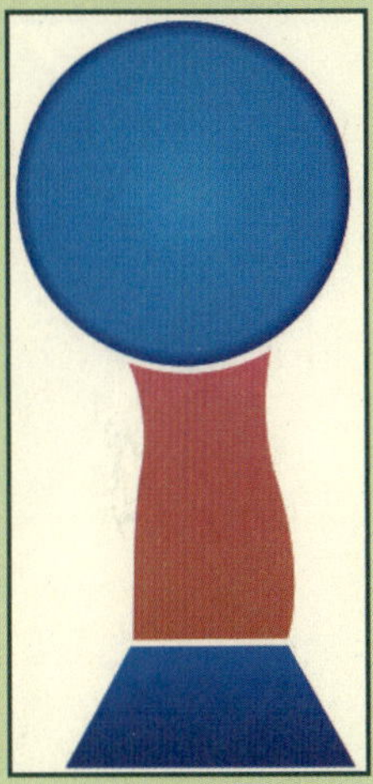

图 9-56　添加外轮廓

Step 08 选择底座图形，单击交互式阴影工具，在底座图形上按下鼠标左键不放向右拖动，为其拖出阴影来，如图 9-57 所示，并在属性栏中设置【阴影的不透明】值为 80，【阴影羽化】值为 15，【阴影颜色】为黑色，如图 9-58 所示。

Step 09 然后再以类似的方法对 POP 立牌的中部和上部图形添加上黑色的阴影效果，如图 9-59 所示，这样 POP 立牌的主体架构就制作完成了。

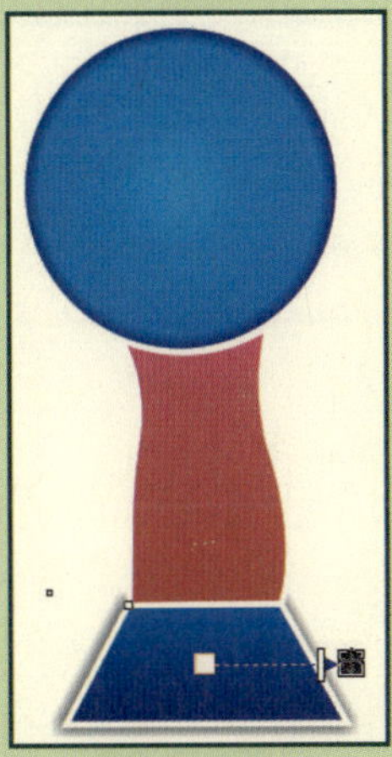

图 9-57　为底座添加阴影

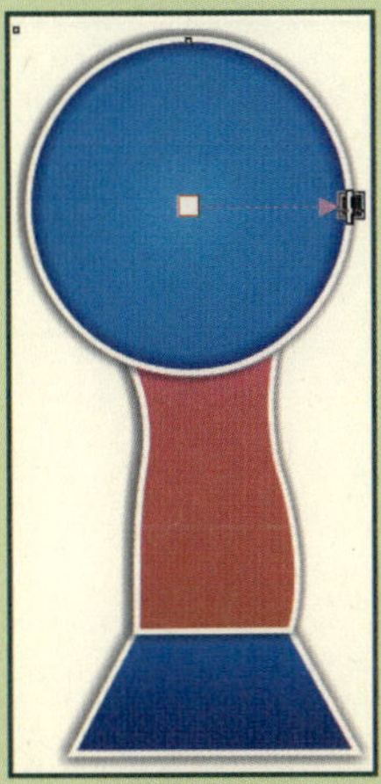

图 9-59　添加阴影

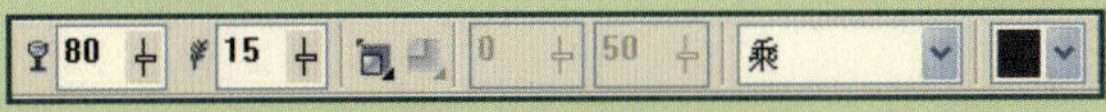

图 9-58　【阴影】属性栏

9.2.2 制作 POP 立牌的上部——圆牌

Step 01 选择 POP 立牌上部的正圆，按小键盘上的【+】键一次将其复制一份，用鼠标右键单击调色板中的【无填充】按钮，将白色轮廓去除，如图 9-60 所示。

Step 02 然后单击纹理填充对话框工具，这时弹出【底纹填充】对话框，如图 9-61 所示，在对话框的【底纹库】下拉框中选择【样本】选项，在【底纹列表】中选择“软水”底纹，【底部】和【表面】的颜色分别设置为深蓝色（C：82；M：44；Y：11；K：0）和浅蓝色（C：14；M：3；Y：8；K：0），其他参数按照对话框设置。

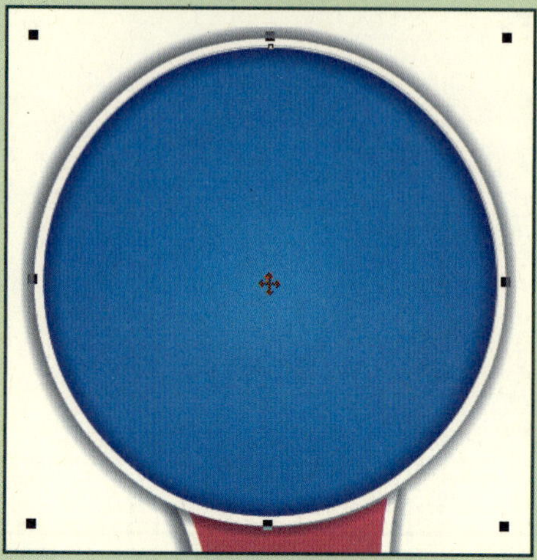

图 9-60 去除圆的白色轮廓

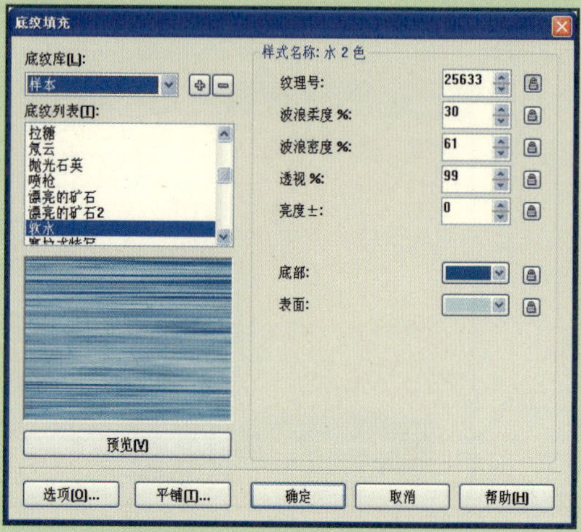

图 9-61 【底纹填充】对话框

Step 03 单击【确定】按钮，即可为复制圆填充上底纹，效果如图 9-62 所示。

Step 04 继续单击【交互式透明工具】，在属性栏设置【透明类型】为【标准】类型，【开始透明度】设置为 75，如图 9-63 所示。

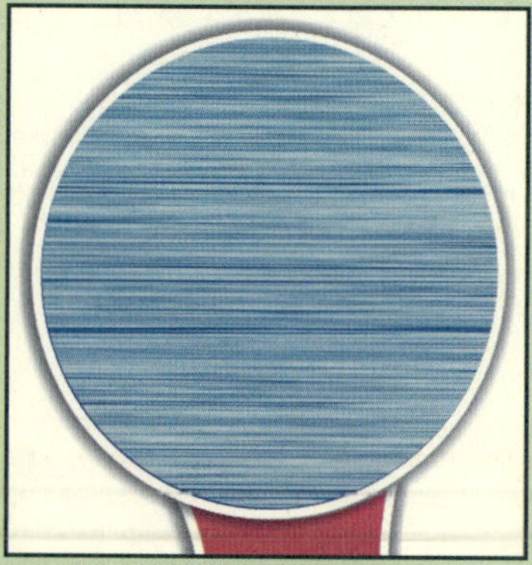

图 9-62 填充正圆

图 9-63 交互式透明工具属性栏

Step 05 设置【标准】透明后，填充圆的底纹就变淡、变透明了，效果如图 9-64 所示。

Step 06 用文本工具在页面外输入文本“LG‘感动小精灵’售后服务员”，在属性栏中将字体设置为 22 磅的方正大黑简体，如图 9-65 所示。

Step 07 将文本的颜色改填充为洋红（C：0；M：100；Y：0；K：0）；然后执行【文本】→【使文本适合路径】命令,这时鼠标将变成➜，然后移动此箭头到底纹填充的正圆内部，在纵横方向上移动鼠标到合适的位置，如图 9-66 所示。

Step 08 然后单击鼠标左建，即可使红色的文本置入到底纹填充的圆内，效果如图 9-67 所示。

图 9-64　执行透明后的效果

图 9-65　输入文本

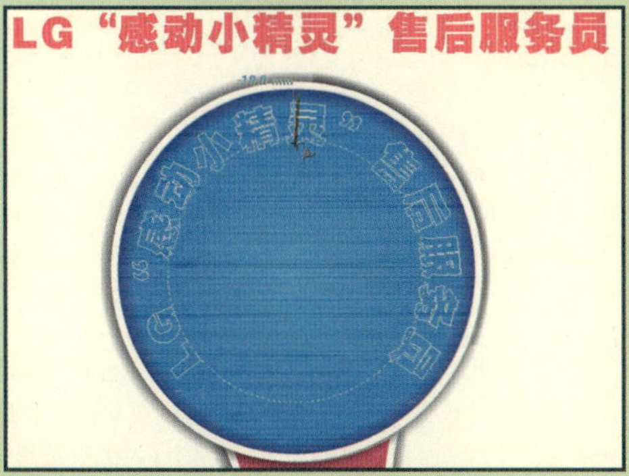

图 9-66　使文本适合路径

图 9-67　文本适合路径后的效果

Step 09　如果嵌入的文本与路径（即底纹填充的圆）的垂纵方向上的位置不合适时，可在属性栏中进一步调整，如图 9-68 所示。

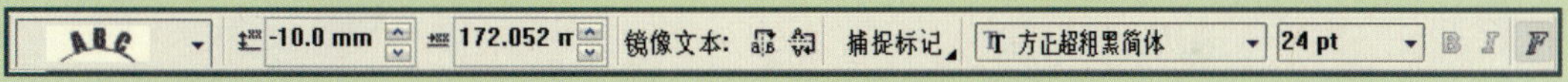

图 9-68　【曲线→对象上的文字】属性栏

Step 10　选中路径文本，执行【排列】→【折分路径中的文本】命令，将文本与路径（即底纹填充的圆）拆分开来；然后单独选中文本，用交互式阴影工具在文本上按下鼠标左键向外拖动为其拖出阴影来，并在属性栏中设置阴影的颜色为白色，如图 9-69 所示。

Step 11　选择带白色轮廓的大圆，按小键盘上的【+】键一次将其复制一份，然后将其等比缩小，去除轮廓后放置于 POP 圆牌的中心，如图 9-70 所示。

Step 12　用椭圆工具结合【Ctrl】键在等比缩小的圆内绘制一正圆（稍小），如图 9-71 所示。

图 9-69　设置白色阴影

图 9-70　等比缩小复制的圆

图 9-71　绘制正圆

Step 13 然后对绘制的正圆执行底纹填充，并为其执行 50% 的【标准】透明，执行填充与透明的方法与执行大圆的底纹填充和透明的方法完全一样，然后去除轮廓，效果如图9-72 所示。

Step 14 接下来导入一标志图形，执行【文件】→【导入】命令，在弹出的【导入】对话框中选择要导入文件的路径，如图 9-73 所示，这里选择“标志 01”文件。

图 9-72 底纹填充与透明设置

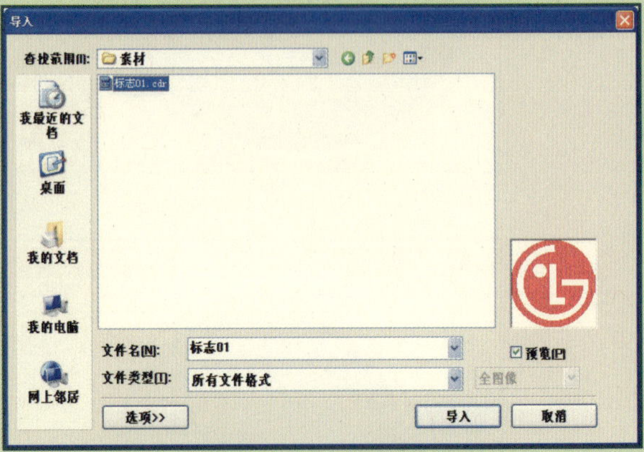

图 9-73 【导入】对话框

Step 15 单击【导入】按钮，将标志图形导入到底纹填充的小圆中并调整其大小，如图 9-74 所示。

Step 16 单击文本工具，在页面外输入文本“亲切、迅速、准确”，并将字体设置为 15 磅方正黑体简体，然后对文本执行【文本】→【使文本适合路径】命令，再将文本置入到底纹填充的小圆内，方法与制作底纹填充大圆的内嵌文本相同，如图 9-75 所示。

Step 17 接下来要在为底纹填充小圆周的边上制作高光效果，用贝塞尔工具结合形状工具在底纹填充小圆的左上方（内侧）和右下方（外侧）各绘制一“月形”图形，如图 9-76 所示。

图 9-74 导入标志图形

图 9-75 使文本适合路径

图 9-76 绘制高光图形

Step 18 选择左上方的“月形”图形，单击交互式透明工具在图形上按下鼠标左键不放向下方上拖动，为其拖出【线性】透明效果来，如图 9-77 所示。

Step 19 执行透明设置后，继续执行【位图】→【转换为位图】命令，在弹出的【转换为位图】

对话框中，将【分辨率】设置为“300dpi”，颜色模式设置为“RGB 色 24 位”，勾选中【透明背景】复选框，如图 9-78 所示。

图 9-77　添加【线性】透明

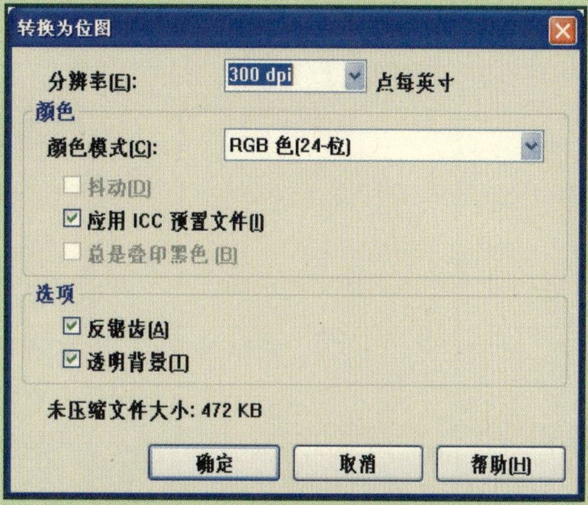

图 9-78　【转换为位图】对话框

Step 20 单击【确定】按钮，即可将线性透明图形直接转换为位图，如图 9-79 所示；再用交互式透明工具在位图上向右边拖动，为该位图添加线性透明效果。

Step 21 再以类似的方法对右下方的“月形”图形添加透明效果，最终效果如图 9-80 所示，这样 POP 的上部圆牌就制作完成了。

图 9-79　添加透明效果

图 9-80　设置透明后的效果

9.2.3 制作 POP 立牌的中部——小精灵

1. 绘制小精灵

Step 01 接下来开始绘制 POP 立牌中部的小精灵，用贝塞尔工具结合形状工具绘制一个封闭图形，小精灵的身体图形，如图 9-81 所示。

Step 02 选择身体图形，将其填充成为橙色（C：6；M：73；Y：97；K：0），去除轮廓；然后单击交互式网状填充工具，并在属性栏中设置网格的行和列分别为 5 和 8，按回车键确定，这时身体图形将自动添加上网格，如图 9-82 所示。

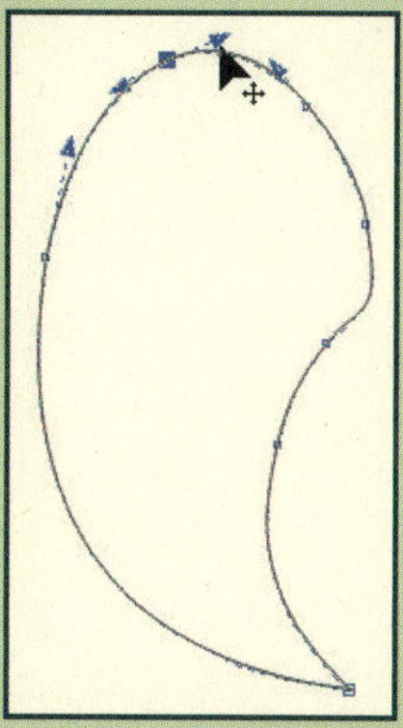

图 9-81　绘制精灵身体

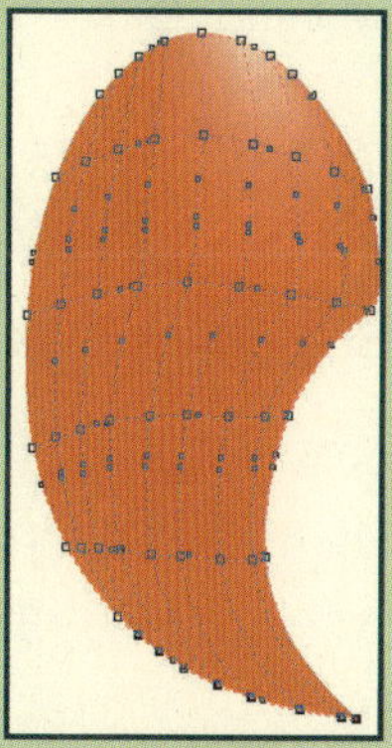

图 9-82　添加网格

Step 03 用交互式网状填充工具在网格中选中一个节点，如图 9-83 所示。

Step 04 单工具箱中的颜色泊坞窗工具，在弹出的【颜色】泊坞窗中设置颜色为金色（C：0；M：25；Y：80；K：0），如图 9-84 所示。

Step 05 单击【填充】按钮，即可将选中的节点填充上设置的颜色，如图 9-85 所示。

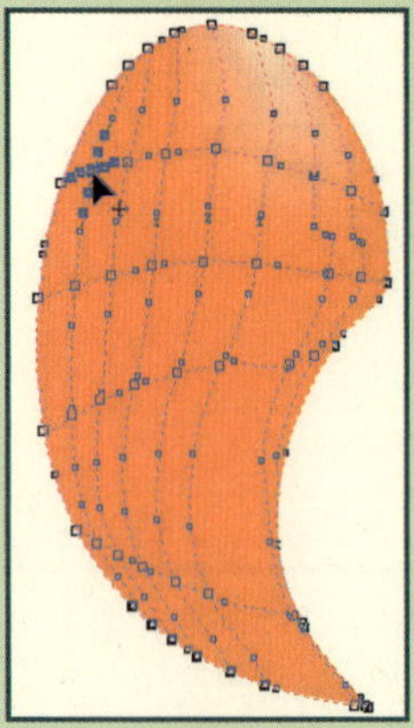

图 9-83 选择网格节点

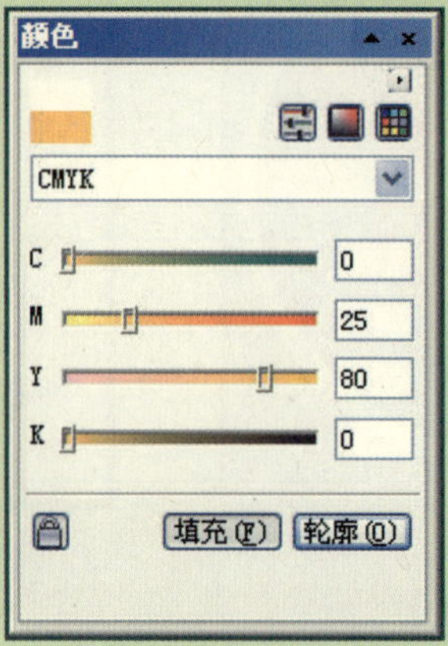

图 9-84 【颜色】泊坞窗

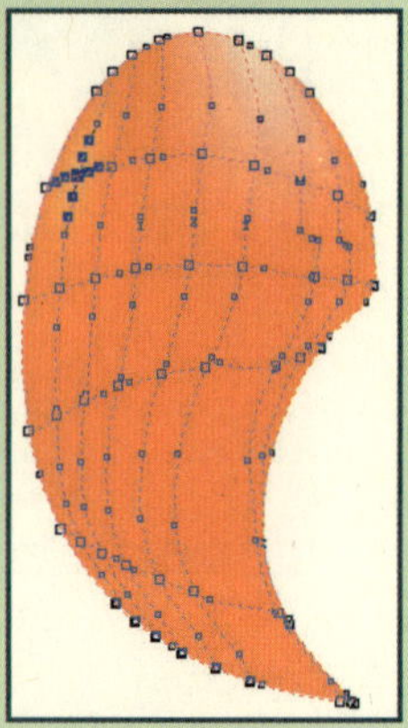

图 9-85 填充网格节点

Step 06 然后将金色节点所在列的其他节点也填充成金色；再以类似的方法将网格中第 8 列靠左边的节点填充成栗色（C：20；M：100；Y：75；K：0），效果如图 9-86 所示。

Step 07 用贝塞尔工具结合形状工具在精灵身体图形的上部绘制 2 个封闭图形，即精灵的嘴和下颌图形，如图 9-87 所示。

Step 08 同时选择嘴和下颌图形，执行“射线 - 双色”渐变填充，渐变填充的颜色分别为深红色（C：47；M：98；Y：93；K：6）和红色（C：1；M：96；Y：91；K：0），对话框设置如图 9-88 所示。

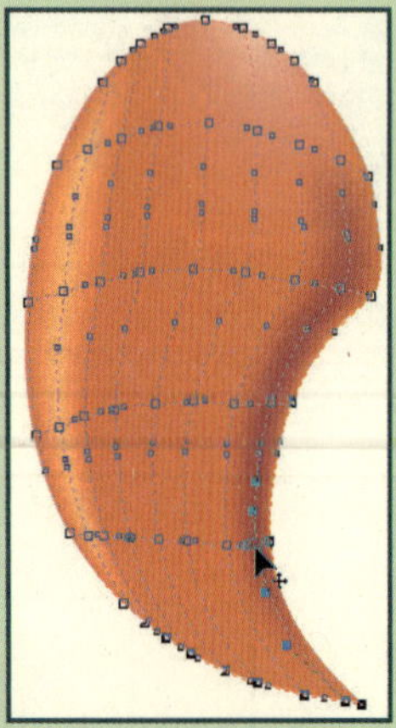

图 9-86 填充网格节点

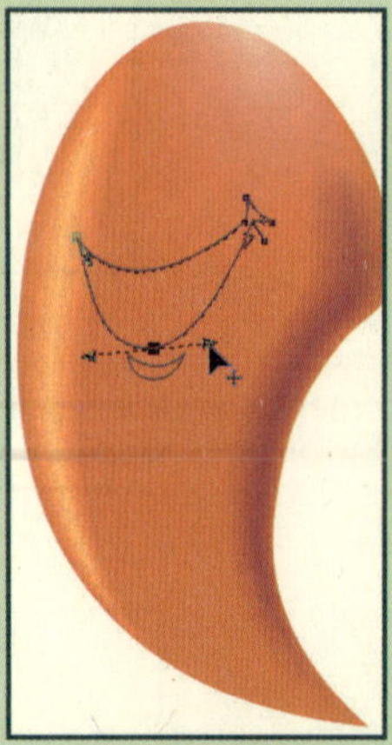

图 9-87 绘制嘴和下颌

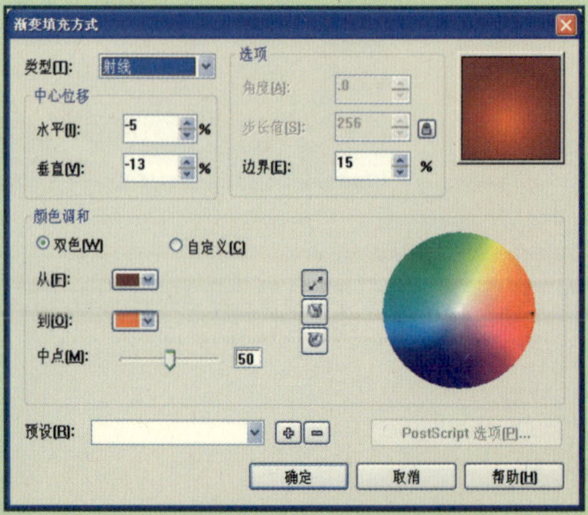

图 9-88 【渐变填充方式】对话框

Step 09 单击【确定】按钮填充 2 个图形，然后去除轮廓；再用贝塞尔工具结合形状工具在精灵嘴的上部绘制出眼眶和眼珠图形来，如图 9-89 所示。

Step 10 分别将眼眶和眼珠图形填充为白色和黑色，并将眼眶的轮廓填充成深红色（C：47；M：98；Y：93；K：6）；再用椭圆工具在眼部和嘴之间绘制两个正圆，作为精灵的鼻子和耳朵，如图 9-90 所示。

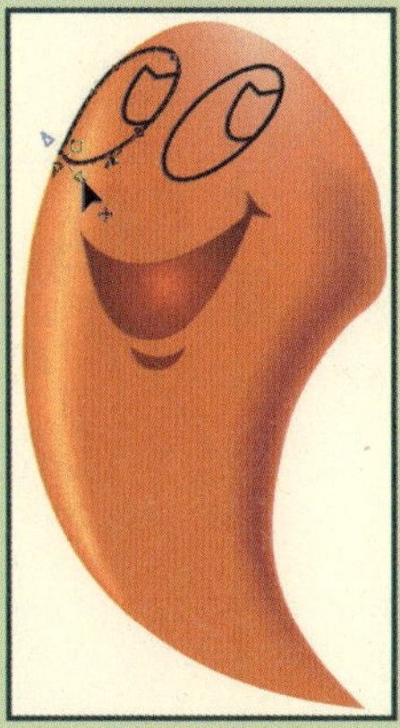

图 9-89　绘制眼眶和眼珠

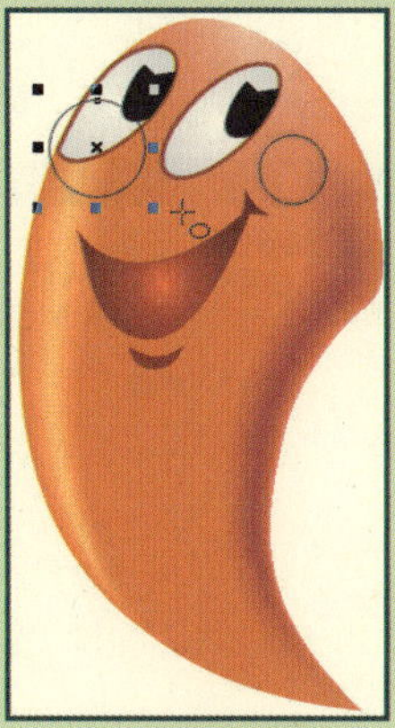

图 9-90　绘制鼻和耳

Step 11 将精灵的鼻子（左）和耳朵(右)先后执行“射线-双色”渐变填充，对话框设置如图 9-91 和图 9-92 所示，两个对话框中的渐变填充颜色分别为：大红色（C：13；M：98；Y：93；K：0）和白色；黄色（C：0；M：30；Y：100；K：0）和白色。

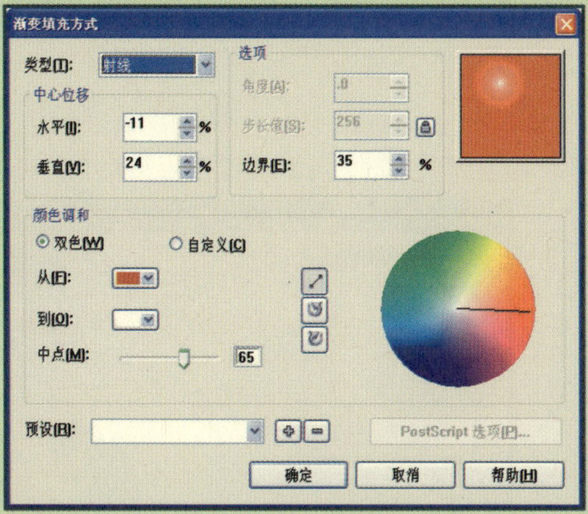

图 9-91　鼻子的渐变填充方式

图 9-92　耳朵的渐变填充方式

Step 12 单击【确定】按钮，将鼻子和耳朵填充；再用交互式阴影工具为其耳朵拖出默认的黑色阴影来，效果如图 9-93 所示。

Step 13 用贝塞尔工具结合形状工具在精灵的头部绘制帽缘和帽的其他部分，如图 9-94 所示。

图 9-93　添加阴影效果

图 9-94　绘制帽缘等图形

Step 14 将绘制的图形全部选中，然后执行“射线-双色”渐变填充，渐变颜色分别为深红色（C：50；M：90；Y：100；K：0）和红色（C：0；M：100；Y：100；K：0），对话框设置如图 9-95 所示。

Step 15 单击【确定】按钮，将选中的图形填充，然后去除轮廓；再用贝塞尔工具结合形状工具绘制出左右两个“帽瓣”图形来，如图 9-96 所示。

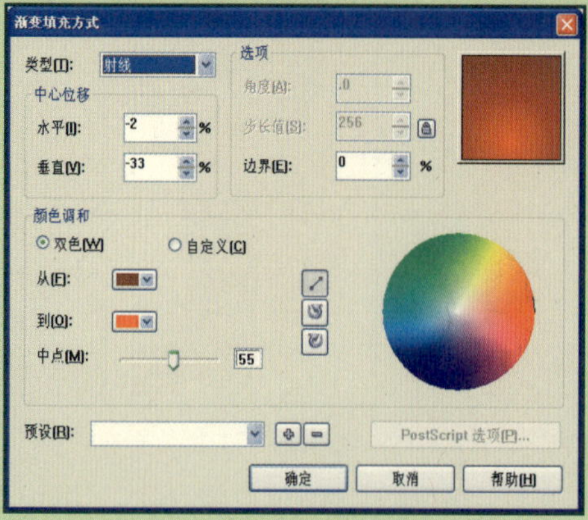

图 9-95 【渐变填充方式】对话框

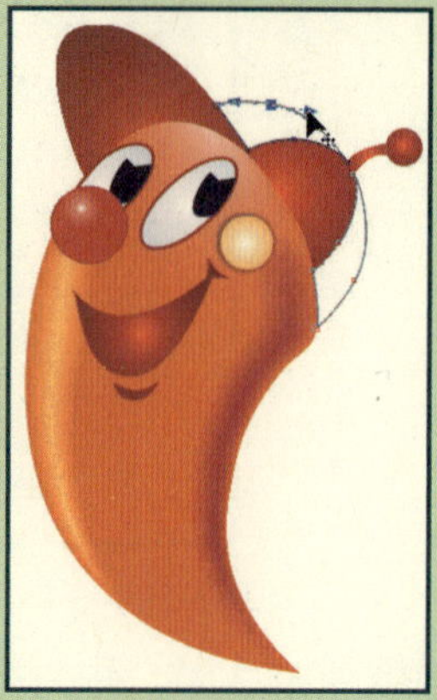

图 9-96 绘制左右帽瓣

Step 16 同时选择左右两个“帽瓣”图形，将其填充成浅蓝色（C: 16; M: 5; Y: 7; K: 0），然后去除轮廓；再用椭圆工具结合【Ctrl】键在帽的顶端绘制两个正圆作为“帽球”，如图 9-97 所示。

Step 17 同时选择两个正圆形，对其执行“射线 - 双色”渐变填充，渐变填充颜色分别为浅蓝色（C：30；M：4；Y：15；K：0）和白色，对话框设置如图 9-98 所示。

图 9-97 绘制帽球图形

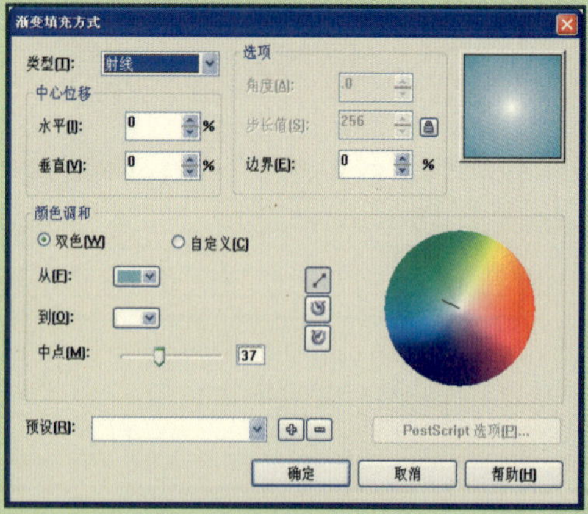

图 9-98 【渐变填充方式】对话框

Step 18 单击【确定】按钮，填充两个“帽球”圆形，然后去除轮廓；单击交互式阴影工具，在小的帽球图形上按下左键不放向右拖动，为其拖出黑色的阴影来，如图 9-99 所示。

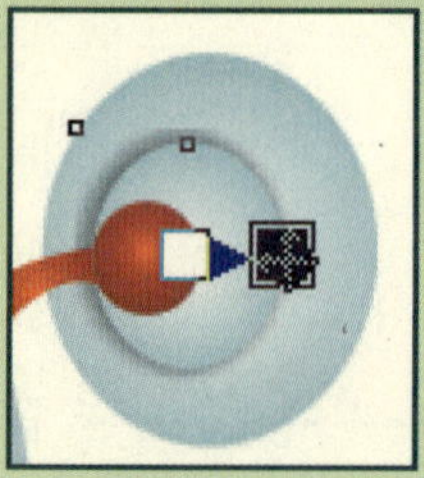

图 9-99 添加阴影效果

Step 19 用贝塞尔工具结合形状工具在精灵身子的左右两侧分别绘制一只“手”的图形，如图 9-100 所示。

Step 20 同时选择两个“手”图形，对它们执行“线性-双色”渐变填充，渐变的颜色分别为黄色（C：0；M：35；Y：100；K：0）和桔红色（C：6；M：73；Y：97；K：0），对话框设置如图9-101所示。

图9-100 绘制“双手”图形

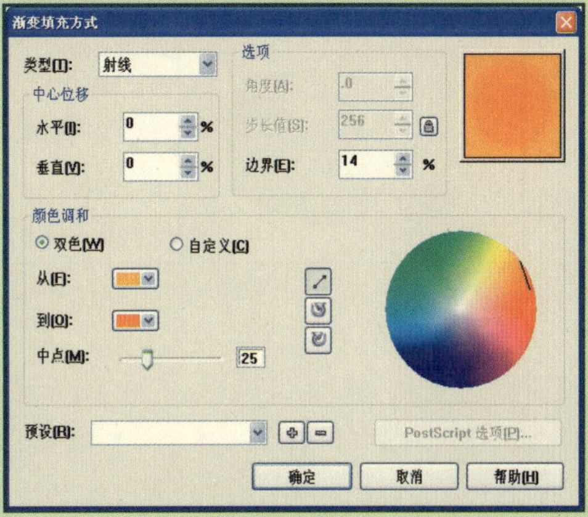

图9-101 【渐变填充方式】对话框

2．绘制工具箱

Step 01 单击【确定】按钮，即可填充双手图形，然后去除轮廓；接下来绘制工具箱，再用贝塞尔工具结合形状工具在精灵的右手下方绘制一个工具箱图形，所得的效果如图9-102所示。

Step 02 用椭圆工具在右手处绘制一个椭圆，并将其旋转一定的角度，如图9-103所示。

Step 03 同时选择椭圆和工具箱图形，按【Ctrl+PageDown】键将其放置于左手的下方，并填充成白色；再用贝塞尔工具结合形状工具绘制出工具箱的侧面图形，效果如图9-104所示。

图9-102 绘制工具箱图形

图9-103 旋转椭圆

图9-104 绘制工具箱的侧面

Step 04 选择工具箱的正面和侧面图形，将它们填充为蓝色（C: 89; M: 42; Y: 17; K: 0），如图9-105所示。

Step 05 单击文本工具，在页面外输入如图9-106所示的四行说明文本，并在属性栏中将字体设置为5磅宋体。

Step 06 用矩形工具在第一行文本前端绘制一个黑色矩形作为强调符号，然后去除轮廓；再复制三个分别放置于后三行文本的前端，如图9-107所示。

图 9-105　填充正面和侧面图形

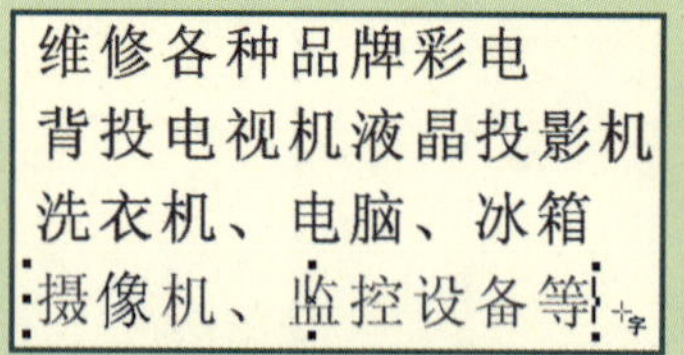

图 9-106　输入文本

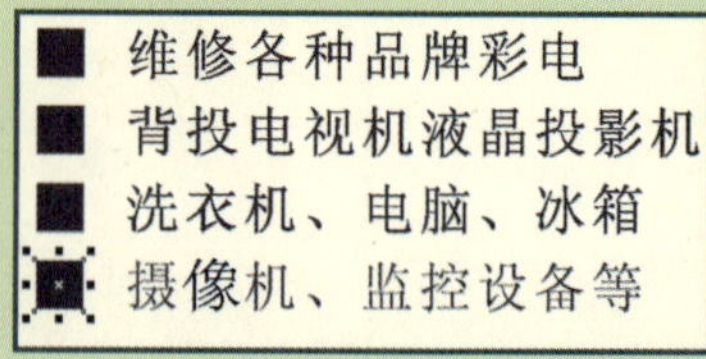

图 9-107　复制黑色矩形

Step 07　框选上图中的图文，按【Ctrl+G】键将它们群组，然后填充成白色，适当调整大小后移动到工具箱的正面，如图 9-108 所示。

Step 08　执行【效果】→【添加透视点】命令，对群组图文添加透视点，然后拖动透视端点调整其透视，如图 9-109 所示，调整后的最终效果如图 9-110 所示。

图 9-108　移动图文到工具箱正面

图 9-109　调整群组图文的透视

图 9-110　透视后的效果

3．为精灵制作阴影效果

Step 01　选择精灵的身体图形，用交互式阴影工具在图形上按下鼠标左键不放向右拖动，为其拖出默认的黑阴影来，如图 9-111 所示。

Step 02　再以类似的方法将精灵的左右帽瓣图形和大的帽球图形分别添加上黑色的阴影效果，如图 9-112 所示。

Step 03　将精灵的身体图形复制一份，并放置在精灵的左方，如图 9-113 所示。

图 9-111　添加身体阴影

图 9-112　添加“帽瓣”和“帽球”阴影

图 9-113　复制身体图形

Step 04 选中复制图形，单击交互式网格填充工具，并在属性栏中将行和列的参数设置为 0，按回车键确定，再单击【清除网格属性】按钮，即可将网格填充清除；然后将图形后改成橙色，并将轮廓宽度设置为 0.706cm，颜色设置为白色；再用交互式阴影工具将该图形向左拖出阴影来，如图 9-114 所示。

Step 05 将带阴影的身体图形移动到精灵身体图的最下方（可按【Ctrl+PageDown】键执行）与之重合，如图 9-115 所示，这样精灵的阴影效果就制作出来了。

Step 06 框选上图中制作完成的精灵图形，将其调整到大小后将其放置到POP立牌的中部，如图 9-116 所示。

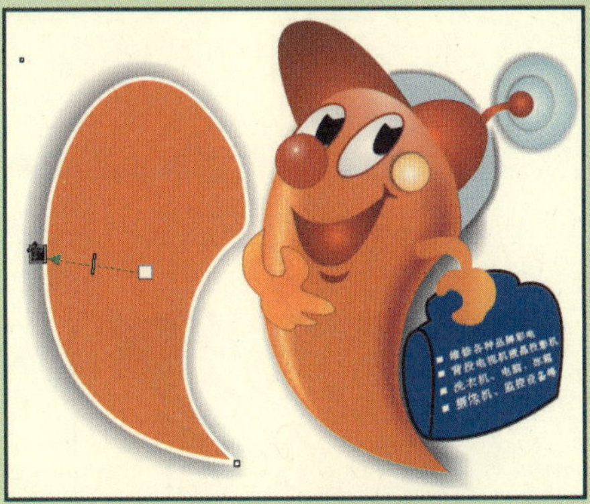

图 9-114　添加轮廓和阴影

图 9-115　移动阴影图形

图 9-116　移动精灵图形

4．制作螺旋图形

Step 01 用椭圆工具在页面外绘制一个椭圆，然后将其旋转一定的角度，如图 9-117 所示。

Step 02 选择椭圆，对其执行“射线 - 双色”渐变填充，渐变填充颜色分别为橙色（C：6；M：73；Y：97；K：0）和黄色（C：0；M：20；Y：100；K：0），对话框设置如图 9-118 所示。

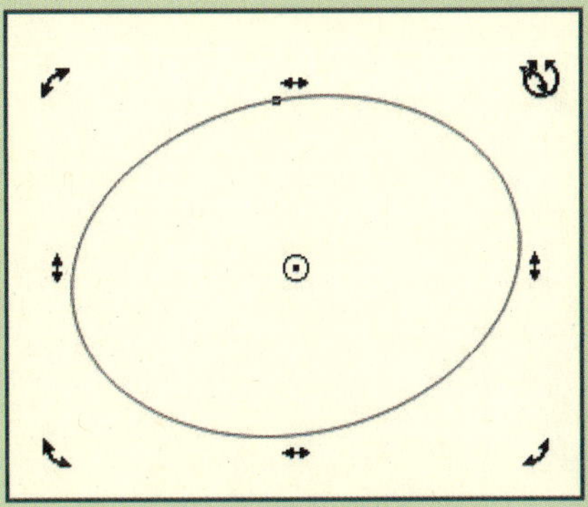

图 9-117　旋转椭圆

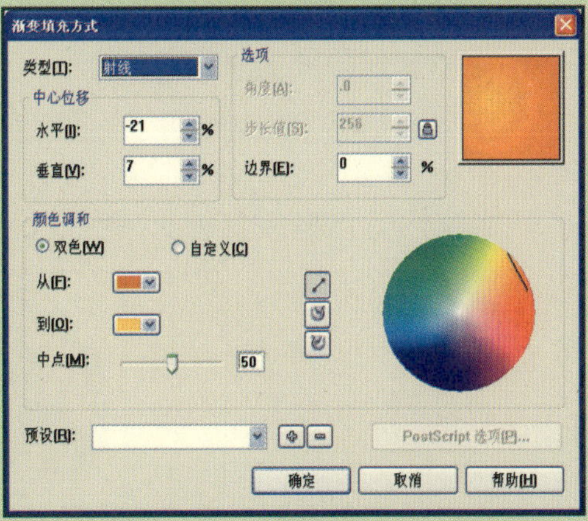

图 9-118　【渐变填充方式】对话框

Step 03 单击【确定】按钮填充椭圆，并去除轮廓；再用贝塞尔工具结合形状工具在椭圆上绘制一螺旋线，如图 9-119 所示。

Step 04 将螺旋线的轮廓宽度设置成 0.5mm，颜色设置为白色；然后选中椭圆，用交互式阴影工具为椭圆拖出阴影来，如图 9-120 所示。

图 9-119 绘制螺旋线

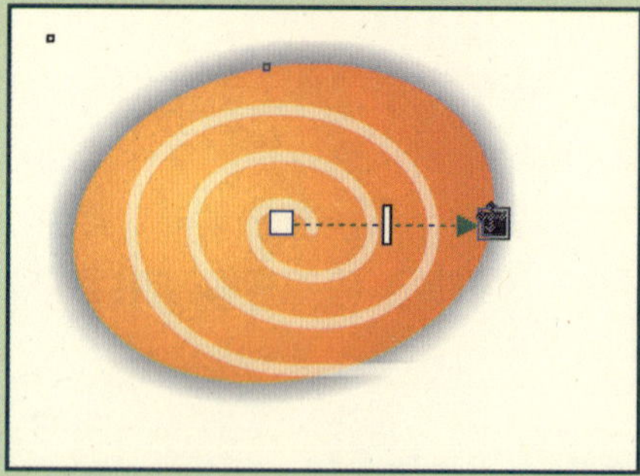

图 9-120 为椭圆形添加透明效果

Step 05 框选带螺旋的椭圆图形，并将其移动到POP立牌的中部，并按【Ctrl+PageDown】键，将其放置于精灵图形的下方；将POP圆牌中的标志复制一份，将红色圆形改填充成白色，内部的白色标志图形改填充成红色，缩小后置于精灵的下方，如图 9-121 所示。

Step 06 用文本工具在标志的右方输入字母“LG”，并将字体设置成23磅方正粗黑体，填充成白色；再用交互式阴影工具为其拖动出默认的黑色阴影效果，如图 9-122 所示。

图 9-121 改变标志的颜色

图 9-122 制作“LG”阴影效果

9.2.4 制作 POP 立牌的底部——底座

选择POP立牌的底座图形，按小键盘上的【+】一次将其复制一个，并去除白色的轮廓，然后对其执行底纹填充，填充方法与执行圆牌中的底纹填充的圆的方法完全一样，这样POP立牌就全部制作完成了，如图 9-123 所示。

图 9-123 制作底座的底纹填充

第 10 章　包装设计

本章要点

- 阿桂月饼包装袋
  - 制作包装袋平面展开图
  - 制作包装袋立体效果图

10.1 阿桂月饼包装袋

本例将带领读者利用 CorelDRAW X3 软件设计制作一个精美的包装袋——阿桂月饼包装袋。其制作环节主要包括两个步骤：首先是制作包装袋平面展开图；其次是制作包装袋的立体效果图，完成后的最终效果如图 10-1 所示。

图 10-1　效果图

10.1.1 制作包装袋平面展开图

1. 设置页面辅助线

Step 01 执行【文件】→【新建】命令，在属性栏中设置页面的宽度为 220mm、高度为 150mm，按回车键确定，新建一个页面，如图 10-2 所示。

Step 02 执行【查看】→【辅助线设置】命令，在弹出的【选项】设置面板左侧选项栏中，单击【文档】→【辅助线】→【水平】选项，并在右侧的参数设置面板中输入参数“0”，然后单击【添加】按钮，即可在页面中添加一条“0”位置的水平辅助线，然后用输入数字并单击【添加】按钮的方法添加其他的水平辅助线，如图 10-3 所示。

图 10-2　新建页面

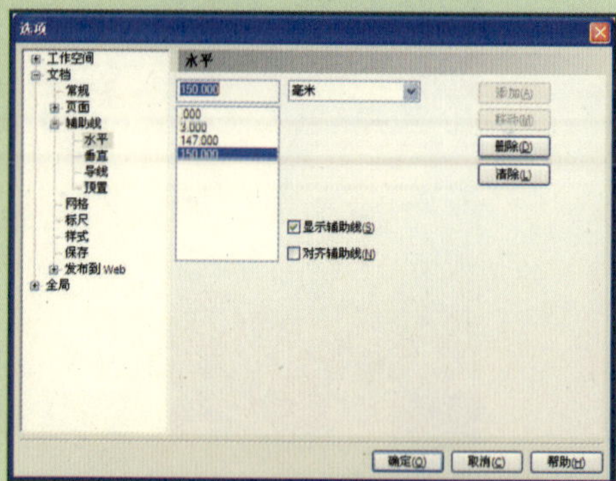

图 10-3　【选项】对话框

Step 03 设置完水平辅助线后，在【选项】设置面板左侧选项栏中，单击【文档】→【辅助线】→【垂直】选项，再以类似的方法设置出垂直辅助线，参数设置面板如图 10-4 所示。

Step 04 单击【确定】按钮，绘图窗口如图 10-5 所示，这样页面就被辅助线（包括靠边的四条出血线）划分成了两部分，即包装的“正面”部分和“背面”部分。

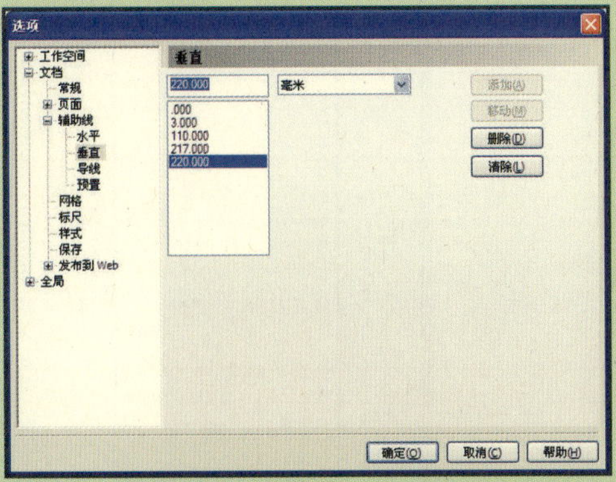

图 10-4 【垂直】选项参数

图 10-5 页面辅助线

2．设计展开包装袋的正面

Step 01 单击属性栏中的【对齐辅助线】按钮，双击【矩形工具】，页面中将产生一个与页面同大小同位置的矩形，再用【选取工具】向左拖动矩形右边（中间）的控制点，将矩形的右边拖动到中心辅助线处（矩形右边自动捕捉中心辅助线）与其重合，这便是包装袋的正面图形，如图 10-6 所示。

Step 02 选择矩形，单击【渐变填充工具】，在弹出的【渐变填充方式】对话框中设置渐变【类型】为【射线】，【颜色调和】为【双色】，颜色调和【中点】为 38，渐变填充的颜色分别为中黄色（C：0；M：20；Y：100；K：0）和柠檬黄（C：0；M：0；Y：40；K：0），如图 10-7 所示。

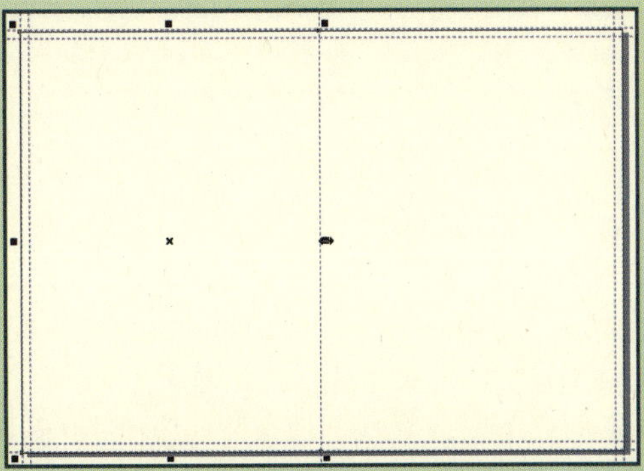

图 10-6 绘制包装袋正面图形

图 10-7 【渐变填充方式】对话框

Step 03 单击【确定】按钮，填充正面矩形，然后去除轮廓，如图 10-8 所示。

Step 04 用【矩形工具】在正面矩形上绘制两个等高不等宽的两个矩形，保持矩形的底端对齐，如图 10-9 所示。

Step 05 将两个矩形填充为绿色（C：27；M：5；Y：97；K：0），然后去除轮廓，如图 10-10 所示。

Step 06 选中两个绿色矩形，按【Ctrl+G】键将其群组，然后将群组对象复制一份，放置于绿色矩形的下方，保持两群组对象的左端对齐，并将颜色填充为桔红色（C：4；M：78；Y：97；K：0），如图 10-11 所示。

图 10-8　填充正面矩形

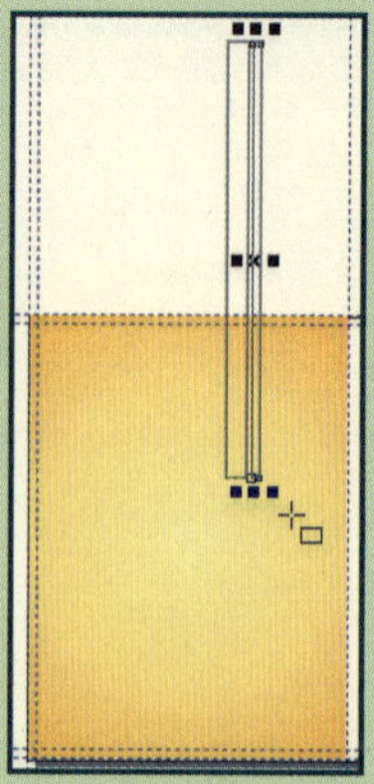

图 10-9　两个矩形

Step 07 再将绿色群组对象复制一份，填充成紫色（C：32；M：42；Y：11；K：0），然后在属性栏中设置旋转角度为 90º，按回车键将其旋转 90º，如图 10-12 所示。

图 10-10　填充矩形

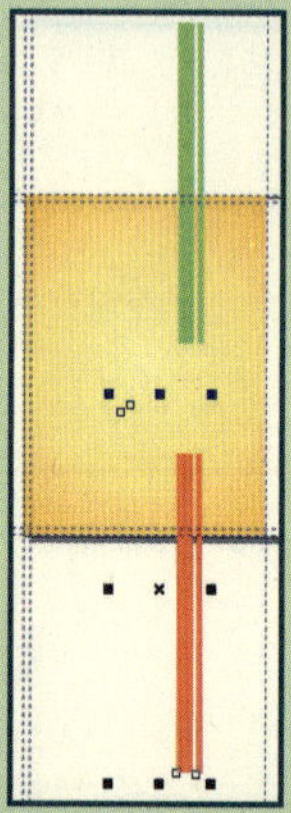

图 10-11　填充群组对象

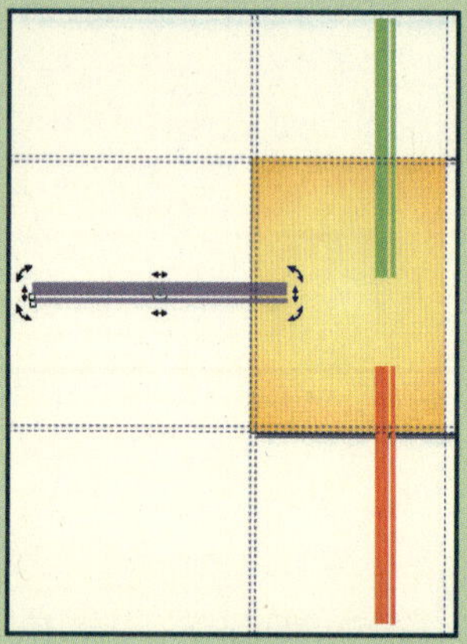

图 10-12　旋转群组对象

Step 08 将以上三个群组对象选中，按【Ctrl+G】键将它们再群组为一个对象，然后执行【效果】→【精确剪裁】→【放置在容器中】命令，这时鼠标将变成一个黑色的箭头➡，用黑色箭头单击正面矩形，如图 10-13 所示。

Step 09 单击后，群组对象将自动置入到正面矩形中，如图 10-14 所示。

Step 10 如果群组对象置入到图矩形中的位置和大小不合适时，可以通过执行【效果】→【精确剪裁】→【编辑内容】来调整，如图 10-15 所示为将群组对象旋转角度为 – 23º 的情形，编辑完成后可单击页面窗左下角的【完成编辑符号】按钮，即可完成编辑。

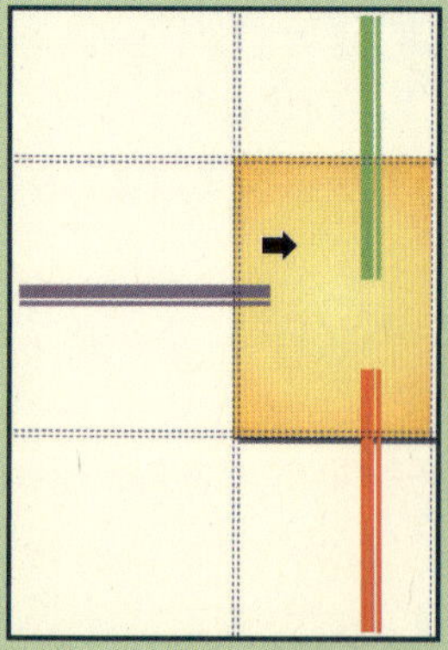

图 10-13　单击矩形

图 10-14　图框精确裁剪

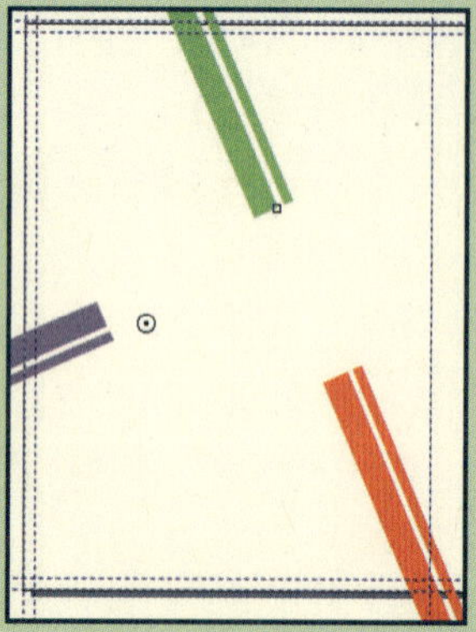

图 10-15　旋转对象

Step 11 编辑完成后，再用【椭圆工具】结合【Ctrl】键，在画面的右边绘制一个正圆，如图10-16所示。

Step 12 将上图中绘制的圆形复制数个，调整为不同大小，把它们全部填充为绿色（C：27；M：5；Y：97；K：0），然后去除外轮廓，如图10-17所示。

Step 13 框选所有绿色圆形，按【Ctrl+G】键将其群组，然后复制两份群组对象，分别将它们填充成桔红色（C：4；M：78；Y：97；K：0）和紫色（C：32；M：42；Y：11；K：0）；将紫色对象旋转90º，然后将它们分别放置到如图10-18所示的位置。

图10-16 绘制正圆

图10-17 填充为绿色圆形

图10-18 复制群组对象

Step 14 接下来为包装袋导入一标志图形，执行【文件】→【导入】命令，在弹出的【导入】对话框中选择要导入标志的路径，如图10-19所示。这里选择"标志01"文件，单击【导入】按钮，将标志导入到页面中，然后放置于包装袋正面的左上角，并调整其大小，如图10-20所示。

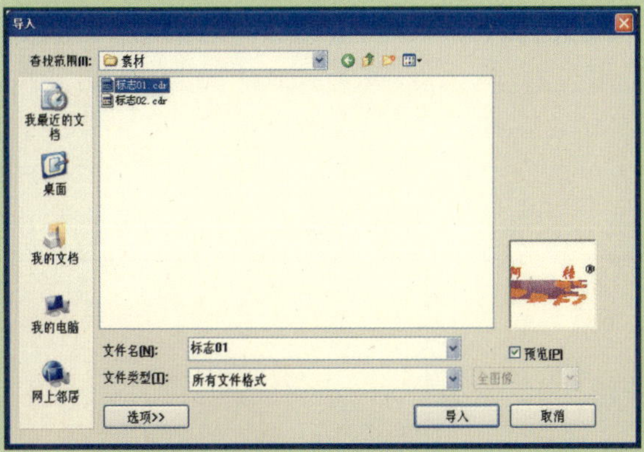

图10-19 【导入】对话框

图10-20 导入的标志图形

Step 15 再用类似的方法将"素材"中的"标志02"文件导入到页面中，放置于包装袋的右上角，并调整大小，如图10-21所示。

Step 16 用【贝塞尔工具】结合【形状工具】在三个群组对象之间绘两个封闭图形，如图10-22所示。

Step 17 选中两个图形，按【Ctrl+G】键将其群组，并填充为成黑色（K：100），然后去除轮廓，如图10-23所示。

图 10-21 导入另一个标志

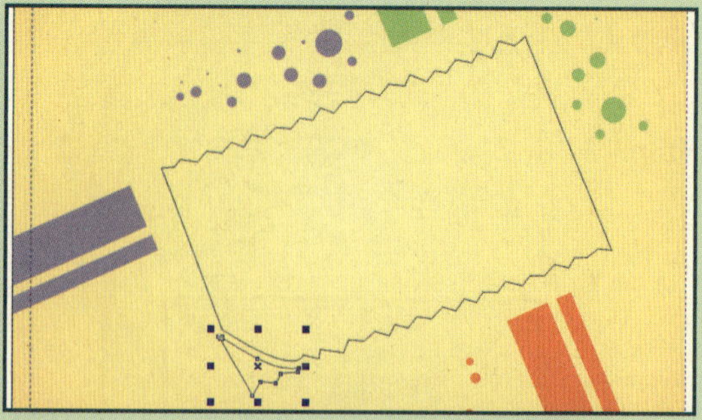

图 10-22 绘制图形

Step 18 选择黑色的群组对象，按小键盘上的【+】键一次复制一份，将复制的群组对象填充成桔黄色（C：4；M：78；Y：97；K：0），并按键盘上的【←】和【↑】方向键，将其向左上方移动一定的距离，使底部的黑色图形显露出来形成阴影效果，如图 10-24 所示。

图 10-23 填充图形

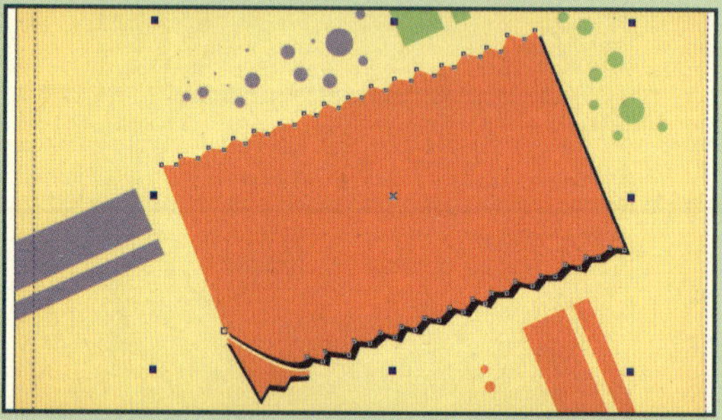

图 10-24 制作阴影效果

Step 19 单击【文本工具】，然后在桔黄色群组对象中输入“阿桂月饼”文本，在属性栏中设置字体为 40 磅粗宋体，如图 10-25 所示。

Step 20 将文本填充为白色，用【选取工具】双击文本，拖动上方的水平倾斜手柄将文本向右倾斜，再拖动右上角的旋转手柄按逆时针旋转一定的角度，效果如图 10-26 所示。

图 10-25 输入文本

图 10-26 倾斜与旋转文本

Step 21 选择变换后的文本，执行【排列】→【转换成曲线】命令，将文本转换成曲线，然后用【形状工具】对文本进行编辑，以改变文本的形状，效果如图 10-27 所示。

Step 22 继续用【文本工具】在名称的下方输入英文文本“high-quality food”(“高质量食品”)，将字体设置为 18 磅 - 方正平和简体，填充成为黄色（C：0；M：0；Y：40；K：0），再将其执行倾斜与旋转操作，如图 10-28 所示。

图 10-27　编辑文本形状

图 10-28　倾斜与旋转文本

Step 23 用【文本工具】在品牌名称的下方再输入如图 10-29 所示的中、英文文本作为食品的说明，将字体均设置为宋简体，然后将它们分别旋转一定角度，与品牌名称方向一致，其中对英文文本要作倾斜变化。

Step 24 用【贝塞尔工具】结合【形状工具】在“中秋佳品 你我共享”文本前端各绘制两个封闭图形作为前端强调符号，如图 10-30 所示。

图 10-29　输入说明文本

图 10-30　绘制前端强调符号

Step 25 将前端的强调符号复制一份放置于文本的后端，效果如图 10-31 所示。

Step 26 单击【文本工具】，在包装袋的左下方分别输入：“葡萄干”、“净含量 90 克”和“成都市阿桂食品有限公司”文本，将前两者字体设置为方正粗圆简体，字号分别为 23 磅和 16 磅，公司名称字体设置为 13 磅 - 方正精倩繁体，这样包装袋的正面部分就全部完成了，如图 10-32 所示。

图 10-31　复制符号图形

图 10-32　输入文本

3．设计包装的背面

Step 01 框选包装袋的正面，按【Ctrl+G】键群组，然后按小按键盘上的【+】键一次将包装正面复制一份，执行【排列】→【对齐和分布】→【对齐和分布】，这时弹出【对齐与分布】对话框，然后在【对齐到对象】下拉框中选择【页边缘】，并勾选中【上】对齐和【右】对齐复选框，单击【确定】按钮，即可将复制的正面群组对象对齐到页面的右边，这样包装袋的背面图形就形成了，如图 10-33 所示。

图 10-33　复制包装的正面

Step 02 执行【编辑】→【插入条形码】命令，在弹出的【条码向导】对话框中输入条形码的编号，如图 10-34 所示。

Step 03 按提示一步步设置，最后单击【确定】按钮，即可在页面中自动生成条形码图形，然后调整条形码的大小后放置到包装袋背面下方，如图 10-35 所示，这样包装袋的平面展开图就全部制作完成了。

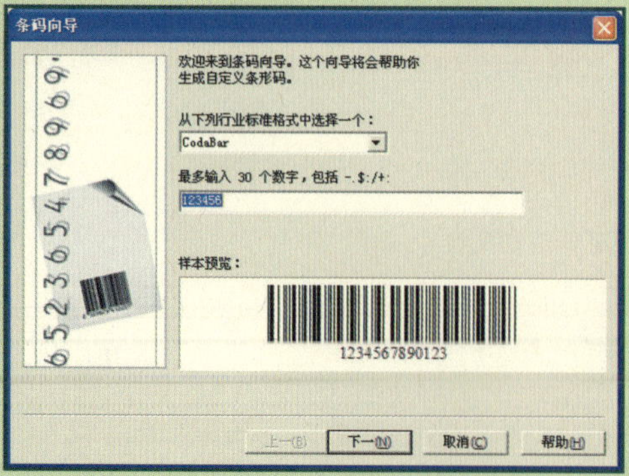

图 10-34　【条码向导】对话框

图 10-35　放置条码图形

10.1.2 制作包装袋立体效果图

Step 01 制作完包装袋的平面展开图后，就可以制作包装袋的立体效果了。在页面窗口中新建一个页面，即“页面 2”，然后将“页面 1”中的包装袋“正面”图形复制一份到“页面 2”中来，以此图形制作包装袋的立体效果图。

Step 02 在“页面 2”中，将包装袋“正面”图形解散群组，选中黄色的背景图形，单击属性栏中的【转换为曲线】按钮○，将背景图形转换成曲线，再用【形状工具】将背景图形调整为袋子的形状，如图 10-36 所示。

Step 03 接下来制作包装上封口效果，用【贝塞尔工具】结合【形状工具】在包装上封口顶部绘制出如图 10-37 所示的封闭锯齿图形，即包装的切口。

图 10-36 调整包装袋的形状

图 10-37 绘制锯齿图形

Step 04 选择切口图形，将其填充为褐色（C：16；M：26；Y：51；K：0）并去除外轮廓；再用【矩形工具】在上封口处绘制两个等大的矩形，使其左端对齐，填充颜色为黄色（C：12；M：13；Y：76；K：0），并去除轮廓，如图 10-38 所示。

图 10-38 绘制矩形

Step 05 选中两个矩形，单击【交互式调和工具】，在属性栏中设置调和步数为 8，然后从上方矩形上按下鼠标左键不放拖动至第二个矩形，这时在两个矩形之间将新产生 8 个相同的矩形，如图 10-39 所示，这样包装袋的上封口效果就制作完成了。

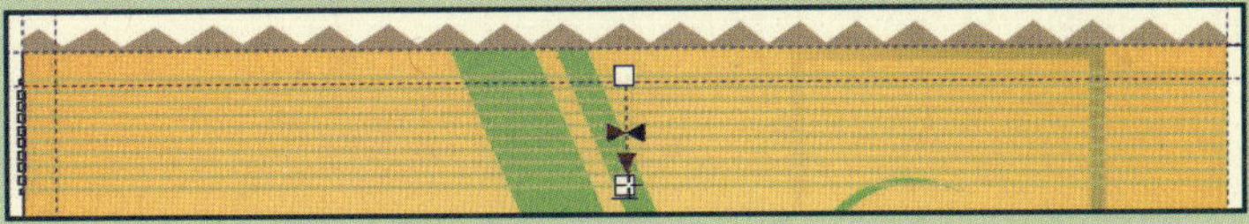

图 10-39 调和矩形

Step 06 复制一份调和矩形，然后将其放置到包装袋的下封口处，同样将锯齿图形复制一份放置于下封口的切口处，并将其作垂直镜像，如图 10-40 所示。

Step 07 接下来为包装袋制作明暗效果，首先制作包装袋上封口的明暗效果，用【贝塞尔工具】结合【形状工具】在上封口处绘制左右两个三角图形，如图 10-41 所示。

图 10-40 复制调和图形

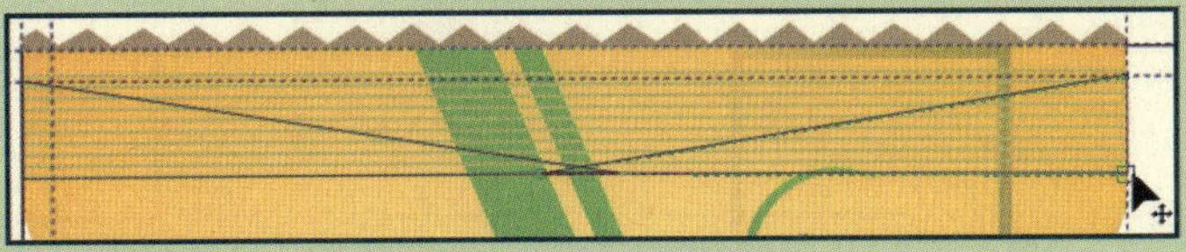

图 10-41 绘制三角形

Step 08 将两个三角形填充成墨绿色（C：64；M：51；Y：98；K：14），然后去除轮廓；单击【交互式透明工具】，在左边三角形上按下左键不放为其拖动出线性的透明效果，如图 10-42 所示。

Step 09 再以类似的方法对右边三角形添加透明效果，如图 10-43 所示，这样包装袋上封口的明暗效果就制作完成了。

图 10-42 设置“线性”透明

Step 10 将上封口的两个透明三角形群组并复制一份，单击属性栏中的垂直镜像按钮将其垂直镜像，然后将群组对象拖动到包装袋的下封口处，这样包装袋的下封口明暗也制作完成了，效果如图 10-44 所示。

图 10-43 调节明透明度

图 10-44 下封口明暗效果

Step 11 接下来制作包装袋左侧的明暗效果，用【贝塞尔工具】结合【形状工具】在包装袋左侧绘制上、中、下 3 个封闭图形，如图 10-45 所示。

Step 12 将三个图形全部填充为黑色，然后去除轮廓，如图 10-46 所示。

Step 13 然后用【交互式透明工具】分别对 3 个填充图形添加“线性”透明效果，如图 10-47 所示，这样暗部效果就出来了。

Step 14 接下来制作包装袋左侧的高光部分，用【贝塞尔工具】结合【形状工具】在包装袋暗部处从上到下绘制 4 个封闭图形，如图 10-48 所示。

图 10-45 绘制封闭图形

图 10-46 填充图形

图 10-47 添加透明效果

图 10-48 绘制左侧图形

Step 15 将4个图形填充成白色并去除轮廓；再用【交互式透明工具】为 4 个白色图形添加“线性”透明效果，如图 10-49 所示，添加透明后的最终效果如图 10-50 所示。

Step 16 然后再以类似的方法制作包装袋右侧的暗部和高光效果，如图 10-51 所示，这样包装袋的立体效果图就制作完成了。

图 10-49 添加透明效果

图 10-50 执行透明后最终效果

图 10-51 包装袋最终立体效果

Step 17 由于此月饼有3种不同的口味，所以要有3种不同的包装，另外两种可以通过“口味”名称及部分色块来区分。将“葡萄干”口味包装的立体效果图复制两份放置于页面外空白处，分别将口味文本改为“绿豆蓉”和“巧克力”，如图 10-52 和图 1-53 所示。

Step 18 将“绿豆蓉”口味包装中心图形色彩改为绿色（C：57；M：7；Y：98；K：0）；将“巧克力”口味包装袋的中心图形色彩改为褐色（C：44；M：99；Y：98；K：5），这样 3 种口味的包装袋立体效果图就制作完成了。

图 10-52 输入文本

图 10-53 输入文本

Step 19 如图 10-54 所示为 3 种包装袋放置到背景中的效果。

图 10-54 添加背景后的效果

读书笔记

<<< du shu bi ji

第 11 章　广告折页与书籍装帧设计

本章要点

- 旅行社广告折页
  - 设计平面展开图
  - 制作广告折页的立体效果
- 书籍装帧
  - 设计书的平面展开图
  - 制作书籍的立体效果图

11.1 旅行社广告折页

本例将带领读者利用CorelDRAW X3软件结合Photoshop软件设计一份精美的广告——旅行社广告三折页。其制作环节主要包括两个步骤：一是利用CorelDRAW X3软件制作广告折页的平面展开图；二是利用Photoshop软件制作折页的立体效果图，此折页制作完成后的最终效果如图11-1所示。

图11-1　最终效果

11.1.1 设计平面展开图

1. 设置辅助线

Step 01 执行【文件】→【新建】命令，在属性栏中设置页面的宽度为297mm、高度为250mm，按回车键确定，新建一个页面，如图11-2所示。

Step 02 执行【查看】→【辅助线设置】命令，在弹出的【选项】设置面板左侧选项栏中，单击【文档】→【辅助线】→【水平】选项，并在右侧的参数设置面板中输入参数“0”，然后单击【添加】按钮，即可在页面中添加一条“0”位置的水平辅助线，然后用输入数字并单击【添加】按钮的方添加另一条水平辅助线，参数面板如图11-3所示。

图11-2　新建页面

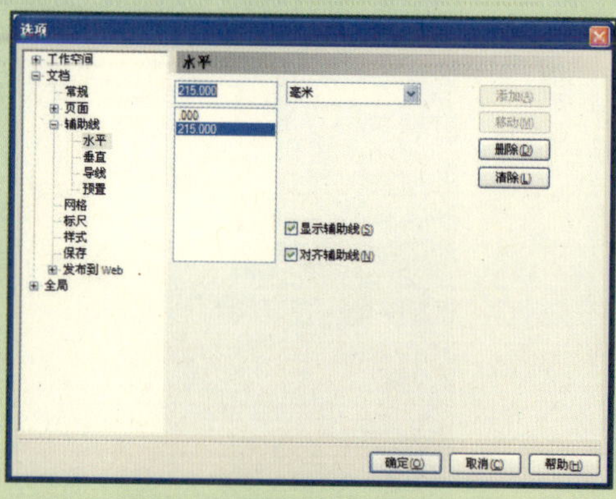

图11-3　【选项】对话框

Step 03 设置完辅助线后，在【选项】设置面板左侧选项栏中单击【文档】→【辅助线】→【垂直】选项，然后以类似的方法设置出垂直辅助线，参数设面板如图11-4所示。

Step 04 单击【确定】按钮，绘图窗口如图 11-5 所示，这样整个页面就被辅助线划分出 3 个部分来，即为三折页的封面、封底和内页。

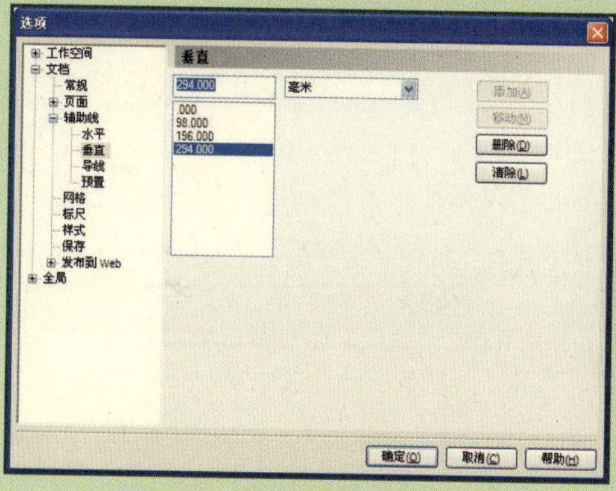

图 11-4 【垂直】选择参数

图 11-5 设置辅助线

2．设计折页的背景

Step 01 用【选取工具】双击【矩形工具】，页面中将产生一个与页面大小相同、位置相同的矩形，如图 11-6 所示。

Step 02 选择页面矩形，单击【渐变填充工具】，在弹出的【渐变填充方式】对话框中设置渐变的【类型】为【线性】，【颜色调和】为【双色】，颜色调和的“中点”为 15，渐变填充的颜色分别为深蓝色（C：0；M：20；Y：100；K：0）和浅蓝色（C：100；M：10；Y：10：0），如图 11-7 所示。

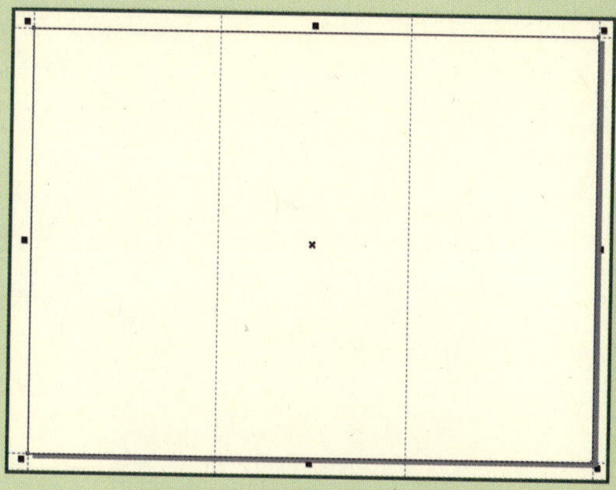

图 11-6 添加页面矩形

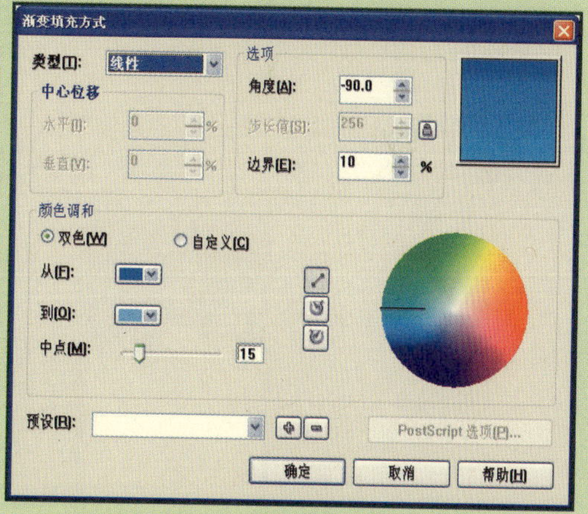

图 11-7 【渐变填充方式】对话框

Step 03 单击【确定】按钮，填充页面矩形，然后去除轮廓，这样折页的天空背景就制作出来了；将属性栏中的对齐辅助线按钮开启，再用【矩形工具】在页面的下方绘制一个矩形（绘制矩形的时候，其边自动捕捉辅助线并与其对齐），并调整其大小，如图 11-8 所示。

Step 04 选择绘制的矩形，将矩形填充为绿色（C：71；M：0；Y：96；K：0），然后去除轮廓，这样就制作出了草地；再用【贝塞尔工具】结合【形状工具】在天空背景中绘制出各种封闭的云彩图形，如图 11-9 所示。

图 11-8　绘制矩形

图 11-9　绘制云彩

Step 05　将上面绘制的云彩图形全部填充成白色，然后去除轮廓，如图 11-10 所示。

Step 06　用【贝塞尔工具】结合【形状工具】在封面中一块云彩图形的前方绘制一个封闭图形，作为云彩的暗部，如图 11-11 所示。

图 11-10　填充云彩图形

图 11-11　绘制云彩的暗部

Step 07　将绘制的暗部图形填充为灰色（K:10），然后去除轮廓，如图 11-12 所示。

Step 08　再以类似的方法制作封底中云彩的暗部，效果如图 11-13 所示。

图 11-12　填充云彩的暗部

图 11-13　制作其他云彩暗部

Step 09　单击工具箱中的【艺术笔工具】，在属性栏中选择喷罐按钮，并在喷涂列表中选择如图 11-14 所示的“绿草”图形样式。

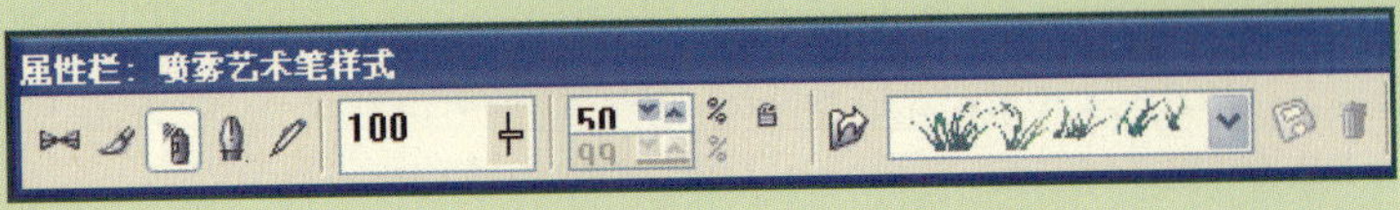

图 11-14　【艺术笔工具】属性栏

Step 10 然后用此工具在折页的封面下端水平划动一次，即可绘制出一缕绿草图形，如图 11-15 所示。

Step 11 然后将绘制的绿草图复制两份，分别放置到折页的“背面”和“内页”上，如图 11-16 所示。

图 11-15 绘制绿草图形

图 11-16 复制绿草图形

Step 12 再将封面中的绿草复制一份，然后单击属性栏中的【水平镜像】按钮，将其水平镜像，如图 11-17 所示。

Step 13 将水平镜像后的绿草图形复制两份，分别放置到“封底”和“内页”上与原绿草图形交错放置，如图 11-18 所示。

图 11-17 镜像绿草图形

图 11-18 复制绿草图形

Step 14 用【椭圆工具】在封面草地上绘制数个大小不同的圆形，如图 11-19 所示。

Step 15 选择所有的圆，将它们全部填充为白色，然后去除轮廓，效果如图 11-20 所示。

图 11-19 绘制圆形

图 11-20 填充圆形为白色

Step 16 然后将封面中的白色圆形全部选中，按【Ctrl+G】键将其群组，然后复制两份分别放置到“封底”和“内页”的草坪上，如图 11-21 所示。

图 11-21 复制群组的白色圆形

3．制作折页封面

Step 01 用【椭圆工具】结合【Ctrl】键在页面外绘制一个正圆，如图 11-22 所示。

Step 02 按住【Shit】键不放，用【选取工具】向内推动正圆的（右下方）角控制点，然后单击鼠标右键，即可将正圆以中心等比缩小并复制；再以类似的方法向内复制一个正圆，如图 11-23 所示。

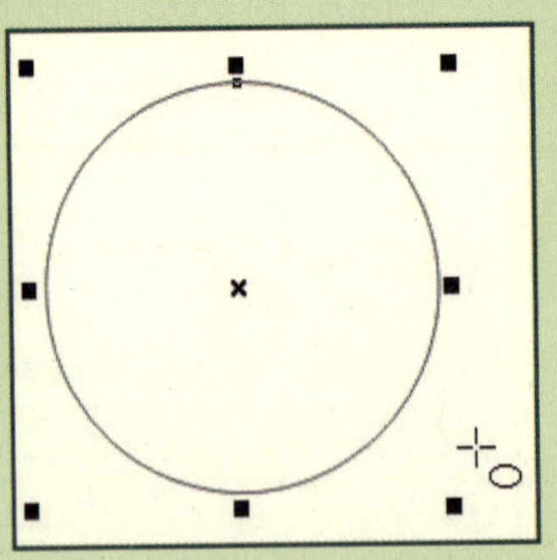

图 11-22 绘制正圆

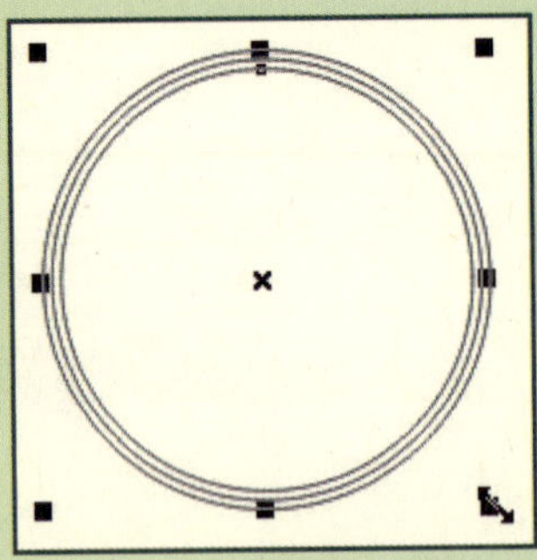

图 11-23 制作其他圆

Step 03 接下来对 3 个圆形执行填充，填充顺序和颜色为：从外到内，大圆填充为冰蓝色（C：04；M：0；Y：0；K：0）；中圆填充成白色；小圆执行“线型 - 双色”渐变填充，对话框设置如图 11-24 所示，渐变填充的颜色分别为深蓝色（C：100；M：10；Y：10；K：0）和冰蓝色（C：40；M：0；Y：0；K：0），其他以对话框设置。

Step 04 单击【确定】按钮，填充 3 个圆形；然后将它们的轮廓去除，如图 11-25 所示。

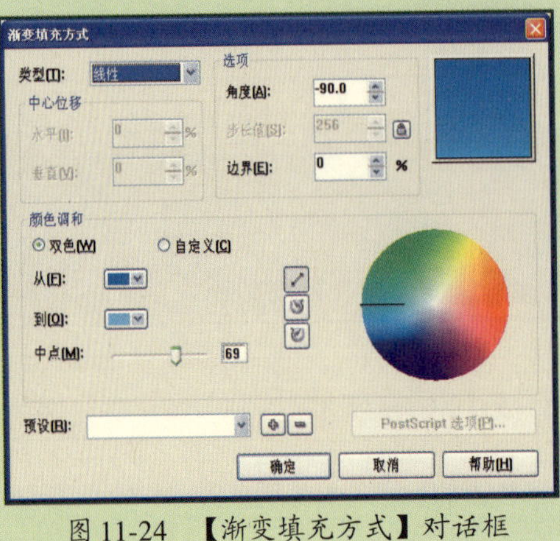

图 11-24 【渐变填充方式】对话框

图 11-25 填充圆形

Step 05 再以前面类似的方法结合【Ctrl】键在小圆内制作4个同心圆，如图11-26所示。

Step 06 然后对4个同心圆执行填充，填充顺序为：从内（小圆）到外（大圆），选择第一个圆（小圆），对其执行“线型-双色”渐变填充，渐变填充的颜色分别为深蓝色（C：100；M：10；Y：10；K：0）和浅蓝色（C：40；M：0；Y：0；K：0），设置的对话框如图11-27所示。

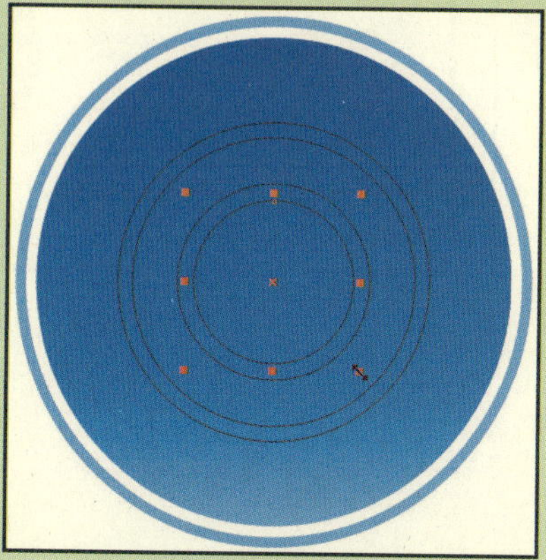

图11-26 制作同心圆

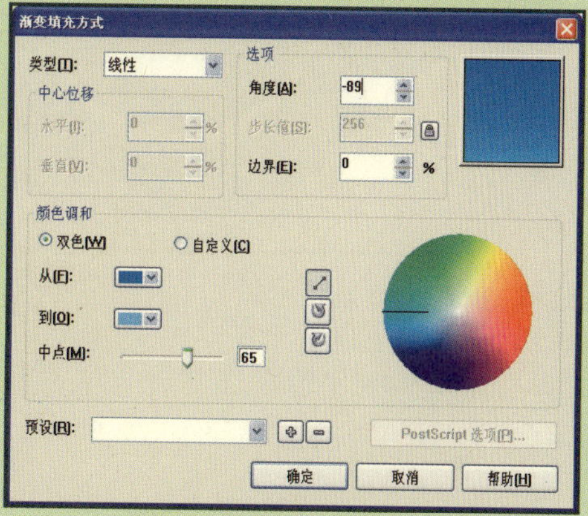

图11-27 【渐变填充方式】对话框

Step 07 单击【确定】按钮，填充第一个小圆，并去除外轮廓；选择第二个圆，将其填充成白色；选择第三个圆，然后对其执行“线型-双色”渐变填充，渐变填充的颜色分别为深蓝色（C：100；M：10；Y：10；K：0）和浅蓝色（C：40；M：0；Y：0；K：0），对话框设置如图11-28所示。

Step 08 单击【确定】按钮，填充第三个圆，并去除轮廓；选择四个圆（大圆）将其填充成白色，然后去除轮廓；再用【矩形工具】结合【形状工具】在填充的蓝色圆的中部绘一个圆角矩形，如图11-29所示。

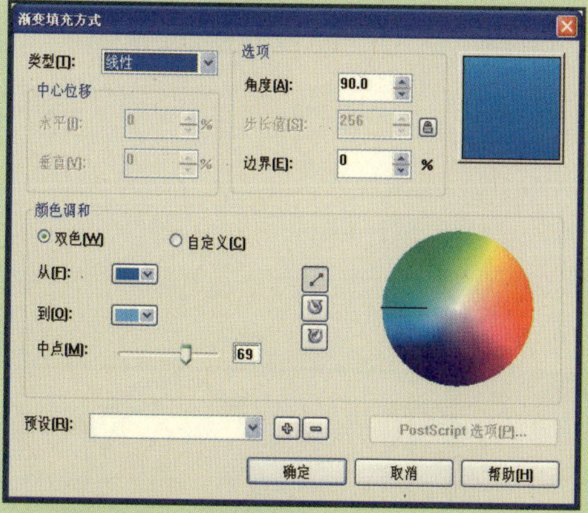

图11-28 【渐变填充方式】对话框

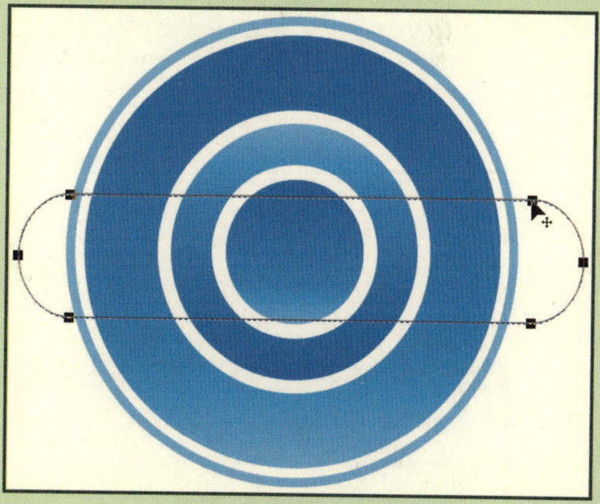

图11-29 制作圆角矩形

Step 09 选择圆角矩形，将颜色填充成蓝色（C：100；M：10；Y：10；K：0），轮廓线去除掉。再用【矩形工具】结合【形状工具】在蓝色圆角矩形内绘制2个同心圆角矩形，如图11-30所示。

Step 10 将大的圆角矩形填充成白色，并去除轮廓；然后选择小的圆角矩形，对其执行“线性-双色”渐变填充，渐变填充的颜色分别为深蓝色（C：100；M：10；Y：10；K：0）和浅蓝色（C：40；M：0；Y：0；K：0），对话框设置如图11-31所示。

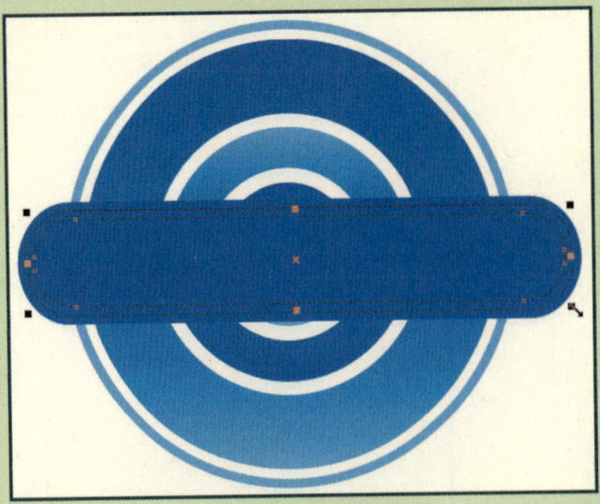

图 11-30　绘制圆角矩形

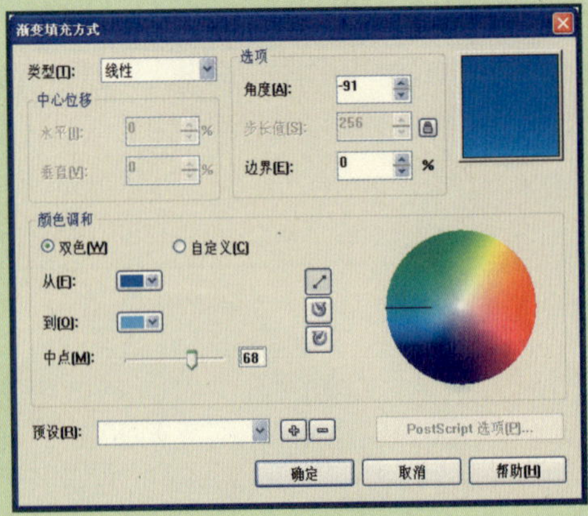

图 11-31　【渐变填充方式】对话框

Step 11　单击【确定】按钮，将其填充，然后去除轮廓；再用【椭圆工具】结合【Ctrl】键在蓝色圆盘上绘制 2 个同心正圆，如图 11-32 所示。

Step 12　将内部正圆填充成白色，外部的正圆填充成冰蓝色（C：40；M：0；Y：0；K：0），然后去除 2 个正圆的轮廓，如图 11-33 所示。

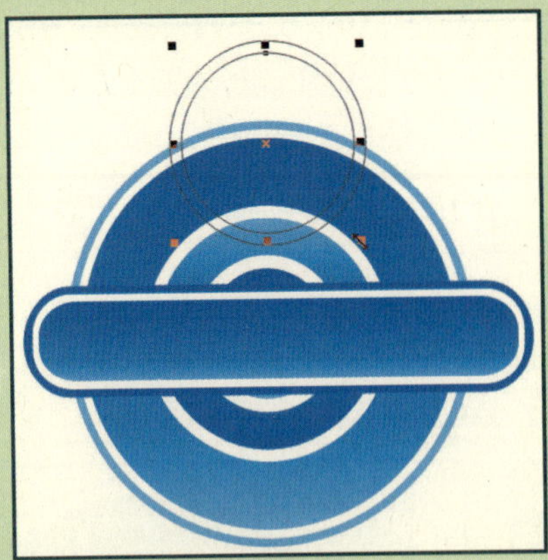

图 11-32　绘制同心正圆

图 11-33　填充圆形

Step 13　接下来要将一标志图形导入到白色圆中，执行【文件】→【导入】命令，在弹出的【导入】对话框中选择要导入标志的路径，如图 11-34 所示，这里选择“标志”文件。

Step 14　单击【导入】按钮，即可将标志图形导入到页面，调整大小后放置到白色的圆中，如图 11-35 所示。

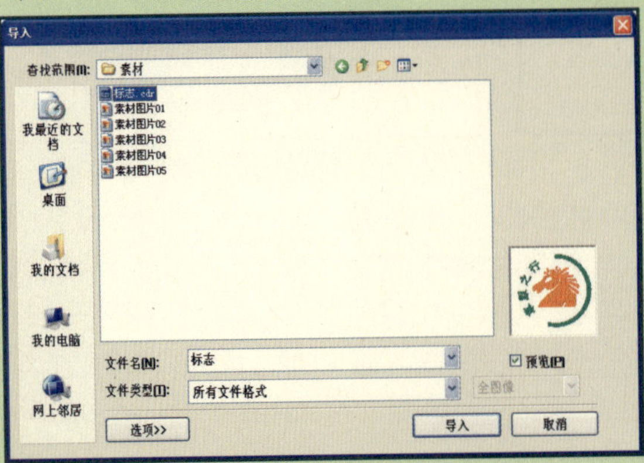

图 11-34　【导入】对话框

图 11-35　导入标志

Step 15 单击【文本工具】，在小的圆角矩形上输入文本“内蒙古草原游”，在属性栏中将设置字体为 28 磅方正黑体简体；同样在圆角矩形的下方输入：“体验自然之旅”文本，在属性栏中设置字体为 45 磅方正少儿简体，如图 11-36 所示。

Step 16 选择“内蒙古草原游”文本，单击【交互式轮廓图工具】，然后在属性栏中设置轮廓图步数为 1，轮廓图偏移量为 0.6mm，轮廓颜色为白色，如图 11-37 所示。

图 11-36 输入文本

图 11-37 【交互式轮廓图工具】属性栏

Step 17 设置轮廓属性后，文本将自动添加上白色的轮廓，如图 11-38 所示。

Step 18 用【文本工具】先后选择“体验”、“自然”、“之旅”文本，然后将“体验”文本填充为粉色（C：0；M：100；Y：0；K：0），“自然”文本填充为绿色（C：100；M：0；Y：100；K：0），“之旅”文本填充为橙色（C：0；M：60；Y：100；K：0），如图 11-39 所示。

图 11-38 添加轮廓后的效果

图 11-39 填充文本为不同颜色

Step 19 选择“体验自然之旅”文本，单击【交互式轮廓图工具】，在属性栏中设置轮廓图步数为 1，轮廓图偏移量为 0.5mm，轮廓颜色填充成白色，如图 11-40 所示。

Step 20 设置轮廓属性后，文本将自动添加上白色的轮廓，效果如图 11-41 所示。

图 11-40 【交互式轮廓图工具】属性栏

图 11-41 添加白色轮廓线

Step 21 选择“体验自然之旅”文本，然后执行【排列】→【拆分】命令，将轮廓与原文本拆分；然后选择白色的轮廓图形，再次在属性栏中设置轮廓属性，将轮廓图步数设置为 1，轮廓图偏移量为 0.5mm，轮廓颜色填充成紫色（C：40；M：100；Y：0；K：0），执行后的效果如图 11-42 所示。

图 11-42　添加紫色轮廓线

Step 22 到此“内蒙古草原游”标志就制作完成了，效果如图 11-43 所示；然后框选此图文，按【Ctrl+G】键将其群组。

Step 23 然后将群组的特效图文适当调整大小后移动到折页的封面上，如图 11-44 所示。

Step 24 再用【文本工具】在封面的下方输入“内蒙古新兴草原旅行社”文本，在属性栏中将文本字体设置为 15 磅黑体，这样折页的封面就制作完成了，如图 11-45 所示。

图 11-43　最终效果

11-44　移动特效图文到【封面】

图 11-45　输入文本

4．制作折页封底

用【文本工具】在封底输入“咨询热线”和“旅行社地址”文本，其中“咨询热线”文本采用 18 磅 黑体；“电话号码”采用 46 磅方正粗宋体简体；“旅行社地址”采用 10 磅黑体；将文本全部填充成白色，效果如图 11-46 所示，这样封底的制作就完成了。

图 11-46　制作封底

5．制作折页的内页

Step 01 执行【文件】→【导入】命令，在弹出的【导入】对话框中将“素材图片01”文件导入到“内页”的下方，并调整其宽度与“内页”宽度一致，将其放置到草地与天空背景之间，如图 11-47 所示。

Step 02 单击工具箱中的【交互式透明工具】，在图片上按下鼠标左键不放，向上拖动为其拖动出“线性”透明效果来，如图 11-48 所示。

图 11-47 导入图片

图 11-48 设置“线性”透明

Step 03 再用【贝塞尔工具】结合【形状工具】在内页上绘制一条曲线，将轮廓宽度设置为1.2mm，颜色填充为灰白色（K：10），如图 11-49 所示。

Step 04 用【椭圆工具】结合【Ctrl】键在曲线上绘制一个正圆，填充成白色并去除轮廓，然后复制 3 个正圆，放置到曲线上不同的位置上，如图 11-50 所示。

Step 05 用【文本工具】分别在 4 个正圆的后面输入相应的“精品线路”文本，分别将文本设置为方正粗宋简体和黑体，如图 11-51 所示。

Step 06 然后执行【文件】→【导入】命令，将【导入】对话框中与各条精品路线相应的素材图片导入到页面中来，分别放置至各精品路线文本的旁边，然后对其分别调整大小，如图 11-52 所示。

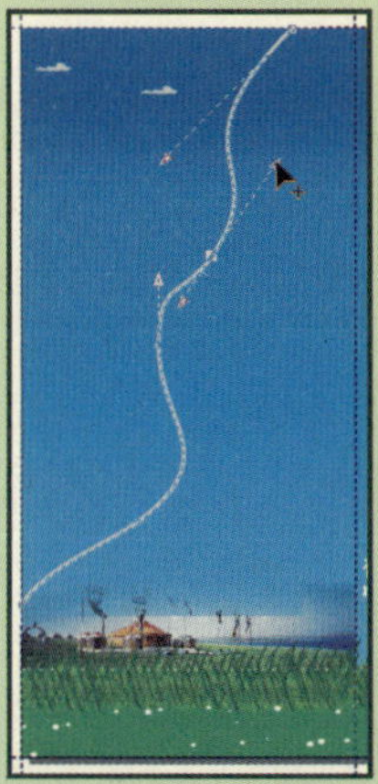

图 11-49 绘制曲线

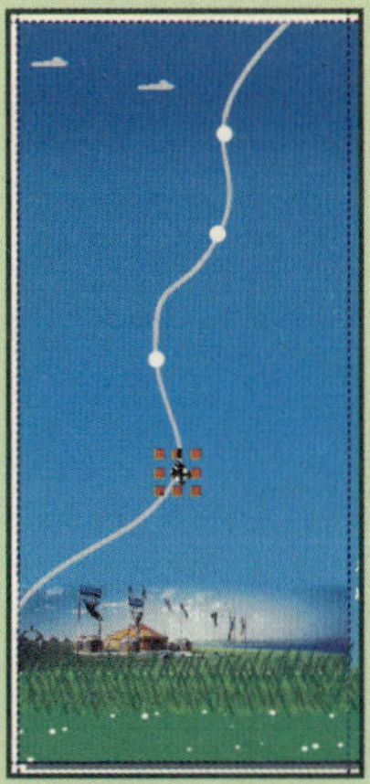

图 11-50 复制正圆

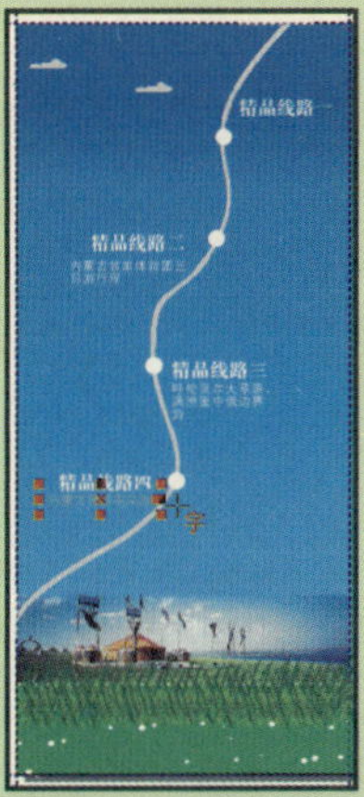

图 11-51 输入文本

图 11-52 导入图片

Step 07 到此为些，三折页的平面展开图就全部制作完成了，最终效果如图 11-53 所示。

图 11-53 平面展开图

11.1.2 制作广告折页的立体效果

接下来制作三折页的立体效果图，因为制作此折页的立体效果需要调节各面的透视，由于 CorelDRAW X3 只能调节矢量图的透视（此展开图中含有位图），所以还得通过 Photoshop 图像处理软件来制作折页的立体效果。

Step 01 框选折页平面展开图，然后执行【文件】→【导出】命令，在【导出】对话框中将文件名称设置为“立体效果图”，存储格式为“jpg”格式，选择【只是选定的】复选框，如图 11-54 所示，单击【导出】按钮，按提示设置即可将展开图导出为位图。

Step 02 打开 Photoshop 程序，执行【文件】→【打开】命令，将导出的“立体效果图”文件打开，如图 11-55 所示。

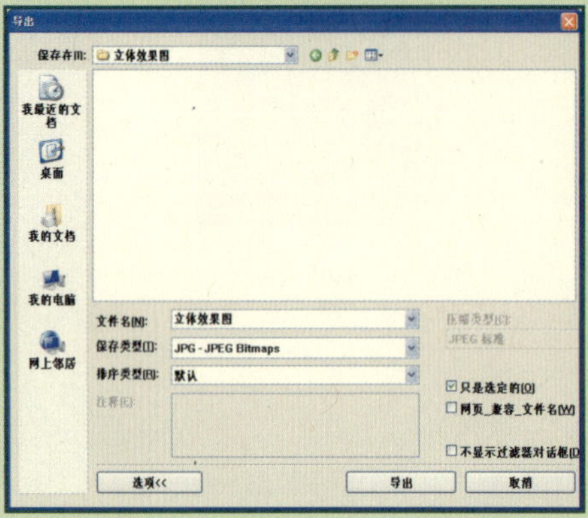

图 11-54 【导出】对话框

图 11-55 打开导出的图片

Step 03 按【F7】键，打开图层面板，然后双击面板中的“背景”图层，在弹出的【新图层】面板中单击【好】按钮，将背景图层转换成普通图层。

Step 04 执行【图像】→【画布大小】命令，在弹出的【画布大小】对话框中将宽度改为 35 厘米、高度改为 30 厘米，如图 11-56 所示。

Step 05 单击【好】按钮，这时画布将在高度和宽度方向自动扩展，如图 11-57 所示。

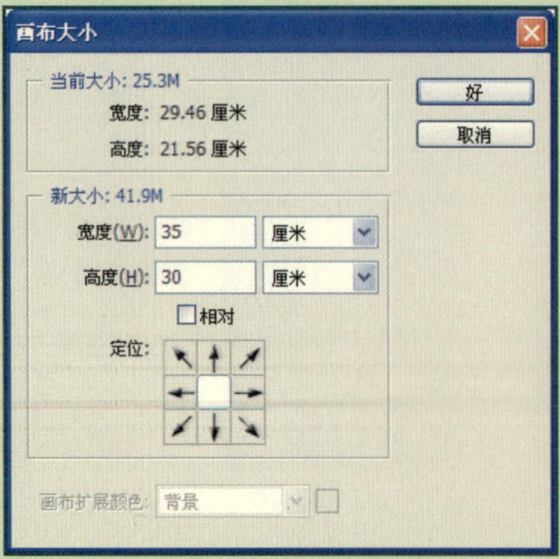

图 11-56 【画布大小】对话框

图 11-57 扩展画布

Step 06 用【矩形选区工具】将折页的“内页”框选中，如图 11-58 所示。

Step 07 然后按【Ctrl+X】键，将其选区内的图像剪切，再按【Ctrl+V】键将其粘贴到一个新的图层，然后再以类似的方法对折页的“封面”和“封底”执行操作，效果如图 11-59 所示。

Step 08 选择“封面”图层，用【移动工具】结合按【Ctrl+T】键将图像调节框显示出来；再用【移动工具】在图像调节框内单击右键，在弹出的快捷菜单中选择【扭曲】选项，如图 11-60 所示。

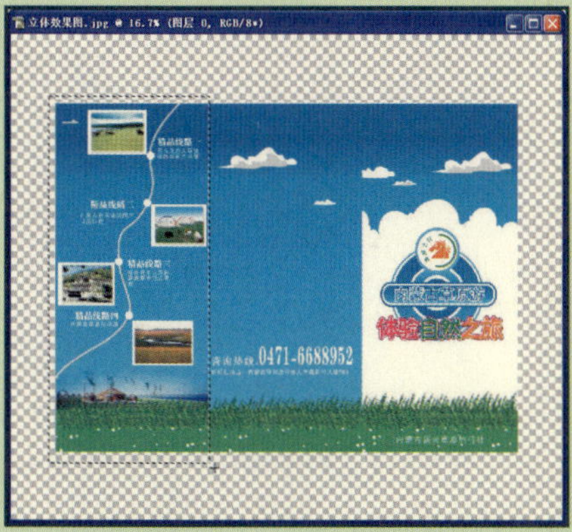

图 11-58　框选折页内页

图 11-59　拆分折页为三个面

Step 09 然后用【调节工具】调节图像调节框的节点，即可调节“封面”的透视，效果如图 11-61 所示。

图 11-60　选择【扭曲】选项

图 11-61　调整“封面”的透视

Step 10 然后再以类似的方法调节“封底”的透视，效果如图 11-62 所示。

Step 11 在图层面板中选择“内页”图层为当前层，按【Ctrl】键不放单击该图层，即可将“内页”图层的选区调出来，然后设置前景色为蓝色（C：100；M：10；Y：10；K：0），再按【Alt+Enter】键将其填充，如图 11-63 所示。

图 11-62　调节【封底】的透视

图 11-63　填充内页

Step 12 将填充蓝色后的“内页”图层移动到“封底”内，并在图层面板中设置其在最下层，如图 11-64 所示。

Step 13 选择折页的“封底”图层，执行【图像】→【调整】→【亮度/对比度】命令，在弹出的【亮度/对比度】面板中设置【亮度】为 - 40，如图 11-65 所示。

Step 14 单击【好】按钮，即可看到折页“封底”变暗，这样折页就有明暗效果了，如图 11-66 所示，到此广告折页的立体效果就制作完成了，得到立体折页添加背景后的最终效果。

图 11-64 移动内页到折页内部

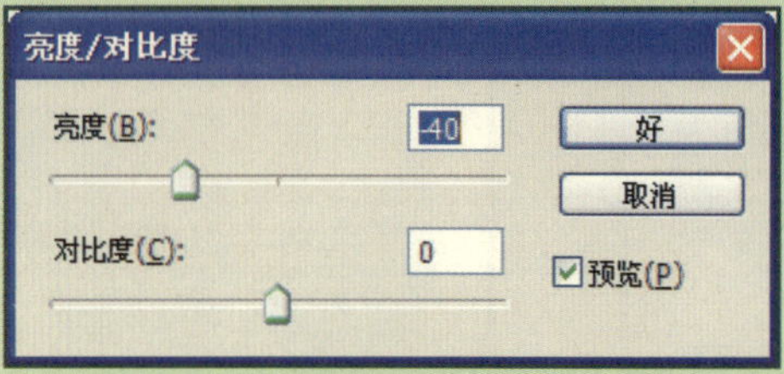

图 11-65 【亮度/对比度】面板

图 11-66 调整亮度后的效果

11.2 书籍装帧

本例将带领读者利用 CorelDRAW X3 软件结合 Photoshop 软件设计一书籍装帧，其制作环节主要包括两个步骤：首先是利用 CorelDRAW X3 制作书籍的平面展开图；然后用 Photoshop 软件制作书籍的立体效果图，此书籍装帧完成后的最终效果如图 11-67 所示。

图 11-67 效果图

11.2.1 设计书的平面展开图

1. 辅助线设置

Step 01 执行【文件】→【新建】命令，在属性栏中设置页面的宽度为300mm、高度为209mm，按回车键确定，新建一个页面，如图11-68所示。

Step 02 执行【查看】→【辅助线设置】命令，在弹出的【选项】设置面板左侧选项栏中，单击【文档】→【辅助线】→【水平】选项，并在右侧的参数设置面板中输入参数“0”，然后单击【添加】按钮，即可在页面中添加一条“0”位置的水平辅助线，然后再以输入数字并单击【添加】按钮的方法添加另外一条水平辅助线，面板如图11-69所示。

图11-68 新建页面

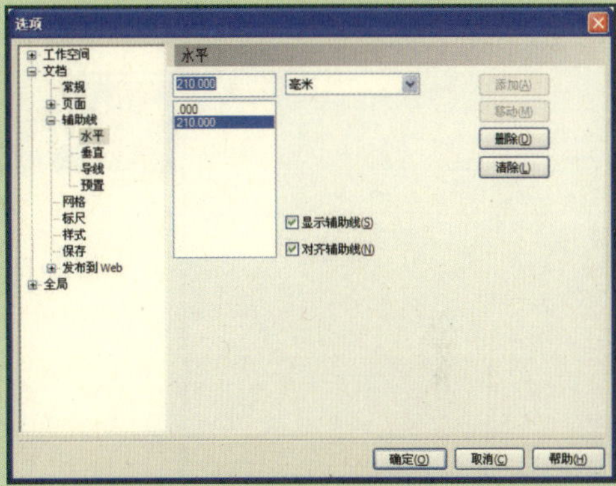

图11-69 【选项】对话框

Step 03 设置完水平辅助线后，在【选项】设置面板左侧选项栏中单击【文档】→【辅助线】→【垂直】选项，再以类似的方法设置出垂直辅助线，参数设置面板如图11-70所示。

Step 04 单击【确定】按钮，绘图窗口如图11-71所示，这样整个页面将被辅助线划分成3个部分，即书的封面、书脊和封底。

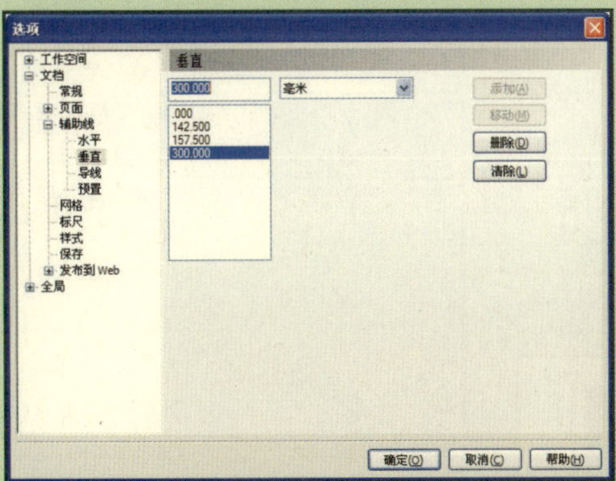

图11-70 【垂直】选项参数

图11-71 添加辅助线

2. 设计展开图背景

Step 01 双击【矩形工具】，页面中将产生一个与页面同大小、同位置的矩形，图形如图11-72所示。

Step 02 选择页面矩形，将其填充成绿色（C：10；M：0；Y：80；K：0）并去除轮廓；再用【贝塞尔工具】结合【形状工具】在页面的上部绘制一个封闭图形，如图11-73所示。

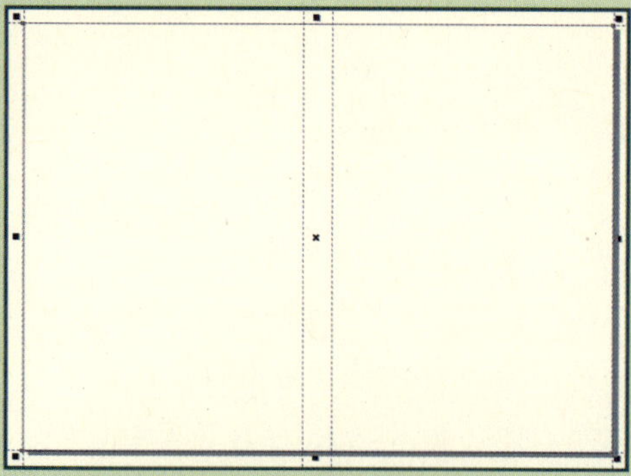

图 11-72　添加页面矩形

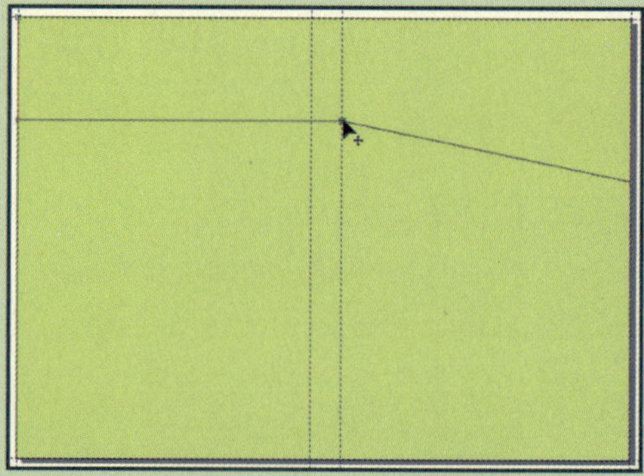

图 11-73　绘制图形

Step 03 将封闭图形填充成黑色，如图11-74所示，这样书籍平面展开图的背景就制作完成了。

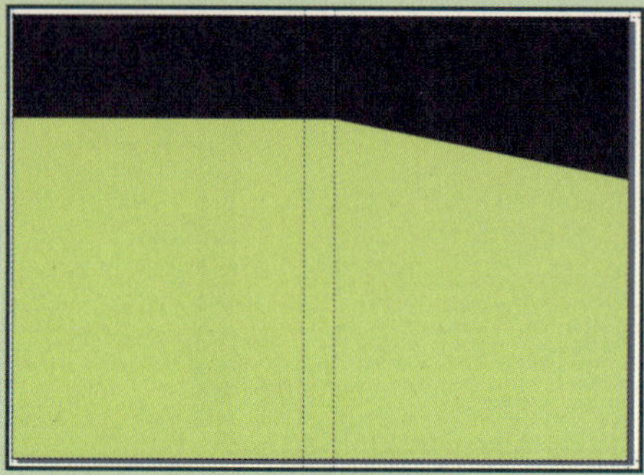

图 11-74　填充图形

3．设计书的封面

Step 01 用【文本工具】在页面外输入大写的英文“LISTEN”文本（即“听力”的意思），并在属性栏中将设字体置为 140 磅方正粗黑体，如图 11-75 所示。

Step 02 将英文文本“LISTEN”填充为白色，移动到封面上；再用【选取工具】双击文本，拖动其旋转手柄按顺时针方向旋转一定的角度，如图 11-76 所示。

图 11-75　输入英文文本

图 11-76　旋转文本

Step 03 选择文本，单击【交互式透明工具】，并在属性栏中设置【透明类型】为【标准】，【开始透明度】设置为 90，如图 11-77 所示。

Step 04 设置透明属性后，效果如图 11-78 所示。

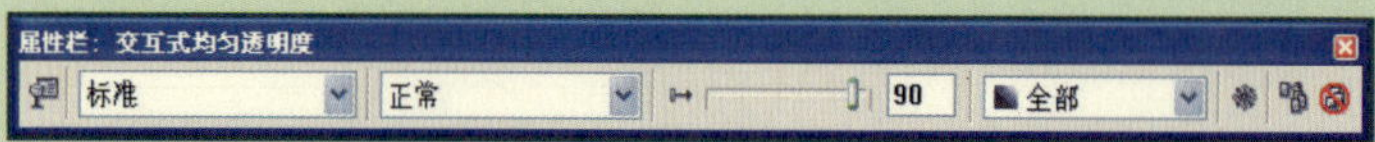

图 11-77　【交互式透明工具】属性栏

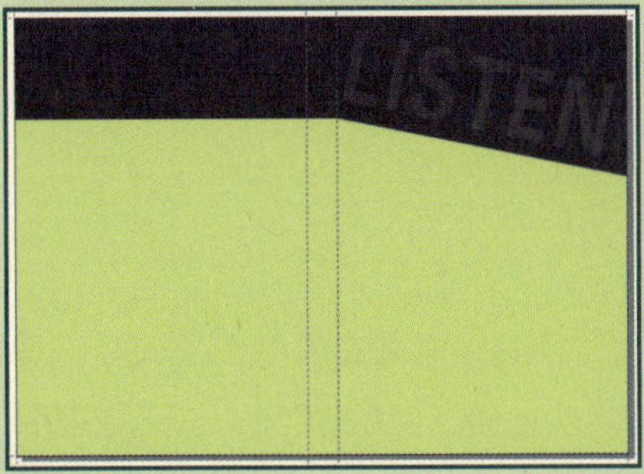

图 11-78　设置透明属性后的文本效果

Step 05 用【文本工具】在封面上方输入书名“英语高考词汇分项突破”文本，并在属性栏中设置字体为 31 磅方正粗宋简体，填充成白色，如图 11-79 所示。

Step 06 再以类似的方法在书名的上方输入“高考词汇分项突破系列丛书”文本，字体为 14 磅方正粗宋简体，填充为白色，如图 11-80 所示。

图 11-79　输入文本

图 11-80　输入文本

Step 07 接下来要导入一标志图形到封面，执行【文件】→【导入】命令，在弹出的【导入】对话框中选择要导入标志的路径，如图 11-81 所示，这里选择【标志】文件。

Step 08 单击【导入】按钮，将标志导入到封面，并调整其大小后放置到“高考词汇分项突破系列丛书”文本左边，并改填充成白色，如图 11-82 所示。

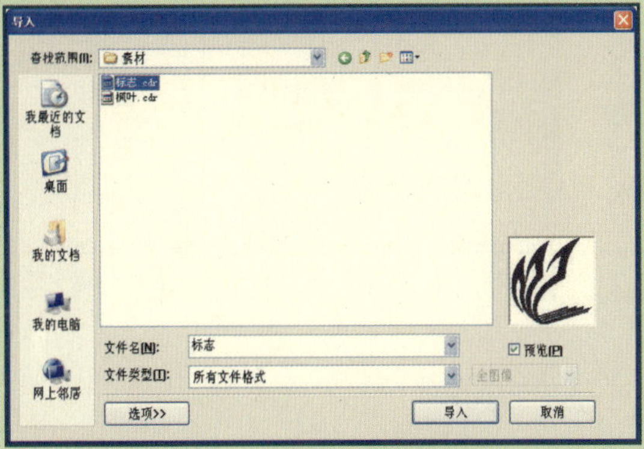

图 11-81　【导入】对话框

图 11-82　导入标志

Step 09 单击【星形工具】，在属性栏中将星形的角点数设置为“11”，星形尖角程度设置成 53，然后用鼠标在页面外拖出一个星形来，如图 11-83 所示。

Step 10 将星形填充为绿色（C：10；M：0；Y：80；K：0），然后去除轮廓，如图 11-84 所示；再用【文本工具】在星形内部输入“另配磁带”文本，字体设置为 12 磅方正综艺简体。

Step 11 再用【文本工具】在“另配”和“磁带”之间回车，将字体设置成两行，并按退格键，将“磁带”文本向后退一些，如图 11-85 所示。

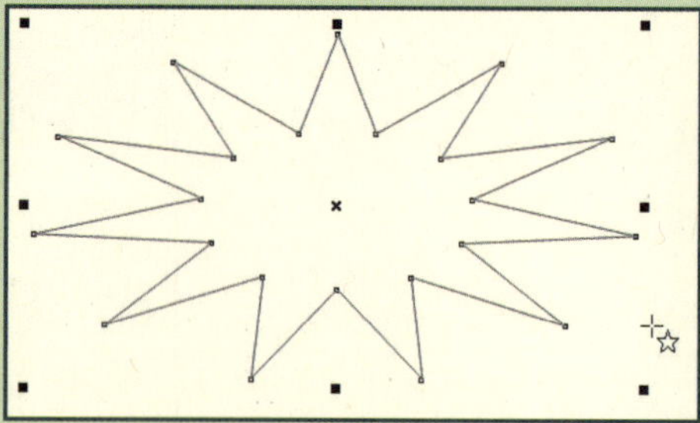

图 11-83 绘制星形

图 11-84 输入文本

图 11-85 调整文本

Step 12 将“另配磁带”文本填充为粉红色（C：0；M：100；Y：0；K：0）；再用【选取工具】双击文本，拖动旋转手柄将其逆时针旋转一定的角度，如图 11-86 所示。

Step 13 框选星形和文本，按【Ctrl+G】键将其群组，然后移动到书的封面上，如图 11-87 所示；再执行【效果】→【精确剪裁】→【放置在容器中】命令，鼠标将变成一个黑色的箭头，单击封面中的黑色图形，即可将群组的星形图文置入到黑色图形中，如图 11-88 所示（如果置入图文的位置和大小不合适时，可以通过执行【效果】→【精确剪裁】→【编辑内容】命令来调整）。

图 11-86 旋转文本

图 11-87 移动星形图文到封面

图 11-88 图框精确裁剪

Step 14 用【矩形工具】在封面中的绿色图形上绘制一个矩形，如图 11-89 所示。

Step 15 将矩形填充为绿色（C：60；M：0；Y：40；K：20），去除轮廓；再用【文本工具】在其中输入“听力”文本，将字体设置为 48 磅方正粗宋简体，并填充成白色，如图 11-90 所示。

Step 16 用【贝塞尔工具】结合【形状工具】，在封面下部绘制一耳脉图形，如图 11-91 所示。

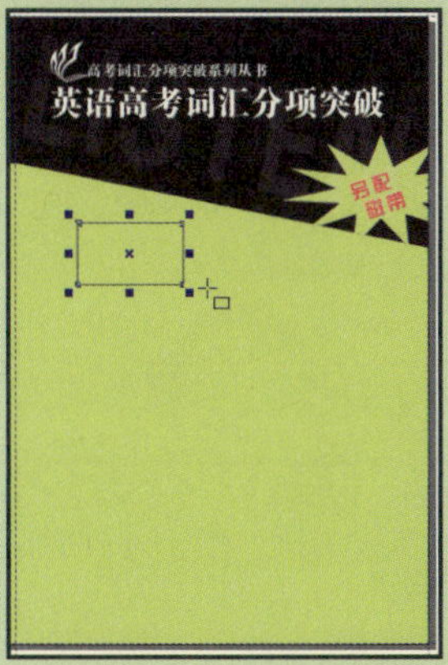

图 11-89 绘制矩形

图 11-90 输入文本

图 11-91 绘制耳脉图形

Step 17 将耳脉图形填充为灰黑色（K: 90），并去除轮廓；再用【贝塞尔工具】结合【形状工具】在左耳脉左端绘制一曲线图形作为耳脉线，如图 11-92 所示。

Step 18 再用【文本工具】在页面外输入大写的英文文本“GLOBAL LISTEN SCHOOL”，在属性栏中将字体设置为 16 磅方正琥珀简体，如图 11-93 所示。

Step 19 选择英文文本，将其填充成橙色（C：0；M：60；Y：100；K：0）；然后执行【文本】→【使文本适合路径】命令，这时鼠标将变成⁺字，将其移动到耳脉图形的外边沿上，如图 11-94 所示。

图 11-92 绘制耳脉线

图 11-94 使文本适合路径

图 11-93 输入文本

Step 20 当鼠标移动到耳脉图形的外边缘合适的位置时单击鼠标，即可将文本置入到路径上，如图 11-95 所示。

Step 21 如果文本与路径的水平和垂直距离不合适时，还可在属性栏中作进一步的调节，如图 11-96 所示，调整后的最终效果如图 11-97 所示。

图 11-95 使文本适合路径

图 11-96 【文本适合路径】属性栏

图 11-97 调整后的效果

Step 22 同时选择灰黑色的耳脉和耳脉线图形，按小键盘上的【+】键一次将其复制一份，然后将耳脉图形和耳脉线均填充成洋红色（C：0；M：100；Y：0；K：0），再按键盘上的【←】和【↑】方向键，使其与原灰黑色对象错开一定的距离，从而产生阴影效果，如图 11-98 所示。

Step 23 用【文本工具】在耳脉图形的内部先后输入“真正场景再现”、“纯正美语发音”和“提高听力技巧”三行文本，均将字体设置为 9 磅黑体，如图 11-99 所示。

图 11-98 填充耳脉和耳脉线

图 11-99 输入文本

Step 24 将三行文本全填充成洋红色（C：0；M：100；Y：0；K：0）；再用【椭圆工具】绘制一个黑色的小圆，然后复制两个分别调整大小后一并放置到三行文本的前端作为强调符号，如图 11-100 所示。

图 11-100 制作强调符号

Step 25 用【文本工具】在封面中分别输入数个不同的白色的大小写字母，将字体设置为不同，并对某些字母作大小和旋转调整，如图 11-101 所示。

Step 26 选择所有的英语字母，单击【交互式透明工具】，并属性栏中设置【透明类型】为【标准】类型，【开始透明度】设置为 30，如图 11-102 所示。

图 11-101 文字效果

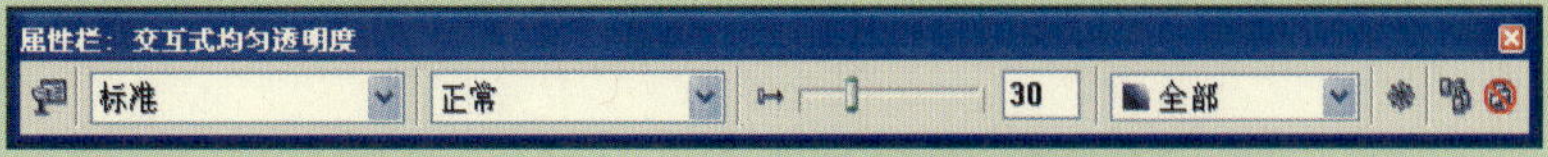

图 11-102 【交互式透明工具】属性栏

Step 27 对字母设置透明属性后的效果如图 11-103 所示。

Step 28 再用【文本工具】在封面的中部和下部分别输入编者姓名和出版社名称文本，将字体设置为 13 磅黑体，如图 11-104 所示，这样书籍的封面就制作完成了。

图 11-103 添加透明效果

图 11-104 输入文本

4．制作书脊

Step 01 接下来开始制作书脊，用【文本工具】在书脊的上部输入“听力”文本，将字体设置为 36 磅方正粗宋简体，颜色填充成白色，如图 11-105 所示。

Step 02 再用【文本工具】在“听力”的下方分别输入“英语高考词汇分项突破”、“主编：张华丽 四川新华出版社”文本，将文本的字体分别设置为 16 磅方正粗宋简体和 12 磅黑体，如图 11-106 所示，这样书脊就制作完成了。

图 11-105 输入文本

图 11-106 完成书脊的制作

5．制作封底

Step 01 接下来制作封底，执行【文件】→【导入】命令，在【导入】对话框中将“素材”中的“枫叶”矢量文件导入到封底中，将颜色改成白色，并适当调整其大小，如图11-107所示。

Step 02 将枫叶图形选中，单击【交互式透明工具】，并在属性栏中将【透明类型】设置为【标准】，【开始透明度】设置为70，如图11-108所示；再将透明的枫叶图形复制一份，将其缩小后放置到封底的左上方。

图11-107 导入“枫叶”图形

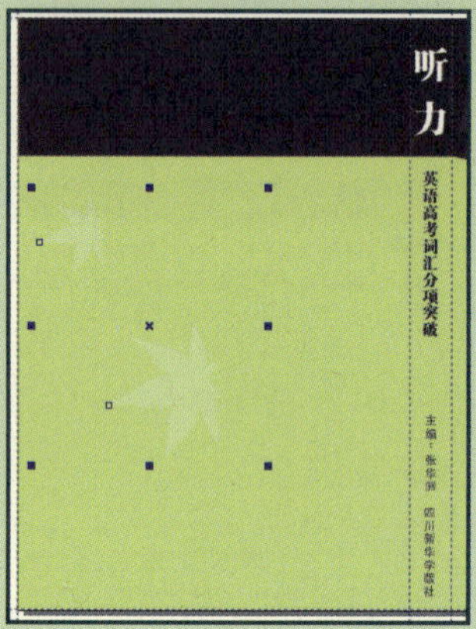

图11-108 添加透明度

Step 03 用【文本工具】在封底的最上部输入“责任编辑：江红兵 封面设计：张华丽”文本，将文本设置成13号黑体，填充成白色，如图11-109所示。

Step 04 执行【编辑】→【插入条形码】命令，在弹出的【条码向导】对话框中输入条形码的编号，如图11-110所示。

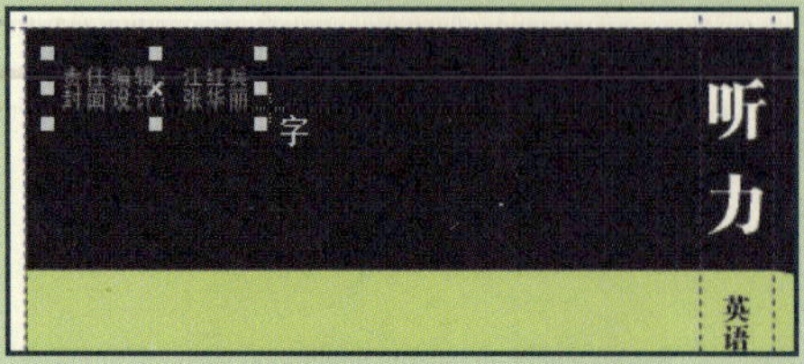

图11-109 输入文本

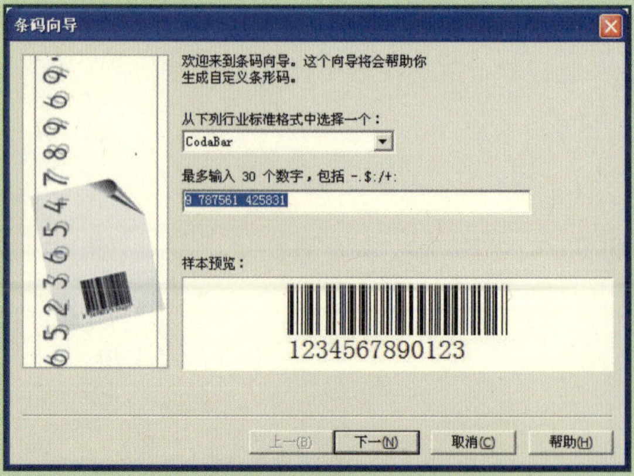

图11-110 【条码向导】对话框

Step 05 单击对话框中的【下一步】按钮，然后根据提示一步步设置，最后单击【确定】按钮，即可在页面中自动生成设置的条形码图形，将其缩小后放置到封底的左下方，如图11-111所示。

Step 06 再用【文本工具】在条码图形的上部输入“ISBN 7-5614-2583-X”注册码字样，将文本设置为12磅黑体，如图11-112所示。

Step 07 接下来为封底制作定价文本，用【文本工具】在页面外输入如图11-113所示的注册码和定价两行文本，将字体设置为11磅宋体。

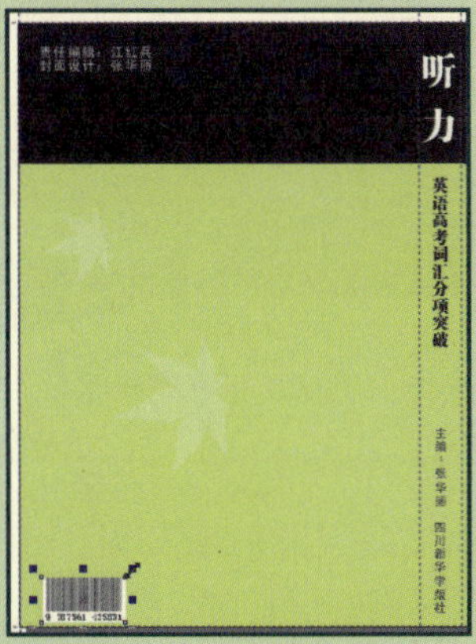

图 11-111　调整条码图形大小

图 11-112　输入注册码

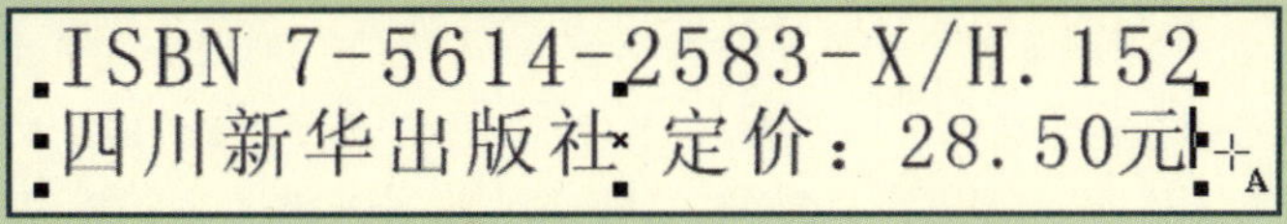

图 11-113　输入注册码和定价

Step 08　再用【贝塞尔工具】结合【Shift】键在两行文本之间绘制一直线，如图 11-114 所示。

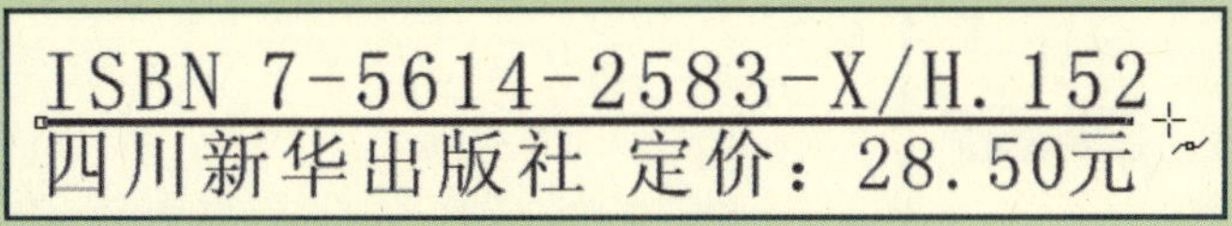

图 11-114　绘制直线

Step 09　框选上图中的图文，然后将其放置到封底的右下角，如图 11-115 所示，这样书的封底就制作完成了，整个书籍的平面展开图就全部制作完成了。

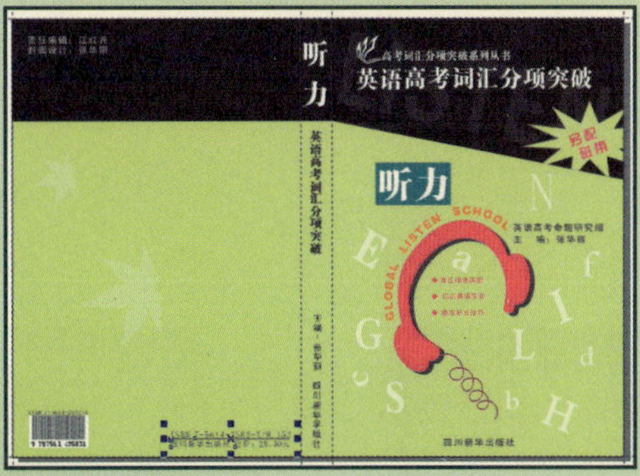

图 11-115　移动图文本至封面

11.2.2 制作书籍的立体效果图

接下来制作书籍的立体效果图，因为制作此书籍的立体效果需要调节各面的透视，由于 CorelDRAW X3 只能调节矢量图的透视，所以只得通过 Photoshop 图像处理软件来制作书籍的立体效果。

Step 01　框选中书籍平面展开图，然后执行【文件】→【导出】命令，在【导出】对话框中将文件名称设置为“立体效果图”，存储格式为“jpg”格式，选择【只是选定的】复选框，如图 11-116 所示，单击【导出】按钮，按提示一步步往后设置即可将展开图导出为位图。

Step 02 打开 Photoshop 程序，执行【文件】→【打开】命令，将导出的“立体效果图”文件打开，如图 11-117 所示。

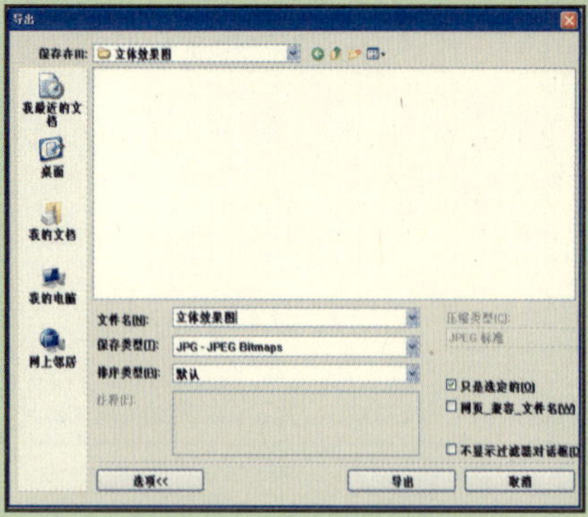

图 11-116 【导出】对话框

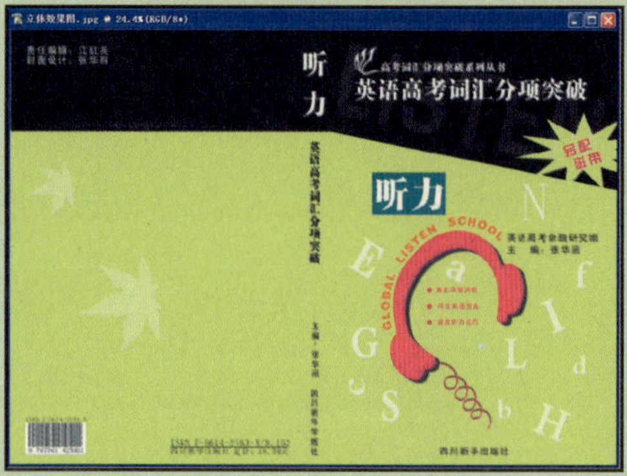

图 11-117 打开图片

Step 03 按【F7】键，打开图层面板，然后双击面板中的背景图层，如图 11-118 所示。

Step 04 在弹出的【新图层】面板中单击【好】按钮，即可将背景图层转换成普通图层，如图 11-119 所示。

图 11-118 双击背景图层

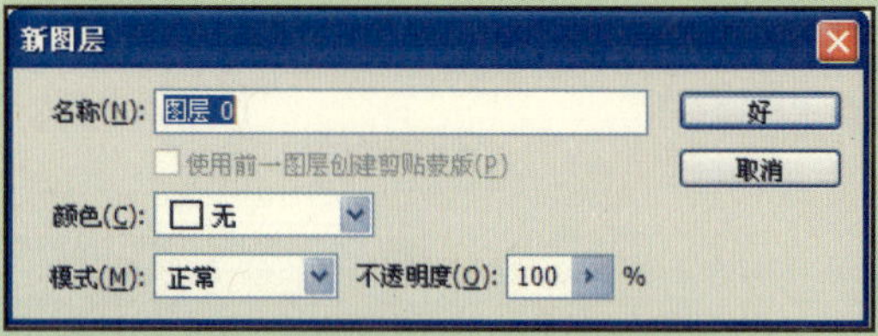

图 11-119 【新图层】对话框

Step 05 然后执行【图像】→【画布大小】命令，这时弹出【画布大小】对话框，在其中将高度改为 50 厘米，宽度不变，如图 11-120 所示。

Step 06 单击【好】按钮，画面将在垂直方向扩展，如图 11-121 所示。

图 11-120 【画布大小】对话框

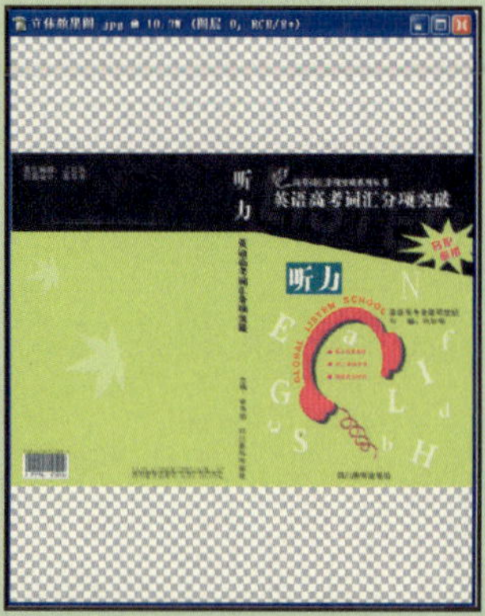

图 11-121 扩展画布

Step 07 用【矩形选区工具】将书的“封底”框选中，如图 11-122 所示。

Step 08 按【Delete】键，将框选的“封底”删除；再用【矩形选区工具】将【书脊】框选中，如图 11-123 所示。

Step 09 按【Ctrl+X】键将框选的“书籍”剪切，再按【Ctrl+V】键将其粘贴到一个新的图层里，使其与“封面”不在同一个图层，如图 11-124 所示。

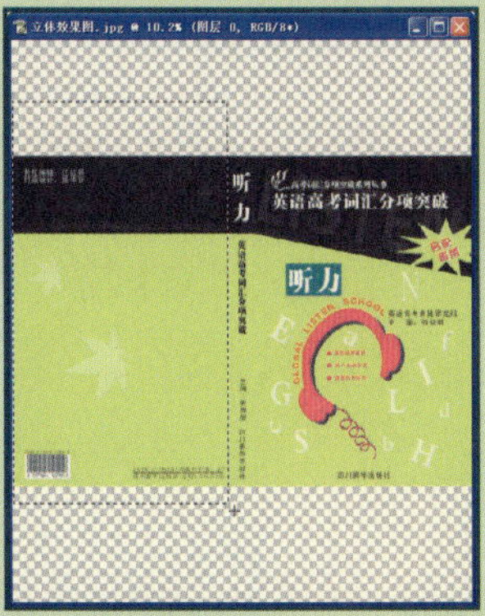

图 11-122 框选“封底”

图 11-123 框选书脊

图 11-124 将【书脊】粘贴到新的图层

Step 10 选择“封面”图层，用【移动工具】结合按【Ctrl+T】键显示出图像调节框，在调节框内单击鼠标右键，并在弹出的快捷菜单中选择【扭曲】选项，如图 11-125 所示。

Step 11 用【调节工具】调节调节框的节点，即可调节“封面”的透视，如图 11-126 所示。

Step 12 再以类似的方法调节“书脊”的透视，如图 11-127 所示。

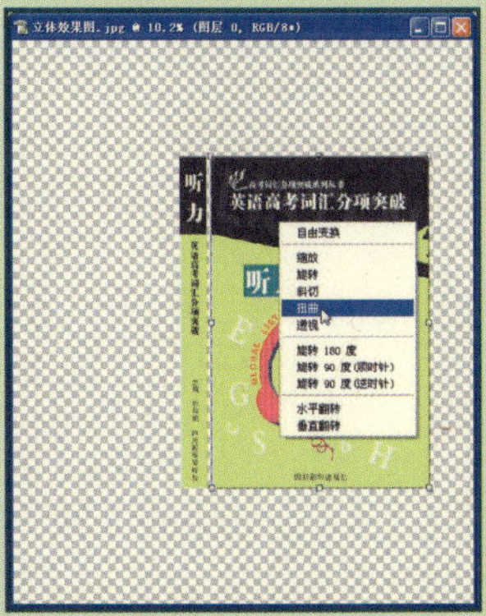

图 11-125 选择【扭曲】选项

图 11-126 调整【封面】透视

图 11-127 调节“书脊”透视

Step 13 选择书脊图层，然后执行【图像】→【调整】→【亮度/对比度】命令，在弹出的【亮度/对比度】对话框中设置亮度为 − 30，如图 11-128 所示。

Step 14 单击【好】按钮，即可看到书脊变暗，如图 1-129 所示，这样书的立体效果就制作完成了，如图 11-130 所示为书籍添加上背景后的效果。

图 11-128 【亮度/对比度】对话框

图 11-129 调整亮度后的效果

图 11-130 添加背景后的效果

读书笔记

<<< du shu bi ji